Innovative
Energietechnik

H. Buchner

Energiespeicherung in Metallhydriden

Springer-Verlag Wien NewYork

Dr. Helmut Buchner
Daimler-Benz AG
D-7000 Stuttgart 60, Bundesrepublik Deutschland

Softcover reprint of the hardcover 1st edition 1982

Mit 198 Abbildungen

CIP-Kurztitelaufnahme der Deutschen Bibliothek

Buchner, Helmut:

Energiespeicherung in Metallhydriden /
Buchner, H. – Wien ; New York : Springer,
1982.
(Innovative Energietechnik)
ISBN-13:978-3-7091-8672-5 e-ISBN-13:978-3-7091-8671-8
DOI : 10.1007/978-3-7091-8671-8

ISSN 0723-4589
ISBN-13:978-3-7091-8672-5

Meiner Frau Gertrud gewidmet

Geleitwort

Wasserstoff wird als idealer Energieträger betrachtet, der, gebunden im Wasser, in unermeßlichen Mengen zur Verfügung steht. Die Schlüsselprobleme liegen in der Bereitstellung ausreichender Mengen Primärenergie für die Herstellung, in der Verteilung und in der Speicherung. Erst wenn Wasserstoff in großer Menge preisgünstig zur Verfügung steht, wäre Wasserstoff „der Energieträger der Zukunft".

Wasserstoff könnte auch als Kraftstoff ohne tiefgreifende Änderung der heutigen Fahrzeugkonzeptionen verwendet werden. Hier ist das Schlüsselproblem die sichere Speicherung an Bord. Eine in dieser Hinsicht vorteilhafte Lösung ist die chemische Bindung des Wasserstoffs in Form von Metallhydriden. Ein prinzipieller Nachteil bleibt das erheblich höhere Gewicht im Vergleich zu Benzin.

Die vorliegende Zusammenfassung gibt einen Überblick über den heutigen Stand der Hydridtechnologie und ihre Anwendungsgebiete. Ich würde mir wünschen, daß die Untersuchungen Anregungen auch für andere Anwendungsgebiete geben und so einen Beitrag leisten, die Energieprobleme der Zukunft zu lösen.

Prof. Werner Breitschwerdt
Vorstandsmitglied der Daimler-Benz AG Forschung und Entwicklung

Stuttgart-Untertürkheim, im November 1982

Es ist nicht genug zu wissen,
man muß auch anwenden;
es ist nicht genug zu wollen,
man muß auch tun.
Goethe

Vorwort

Vor etwa 15 Jahren wurden vom Brookhaven National Laboratory, New York, vom Battelle-Institut, Genf, und vom Philips Research Laboratory, Eindhoven, die ersten Metall-Wasserstoff-Systeme (Hydride) für den technischen Einsatz entwickelt.

Es zeigte sich, daß Metallhydride zur Speicherung von Wasserstoff, Wärme und Strom eingesetzt werden können und daß damit ein vielseitig verwendbares neues System zur Energiespeicherung vorliegt. Da besonders seit der Ölkrise 1975 nicht nur die Suche nach alternativen Energien einsetzte, sondern vor allem auch zahlreiche Maßnahmen ergriffen wurden, um über Energieeinsparung, verbesserte Energienutzung und neue Energiespeichermethoden die vorhandenen Energievorräte zu schonen, wurden auch auf dem Gebiet der Hydridentwicklung weltweit umfangreiche Arbeiten durchgeführt.

Dieses Buch hat nun die Aufgabe, die Energiespeicherung in Metallhydriden dem Praktiker nahezubringen, um damit ein wesentlich weiteres Feld als bisher für die technische Anwendung von Hydriden zu schaffen. Aus dieser Praxisorientierung resultiert auch der Aufbau des Textes. Neben der Hauptgliederung in Grundlagen, Anwendung im Kraftfahrzeug und sonstige Anwendungen besitzt jeder Abschnitt einen allgemeinen und einen experimentellen Teil. Die Abschnitte A der drei Teile liefern damit die wesentlichen Aussagen zum Thema der Wasserstoffspeicherung in Metallen, während die Abschnitte B nicht nur den experimentellen Hintergrund verdeutlichen, sondern darüber hinaus den Beginn neuer praktischer Anwendungen erleichtern sollen. Aus diesem Grund wird auch bewußt auf eine ausführliche Darstellung theoretisch-physikalischer Grundlagen verzichtet, da die existierenden Werke „Metal Hydrides" (Müller, Blackledge, Libowitz) und „Hydrogen in Metals" (Alefeld, Völkl) dieses Thema in umfassender Weise behandeln.

Dafür erhält die Frage der zentralen und dezentralen Verfügbarkeit des Wasserstoffs in Kap. 3 breiteren Raum, um Anregungen für den weiteren Einsatz stationärer und mobiler Metallhydrid-Energiespeicher zu geben. Schließlich soll das Buch nicht nur die zahlreichen Ergebnisse der letzten 15 Jahre zusammenfassen, sondern es wurde mit der Überzeugung geschrieben, daß die industrielle Nutzung der Hydridspeicher erst am Anfang ihrer weitverzweigten Anwendungsmöglichkeiten steht und eine Darstellung des bereits heute Machbaren diesen Prozeß durchaus beschleunigen kann.

Im Bereich Forschung und Entwicklung der Firma Daimler-Benz AG wurden und werden Metallhydridsysteme für den Einsatz in Kraftfahrzeugen neu bzw. weiterentwickelt. Es ist mir ein besonderes Anliegen, den Herren Prof. Dr.

H. Scherenberg (ehem. Vorstandsmitglied), Prof. W. Breitschwerdt (Vorstandsmitglied), Prof. Dr. H. J. Förster (Forschungsleitung) und Dr. H. Säufferer (Forschung/Technische Physik) für die wohlwollende Unterstützung zu danken, ohne die das vorliegende Buch nicht hätte entstehen können. Für die Zusammenarbeit und die wertvollen wissenschaftlichen Diskussionen während meiner bisher zehnjährigen Hydridentwicklungarbeiten im Hause Daimler-Benz danke ich den Herren H. Baier, Dr. O. Bernauer, Dr. W. Forkel, Dr. M. A. Gutjahr, A. v. Koch, Dr. E. Schmidt-Ihn, Dr. J. Springer, Dr. M. Stohrer, Dr. W. Strauss, Dr. J. Töpler und Dr. K. Ziegler und allen meinen technischen Mitarbeitern, die durch experimentelles Geschick Wesentliches zur Hydridentwicklung beigetragen haben. Mein besonderer Dank gilt meinen Mitarbeiterinnen Fr. R. Colin und Frl. I. Ströhle für die große Sorgfalt bei der Fertigstellung des Manuskripts und der Abbildungen sowie bei der Korrektur der Druckfahnen.

Die Hydridentwicklung bei der Daimler-Benz AG wurde zum Teil mit staatlichen Fördermitteln durchgeführt. Dafür sei den zuständigen Stellen gedankt.

Mein aufrichtiger Dank gebührt nicht zuletzt den Herren Prof. Dr. F. Wahl (Universität Tübingen) und Prof. Dr. G. Alefeld (Universität München) für die wertvollen Hinweise zu Inhalt und Gestaltung des Manuskripts.

Stuttgart, im Oktober 1982 H. Buchner

Inhaltsverzeichnis

Erster Teil
Grundlagen

A. Allgemeines

1. Einführung in die Frage der Wasserstoffspeicherung

Für die Verwendung des Energieträgers Wasserstoff im stationären und mobilen Einsatz ist die Frage seiner Speicherung von zentraler Bedeutung. Da aus den verschiedenen Speichermöglichkeiten teils völlig unterschiedliche Bedingungen an die Herstellung, Verteilung und bei der Anwendung des Wasserstoffs folgen, darf die Speicherfrage nicht nur in bezug auf gewichts- und volumenbezogene Energiedichten (kJ/kg, kJ/l), Kosten, Langzeitverhalten sowie unter konstruktiven, betriebs- und sicherheitstechnischen Aspekten betrachtet werden. Über die Realisierbarkeit einer Wasserstofftechnologie im stationären (Haushalt, Industrie) und mobilen (Fahrzeug) Bereich entscheiden vor allem auch die Energie-, Kosten- und Reinheitsanforderungen bei der für jede Speicherart spezifischen Herstellungs- und Verteilungsart des Wasserstoffs.

Aus diesem Grund läßt sich die Frage nach dem idealen Wasserstoffspeicher nicht so eindeutig beantworten wie z. B. im Falle von Benzin, Diesel- bzw. Heizöl (nämlich ein Stahlbehälter beliebiger, dem Zweck angepaßter Größe).

Zur Speicherung des Wasserstoffs stehen im einzelnen folgende Methoden zur Verfügung (Abb. 1):

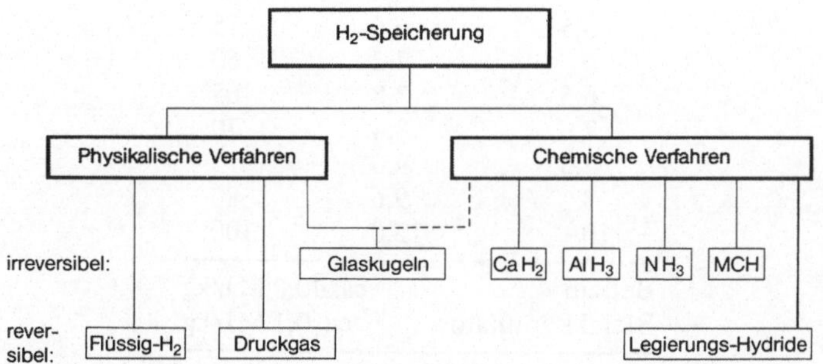

Abb. 1. Methoden der Wasserstoffspeicherung (irreversibel bedeutet, daß das Speichermaterial nach jeder Wasserstoffabgabe in einer Fabrik wiederaufbereitet werden muß)

- Speicherung in physikalisch gebundener Form
  - Hochdruckgasbehälter
  - Glaskugelspeicher
  - Kryogenspeicherung

- Speicherung in chemisch gebundener Form
  - Ammoniak
  - organische Reaktionen
  - Wasser
  - reversible Metall-Wasserstoff-Reaktionen (Metallhydride)

Um die verschiedenen Systeme, die im Kap. 1.1 beschrieben werden, untereinander vergleichen zu können, werden die gewichtsbezogenen Energiedichten der Wasserstoffspeicher im Text im allgemeinen in Gewichtsprozenten (Gew.-%) Wasserstoff am Gesamtgewicht des Speichers angegeben. Da der (untere) Heizwert des Wasserstoffs ~120 MJ/kg beträgt, bedeutet 1 Gew.-% Wasserstoff eine Energiedichte von 1,2 MJ/kg des Speichersystems. Tabelle 1 enthält die Umrechnungsdaten in Schritten von 0,5 Gew.-%.

Tabelle 1. *Umrechnungstabelle für die Energiedichten von Wasserstoffspeichern*

Speicherdichte		
Gew.-% H_2	MJ/kg	kg H_2/t
0,5	0,6	5
1	1,2	10
1,5	1,8	15
2	2,4	20
2,5	3,0	25
3	3,6	30
3,5	4,2	35
4	4,8	40
4,5	5,4	45
5	6,0	50
5,5	6,6	55
6	7,2	60
6,5	7,8	65
7	8,4	70
7,5	9,0	75
8	9,6	80
10	12,0	100
Benzin		ca. 40,0 MJ/kg
Bleiakkumulator		ca. 0,1 MJ/kg

Die Angabe in Gew.-% ist besonders bei den Hydridspeichern von Vorteil, da die chemischen Summenformeln, wie z. B. $LaNi_5H_6$und $TiFeH_2$, keinen direkten Vergleich der Speicherfähigkeit zulassen. So führt die Angabe, daß pro Formeleinheit $LaNi_5$ 6 Wasserstoffatome, pro Formeleinheit TiFe 2 Wasserstoffatome gespeichert werden können, nur über das Formelgewicht ($LaNi_5$ = 432,5; TiFe = 103,75) zu der für den technischen Einsatz wesentlichen Aussage, daß $LaNi_5$ etwa 1,4 Gew.-%, TiFe hingegen 1,9 Gew.-% Wasserstoff speichern kann. Da in der internationalen Literatur über Metallhydride häufig die Verhältniszahl Wasserstoffatome/Metallatome angegeben wird, z. B.

$$LaNi_5H_6: \frac{6 \text{ H-Atome}}{6 \text{ Legierungsatome (1 La, 5 Ni)}} = 1$$

$$TiFeH_2: \frac{2 \text{ H-Atome}}{2 \text{ Legierungsatome (1 Ti, 1 Fe)}} = 1$$

erfolgt die Umrechnung aus diesen Angaben in Gew.-% Wasserstoff über die Gl. (1):

(1)

$$\text{Gew.-\% } H_2 = \frac{\text{Zahl der H-Atome} \cdot 100}{\text{Atomgew. Metall 1} \times \text{Formelanteil 1} + \text{Atomgew. Metall 2} \times \text{Formelanteil 2}}$$

z. B. $LaNi_5H_6$

Zahl der H-Atome	6
Atomgewicht Lanthan	138,91
Formelanteil Lanthan	1,0
Atomgewicht Nickel	58,71
Formelanteil Nickel	5,0

$$\text{Gew.-\% } H_2 = \frac{6 \cdot 100}{138{,}91 \times 1 + 58{,}71 \times 5} = \frac{600}{432{,}5} = 1{,}4$$

Als Vergleichsgrößen sind in der Tabelle 1 zudem die gewichtsbezogenen Energiedichten für Benzin und einer Bleibatterie enthalten:

Benzin: ca. 40 MJ/kg
Bleibatterie: ca. 0,1 MJ/kg

Die zusammenfassende Darstellung der verschiedenen Methoden der Wasserstoffspeicherung erfolgt unter besonderer Berücksichtigung der relativ kleinen Energiebeträge und damit Wasserstoffmengen, die für mobile und stationäre Anwendungen gespeichert werden sollen. Es sind hier nur jene Energiebeträge von Interesse, die einen Bereich von 10 bis 100 l Benzin oder Heizöl abdecken ($4 \cdot 10^2$ bis $4 \cdot 10^3$ MJ), Größenordnungen also, die dem täglichen Bedarf von Kleinverbrauchern (z.-B. Haushalt, Fahrzeug) entsprechen.

1.1 Speicherung in physikalisch gebundener Form

1.1.1 Hochdruckgasbehälter (Abb. 2 a, b, c, 3)

Wasserstoff ist als hochkomprimiertes Gas in Druckflaschen bzw. -behältern im Handel erhältlich (Linde, Messer Griesheim, Air Products, Air Liquid u. a.). Die Füllmenge einer 50-l-Gasflasche beträgt bei einem Druck von 200 bar

Abb. 2 a. Wasserstoff-Druckgasflaschentransporter und Wasserstoff-Druckgasbehälter (Hintergrund)
Photo: Linde AG, Bundesrepublik Deutschland

Abb. 2 b. Lagertanks für Wasserstoff (Hochdruckbehälter)
Photo: Linde AG, Bundesrepublik Deutschland

Abb. 2 c. Wasserstoff-Druckbehälter
Photo: Messer-Griesheim GmbH, Bundesrepublik Deutschland

Abb. 3. Wasserstoff-Gasflaschenbündel für den Kleinverbrauch
Photo: Linde AG, Bundesrepublik Deutschland

aufgrund der realen Gasgleichung (van-der-Waals-Gleichung) etwa 9 m^3 oder 0,8 kg Wasserstoff. Daraus ergibt sich die volumenbezogene Speicherdichte zu 16 g H_2/l bzw. 16 kg H_2/m^3.

Das Speichervolumen für Hochdruckwasserstoff ist damit um den Faktor 20 größer als für Benzin oder Heizöl vergleichbaren Energieinhalts (50 l Benzin entsprechen 1 000 l = 1 m^3 Wasserstoff unter 200 bar Druck) (Tabelle 2).

Tabelle 2. *Technische Daten von Druckgasflaschen*

Gasflasche (200 bar)	
50-l-Flasche	G = 65 kg
Füllmenge bei 200 bar	$V = 8{,}9\ m^3 \triangleq 795$ g
Speicherdichte	$\rho = 1{,}2$ Gew.-%
Flaschenbündel: 12 Gasflaschen (200 bar)	
	G = 840 kg
Füllmenge	$V = 12 \times 8{,}9\ m^3 = 106\ m^3 \triangleq 9{,}5$ kg
Speicherdichte	$\rho = 1{,}1$ Gew.-%
Volumen des Flaschenbündels	$V_{Fl} = 1{,}56\ m^3$
Speicherdichte	6 kg H_2/m^3

Die gewichtsbezogene Speicherdichte ist vom Material der Druckgasbehälter abhängig. Heute übliche 50-l-Stahlflaschen wiegen 65 kg und weisen damit eine Speicherdichte von 1,2 Gew.-% Wasserstoff auf (12 kg H_2/t).

Durch den Einsatz anderer Werkstoffe wie z. B. Aluminium und Aluminiumlegierungen sowie Verbundwerkstoffe auf der Basis von Bor- und Kohlenstofffasern kann man prinzipiell zu niedrigeren Gewichten und damit zu höheren gewichtsbezogenen Energiedichten gelangen. Der gegenwärtige Entwicklungsstand erreicht Werte von 3,5 Gew.-% Wasserstoff für Druckgasbehälter aus einem Werkstoff TiAl16V4. Damit sind Druckgasbehälter etwa 10 bis 30 mal schwerer als z. B. Benzintanks mit gleichem Energieinhalt. Die Verteilung des Wasserstoffs in Druckbehältern erfolgt heute über Straßen- bzw. Schienentransport. Trotz der langjährig bekannten, beherrschbaren und relativ einfachen Technologie dürfte aufgrund des hohen Sicherheitsrisikos und des großen Bauvolumens die Energiespeicherung in Form von Hochdruckwasserstoff für den Einsatz im Haushalt und im Fahrzeug nicht in Frage kommen.

1.1.2 Mikroglaskugeln

Die am Brookhaven National Laboratory (BNL) [1] entwickelte Methode der Wasserstoffspeicherung in Mikroglaskugeln beruht auf dem Prinzip der starken Temperaturabhängigkeit der Wasserstoffdiffusion durch Glas. Die geschlossenen Mikrokügelchen (Durchmesser ∅ = 10 bis 100 μ, Wandstärke d = 1 bis 10 μ) werden bei Temperaturen zwischen 300 und 400 °C einem hohen Wasserstoffdruck (400 bis 500 bar) ausgesetzt. Dabei diffundiert der Wasserstoff durch die Kugelwandung und wird im Innern des Kügelchens unter einem Druck von 400 bis 500 bar gespeichert. Nach der Abkühlung auf eine Temperatur um 20 °C wird die

Diffusionsgeschwindigkeit des Wasserstoffs durch die Glaswand so gering, daß auch dann noch der Druck von 200 bar im Innern der Glaskugel erhalten bleibt, wenn an der Außenwand Normaldruck (1 bar) herrscht. Es liegt also prinzipiell ein Mikrohochdruckspeicher vor, der in Gestalt von Glaskügelchen unter Umständen sogar durch Rohrnetze zum Verbraucher gepumpt werden kann. Zur Entnahme des Wasserstoffs müssen die Kügelchen wieder erwärmt werden, wobei die Temperatur von der gewünschten Entnahmerate abhängig ist und im allgemeinen zwischen 200 und 300 °C liegt (Abb. 4).

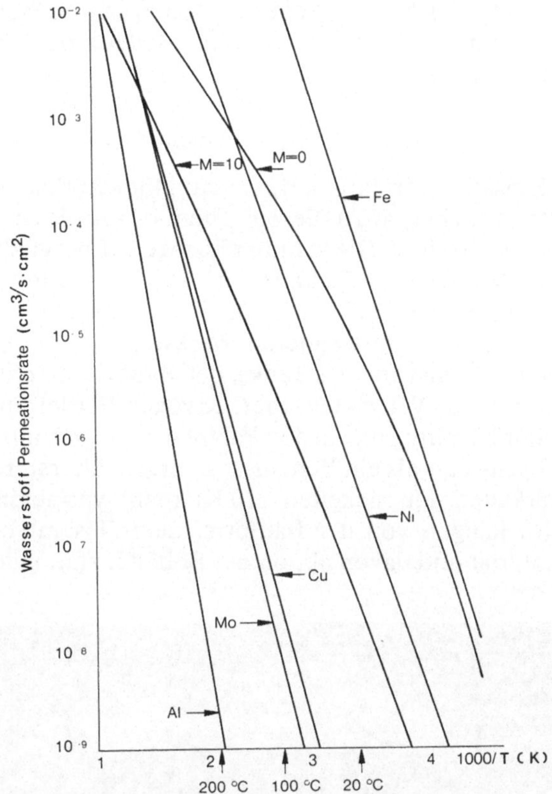

Abb. 4. Wasserstoffpermeationsraten von Glaskugelspeichern (M) und verschiedenen Metallen (nach [1])

Die volumenbezogene Energiedichte ist mit 16 kg H_2/m^3 so gering wie bei Hochdruckbehältern; die gewichtsbezogene Energiedichte mit 4,6 Gew.-% liegt deutlich über den entsprechenden Daten bei Gasflaschen. Aufgrund des hohen Druckgefälles zwischen Innen- und Außenwand ist jedoch trotz des niedrigen Diffusionskoeffizienten des Wasserstoffs durch Glas bei Temperaturen um 20 °C immer ein – wenn auch geringer – Wasserstoffaustritt aus den Speicherkugeln vorhanden. Das System weist also eine Leckrate auf, die über die Zeit gemittelt zu nicht unerheblichen Wasserstoffverlusten beim Transport und bei der Verwendung führen kann. Diese Wasserstoff- und damit Energieeinbußen sind deshalb besonders gravierend, weil zu ihrer Kompensation wesentlich mehr Primärenergie (z. B. Kohle, Kernenergie) aufgewendet werden muß, als dem Heizwert des verlorengegangenen Wasserstoffs entspricht. Aufgrund der Wirkungsgradkette der Wasserstofferzeugung unter Einsatz von Kohle (50 bis 60%) oder Kernenergie (~ 20%) muß für jede Energieeinheit Wasserstoff, die über die Leckrate verlorengeht, der 2- bis 5fache Energiebetrag zur Deckung aufgebracht werden. Dem Vorteil der relativ hohen Energiedichte des Mikroglaskugelspeichers stehen daher die Nachteile des großen Volumens, der Leckrate und der hohen Arbeitstemperatur zwischen 200 und 300 °C (z. B. Kaltstartprobleme im Fahrzeug) gegenüber.

Da die Arbeiten am BNL bisher über Kleinstmengen und Systemstudien nicht hinausgekommen sind, bleibt die technische Bedeutung dieser Wasserstoffspeichermethode abzuwarten.

1.1.3 Flüssigwasserstoff

Aufgrund des Einsatzes von Flüssigwasserstoff für den Raketenantrieb gibt es umfangreiche Literatur [2, 3, 4] zu diesem Thema. Aus diesen Angaben lassen sich folgende Aussagen treffen: Die volumenbezogene Energiedichte des verflüssigten Wasserstoffs beträgt etwa 70 kg H_2/m^3. Der Tank wird also nur um den Faktor 4 größer als ein Benzin- oder Heizöltank. Die gewichtsbezogene Energiedichte hängt nicht nur vom verwendeten Werkstoff des Kryogenbehälters ab, sondern auch von der Isolierung des Tanks, der Bauform und den notwendigen peripheren Geräten (z. B. Wärmetauscher, Kryogen-Förderpumpen u. a.). Der Tank allein ist in Stahlausführung um den Faktor 4, in Aluminiumausführung um etwa den Faktor 2 schwerer als ein Benzintank vergleichbaren Energieinhalts [5, 6]. Die bei superkalten Flüssigkeiten (20 K) nicht vermeidbaren Leckraten (Abdampfverluste) hängen von der Bauform, dem Gesamtvolumen, vom gewählten Isoliermaterial und davon ab, ob der Behälter stationär oder mobil ein-

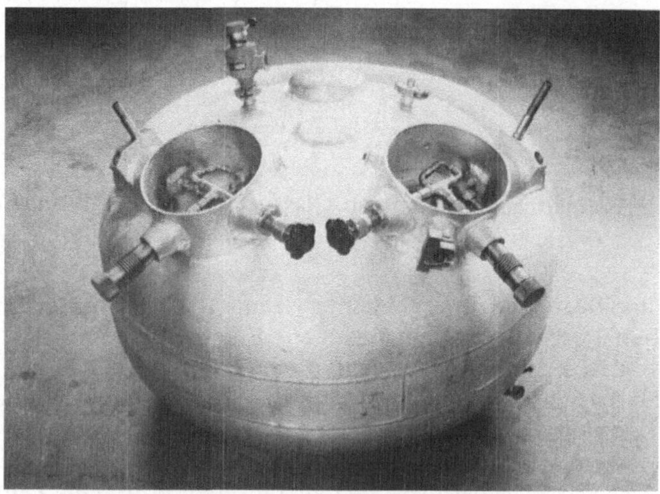

Abb. 5. Elliptischer Tank für Flüssigwasserstoff
Photo: DFVLR, Bundesrepublik Deutschland

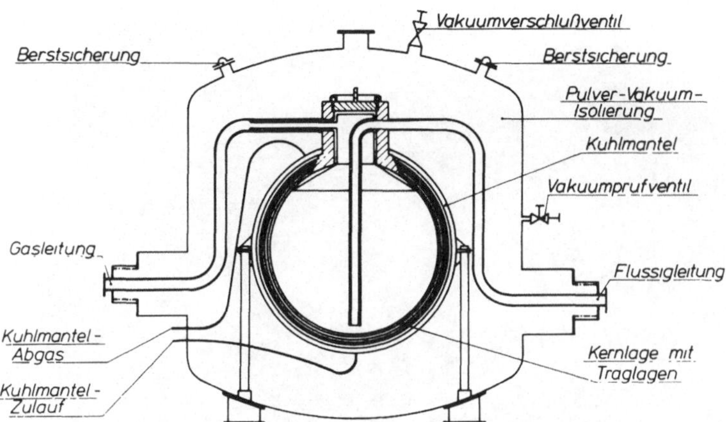

Abb. 6. Großtank für Flüssigwasserstoff
Photo: Messer-Griesheim GmbH, F. Krupp GmbH, Bundesrepublik Deutschland

gesetzt wird. Als stationäre Kleinbehälter (V = 500 l) könnte man sicherlich Kugeltanks mit dem günstigsten Verhältnis Volumen : Oberfläche und damit mit den günstigsten Leckraten einsetzen (Abb. 5, 6). Als Isolationsmaterial käme Perlit statt der teuren Superisolationen in Frage [7], da z. B. im Haushalt der in größeren Mengen abdampfende Wasserstoff zur Warmwasserbereitung herangezogen werden kann und somit im allgemeinen nicht als Energieverlust auftritt. Besonders kritisch wäre hier die Frage der Sicherheit zu diskutieren, insbesondere im Zusammenhang mit der möglichen Sauerstoffkondensation an Flüssigwasserstoffleitungen [8] und bezüglich Isolationsschäden, die zu raschen Drucksteigerungen und damit zum Bersten der Tanks führen können. Die Verteilung des flüssigen Wasserstoffs könnte über Tankwagen erfolgen, wobei aufgrund des großen Volumens eine 4fach höhere Tankwagenzahl eingesetzt werden müßte, als heute für die Benzin- und Heizölverteilung erforderlich ist [9].

Dieses sicher nicht unerhebliche Transportproblem dürfte auch dem mobilen Einsatz des Flüssigwasserstoffs in Kraftfahrzeugen entgegenstehen, obwohl er dort aufgrund des relativ geringen Tankgewichts (Faktor 2 bis 4 gegenüber Benzintank) von großem Interesse wäre (Abb. 7, 8). Bei mobilen Tanks wird außerdem die Frage der Isolation zum zentralen Problem, da Leckraten von 5% täglich, wie sie heute im Fahrzeug [6] als erreichbar angesehen werden, dem täglichen Verlust von ca. 3 l Benzin aus einem 65-l-Tank entsprechen. Erschwerend kommt hinzu, daß zur Gewinnung von einer Energieeinheit Flüssigwasserstoff ein 2,5- bis 5facher Primärenergieaufwand erforderlich ist (Tabelle 3), der besonders auch über die Kompensation der Leckverluste zu hohen Gesamtenergieverlusten führt. Ob aufgrund dieses prinzipiellen Verhaltens von Flüssigwasserstofftanks und vor allem auch in Anbetracht der gegenwärtigen Energiesituation Flüssigwasserstoff in Fahrzeugen und Haushalten eingesetzt wird, bleibt abzuwarten. Flüssigwasserstoff sollte, energetisch gesehen, nur dort eingesetzt werden, wo sein Verbrauch sofort nach dem Befüllen des Tanks gegeben ist (z. B. Raketen, Flugzeuge), da nur in diesen Fällen die Energieverluste gering gehalten werden können.

Abb. 7. Fahrzeugtank mit Flüssigwasserstoff
Photo: DFVLR, Bundesrepublik Deutschland

Abb. 8. Betankung des Fahrzeugs mit Flüssigwasserstoff
Photo: DFVLR, Bundesrepublik Deutschland

Kryogenadsorption, also Wasserstoffanlagerung an z. B. Aktivkohle bei tiefen Temperaturen (77 K), stellt im Prinzip eine Kombination aus Druckgasbehälter- und Kryogentechnologie dar. Obwohl einige Arbeiten auf diesem Gebiet durchgeführt wurden [10], läßt sich noch nicht abschätzen, ob die Gewichts- und Volumenzunahme der Kryogenadsorptionsbehälter gegenüber Flüssigwasserstofftanks durch eine mögliche Verringerung der Leckverluste und damit des Energie-

Tabelle 3. *Energiebilanz der Wasserstoffherstellung*

Wasserstoffverflüssigung

Energieaufwand zur Verflüssigung von 1 kg Wasserstoff:	10–12 $kWh_{el.}$
Energieaufwand zur Herstellung von 10–12 $kWh_{el.}$:	28–34 kWh_{therm} ($\eta_{Kraftwerk} = 35\%$)
Heizwert von 1 kg Wasserstoff:	33 kWh_{therm}

Primärenergieaufwand zur Wasserstoff-Verflüssigung ≅ Heizwert $H_{2\ gasf}$

Wasserstoff-Erzeugungsverfahren

Solarenergie
Kernenergie ⟶ Strom ⟶ Elektrolyse ⟶ $H_{2\ gasf}$
Kohle
100% $\eta = 35\%$ $\eta = 60-70\%$ $\eta_{gesamt} = 20-25\%$

1 kg Wasserstoff (gasförmig) aus . . .	130–165 kWh	Primärenergie
Verflüssigungsenergie	30 kWh	Primärenergie
	160–195 kWh	

1 kg Wasserstoff gasförmig mit	$\eta = 20-25\%$	Primärenergiewirkungsgrade für elektrolytisch hergestellten Wasserstoff
1 kg Wasserstoff flüssig mit	$\eta = 17-20\%$	

Kohle ⟶ Wasserstoff (gasförmig) $\eta = 60\%$

1 kg Wasserstoff (gasförmig) aus	55 kWh	Primärenergie
Verflüssigungsenergie	30 kWh	Primärenergie
	85 kWh	

1 kg Wasserstoff gasförmig mit	$\eta = 60\%$	Primärenergiewirkungsgrade für kohlestämmigen Wasserstoff
1 kg Wasserstoff flüssig mit	$\eta = 40\%$	

aufwandes bei der Kryogenadsorption kompensiert werden kann. Die Kryogenadsorption könnte jedoch eine interessante Alternative zur Flüssigwasserstofftechnologie werden.

1.2 Speicherung in chemisch gebundener Form

1.2.1 Ammoniak

Die Wasserstoffspeicherung in Ammoniak (NH_3) erfolgt gemäß Gl. (2).

$$2\,NH_3 \longrightarrow 3\,H_2 + N_2 \tag{2}$$

Die Zersetzungsreaktion des Ammoniaks in Wasserstoff und Stickstoff ist endotherm ($\Delta H_f^0 = +31$ kJ/mol H_2; ΔH_f^0... Reaktionswärme, Reaktionsenthalpie), d. h., es muß Wärme zugeführt werden, um Wasserstoff freizusetzen. Die Zersetzung findet in der Regel bei 600 °C in einer Spaltanlage mit Katalysator statt. Bei tieferen Reaktortemperaturen wird die Spaltung unvollständig, es treten höhere Ammoniakmengen im Produktgas auf. Da die Rückreaktion (3)

$$3\,H_2 + N_2 \longrightarrow 2\,NH_3 \tag{3}$$

in chemischen Fabrikationsanlagen durchgeführt wird (Ammoniaksynthese), ist Ammoniak am Ort des Verbrauchs ein nicht reversibler Energie-(Wasserstoff)-speicher. Zur Verteilung gelangt also nicht Wasserstoff, sondern Ammoniak. Die Wasserstofferzeugung erfolgt damit unmittelbar vor dem Verbrauch.

NH_3 kann in flüssiger Form bei 8 bis 9 bar und Raumtemperatur in Stahlflaschen gespeichert werden.

Für einen existierenden NH_3-Speicher mit Spalter und zusätzlicher Heizung wurden von [11] folgende Daten angegeben:

NH_3-Stahlflasche (40 l Nennvolumen)

Gew. leer	42 kg
Gew. voll	63 kg
Gesamtvolumen	ca. 67 l

NH_3-Menge: 21 kg, d. h. 55,3 m^3 Spaltgas

(13,8 m^3 N_2, 41,5 m^3 H_2)

Spalter: Gewicht inkl. Brenner 13 kg, Regelung: 3 kg

Volumen	11 l
Gesamtvolumen	ca. 20 l

Leistung: 1,95 m^3 H_2/h

Heizung: 320 g Propan/h bei Nennleistung
Gewicht Propan: 6,8 kg

Es ergibt sich somit bei der Verbrennung des Wasserstoffs mit einer Leistung von ca. 2 kW eine spezifische Speichermasse von 26 kg pro kg Wasserstoff (Faktor 9 gegenüber Heizöltank). Für eine motorische Leistung von 50 kW und z. B. 6 kg Wasserstoff-Speicherinhalt (als NH_3) vergrößert sich dieser Wert infolge des hohen Leistungsgewichts der Spaltanlage auf ca. 60 kg pro kg Wasserstoff (Faktor 20 gegenüber Benzintank).

Da das physiologische Verhalten des Ammoniaks durch einen MAK-Wert (*M*aximale *A*rbeitsplatz-*K*onzentration) von 35 mg/m^3 Luft gekennzeichnet ist, dürfte der Ammoniakspeicher schon allein aufgrund seiner toxischen Wirkung zur mobilen und stationären Wasserstoffspeicherung (Haushalt) ungeeignet sein.

1.2.2 Organische Reaktionen

Eine Vielzahl organisch-chemischer Prozesse läuft unter Abgabe oder Aufnahme von Wasserstoff ab. Als Beispiele derartiger Dehydrier- bzw. Hydrierreaktionen sei die Umwandlung von Ethylbenzol in Styrol bzw. von Methyl-

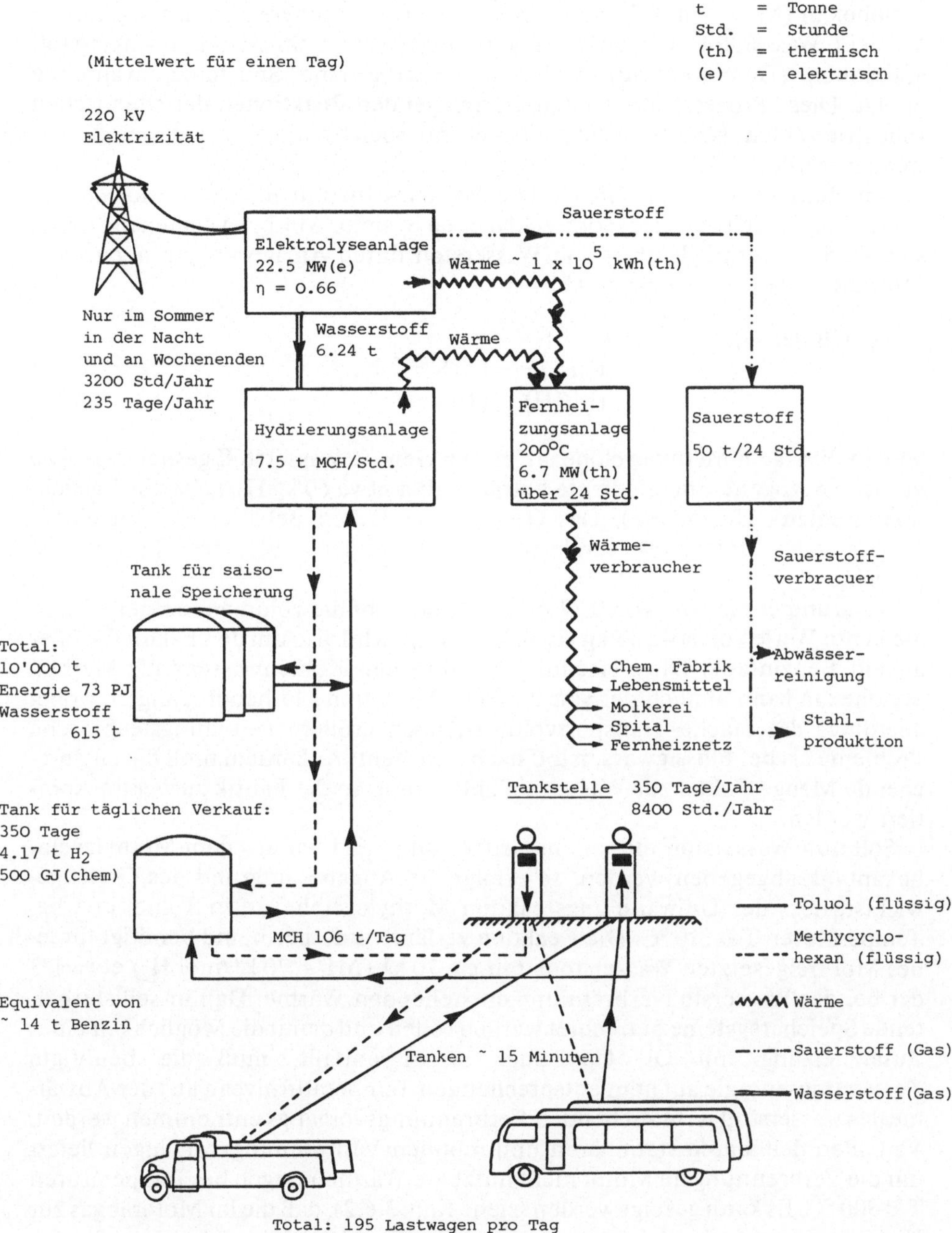

Abb. 9. Anlage zur Erzeugung, Verteilung und Aufarbeitung von Methylcyclohexan (MCH)
Photo: EIR, Schweiz

cyclohexan (MCH) in Toluol erwähnt. Dabei wird generell an das organische Molekül Wasserstoff angelagert (Hydrierung) bzw. vom Molekül Wasserstoff abgegeben (Dehydrierung), wobei gleichzeitig eine Substanzumwandlung erfolgt. Diese Prozesse, die zu den grundlegenden Reaktionen der chemischen Industrie zählen, können prinzipiell auch zur Speicherung des Wasserstoffs verwendet werden.

Am Beispiel des vom EIR (Eidgenössisches Institut für Reaktorforschung, Würenlingen, Schweiz) [12] vorgeschlagenen Systems Methylcyclohexan/Toluol soll die Speichermöglichkeit von Wasserstoff durch Anlagerung an organische Moleküle diskutiert werden (Abb. 9):

Gemäß der Gl. (4)

$$\underset{\text{(MCH)}}{C_7H_{14}} \longrightarrow \underset{\text{(Toluol)}}{C_7H_8} + 3\,H_2 \tag{4}$$

wird in flüssigem Methylcyclohexan etwa 6 Gew.-% Wasserstoff gespeichert. Die gewichtsbezogene Energiedichte beträgt daher etwa 60 kg H_2/t (Faktor 5 gegenüber Benzin-, Heizöltank). Das Gewicht des leeren Behälters ist mit einem Benzin- oder Heizöltank vergleichbar und beträgt $\sim$10% des Gesamttankgewichts.

Aufgrund der Dichte von 0,77 für MCH erreicht die volumenbezogene Energiedichte Werte von etwa 45 kg H_2/m^3, der Tank wird also um den Faktor 6 größer als ein Benzintank. Die Verteilung des flüssigen Kohlenwasserstoffs Methylcyclohexan kann ähnlich der von Benzin, Diesel und Methanol erfolgen, wobei allerdings das 6fache Transportvolumen noch größere verteilungstechnische Probleme als bei Flüssigwasserstoff nach sich zieht. Außerdem muß die entsprechende Menge Toluol zur Wasserstoffanlagerung an die Fabrik zurücktransportiert werden.

Soll nun Wasserstoff mit einem Druck von $p_{H_2} \geqq 1$ bar aus dem Methylcyclohexantank abgegeben werden, so erfolgt die Abgabe aufgrund des Gleichgewichtsdrucks der Umwandlungsreaktion Methylcyclohexan in Toluol erst bei Temperaturen $T \geqq 310$ °C. Die Reaktion verläuft endotherm und benötigt für jedes Mol freigesetzten Wasserstoffs mit ca. 70 kJ ($\Delta H_f^0 = 70$ kJ/mol H_2) etwa 1/3 der bei der Wasserstoffverbrennung entstehenden Wärme. Da nur selbsterhaltende Speichersysteme betrachtet werden sollen und damit die Möglichkeit einer Zusatzheizung mit Öl, Gas oder Strom entfällt, muß die benötigte Zersetzungsenergie auf dem entsprechenden Temperaturniveau aus der Abwärme des wasserstoffverbrauchenden Verbrennungsvorgangs entnommen werden. Von allen denkbaren stationären und mobilen Verbrennungsvorgängen liefert nur die Verbrennung im Motor nicht nutzbare Wärmemengen bei Temperaturen $T \geqq 300$ °C. Es kann gezeigt werden (siehe Kap. 3.6.2), daß die im Motorabgas zur Verfügung stehende Energie bei dem für die MCH-Zersetzung benötigten Temperaturniveau von 310 °C nur noch 10 bis 15% des unteren Wasserstoffheizwertes beträgt und damit mit 25 bis 35 kJ/mol Wasserstoff wesentlich unter dem benötigten Wert von 70 kJ/mol Wasserstoff liegt. Es ist daher weder beim Kaltstart noch während des Dauerbetriebes möglich, die erforderliche Energie zur Wasserstoffproduktion aus MCH allein aus der Abwärme des Wasserstoffverbrennungsvorgangs aufzubringen. Das System funktioniert ohne zusätzliche Befeuerung nicht. Darüber hinaus ist bis heute noch kein Katalysator bekannt, der die Reaktion MCH ⟶ Toluol mit technisch interessanten Wasserstoffausbeuten und bei vertretbarem Bauvolumen der Anlage ermöglicht. Selbstverständlich bleibt die Frage offen, ob es unter der Vielzahl der Möglichkeiten organischer Reaktionen zur Wasserstoffspeicherung und -abgabe nicht doch noch günstiger verlaufende Reaktionen gibt, die vor allem bei niedrigen Temperaturen mit minderwertiger Abwärme betrieben werden können. Hier müßte dann in jedem Fall die Reaktionskinetik über eine spezifische Katalysatorentwicklung optimiert werden. Da zur Aufrechterhaltung der bisher untersuchten chemischen Reaktionen eine zusätzliche Wärmequelle unerläßlich ist, dürfte diese Speichermethode für Wasserstoff – wenn überhaupt – nur für spezielle Anwendungsfälle in Betracht kommen.

1.2.3 Wasser

Aufgrund der chemischen Zusammensetzung H_2O sind in 18 g Wasser 2 g Wasserstoff und damit 11 Gew.-% Wasserstoff gespeichert. In 160 l (160 kg) Wasser ist demnach die Menge Wasserstoff enthalten, die im freigesetzten Zustand einem Energieäquivalent von 65 l Benzin (50 kg) entspricht. Nun ist bekanntlich im Wasser die chemische Bindung zwischen Wasserstoff und Sauerstoff so groß, daß erst bei sehr hohen Temperaturen ($T > 2\,000$ °C) die Dissoziation in Wasserstoff und Sauerstoff erfolgt [13]. Um bei Umgebungstemperatur Wasserstoff aus Wasser zu gewinnen und damit Wasser als Wasserstoffspeicher verwenden zu können, gibt es eine Reihe von Metallen, die auf chemischem Wege Wasser zersetzen. Vor allem die Alkali- (Lithium, Natrium, Kalium) und die Erdalkalimetalle (Barium, Strontium, Calcium) reagieren mit Wasser mehr oder weniger heftig nach den exothermen Reaktionsgleichungen (5 a, b).

$$\text{Alkalimetalle:}\quad 2\,H_2O + 2\,Me \longrightarrow 2\,MeOH + H_2 + \Delta H_f^0 \qquad (5\,a)$$

$$\text{Erdalkalimetalle:}\quad 2\,H_2O + Me \longrightarrow Me(OH)_2 + H_2 + \Delta H_f^0 \qquad (5\,b)$$

Neben Wasserstoff werden auch noch beträchtliche Wärmemengen (ΔH_f^0) freigesetzt. Der Einsatz von Alkalimetallen (Natrium, Kalium) zur mobilen und stationären Wasserstoffgewinnung dürfte sowohl wegen der hohen Reaktivität und damit des hohen Sicherheitsrisikos dieser Metalle als auch aufgrund der Reaktionsprodukte, nämlich Natrium- bzw. Kaliumhydroxid (Ätznatron, Ätzkali) auszuschließen sein. Dazu kommen noch die hohen Kosten der Metalle und der hohe Energieaufwand bei ihrer Herstellung aus den Metallhydroxiden.

Eine auch technisch interessante Möglichkeit ist der Einsatz von Calciumhydrid (CaH_2) zur Wasserstoffgewinnung [14] (Abb. 10). CaH_2 ist eine weiße, kristalline Masse, die exotherm mit Wasser zu $Ca(OH)_2$ und Wasserstoff reagiert. Das Reaktionsprodukt der Gl. (6).

$$CaH_2 + 2\,H_2O \longrightarrow Ca(OH)_2 + 2\,H_2 + \Delta H_f^0 \qquad (6)$$

ist neben Wasserstoff Kalkwasser [$Ca(OH)_2$]. Die Reaktionsenthalpie beträgt mit $\Delta H_f^0 = -113$ kJ/mol H_2 etwa 50% des unteren Heizwertes des gleichzeitig ent-

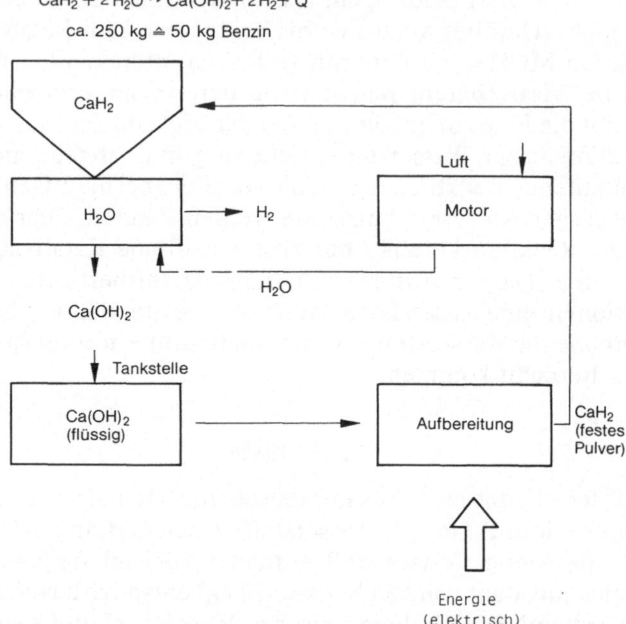

Abb. 10. Schema des Calciumhydridspeichers

stehenden Wasserstoffs (242 kJ/mol H_2). Bei der stationären Anwendung dieser Reaktion würde also auch automatisch eine entsprechende nutzbare Menge Heißwasser bei $T \geqq 80$ °C anfallen. Beim Einsatz eines Wasserstoffspeichers auf CaH_2/Wasser-Basis im Fahrzeug müßte hingegen aus diesem Grund für eine wesentlich größere Kühlleistung als bei konventionellen Kraftstoffen üblich gesorgt werden.

Aufgrund der Reaktionsgleichung benötigt man ca. 10 kg CaH_2 und 9 kg Wasser, insgesamt also 19 kg, um 1 kg Wasserstoff zu erzeugen, sodaß das Gesamtsystem eine Energiedichte von ca. 5 Gew.-% Wasserstoff aufweist (Faktor 6 bis 7 gegenüber Benzin- bzw. Heizöltank). Das Reaktionsvolumen beträgt 6 l CaH_2 und 9 l Wasser, insgesamt also 15 l, um 1 kg Wasserstoff herzustellen. Daraus ergibt sich die volumenbezogene Energiedichte zu ca. 65 kg H_2/m^3 (Faktor 4 bis 5 gegenüber Benzintank). Im Gegensatz zu Flüssigwasserstoff und Methylcyclohexan wird das Transportproblem hier dadurch wesentlich erleichtert, daß Wasser jeder Qualität verwendet werden kann und daher nicht gesondert transportiert werden muß. Da das Volumen des Calciumhydrids nur 40% des gesamten Reaktionsvolumens beträgt, ist das tatsächlich erforderliche Transportvolumen für CaH_2 nur um den Faktor 1,6 bis 2 größer als für Benzin und entspricht damit etwa dem erforderlichen Transportvolumen von Methanol. Das nach Ablauf der Reaktion vorliegende Produkt ist ein in Wasser aufgeschlämmtes, feinverteiltes, festes $Ca(OH)_2$ – Kalkwasser –, das aus dem Speicher ausgespült und durch neues, festes Calciumhydrid und Wasser ersetzt wird. Da das mindestens teilentwässerte (Lufttrocknung) $Ca(OH)_2$ eine höhere Dichte als

CaH_2 aufweist, ist für den Abtransport des gelöschten Kalks keine Erhöhung des Transportvolumens erforderlich.

Da CaH_2 und Wasser immer sofort unter Bildung von Wasserstoff reagieren, muß Calciumhydrid im geschlossenen Behälter gelagert und erst bei Wasserstoffbedarf mit Wasser zusammengebracht werden. Bei der technischen Anwendung läßt sich die Reaktion dadurch steuern, daß die sehr einfach dosierbaren Mengen Wasser in den Behälter mit Calciumhydrid eingespritzt werden – es entsteht dann immer nur so viel Wasserstoff, als Wasser in den Reaktionsraum eingebracht wird. Der prinzipielle Nachteil dieses Systems besteht darin, daß zur Aufbereitung des Calciumhydrids (CaH_2) aus Calciumhydroxid [$Ca(OH)_2$] über Schmelzflußelektrolyse ein sehr hoher Energieaufwand erforderlich ist. Da dieser Energieaufwand aber in der Größenordnung des Energiebedarfs bei der Verflüssigung des Wasserstoffs liegen dürfte, ist die Calciumhydrid/Wasser-Reaktion zur Wasserstoffspeicherung dann von Interesse, wenn billige elektrische Energie in ausreichender Menge zur Verfügung steht.

Neben der Möglichkeit, reines Calcium bzw. CaH_2 zur Wasserstoffgewinnung mit Wasser zu verwenden, werden verschiedene andere Legierungen vorgeschlagen [15]. Eine Legierung aus z. B. Aluminium und Calcium (20 bis 30% Ca) reagiert bei Temperaturen von etwa 70 °C hinreichend schnell mit Wasser. Entsprechend der Reaktionsgleichung wird unter Einsatz von 1 kg Al-Ca-Legierung etwa 1 m^3 Wasserstoff erzeugt. Unter Berücksichtigung des Wasseranteils weist dieser Wasserstoffspeicher eine gewichtsbezogene Energiedichte von ca. 10 Gew.-% bzw. 100 kg H_2/t (Faktor 4 gegenüber Benzintank) auf. Das Reaktionsprodukt $Al_2O_3 \cdot 3\,H_2O + Ca(OH)_2$ läßt sich zwar wiederaufbereiten, doch ist auch hier der erforderliche Energieaufwand so groß, daß der Einsatz solcher Systeme wie bisher auf besondere Anwendungsfälle beschränkt bleibt.

1.2.4 Reversible Metall-Wasserstoff-Reaktionen (Metallhydride)

Die Probleme, die mit den bisher genannten Speichermethoden für Wasserstoff verknüpft sind, definieren andererseits auch die Eigenschaften, die ein Wasserstoffspeicher aufweisen müßte, um breite technische Anwendung zu finden. Wenn man von der Erkenntnis ausgeht, daß alle Wasserstoffspeicher stets eine wesentlich geringere gewichtsbezogene Energiedichte aufweisen als Benzin oder Heizöl, so folgt für den mobilen und stationären Einsatz, daß, obwohl in Grenzen variabel, der Wasserstofftank immer ein hohes Gewicht aufweisen wird. Prinzipiell kann also nur dann an den mobilen Einsatz von Wasserstoffspeichern gedacht werden, wenn entweder Erdöl nicht mehr in ausreichendem Maße zur Verfügung steht oder die Verbrennungsvorgänge besonders umweltfreundlich ablaufen müssen. Sollte es erforderlich werden, Wasserstoff (Verbrennungsprodukt mit Luft ist hauptsächlich Wasserdampf) als Energieträger für stationäre und mobile Anwendungen einzusetzen, so sind neben der Gewichtsfrage des Speichers auch eine Reihe anderer Aspekte bei der Auswahl eines „idealen" Wasserstoffspeichers von Bedeutung.

- Die Speicherung des Wasserstoffs und seine Abgabe aus dem Speicher sollte ohne Aufwand an zusätzlicher Energie erfolgen.

- Der Speicher sollte eine möglichst hohe volumenbezogene Energiedichte aufweisen, damit zumindest das Bauvolumen niedrig gehalten werden kann.
- Aus Sicherheitsgründen sollte der Speicher weder die Probleme der Hochdruckbehälter noch jene der Kryogentanks aufweisen.
- Aus Kostengründen sollte der Speicher mit stark verunreinigtem Wasserstoff bzw. wasserstoffhaltigen Gasgemischen beladbar sein. (Die Nachreinigung des Wasserstoffs, wie sie z. B. für die Verflüssigung nötig ist, ist kosten- und energieintensiv!)
- Die Be- und Entladung des Speichers sollte reversibel beim Verbraucher erfolgen.
- Die erforderlichen Be- und Entladungsdrücke und -temperaturen sollten möglichst niedrig sein.
- Der Speicher sollte wartungsarm und beliebig oft be- und entladbar sein.
- Die Wasserstoffaufnahme bzw. -abgabe muß in technisch interessanten Zeiten erfolgen.
- Der Speicher sollte keine Leckrate (Energieverlust) aufweisen und schließlich möglichst geringe Herstellungskosten und keine Rohstoffprobleme verursachen.

Die genannten Kriterien können – wenn überhaupt – nur von Gas-Festkörper-Reaktionen erfüllt werden. Aus diesem Grund werden seit Jahren internationale Forschungsarbeiten durchgeführt, mit dem Ziel, auf Grundlage von Metall-Wasserstoff-Reaktionen einen sicheren und kompakten Wasserstoffspeicher zu entwickeln. Diese Arbeiten erbrachten den Nachweis, daß eine Reihe von metallischen Legierungen Wasserstoff unter Bildung von Metallhydriden chemisch reversibel und sicher speichern können. Zudem erfüllen einige der bekannten Metallhydride die vorhin genannten Bedingungen eines technisch verwendbaren Wasserstoffspeichers. Da Metallhydride – also Metall-Wasserstoffe – aufgrund ihres im Vergleich zu Kohlenstoff hohen spezifischen Metallgewichts immer um den Faktor 10 bis 20 schwerer sein werden als ein Kohlenwasserstofftank (Benzin, Heizöl), so folgt, daß auch der Einsatz von Metallhydriden mit dem Gewichtsproblem aller Wasserstoffspeicher behaftet ist.

Aufgrund der chemischen Bindung des Wasserstoffs in Metallen und der damit verbundenen Wärmetönung sind Hydride jedoch nicht nur Wasserstoff-, sondern auch Wärmespeicher. Diese Wärme-Wasserstoff-Kopplung ermöglicht erst jene technischen Anwendungen, die den Einsatz von Hydriden sowohl mobil als auch stationär besonders interessant erscheinen lassen.

Die Grundlagen der Metall-Wasserstoff-Reaktion und die technischen Möglichkeiten, die Metallhydride bieten, sollen daher in den folgenden Kapiteln dargestellt und diskutiert werden.

2. Grundlagen der reversiblen Metallhydride

Die chemische Reaktionsgleichung (7) für die exotherme Hydridbildung aus Wasserstoff und Metall lautet:

$$\text{Wasserstoff} + \text{Metall} \underset{\text{(entladen)}}{\overset{\text{(laden)}}{\rightleftharpoons}} \text{Hydrid} + \text{Wärme} \begin{cases} \text{Abgabe (laden)} \\ \text{Zufuhr (entladen)} \end{cases} \tag{7}$$

Beim Beladen der Legierung mit Wasserstoff (Bildung des Hydrids) fällt also gleichzeitig immer Wärme an, während zur Entnahme des Wasserstoffs (Zersetzung des Hydrids) aus dem Speicher diesem stets Wärme zugeführt werden muß.

Die Bildung verschiedener exothermer Hydride in Abhängigkeit von Druck und Temperatur und ihre Stöchiometrie kann mit Hilfe von Konzentrations-Druck-Isothermen (KDI) ermittelt werden (Abb. 11). Aus den experimentell zu bestimmenden Isothermen lassen sich folgende, für den technischen Einsatz der Hydride entscheidende Daten ableiten:

- *Die gewichtsbezogene Energiedichte* (kJ/kg) des Speichers wird aus der Wasserstoffkonzentration in der metallischen Legierung bestimmt.
  Bei einem unteren Heizwert des Wasserstoffs von ~120 MJ/kg Wasserstoff resultiert beispielsweise aus der Aufnahme von 1 mol (2 g) Wasserstoff in 100 g Legierung eine Konzentration von 2 Gew.-% und damit eine Energiedichte des Legierungshydrids zu $0{,}02 \cdot 120 = 2{,}4$ MJ/kg Hydrid.
- *Das Temperaturniveau,* bei dem der für den technischen Einsatz entscheidende Druckwert *von 1 bar* überschritten wird (selbständige Abgabe des Wasserstoffs aus dem Hydrid ohne Förderpumpe).
- *Das Temperaturniveau* des Hydridzerfalls unter hohem Druckanstieg (Sicherheitsaspekt bei der Auslegung der Hydridbehälter).
- *Die Reaktionsenthalpie* (ΔH_f^0 in kJ/mol Wasserstoff) des Hydrids, die aus den van't Hoff-Isochoren (siehe Kap. 2.1) abgeleitet wird und damit die Wärme-

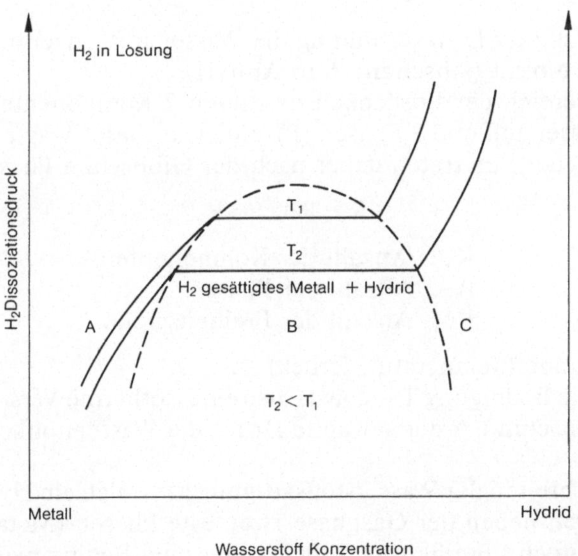

Abb. 11. Schema der Konzentrations-Druck-Isothermen der Metall-Wasserstoffreaktion

menge festlegt, die dem Hydrid am entsprechenden Arbeitspunkt (Temperatur, Druck) zugeführt werden muß, um eine kontinuierliche Wasserstoffabgabe zu erhalten, und
- schließlich ermöglicht die KDI die exakteste *Homogenitätskontrolle* auch großtechnisch hergestellter Legierungen.

Da die Konzentrations-Druck-Isothermen somit von zentraler Bedeutung für die Hydridentwicklung sind, soll ein Überblick über ihre theoretischen Grundlagen und experimentellen Bestimmungsmethoden gegeben werden. Ausführliche theoretische Beschreibungen von Metall-Wasserstoff-Reaktionen können vor allem dem Standardwerk „Metal Hydrides" [16] entnommen werden.

2.1 Theoretische Grundlagen der Konzentrations-Druck-Isothermen

Soll gasförmiger, molekularer Wasserstoff (H_2) mit einer metallischen Legierung reagieren, so müssen die Wasserstoffmoleküle (H_2) zuerst in Wasserstoffatome (H), die anschließend von dem Metall absorbiert werden können, dissoziieren. Da die Dissoziation des Wasserstoffs an der Oberfläche des Festkörpers erfolgt, ist der physikalische und chemische Zustand der Festkörperoberfläche von zentraler Bedeutung für den Reaktionsablauf und die Reaktionskinetik. Oberflächenphänomene an Metallen, die in Zusammenhang mit der Hydridbildung stehen, werden deshalb in Kap. 2.6 ausführlich dargestellt.

Sobald Wasserstoffmoleküle (H_2) in -atome (H) dissoziiert sind, gelangen sie in den Festkörper und bilden dort einen gewissen Löslichkeitsbereich von Wasserstoff in den entsprechenden Metallen. Nach dem Sieverts-Gesetz erfolgt die Löslichkeit (L_{H_2}) entsprechend der Druckerhöhung (p_{H_2}) gemäß Gl. (8).

$$L_{H_2} \sim \sqrt{p_{H_2}} \tag{8}$$

d. h., daß trotz starker Druckerhöhung die Wasserstoffkonzentration im Metall nur langsam zunimmt (Abschnitt A in Abb. 11).

In diesem Bereich der Löslichkeit existieren 2 Komponenten (K), nämlich Metall und Wasserstoff und 2 Phasen (P), eine Gasphase (Wasserstoff) und eine feste Phase (Metall). Es treten daher nach der Gibbschen Phasenregel (9)

$$K - P + 2 = F \tag{9}$$

K... Anzahl der Komponenten
P... Anzahl der Phasen
F... Anzahl der Freiheitsgrade

zwei Freiheitsgrade (Temperatur, Druck) auf.

Wählt man die Bedingung T = const., also eine isotherme Versuchsführung, so bestimmt im Abschnitt A der gewählte Druck die Wasserstoffkonzentration im Metall.

Nach Überschreiten der Wasserstoffsättigung kann sich ein Hydrid ausbilden, d. h. es existieren neben der Gasphase zwei feste Phasen (Metall und Hydrid) und damit nur noch 1 Freiheitsgrad. Bei isothermen Bedingungen (T = const., F = O) muß daher die fortschreitende Wasserstoffkonzentration im Festkörper und damit die Umwandlung des Metalls in das Metallhydrid auch unter konstantem Druck (p_{H_2} = const.) erfolgen (Abschnitt B in Abb. 11).

Das Auftreten eines Druckplateaus kennzeichnet also die Hydridbildung, wobei die Länge des Plateaus die Stöchiometrie und damit die gewichtsbezogene Energiedichte des Hydrids angibt.

Sobald die Hydridbildung vollständig erfolgt ist, liegt nur noch eine feste Phase vor (Hydrid), bei weiterer Wasserstoffzugabe erfolgt eine Löslichkeit des Wasserstoffs im Hydrid und damit wieder ein Druckanstieg nach dem Sieverts-Gesetz. Jede weitere mögliche Hydridphase wird durch weitere Plateaus bei entsprechend höheren Drücken angezeigt, bis schließlich nur noch Wasserstofflöslichkeit in der zuletzt gebildeten Hydridphase und damit steiler Druckanstieg erfolgt (Abschnitt C in Abb. 11). Für die Berechnung der Energiedichte des Hydrids wird die Gesamtkonzentration des Wasserstoffs in allen Hydridphasen herangezogen. Werden die Konzentrations-Druck-Isothermen bei verschiedenen Temperaturen gemessen, so erhält man nach Abb. 11 eine Aussage über das Verhalten des Hydrids mit steigender Temperatur. Da mit zunehmender Temperatur der Dissoziationsdruck ansteigt und die Druckplateaus verkürzt werden, bedeutet das, daß eine kritische Temperatur existiert, ab der die Hydridphase nicht mehr stabil ausgebildet werden kann. Bei noch höheren Temperaturen liegt dann nur noch Wasserstoff neben Metall vor. Da dies in geschlossenen Tanks zu großen Drucksteigerungen führen und es als Folge davon zum Bersten der Behälter kommen kann, ist die Ermittlung der kritischen Temperatur für jedes Hydrid von entscheidender sicherheitstechnischer Bedeutung.

Aus den KDI-Messungen lassen sich auch die van't Hoff-Isochoren (Abb. 12)

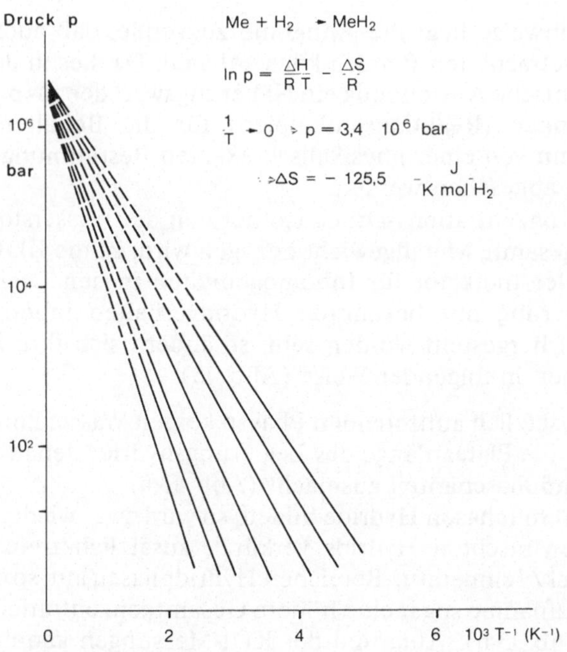

Abb. 12. Schema der van't Hoff-Isochoren

ableiten, d. h. die für eine konstante Konzentration isochor gemessenen Druck/Temperatur-Wertpaare. Für einen begrenzten Temperaturbereich kann der Plateaudruck durch Gl. (10) beschrieben werden:

$$\ln p_{H_2} = \frac{-\Delta S}{R} + \frac{\Delta H}{RT} \tag{10}$$

mit p_{H_2} ... Wasserstoffdissoziationsdruck
ΔS ... Entropieänderung bei der Hydridbildung
ΔH ... Bildungsenthalpie
R ... Gaskonstante
T ... Temperatur

Unter der für den technisch interessanten Bereich zutreffenden Annahme, daß ΔS für alle Hydride etwa gleich und konstant ist ($\Delta S = -125{,}5$ J/mol H_2K bei 1 bar, 300 °K), kann aus der Steigung der experimentell ermittelten van't Hoff-Isochoren der Wert der Bildungsenthalpie ΔH_f^0 des betreffenden Hydrids errechnet werden [Gl. (10 a)].

$$\Delta H_f^0 = R \cdot \frac{\ln\left(\frac{p_2}{p_1}\right)}{\left(\frac{1}{T_2} - \frac{1}{T_1}\right)} \tag{10 a}$$

p_1, p_2, T_1, T_2: Wasserstoffdruck und -temperatur an zwei beliebigen Punkten der Isochore.

Dieser Schreibweise liegt die Annahme zugrunde, daß auch die Bildungsenthalpien im betrachteten Bereich konstant sind. Da dies in der Regel zutrifft und für die technische Anwendung ein Näherungswert der zu- bzw. abzuführenden Wärmemengen (Reaktionsenthalpien) für die Behälterauslegung ausreichend ist, kann von einer physikalisch exakten Bestimmung der ΔH_f^0 Werte im allgemeinen abgesehen werden.

Da bei den Konzentrations-Druck-Isothermen die Wasserstoffkonzentration immer auf das gesamte Metallgewicht bezogen wird, ist die KDI-Messung auch ein sehr sensibler Indikator für Inhomogenitäten in den Legierungen. Sollte z. B. eine Legierung mit bekannten Hydridverhalten inhomogen (d. h. als Phasengemisch) hergestellt worden sein, so ändern sich ihre Konzentrations-Druck-Isothermen in folgender Weise (Abb. 13).

- Sollten die zusätzlich auftretenden Phasen keinen Wasserstoff aufnehmen, so verkürzt sich die Plateaulänge des Legierungshydrids genau um den Betrag, den der Fremdphasenanteil ausmacht (Abb. 13 a).
- Sollten die Fremdphasen Hydride bilden, so wird zwar wiederum die Plateaulänge des gewünschten Hydrids verkürzt, zusätzlich treten aber auch in anderen Druck/Temperatur-Bereichen Hydridphasen auf, so daß während der Wasserstoffaufnahme sogar eine höhere Gesamtkonzentration gemessen werden kann (Abb. 13 b). Aufgrund der KDI-Messungen kann somit eine sehr genaue Qualitätskontrolle für Hydridspeicher durchgeführt werden.

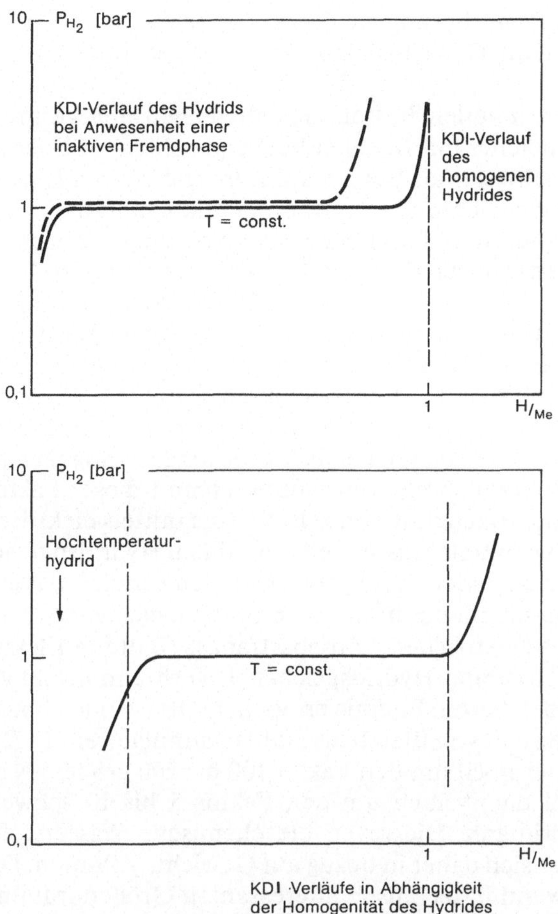

Abb. 13. Schema der Konzentrations-Druck-Isothermen (KDI) in Abhängigkeit der Legierungshomogenität

2.2 Technologische Aspekte der Metallhydride

Die Dissoziation des molekularen Wasserstoffs (H_2) in atomaren Wasserstoff (H) und seine chemische Bindung in den metallischen Phasen hat zur Folge, daß

- bei gleicher Menge gespeicherten Wasserstoffs der Gleichgewichts-Druck über dem Hydrid um ein bis drei Größenordnungen geringer ist als die Werte bei der gasförmigen Speicherung in Hochdruckflaschen,
- die volumenbezogene Wasserstoffdichte im Hydrid im allgemeinen größer ist als bei Wasserstoff in flüssiger Form,
- aufgrund der Metallgewichte der zur Speicherung verwendeten Legierungen die gewichtsbezogenen Energiedichten nur zwischen 2 und 8 MJ/kg Hydrid liegen (gegenüber ~40 MJ/kg Benzin, Heizöl).

Die Wasserstoffspeicherung in Form von Metallhydriden ist somit bereits theoretisch mit dem Gewichtsfaktor 5 bis 20 gegenüber Benzin und Heizöl behaftet.

Im praktischen mobilen Einsatz in Fahrzeugen mit Verbrennungsmotoren sind die Hydridspeicher mit Behälter bei vergleichbarem Energieinhalt um den Faktor 10 bis 20 schwerer als Benzintanks. Im stationären Einsatz, in dem praktisch nur die Energiedichte des Speichermaterials zählt und nicht notwendigerweise z. B. Behälter und Fundamentgewichte mitgerechnet werden, könnte unter bestimmten Umständen der Gewichtsfaktor bis auf 5 reduziert werden (siehe Kap. 3.4). Im Vergleich zur Energiespeicherung in elektrischen Akkumulatoren ist die Energiespeicherung in Metallhydriden jedoch deutlich günstiger. Blei-, Eisen/Nickel-, Cadmium/Nickel-, Zink/Nickel- u. a. Batteriesysteme weisen elektrische Energiedichten zwischen 75 und 200 kJ/kg auf. Ihre Energiedichten sind daher um den Faktor 200 bis 500 geringer als die von Heizöl oder Benzin und um den Faktor 10 bis 25 geringer als jene von Hydridspeichern. In der stationären Anwendung kommt dieser Faktor praktisch voll zum Tragen, da die Erzeugung von z. B. Wärme mittels elektrischer Energie aus einer Batterie bzw. mittels Wasserstoffs aus einem Hydridspeicher mit vergleichbar hohen Wirkungsgraden durchgeführt werden kann. Etwas günstiger sind die Verhältnisse beim mobilen Einsatz von Batterien, da hier der 2- bis 3fach höhere Wirkungsgrad des elektrischen Antriebsstranges (Batterie-Elektromotor) gegenüber dem Antriebsstrang Hydridspeicher – Verbrennungsmotor eine bessere Nutzung der gespeicherten Energie ermöglicht. Bei vergleichbaren Reichweiten ist das Batteriegewicht von Blei- bzw. Stahlakkumulatoren (Fe/Ni) für den Fahrzeugantrieb immer noch um den Faktor 100 bis 200 größer als das Gewicht des Benzintanks und damit auch um den Faktor 5 bis 10 schwerer als der entsprechende Hydridtank. Die reversible chemische Wasserstoffspeicherung in Metallen befindet sich daher in bezug auf Gewicht, Volumen, Druck, Sicherheit und Energieaufwand in technisch interessanten Größenordnungen, da sie zwischen den idealen Energieträgern Benzin und Heizöl und den elektrischen Energiespeichersystemen (elektrochemisch reversible Akkumulatoren) angesiedelt ist. In den Kap. 3.5, 4 und 5 werden die experimentellen Ergebnisse von Wasserstoff-Fahrzeugen und Elektrofahrzeugen sowie die Eignung von Hydridspeichern und Hydridbatterien zur stationären Speicherung elektrischer Energie diskutiert.

2.2.1 Einteilung der Hydride

Für die technische Anwendung der Hydride ist die Temperatur, bei der die Zersetzungsdrücke Werte von über 1 bar erreichen, von besonderem Interesse. Unter der großen Anzahl von Hydriden bezeichnet man jene Gruppe als Tieftemperaturhydride (TTH), die einen Dissoziationsdruck über 1 bar bereits bei Temperaturen unter dem Gefrierpunkt erreicht (rechts oben in Abb. 14). Mitteltemperaturhydride (MTH) sind alle Hydride, deren Druckgrenze von 1 bar zwischen 100 °C und 200 °C liegt (sie sind im mittleren Teil des Diagramms enthalten), und schließlich gehören zur Gruppe der Hochtemperaturhydride jene, deren 1-bar-Niveau erst bei Temperaturen $T \geqq 200$ °C auftritt (linker Teil in Abb. 14). Allen Hydriden gemeinsam ist die Eigenschaft, daß die Beladung mit

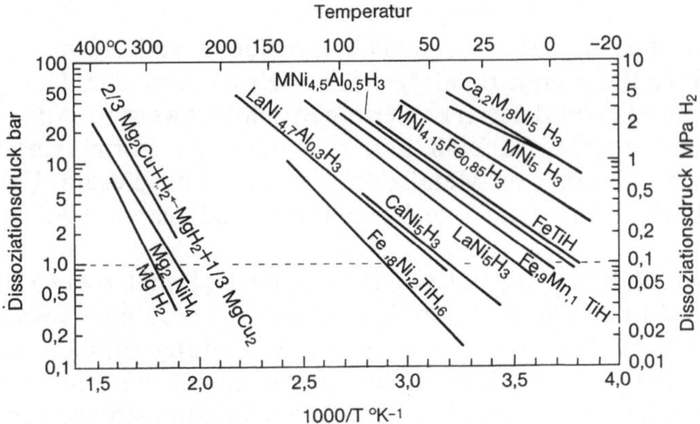

Abb. 14. van't Hoff-Isochoren verschiedener Hydride (nach [INCO] USA)

Wasserstoff mit einer unter Umständen beträchtlichen Vergrößerung des Zellvolumens der Legierung verbunden ist. So darf z. B. beim Behälterbau die Fülldichte mit Hydrid nicht zu groß werden, da sonst die Behälter beim Beladen irreversibel verformt werden können und damit nicht mehr sicher zu handhaben sind.

2.2.1.1 Tieftemperaturhydride

Die wesentlichen Merkmale der Tieftemperaturhydride lassen sich wie folgt zusammenfassen:

Da der Dissoziationsdruck des Wasserstoffs von $p_{H_2} \geqq 1$ bar bereits bei Temperaturen $50 \geqq T \geqq -30$ °C (in extremen Fällen, z. B. $TiCr_2$ $T = -80$ °C) erreicht wird, sind diese Hydride besonders instabil. Für die technische Anwendung ergeben sich daraus folgende Konsequenzen:

- Aufgrund der instabilen Wasserstoffbindung ist der Wert der Bindungsenthalpie ΔH_f^0 des Wasserstoffs im Metall niedrig. In den meisten Fällen ist $\Delta H_f^0 \leqq$ 30 kJ/mol Wasserstoff und beträgt damit weniger als 15% des unteren Heizwertes des Wasserstoffs. Um Wasserstoff aus dem Speicher abzugeben, genügt somit die Zufuhr von relativ geringen Wärmemengen auf niedrigem Temperaturniveau. Es kann also auch sonst nicht verwertbare Wärme (Luft-, Bodenwärme) zur Hydridzersetzung verwendet werden.
- Es existieren keine Probleme in Zusammenhang mit der Wasserstoffabgabe aus dem Speicher bei Temperaturen bis − 30 °C (s. Kap. 3.4).
- Die Instabilität kann unter Umständen zu einem starken Druckanstieg schon bei Temperaturen $T \geqq 10$ °C und damit zu Sicherheitsproblemen führen.
- Andererseits ist ein von TT-Hydriden lieferbarer höherer Druck im Speicher für bestimmte Anwendungen durchaus wünschenswert (z. B. Wasserstoff-Hochdruckeinblasung in Ottomotoren, s. Kap. 3.3).
- Der Beladungsdruck der Hydride muß relativ hoch sein (im allgemeinen 10 bis 50 bar).
- Die bei der Beladung freigesetzte Wärmemenge (maximal 15% des unteren Heizwertes des gespeicherten Wasserstoffs) fällt im allgemeinen im Temperaturbereich $80° \geqq T \geqq 40$ °C an.

- Bezogen auf das Legierungsgewicht, kann nur eine relativ kleine Menge Wasserstoff gespeichert werden. Die Hydridentwicklung der letzten Jahre zeigt, daß Tieftemperaturhydride hauptsächlich von den Übergangs- bzw. Seltenerdmetallen und deren Legierungen gebildet werden. Alle diese Metalle haben ein Atomgewicht $\geqq 48$ und speichern pro Formeleinheit maximal ein Wasserstoffatom pro Metallatom (MeH). Aus diesem Verhältnis von 1 (H) : $\geqq 48$ (Me) folgt eine Speicherdichte von höchstens 2,2 Gew.-% Wasserstoff.

Trotz dieser relativ niedrigen Energiedichten (mit Behälter etwa 20 mal schwerer als ein Benzintank) kommt den Tieftemperaturhydriden als Wasserstoffspeicher in der technischen Anwendung große Bedeutung zu, da es nur mit ihrer Hilfe gelingt, den Wasserstoff für mobile und stationäre Verbrennungsvorgänge auch bei tiefen Temperaturen (bis -30 °C) verzögerungsfrei zu erhalten. Sollte der Verbrennungsvorgang des Wasserstoffs oder andere (Ab-)Wärmequellen hochgradige Wärme bei $T \geqq 100$ °C liefern, so können auch Mittel- und Hochtemperaturhydride eingesetzt werden. Prinzipiell ist also der technische Einsatz von MT- und HT-Hydriden stets erst dann möglich, wenn ausreichend Wärme auf einem Temperaturniveau $100 \leqq T \leqq 700$ °C vorhanden ist.

2.2.1.2 Mitteltemperaturhydride

Mitteltemperaturhydride (MTH) sind stabiler als TTH und erreichen aus diesem Grund das Druckniveau von $p_{H_2} \geqq 1$ bar bei Temperaturen $200\,°C \geqq T \geqq 100\,°C$. Für die technische Anwendung sind sie durch folgende Eigenschaften charakterisiert:

- Die Bindungsenthalpie ΔH_f^0 des Wasserstoffs im MTH beträgt etwa 15 bis 25% des unteren Heizwertes des Wasserstoffs. Da diese Wärmemenge während der Beladung bei Temperaturen $T \geqq 100$ °C auftritt, kann sie z. B. für Heizzwecke weiter verwendet werden.
- Die erhöhte Stabilität des Hydrids führt auch bei erhöhten Temperaturen nicht zu extremen Druckanstiegen und damit auch zu keinen weiteren Sicherheitsproblemen.
- Da der Gleichgewichtsdruck der MTH bei $\leqq 100$ °C unter 1 bar fällt, sind auch außerhalb des Betriebs keine besonderen Sicherheitsvorkehrungen für den Speicher erforderlich.
- Die Beladung kann mit relativ niedrigen Drücken $p_{H_2} \leqq 5$ bar unter Umständen auch mit $p_{H_2} \leqq 1$ bar erfolgen.
- Die in den MTH speicherbare Wasserstoffmenge und damit die gewichtsbezogenen Energiedichten sind vergleichbar mit jenen der TTH. Sie betragen maximal 2,5 Gew.-%.

In Anwendungsfällen, bei denen die Wasserstoffabgabe nicht notwendigerweise bei niedrigen Temperaturen gefordert wird, stellen MTH bezüglich Sicherheit, Betankungsdruck und Wärmespeicherung eine günstigere Lösung als TTH dar.

2.2.1.3 Hochtemperaturhydride

Als Hochtemperaturhydride (HTH) werden alle jene Hydride bezeichnet, die besonders stabile Wasserstoff-Metall Bindungsverhältnisse aufweisen. Diese Hydride sind durch folgende Eigenschaften gekennzeichnet.

- Der Dissoziationsdruck von $p_{H_2} \geqq 1$ bar wird bei Temperaturen $T \geqq 200$ °C erreicht (in extremen Fällen erst bei $T \geqq 700$ °C).
- Die Bindungsenthalpien ΔH_f^0 des Wasserstoffs im HTH sind $\geqq 80$ kJ/mol H_2 und betragen damit mehr als 30% des unteren Heizwertes des Wasserstoffs. Da diese Wärmemengen bei der Beladung auf hohem Temperaturniveau auftreten, könnten sie stets weiterverwendet werden.
- Aufgrund der hohen Stabilität der Hydride sind bei Umgebungstemperaturen keine Sicherheitsmaßnahmen erforderlich. Die HTH können im allgemeinen auch an Luft gelagert werden.
- Die Beladung der HTH kann auch mit Wasserstoffdrücken $p_{H_2} \leqq 1$ bar erfolgen.
- Aufgrund der relativ hohen Reaktionstemperaturen können HTH praktisch nur mit reinem Wasserstoff (99,99%) reagieren. Fremdgasanteile tragen nämlich sehr rasch zur Passivierung der Metalloberflächen und damit zur Verhinderung der Hydridreaktion bei.
- Da besonders stabile Hydride (HTH) unter anderem auch von Leichtmetallen (Magnesium, Aluminium) und deren Legierungen gebildet werden, kann die gewichtsbezogene Energiedichte aufgrund des niedrigen Atomgewichts der Elemente relativ hohe Werte erreichen. Für Magnesiumhydrid (MgH_2) ergibt die chemische Summenformel etwa 8 Gew.-% Wasserstoff (Atomgewicht Mg: 25), woraus eine Energiedichte von ~10 MJ/kg resultiert.

Dieser hohen Energiedichte der HTH (Faktor 4 schwerer als Benzin oder Heizöl) steht die Anforderung gegenüber, eine beträchtliche Wärmemenge auf hohem Temperaturniveau zur Wasserstoffabgabe zur Verfügung zu stellen. Ein selbsterhaltender Reaktionsablauf aus der Abwärme der Wasserstoffnutzung ist für HTH im allgemeinen nicht möglich, solange die Verbrennungsvorgänge des Wasserstoffs mobil und stationär unter optimalen Wirkungsgraden durchgeführt werden. Es gibt jedoch eine Reihe von technischen Anwendungen, bei denen aus anderen Prozessen entstandene hochgradige Wärme vorteilhaft zur HT-Hydridzersetzung herangezogen werden könnte (s. Kap. 6.2). In diesen Fällen kann dann die hohe Energiedichte der HTH voll genutzt werden.

2.3 Hydride als Wärmespeicher

Betrachtet man die Reaktionsgleichung der Hydridbildung nicht als Wasserstoff-, sondern als Wärmereaktion, so lautet die Grundgleichung (11) für die Wärmespeicherung in Hydriden:

$$Q + MeH_2 \longrightarrow Me + H_2 \qquad (11)$$

Wärme wird gespeichert und Wasserstoff wird aufgrund der Hydridzersetzung abgegeben.

Im Verlauf der Rückreaktion (11 a)

$$H_2 + Me \longrightarrow MeH_2 + Q \qquad (11\,a)$$

wird Wasserstoff absorbiert und die (vorher gespeicherte) Wärme frei. Dies bedeutet, daß Metallhydride gleichzeitig Kraftstoff- (Wasserstoff-) und Wärmespeicher sind.

Tieftemperaturhydride (TTH) und Mitteltemperaturhydride (MTH) besitzen eine Wärmespeicherdichte bis zu 0,3 MJ/kg ($TiFeH_2$, $CaNi_5H_6$) oder $1{,}5 \cdot 10^3$ MJ/m^3 in einem Temperaturbereich von − 20 °C bis 200 °C unter einem Wasserstoffdruck von ~ 10 bar.

Da bei Tieftemperaturhydriden zur Wasserstoffabgabe niederwertige Wärme, z. B. auch Luft- und Bodenwärme, verwendet und damit gespeichert werden kann, sind Hydride auch prinzipiell als Wärmepumpen (bei höherem Beladungsdruck als Entnahmedruck erfolgt die Wärmeabgabe auf einem höheren Temperaturniveau als die Wärmeaufnahme) bzw. Klimaanlagen geeignet (s. Kap. 6.1).

Hochtemperaturhydride (HTH) haben eine Wärmedichte bis zu 3 MJ/kg (MgH_2, Mg_2NiH_4) oder $6 \cdot 10^3$ MJ/m^3 in einem Temperaturbereich von 200 °C bis 700 °C (TiH_2 : 3 MJ/kg, $1{,}5 \cdot 10^4$ MJ/m^3, T = 500 °C) und unter einem Wasserstoffdruck $\geqq 1$ bar. HTH eignen sich daher besonders gut für die Speicherung hochgradiger Wärme. Da Hydride chemische Wärmespeicher sind, wird die gespeicherte Wärme *nur während* der Reaktion des Metalls mit Wasserstoff abgegeben. Wärmeverluste wie z. B. bei Salzschmelzen u. ä. Wärmespeichern und einem damit verbundenen hohen Aufwand an Isolationsmaßnahmen treten bei chemischen Wärmespeichern und damit auch bei Hydriden nicht auf. Der Verzicht auf Isolation ist vor allem bei der Speicherung hochgradiger Wärme in HTH von besonderem Interesse, da diese Wärmespeicher konstruktiv einfach und kostengünstig gebaut werden können.

Somit kann jeder Verbrennungsprozeß (in Industrie, Haushalt und Fahrzeug), der Wasserstoff aus einem Hydridspeicher verbraucht, mit teilweiser oder vollständiger Speicherung der Abwärme des jeweiligen Wasserstoff-Verbrennungsprozesses verbunden werden.

Diese Doppelfunktion des Hydridspeichers ermöglicht einen für die praktische Anwendung sehr interessanten Kraftstoff-Wärme-Kopplungsmechanismus (Abb. 15).

Bei Verbrennungsvorgängen (z. B. Wasserstoff-Motoren oder Wasserstoff-Hausheizung etc.) wird Abwärme erzeugt und dem Hydrid zur Wasserstoff-Freisetzung zugeführt. Sie wird daher im Metall gespeichert und nicht gleichzeitig mit der Verbrennung an die Umgebung abgegeben. Um eine kontinuierliche Wasserstoffabgabe sicherzustellen, muß die Abwärme aus dem Verbrennungsprozeß immer größer sein als die zur Freisetzung des Wasserstoffs aus dem entsprechenden Hydrid benötigte Energie und auf dem erforderlichen Temperaturniveau zur Verfügung stehen.

Ist die vorhandene Wärmemenge mit allen Übertragungsverlusten gleich groß wie die zur Zersetzung des Hydrids nötige Energie, so ist der Verbrennungsvorgang nach außen hin abwärmefrei, da dann ein geschlossenes System Wasserstoff/Verbrennung/Abwärmespeicherung vorliegt. Die Abwärmeenergie kann (durch Veränderung des Drucks bei der Aufladung) in verschiedenen Tempera-

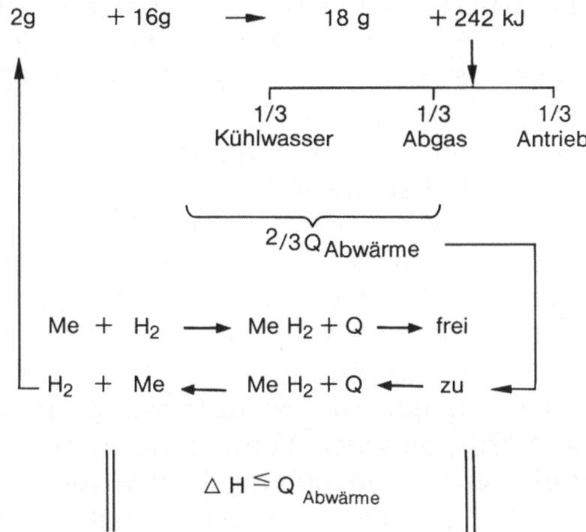

Abb. 15. Schema der Wasserstoff-Wärmekopplung

turbereichen für den praktischen Gebrauch, z. B. zur Raumheizung, verfügbar gemacht werden (Kap. 8).

Das Zusammenwirken von Kraftstoff- und Wärmespeicher führt somit in Verbindung mit Gasbrennern, Verbrennungsmotoren, Gasturbinen und Brennstoffzellen sowohl stationär als auch mobil zu einer besonders günstigen Energieausnutzung.

Welches Hydrid letztlich für einen bestimmten Anwendungszweck eingesetzt wird, hängt von den Betriebsbedingungen der Wasserstoffverbrennung (Wasserstoffdruck, Wasserstoffkinetik, Arbeitstemperatur) und von der Qualität und Quantität der bei einer gewählten Arbeitstemperatur zur Verfügung stehenden Wärme ab.

2.4 Einfluß der Kristall- und Elektronenstruktur auf die Hydridbildung

Aufgrund der Vielzahl der möglichen Legierungen, die zur Speicherung des Wasserstoffs verwendet werden können, stellt sich die Frage nach den theoretischen Grenzen der Speicherfähigkeit bzw. nach jenen Größen, die diese Grenzen festlegen. Neben dem Formelgewicht der Legierung sind dies die Kristallstrukturen und die Elektronendichten im Leitfähigkeitsband. Aus den zahlreichen experimentellen Daten der Hydridentwicklung kann geschlossen werden, daß eine Legierung dann ein Hydrid bildet, wenn mindestens eine ihrer Komponenten selbst ein Hydrid ausbildet. Die Legierungen müssen demnach mindestens eines der folgenden Metalle (A) enthalten: Magnesium (Magnesiumhydrid), Calcium (Calciumhydrid), Titan (Titanhydrid), Zirkon (Zirkonhydrid), Vanadin (Vanadinhydrid), Lanthan (Lanthanhydrid) u. a. Wird nun ein Metall (B), das kein Hydrid bildet, wie z. B. Mangan, Eisen, Kobalt, Nickel, Kupfer u. a., als weiterer Legierungsbestandteil verwendet, so können prinzipiell Legierungen der Zusammensetzung AB (TiFe, TiNi...), AB_2 ($TiMn_2$, $TiCr_2$...), A_2B (Ti_2Ni, Ti_2Fe...) und AB_5 ($LaNi_5$, $CaNi_5$...) entstehen, die, wie in Kap. 2.11 gezeigt wird, Wasserstoff speichern können. Auffallend bei der Wasserstoffreaktion dieser Legierungen ist die Tatsache, daß isotype Legierungen (z. B. TiFe, TiNi), die auch noch vergleichbare Formelgewichte aufweisen (TiFe = 103,7; TiNi = 106,6), deutlich unterschiedliche Speicherkapazitäten besitzen (TiFe ~1,8 Gew.-% Wasserstoff; TiNi ~ 1 Gew.-% Wasserstoff), obwohl in beiden Fällen gleiches Platzangebot (Tetraederlücken in der kubisch raumzentrierten AB-Legierung) für den Einbau der Wasserstoffatome vorliegt.

Ein wesentlicher Faktor bei der Speicherung von Wasserstoff in Metallen muß daher die Elektronendichte und die Elektronenstruktur der Legierung sowie deren Veränderung aufgrund des Hydriervorgangs sein. In den in der Literatur bisher diskutierten theoretischen Modellen zur Hydridbildung von Lundin et al. [17] und Miedema et al. [18] ist der Einfluß der Elektronen jedoch noch nicht berücksichtigt. Im Modell von Lundin werden die thermodynamischen Eigenschaften der Hydride von intermetallischen Verbindungen mit der Größe der Zwischengitterplätze, in die der Wasserstoff eingebaut werden kann, korreliert. Es wird daher nur der Einfluß der Geometrie des Kristalls auf die Hydridbildung untersucht. Das Miedema-Modell erfaßt vor allem Zusammenhänge zwischen der Bindungsenthalpie des Hydrids mit der Bindungsenthalpie der Ausgangslegierung, wodurch zweifellos eine Vorhersage der Hydridstabilität, nicht aber der Hydridkapazität gelingt. Da die als Wasserstoffspeicher in Frage kommenden Metallhydride zum größten Teil auf den d-Übergangsmetallen basieren, wurde für diese Legierungen versucht, eine Korrelation zwischen Hydriereigenschaften und Elektronenstruktur herzustellen. Der Bindungscharakter des Wasserstoffs im Metallgitter ist hauptsächlich metallisch und beruht auf einer s-d-Wechselwirkung der Bindungspartner. Switendick [19], Gelatt et al. [20] und Kulikov et al. [21]

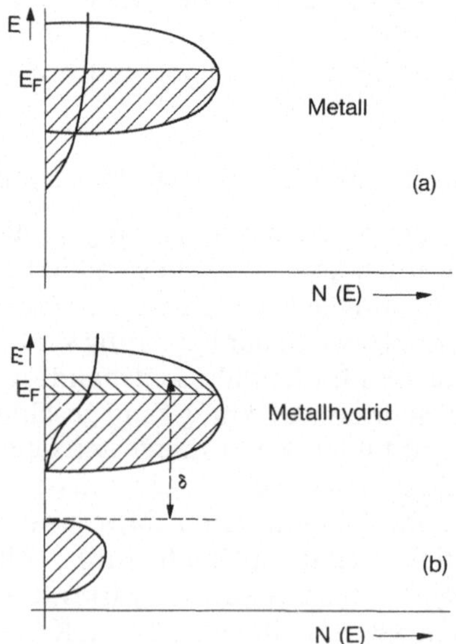

Abb. 16. Energiebändermodell der Hydridbildung (nach [22])

haben ein mathematisches Modell für die Stabilität von Übergangsmetallhydriden in Abhängigkeit von Bandstrukturüberlegungen aufgestellt. Das Wesentliche ihrer Ergebnisse wird nach [22] in Abb. 16 erläutert. Während der Bildung des Hydrids erfolgt eine Änderung der Elektronenzustandsdichte des Übergangsmetalls. Als Konsequenz des Wasserstoffeinbaus wird um die Wasserstoffplätze ein tiefer liegender Zustand mit sphärischer Symmetrie gebildet. Die energetische Position dieses tiefer liegenden Zustands (s-Typ) ist entscheidend für die Stabilität des Hydrids. Es kann nun ein maximaler Wert der Wasserstoffkonzentration berechnet werden, bis zu dem Hydride stabil ausgebildet werden können. Dieser Wert legt somit die theoretisch obere Grenze der Speicherkapazität fest. Auf diese Weise kann z. B. das unterschiedliche Hydrierverhalten von TiFe bzw. TiNi auf die unterschiedlichen Elektronenzustandsdichten in den Leitfähigkeitsbändern dieser Legierungen zurückgeführt werden.

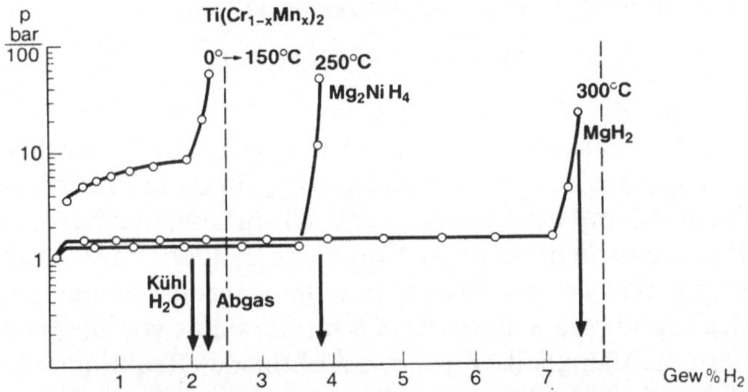

Abb. 17. Speicherdichten reversibler Metallhydride

Werden diese theoretischen Überlegungen auf eine Vielzahl metallischer Legierungen angewendet, so folgt, daß die obere Grenze der Speicherfähigkeit von Tieftemperaturhydriden zwischen 2,3 und 2,5 Gew.-% Wasserstoff liegen dürfte. Damit kann der heute bereits erreichte Wert von etwa 2,1 Gew.-% Wasserstoff nur noch um etwa 10 bis 20% verbessert werden. Bei den Hochtemperaturhydriden liegt die theoretisch obere Grenze bei etwa 8 Gew.-% Wasserstoff (MgH_2), ein Wert, den der gegenwärtige Stand der Hydridentwicklung zu bereits mehr als 90% erreicht hat (Abb. 17). Im kristallinen Zustand der Legierungen sind somit nur noch geringfügige Verbesserungen in bezug auf die Wasserstoffspeicherdichten zu erwarten. Eine weitere Steigerung in der Wasserstoffaufnahme einer Legierung könnte dadurch erzielt werden, daß die metallischen Legierungen im amorphen bzw. rasch abgeschreckten Zustand (nicht kristallin) hergestellt werden. Erste Versuche an amorphen (glasartigen) Legierungen, die Maeland [23] an TiCu durchgeführt hat, haben zwar keine großen Veränderungen gegenüber dem kristallinen Zustand gezeigt, doch könnten vor allem Lavesphasenhydride (Ti-Cr-Mn) durch eine eventuelle Erweiterung des Löslichkeitsbereichs im amorphen Zustand höhere Wasserstoffspeicherdichten als im kristallinen Zustand erhalten. Da sich jedoch schon die Herstellung amorpher Legierungen zur Zeit in den Anfängen der Grundlagenforschung befindet, ist ihre Bedeutung für die Hydridentwicklung heute noch nicht abzusehen.

Innerhalb der vorgegebenen Grenzen der Speicherfähigkeit läßt sich jedoch eine Vielzahl von Legierungen entwickeln, die, immer auf der Basis von AB-, AB_2-, A_2B- und AB_5-Legierungen, den jeweiligen Druck-Temperatur-Bedingungen angepaßt werden können. Die Optimierung an sich bekannter Hydridsysteme auf den jeweiligen Verwendungszweck hin dürfte demnach das wesentliche Ziel der weiteren Hydridentwicklung sein. Auch amorphe Legierungen und ihre Hydride könnten in diesem Zusammenhang besondere Bedeutung erlangen, da sie nicht nur das Temperatur-Druck-Verhalten des Hydrids verändern, sondern vor allem auch wesentlich unempfindlicher gegenüber Gasverunreinigungen sein könnten, als dies im kristallinen Zustand der Fall ist.

2.5 Die Kinetik der Wasserstoffreaktion mit Metallen

Die Geschwindigkeit, mit der die Reaktion (12)

$$H_2 + Me \longrightarrow MeH_2 + Q \tag{12}$$

abläuft, hängt von der Reaktionstemperatur (T), vom Wasserstoffdruck (p_{H_2}) und von der Diffusionskonstanten (D_{H_2}) des Wasserstoffs im Metallgitter ab. Dabei ist vorausgesetzt, daß sich die Legierung in einem reaktionsfähigen Zustand befindet und damit der Einfluß eventuell vorhandener hemmender Schichten an der Oberfläche nicht mehr vorhanden ist. Außerdem soll nur das einzelne Legierungskorn ($1\,000\,\mu < \varnothing < 10\,\mu$) betrachtet werden. Die bei der technischen Speicherauslegung für die Kinetik des Gesamtsystems vor allem entscheidende Frage der Wärmeleitfähigkeit (Zu- bzw. Abfuhr der Reaktionswärme) wird im Kap. 2.7 ausführlich dargestellt.

Im Falle der Tieftemperaturhydride kann festgestellt werden, daß auch noch bei Temperaturen um $-50\,°C$ (220 K) eine genügend hohe Reaktionskinetik vorliegt, um die Hydridbildung vollständig durchzuführen. Die dazu benötigten Drücke liegen zwischen 5 und 50 bar, wobei die hohen Druckwerte vor allem dann eingesetzt werden müssen, wenn möglichst kurze Beladungszeiten (5 bis 10 Minuten) des Speichers erforderlich sind. Bei den gewählten Korngrößen ($\leqq 100\,\mu$) erfolgt aufgrund relativ hoher Diffusionsgeschwindigkeiten des Wasserstoffs im Metallgitter die Hydridbildung spontan. Die Beladungszeiten von Tieftemperaturhydridspeichern hängen somit ausschließlich von den geometrischen Auslegungen der Behälter ab.

Für Hochtemperaturhydride gilt im wesentlichen die Aussage, daß die Wasserstoffreaktion mit merklicher Geschwindigkeit erst ab Temperaturen $T \geqq 150\,°C$ unter Drücken von 1 bis 10 bar einsetzt. Werden diese Bedingungen eingehalten, so ist aufgrund einer im allgemeinen genügend hohen Diffusionsgeschwindigkeit des Wasserstoffs in den Legierungskörnern die Hydridbildung wieder spontan.

Wie für alle chemischen Reaktionen existiert also auch im Falle der Metall-Wasserstoff-Reaktion eine Temperaturschwelle (Grenztemperatur), ab der die Reaktionsgeschwindigkeit einen für den technischen Einsatz erforderlichen Mindestwert erreicht. Diese Temperaturschwelle liegt bei Tieftemperaturhydriden so niedrig ($T < -100\,°C$), daß sie unter praktischen

Bedingungen nicht unterschritten wird. Daher findet die Wasserstoffreaktion von Tieftemperaturhydriden immer mit ausreichender Kinetik statt. Die Temperaturschwelle von Hochtemperaturhydriden befindet sich dagegen bei Temperaturen um + 150 °C, so daß diese Temperaturen immer erreicht werden müssen, ehe die Wasserstoffreaktion mit merklicher Geschwindigkeit einsetzen kann. Diese Temperaturschwelle bewirkt nun bei MT- und HT-Hydriden, daß die Rate der Wasserstoffabgabe (g H_2/ min) mit steigender Temperatur zunimmt. Die technisch nutzbare Energiedichte des Hydrids ist also sehr stark von der Lage dieser Temperaturschwelle abhängig.

Zwei für den technischen Einsatz interessante Metallhydride, nämlich Magnesium- und Ti_2Ni-Hydrid, weisen Besonderheiten in bezug auf ihre Reaktionskinetik auf.

Nach Messungen von Töpler et al. [24] führt bei Magnesiumhydrid die extrem niedrige Diffusionsgeschwindigkeit des Wasserstoffs im Metallgitter zu einer sehr schlechten Reaktionskinetik bei Korngrößen $\geqq 30\ \mu$. Mit Hilfe eines von Bogdanovic [25] entwickelten Verfahrens erhält man ein hochreaktives Magnesiumhydridpulver mit Korngrößen um ca. $5\ \mu$. Unter diesen Bedingungen sind dann die Diffusionswege kurz genug, um auch bei den sehr kleinen Diffusionsgeschwindigkeiten relativ kurze Hydrier- und Dehydrierzeiten zu erzielen. Nachteil des hochreaktiven Magnesiumhydrids ist die spontane Reaktion mit Luft, so daß nach einer weiteren Möglichkeit gesucht wurde, die hohe Energie-Speicherdichte des Magnesiumhydrids mit einer für technische Zwecke ausreichenden Reaktionskinetik zu verbinden. Hier konnte auf einen vom Verfasser im System Titan-Nickel-Wasserstoff entdeckten Effekt der „Interphasendiffusion" (siehe Kap. 2.11.3) zurückgegriffen werden. Es handelt sich dabei im wesentlichen um folgenden Vorgang:

Liegen zwei im Phasendiagramm benachbarte metallische Legierungen (A und B) vor und bildet A ein Hydrid mit hoher Wasserstoffkonzentration, aber niedriger Reaktionskinetik, hingegen B ein Hydrid mit relativ geringer Wasserstoffkonzentration, aber hoher Reaktionskinetik, so bilden die Legierungsgemische A, B Hydride, die sich in ihrer Speichereigenschaft additiv verhalten, aber eine hohe Gesamtkinetik der Wasserstoffreaktion, wie sie sonst nur der Phase B entspricht, aufweisen. Dieses Verhalten tritt bei allen in situ gebildeten Legierungsgemischen, nicht aber bei mechanischen Mischungen zweier Einzelphasen auf.

Das Modell einer Interphasendiffusion des Wasserstoffs kann am Beispiel Ti_2Ni/TiNi wie folgt zusammengefaßt werden:

Im zweiphasigen Gemisch Ti_2Ni/TiNi mit Ti_2Ni als Phase mit hoher Wasserstoffkonzentration und geringer Wasserstoffkinetik und TiNi als Phase mit geringer Wasserstoffkonzentration und hoher Wasserstoffkinetik erfolgt der Wasserstofftransport während der Be- und Entladung auf zwei verschiedenen Wegen:

- direkt aus den einzelnen Phasen an die Grenze Festkörper/Elektrolyt oder Festkörper/Gas,
- indirekt von Ti_2NiH_x über $TiNiH_y$ an die Phasengrenze fest/flüssig bzw. fest/gasförmig.

Dadurch sind Phasengemische mit überwiegendem Ti_2Ni-Gehalt bis zum

Gleichgewicht $Ti_2NiH_{0,5}$ + TiNi entladbar, während sich bei überwiegendem TiNi-Gehalt ein Gleichgewicht Ti_2Ni + TiNiH + TiNi einstellt.

Während die kinetische Hemmung der Wasserstoffabgabe im Falle Ti_2Ni vor allem von der Stabilität der Phasen und damit von einer Energieschwelle (in der Gasphase: Temperaturschwelle) abhängt, ist bei Magnesiumhydrid die Kinetik der Gasphasenreaktion durch die extrem niedrige Diffusionskonstante bestimmt.

Ähnlich wie im Ti_2Ni/TiNi-Phasengemisch setzt sich auch das Mg/Mg_2Ni-Legierungsgemisch aus einer Phase (MgH_2) mit hoher Wasserstoffkapazität und niedriger Kinetik und einer benachbarten Phase (Mg_2NiH) mit geringerer Wasserstoffspeicherdichte und hoher Kinetik zusammen. Im Hydridgemisch kann nun wieder der Wasserstoff aufgrund vieler gemeinsamer Grenzflächen aus dem Magnesiumhydrid über das Mg_2Ni-Hydrid mit hoher Reaktionskinetik entladen und beladen werden [26].

Der Wasserstoff diffundiert atomar aus der MgH_2-Phase in die Mg_2Ni-Phase.

$$MgH_2 + Mg_2Ni \underset{}{\overset{k_1}{\rightleftharpoons}} Mg_2NiH_x + MgH_{2-x}$$

und gelangt von dort in die Gasphase

$$Mg_2NiH_X \overset{k_2}{\rightleftharpoons} Mg_2Ni + \frac{X}{2} \cdot H_2$$

Für die Gesamtreaktion ergibt sich:

$$MgH_2 \overset{k_1 \cdot k_2}{\rightleftharpoons} Mg + H_2$$

Die Gesamtreaktion hat dadurch eine sehr viel bessere Kinetik als die direkte Abgabe von Wasserstoff aus dem Magnesiumhydrid.

Wie die experimentellen Resultate zeigten, ist die Kinetik von Mg-Mg_2-Ni-Hydriden vergleichbar mit der Kinetik von reinem Mg_2Ni. Eine verlangsamte Kinetik ist, wie auch im Falle der Ti_2Ni/TiNi-Phasen, erst dann zu erwarten, wenn im Vergleich zur MgH_2-Phase zu geringe Anteile der Mg_2Ni-Phase vorhanden sind und damit die Interphasendiffusion des Wasserstoffs aus der Mg- in die Mg_2Ni-Phase nicht mehr gewährleistet ist. Erste Versuche zeigen, daß schon bei einer Legierungszusammensetzung von etwa 90% Mg und nur 10% Mg_2Ni die Interphasendiffusion stattfindet und schon ab dieser Zusammensetzung eine genügend hohe Reaktionskinetik für den Speichereinsatz vorhanden ist. Die maximale Wasserstoffspeicherkapazität für Mg/Mg_2Ni-Systeme liegt etwa zwischen 7 und 7,5 Gew.-% Wasserstoff.

Der Effekt der Interphasendiffusion des Wasserstoffs, der in Kap. 2.11.3 ausführlich dargestellt wird, kann nun überall dort in der Entwicklung der Hydridspeicher eingesetzt werden, wo die Wasserstoffkinetik einer Hydridphase aus Diffusions- oder Stabilitätsgründen für den technischen Anwendungsfall zu gering ist. Hier müßte dann eine im Phasendiagramm benachbarte Legierung gefunden werden, die, wenn auch nur bei geringer Wasserstoffaufnahme (eventuell nur Löslichkeit!), eine hohe Kinetik des Wasserstoffumsatzes aufweist. Das entsprechende Legierungsgemisch könnte dadurch eine hohe Kinetik der

Wasserstoffreaktion und eine ausreichende Wasserstoffspeicherdichte erhalten. Ein besonders interessantes Entwicklungsziel dürften in diesem Zusammenhang metallische Legierungen mit Aluminium und Silizium sein. Derartige Legierungen besitzen nach dem gegenwärtigen Stand der Entwicklung, wenn überhaupt, so nur eine sehr geringe Reaktionskinetik mit Wasserstoff. Die Entwicklung von Phasengemischen, die entsprechend den Ti_2Ni/TiNi- und Mg/Mg_2Ni-Systemen eine Interphasendiffusion von Wasserstoff in Aluminiden und Siliziden zulassen, würde zu einer völlig neuen Klasse von Hydridspeichern führen.

2.6 Der Einfluß von Fremdgasbeimengungen im Wasserstoff auf die Hydridbildung

2.6.1 Aktivierung der Hydridspeicher

Alle Ergebnisse der Hydridentwicklung haben zur Voraussetzung, daß Wasserstoff mit einer Reinheit von 99,995% verwendet wird. Die Restgasverunreinigungen in der Größenordnung von 50 ppm sind dabei so gering, daß sie keinen Einfluß auf das Hydrierverhalten metallischer Legierungen ausüben. Weiterhin wird vorausgesetzt, daß die Legierungen bereits im aktiven Zustand vorliegen, also sofort mit Wasserstoff reagieren können. Beide Voraussetzungen liegen im technischen Einsatz nicht immer notwendigerweise vor. Vor allem die Speicherherstellung (Zerkleinern, Verarbeiten, Einfüllen der Hydride in die Speicherbehälter) sollte aus Kostengründen weitgehend unter Luft erfolgen. Dies hat aber zur Folge, daß sich an der Metalloberfläche Luft und Wasserdampf (Luftfeuchtigkeit) befinden, die nur in wenigen Fällen (Lavesphasenhydride) eine direkte Reaktion der Legierung mit Wasserstoff zulassen. Eine durch Luftkontakt passivierte Metalloberfläche kann allerdings durch Wärmebehandlung wieder aktiviert werden. Ob eine derartige Aktivierung direkt im Speicher oder außerhalb des Speichers in einem entsprechenden Ofen erfolgt (wobei der Speicher dann unter Schutzgas befüllt werden muß), hängt von der jeweiligen Speichertechnologie ab (siehe Kap. 3.4).

Die Aktivierung von z. B. TiFe erfolgt im allgemeinen nach folgendem Verfahren:

- Ausheizen unter Vakuum von etwa 10^{-2} bar (Aktivierungsvakuum) bei 450 °C
- „Spülen“ mit Wasserstoff (maximal 5 bar)
- Abkühlen unter Wasserstoff

Dieser Prozeß wird so lange wiederholt, bis die Probe maximale Speicherkapazität zeigt. Das ist im allgemeinen nach etwa 5 bis 10 Zyklen der Fall.

Durch dieses Vorgehen ist gewährleistet, daß sowohl adsorbierte Schichten (hohe Temperaturen und Vakuum) als auch Oxidschichten (hohe Temperaturen und Reduktionsmittel Wasserstoff) entfernt werden.

Der Anfangszustand des Speichermaterials ist dabei von besonderer Bedeutung.

Grobkörniges TiFe (Korngröße $\leqq 1$ mm) kann z. B. auf diese Weise nur sehr schlecht und unvollständig aktiviert werden, vor allem dann, wenn es mehr als ein Jahr an Luft gelagert wurde.

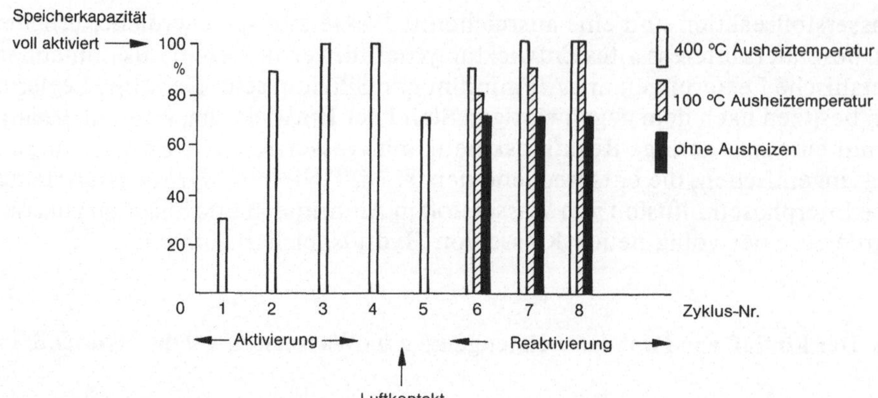

Abb. 18. Abhängigkeit der Speicherkapazität einer TiFe-Legierung von der Aktivierungstemperatur (nach dem 4. Zyklus erfolgte jeweils Luftzutritt zum Hydrid)

Feingemahlenes TiFe (Korngröße $\leqq 50\ \mu$) kann in wenigen Zyklen vollständig aktiviert werden, wenn es vorher unter Luftausschluß (unter Schutzgas) aufbewahrt wurde.

Dies läßt den Schluß zu, daß sich bei längerer Lagerung an der Luft relativ dicke Oxidschichten auf der Legierungsoberfläche bilden, die im Aktivierungsprozeß nur sehr schwer wieder zu entfernen sind. Die Bildung dieser Schichten wird unterdrückt, wenn der Austausch mit der Umgebungsluft verhindert wird (verschlossener Behälter). Die größere Oberfläche der Legierung (kleine Körnung) ergibt zusätzlich eine erhöhte Reaktivität der Legierung gegenüber Wasserstoff.

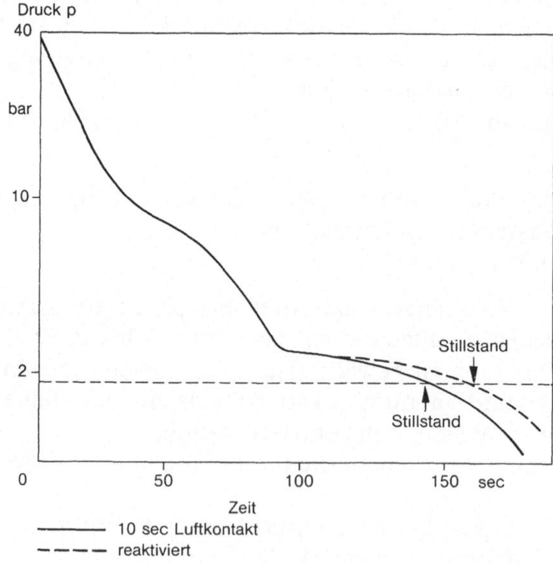

Abb. 19. Wasserstoff-Druckverlauf von TiFe-Hydrid mit und ohne (– – – –) Luftkontakt

Gerät aktiviertes TiFe in kurzen Luftkontakt (10 Minuten) – z. B. während des Einfüllens in die Behälter –, so haben Versuche gezeigt, daß in diesem Fall auch bei kaltem Speichermaterial eine Betankung wieder möglich ist, wenn der Speicher etwa 10 Minuten lang evakuiert (bis etwa 10^{-2} bar) und ein Austausch mit der Umgebungsluft verhindert wurde.

Die Oxidation der Speicheroberfläche scheint damit ein Langzeiteffekt zu sein. Kurzzeitig wird Luft an der Oberfläche offenbar nur so lose adsorbiert, daß der größte Teil durch Abpumpen bei Raumtemperatur wieder entfernt werden kann. Der Rest der angelagerten Luft (oder einer ihrer Komponenten) beeinflußt dann lediglich die Dynamik des Speichers. Es konnte nachgewiesen werden, daß bei langen Tankzeiten Speicherkapazität und KDI-Charakter erhalten bleiben, die in einer bestimmten Zeit nutzbare Kapazität wird jedoch verkleinert (Abb. 18, 19, 20).

Demgegenüber können Hydride auf Basis der TiCrMn-Legierungen (Lavesphasenhydride) auch nach längerer Lagerung an Luft ohne Wärmebehandlung direkt mit Wasserstoff reagieren. Dieses Verhalten (Abb. 21) der Lavesphasenlegierungen hat zur Folge, daß alle Werkstoffe für den Behälterbau verwendet werden können (Stahl, Aluminium, kohle- und glasfaserverstärkte Kunststoffe), da die Temperaturen, denen das Behältermaterial ausgesetzt ist, immer < 100 °C sind. Für alle jene Hydride, für die eine Temperaturbehandlung zur Aktivierung von $T \sim 400$ °C erforderlich ist, können hingegen nur die entsprechenden warmfesten Stahlsorten als Behältermaterialien eingesetzt werden. Dies gilt im besonderen Maße für Hochtemperaturhydride, die vor allem aus Gründen der Betriebstemperaturen in Stahlbehältern eingelagert werden müssen.

Magnesium-Nickel-Legierungen erfordern einen ähnlichen Aktivierungsprozeß wie die TiFe-Legierung. Da jedoch alle Hochtemperaturhydride bei Umgebungstemperatur chemisch stabile Verbindungen darstellen, empfiehlt es

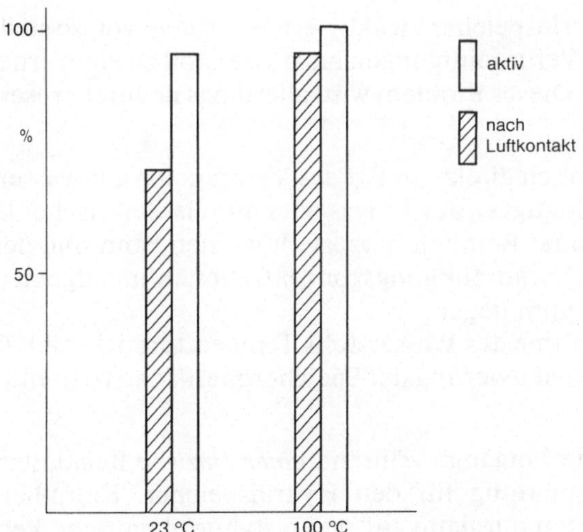

Abb. 20. Abhängigkeit der Speicherkapazität einer TiFe-Legierung von der Aktivierungstemperatur (nach längerem Luftkontakt)

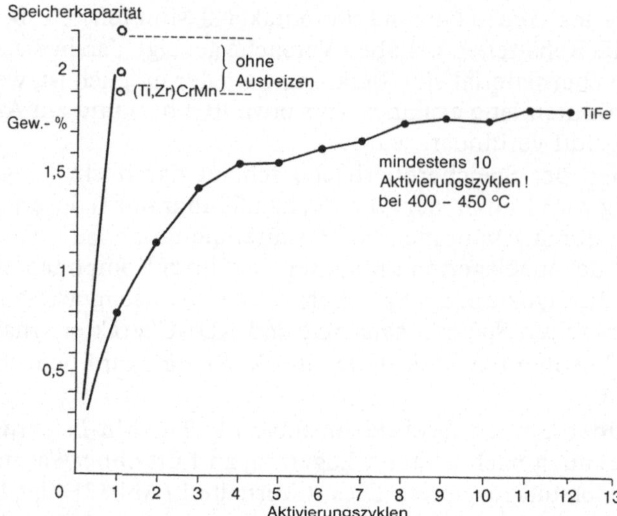

Abb. 21. Aktivierbarkeit von Lavesphasenhydriden (z. B. TiZrCrMn) und TiFe-Hydrid

sich, anstelle der Legierungen die bereits fertigen Hydride in den Tank zu füllen. Die erste Wasserstoffabgabe aus dem Speicher reinigt dann gleichzeitig auch die Oberfläche des Speichermaterials von eventuell vorhandenen Luft- und Wasserdampfschichten. Hier ist dann lediglich darauf zu achten, eine bestimmte Korngröße des Hydridpulvers nicht zu unterschreiten, da Metallpulver mit zu großer Oberfläche generell zu Selbstentzündungen neigen.

2.6.2 *Einfluß von Verunreinigungen*

Liegt der Hydridspeicher im aktivierten Zustand vor, so stellt sich die Frage, in welchem Maße Verunreinigungen im Wasserstoff zu einer erneuten Passivierung führen können. Dieses Problem wird allerdings dadurch wesentlich eingegrenzt, daß

- Wasserstoff (auch direkt am Ort des Verbrauchs) aus wasserstoffhaltigen Gasgemischen (Stadtgas), aus Erdgas oder mittels elektrischer Energie aus Wasser mit relativ hoher Reinheit hergestellt werden kann und deshalb die in Frage kommenden Verunreinigungskonzentrationen im allgemeinen nur zwischen 50 und 1000 ppm liegen;
- bei der Entnahme des Wasserstoffs Temperaturen $T \geqq 80$ °C auftreten, so daß immer eine Reaktivierung der Speicheroberfläche während des Betriebs möglich ist.

Somit sind die Vorgänge während *eines einzigen* Beladungsschrittes von entscheidender Bedeutung für den Hydridspeicher. Kumulierende Verunreinigungseffekte treten nur dann auf, wenn stabile chemische Verbindungen an der Oberfläche der Hydride gebildet werden können. Das trifft praktisch nur für Hochtemperaturhydride zu, da in diesen Fällen während der Beladung der Legierungen mit Wasserstoff genügend hohe Temperaturen ($T \geqq 300\,°C$) vorliegen, um stabile Oxide, Nitride bzw. Karbide zu bilden.

Die beiden möglichen Prozesse, die an der Speicheroberfläche stattfinden können, wenn Gasgemische mit der Legierung in Berührung kommen, sollen im folgenden nur kurz beschrieben werden. Eine ausführliche Darstellung von allgemeinen Metall-Gas-Reaktionen wird z. B. bei Fromm, Gebhardt in „Gase und Kohlenstoff in Metallen" [27] gegeben.

2.6.2.1 Adsorption (Physisorption)

Im Falle der Adsorption werden die Gasmoleküle an der Oberfläche nur lose angelagert. Die Bindungsenergie dieses Zustandes ist somit klein. Im allgemeinen dauert die Physisorption nur so lange, bis sich eine monomolekulare Schicht ausgebildet hat. Danach ist die Wechselwirkung zwischen Gas und Speicheroberfläche so klein, daß eine weitere Anlagerung nicht mehr erfolgt. Eine Wärmebehandlung unter Vakuum entfernt sämtliche adsorbierten Schichten vollständig von der Hydridoberfläche.

Wenn der Speicheroberfläche ein Gemisch aus mehreren gasförmigen Komponenten angeboten wird und die Adsorptionswärmen der Komponenten verschieden sind, wird sich vorzugsweise das Gas mit der größten Bindungswärme an der Oberfläche anlagern und den größten Teil der zur Verfügung stehenden Oberfläche bedecken. Das Verhältnis der von den verschiedenen Gasen bedeckten Flächen hängt von den Partialdrucken der Fremdgase ab.

In jedem Fall wird ein wenn auch kleiner Teil der Oberfläche aus adsorbiertem Wasserstoff bestehen, der die weiteren Schritte der Wasserstoffspeicherung im Hydrid einleiten kann. Die Betankung des Speichers ist damit auch bei Anwesenheit von Fremdgasanteilen nach wie vor möglich, allerdings mit einer deutlich verlangsamten Kinetik. Die volumenspezifischen Eigenschaften der Legierung (KDI-Charakteristik, Speicherkapazität und Wasserstoffbindungsenthalpie) bleiben jedoch im wesentlichen erhalten.

2.6.2.2 Chemisorption

Im Falle der Chemisorption gehen die Gasmoleküle mit den Oberflächenatomen in der Speicherlegierung eine chemische Verbindung ein (Bildung von Karbiden, Oxiden, Nitriden ...). Die dabei frei werdenden Energien liegen in der Größenordnung der Reaktionsenthalpien chemischer Vorgänge

$$Q_{chem} \sim 100\,\text{kJ} \cdot \text{Mol}^{-1}$$

und sind damit wesentlich größer als die Adsorptionswärmen. Deswegen können chemisorbierte Schichten nicht mehr durch Ausheizen unter Vakuum entfernt werden. Ihre thermische Zersetzung tritt vielfach erst bei sehr hohen Temperaturen ein.

Im Falle der Chemisorption wird die Legierungsoberfläche bei ausreichender Konzentration der Fremdgase im Wasserstoff schon nach kurzer Zeit vollkommen mit den passivierenden Schichten bedeckt sein. Danach ist keine Wasserstoffaufnahme mehr möglich. Wenn die Konzentration des Fremdgases zur vollständigen Oxidation nicht reicht, kann der Wasserstoff jedoch durch die nicht bedeckten Stellen der Oberfläche hindurch diffundieren. Im Inneren des Speichermaterials stören die Oberflächenschichten die Volumendiffusion nicht mehr. Zur vollen Betankung sind unter diesen Umständen nur längere Diffusionsstrecken zu überwinden. Das bedeutet, daß im günstigsten Falle der Chemisorption die Beladungszeiten und vor allem auch die Entnahmezeiten für den Wasserstoff aus dem Speicher länger werden. Im allgemeinen ist jedoch eine vollständige Passivierung des Hydrids zu erwarten.

Ob Gase an der Oberfläche adsorbiert oder chemisorbiert werden, hängt von der Zusammensetzung der Grenzfläche und damit von der Speicherlegierung, der Zusammensetzung der Gase und den Parametern Druck und Temperatur ab:

Physisorption erwartet man bei
- chemisch reaktionsträgen Speichermaterialien und
- niedrigen Speichertemperaturen.

Dies ist im allgemeinen bei Tieftemperaturhydriden der Fall.
Chemisorption erwartet man bei
- chemisch reaktiven Speichermaterialien und
- hohen Speichertemperaturen.

Dies trifft auf alle Hochtemperaturhydride zu, so daß hier die Betankung praktisch nur mit reinem Wasserstoff (99,995%) erfolgen kann.

2.6.3 Experimentelle Ergebnisse

Die von Reilly et al. [28] untersuchten Tieftemperaturhydridsysteme (Tabelle 4) weisen nach, daß es eine Reihe von Hydriden gibt, die auch aus bestimmten Gasgemischen den Wasserstoff absorbieren können (selektive Absorption), ohne dabei wesentliche Einbußen in der Speicherfähigkeit zu erleiden. Über die Speicherdynamik und über das Langzeitverhalten sagt die Tabelle 4 allerdings nichts aus.

An den ausgewählten Beispielen TiFe, $Ti(Fe_{1-x}Ni_x)$ und Mg_2Ni wurden bei Daimler-Benz Hydrierversuche unter Luftbeimengungen zum Wasserstoff durchgeführt, da dieser Fall am ehesten bei einem Bedienungsfehler während der Betankung auftreten kann. Bei einem kurzen Luftkontakt (Minuten) *vor* oder *nach* der Beladung ist TiFe unempfindlich, so daß vor allem beim Anschließen der Wasserstoffleitung durchaus auch kleinere Luftmengen in den Tank gespült werden dürfen. Im Gegensatz dazu führen Luftbeimengungen *während* des Betankungsvorgangs zu erheblichen Reaktionsänderungen der TiFe-Legierung.

Eine Beimengung von wenigen Prozent Luft (<4 Vol.-%) verlangsamt die Wasserstoffaufnahme so sehr, daß das Speichermaterial praktisch nicht mehr verwendet werden kann. Erst durch eine nachfolgende Evakuierung des Speichers ist eine Betankung mit Reinstwasserstoff wieder möglich. Luftbeimengungen in der Größenordnung von 10^{-3}% haben dagegen keinen Einfluß auf die Speicherdynamik.

Diese Ergebnisse lassen den Schluß zu, daß in der Luft keine Komponente enthalten ist, die im Laufe der Tankzeit von wenigen Minuten eine chemische Verbindung mit der Speicheroberfläche von TiFe eingeht.

Tabelle 4

Legierung	Gaszusammensetzung	Temp. [°C]	Druck [bar]	Produkt
$LaNi_5$	74 H_2 26 Co_2	25	27	$LaNi_5H_{6,1}$
$LaNi_5$	99 H_2 1 CO_2	25	27–17	keine H_2-Aufnahme
$LaNi_5$	99,95 H_2 0,05 CO	25	33–14	$LaNi_5H_{5,7}$
$LaNi_5$	97,0 H_2 3,0 Luft	25	32–26	$LaNi_5H_{5,1}$
$LaNi_5$	72 H_2 38 CO_2 ges. H_2O	25	19–13	$LaNi_5H_{4,1}$
$LaNi_5$	79,3 H_2 20,3 CO_2 0,3 CH_4 700 ppm N_2 20 ppm CO ges. H_2O	25	12	$LaNi_5H_{6,4}$
$LaCu_4Ni$	100 H_2	22	39	$LaCu_4NiH_{4,94}$
$LaCu_4Ni$	72 H_2 24 CO_2 4 CO ges. H_2O	124	29–31	$LaCu_4NiH_{2,7}$

Die Legierungen auf Basis $Ti(Fe_{1-x}Ni_x)$ wurden von Gidaspow et al. [29] bezüglich ihrer Reaktionen gegenüber Erdgas/Wasserstoff-Gemischen untersucht. Dabei wurde festgestellt, daß sie den Wasserstoff selektiv absorbieren können. Der teilweise Ersatz von Eisen durch Nickel in der TiFe-Legierung führt offenbar dazu, daß Nickel als relativ reaktionsträges Material z. B. durch Anreicherungen an der Oberfläche (Segregation) größere Bereiche schaffen kann, die von Fremdgasen (Erdgas) nicht passiviert werden und damit eine Wasserstoffaufnahme ermöglichen. Außerdem erwies sich diese Speicherlegierung in Experimenten bei Daimler-Benz während der Betankung wesentlich unempfindlicher gegenüber Luft als TiFe.

Sogar mit 10% Luftbeimengung zum Wasserstoff konnte eine zwar verlangsamte, aber immer noch deutlich merkbare Wasserstoffaufnahme festgestellt werden. In der Desorptionscharakteristik zeigt sich $TiNi_{(1-x)}Fe_x$ ebenfalls sehr unempfindlich. Bei geeigneter thermischer Auslegung verhält sich ein Speicher so gut, daß er z. B. als Pufferspeicher vor der Betankung eines empfindlicheren Wasserstoffspeichers zur Reinigung von verschmutzten Wasserstoffgemischen benutzt werden kann (Abb. 22, 23, 24)

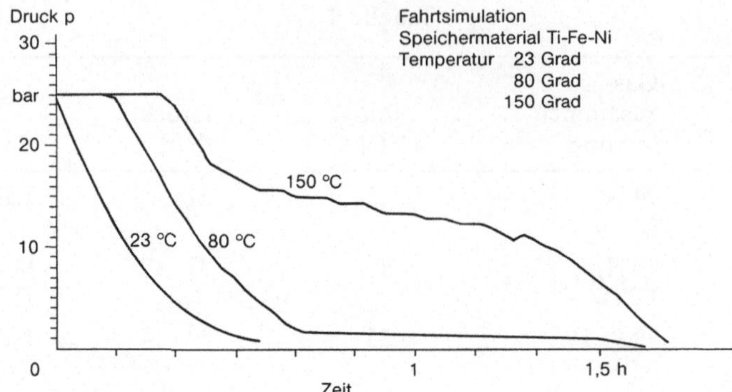

Abb. 22. Betriebsdauer und Druckverlauf eines Ti(Fe, Ni)-Hydrids in Abhängigkeit der Betriebstemperatur. Wasserstoff-Abgaberate entspricht Vollast

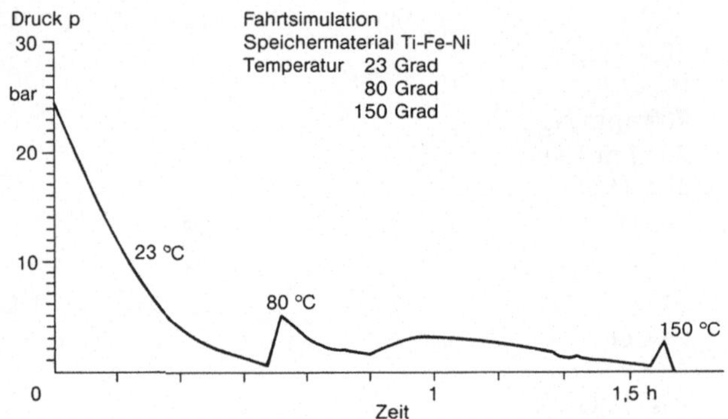

Abb. 23. Betriebsdauer und Druckverlauf eines Ti(Fe, Ni)-Hydrids in Abhängigkeit der Betriebstemperatur und Lastwechsel

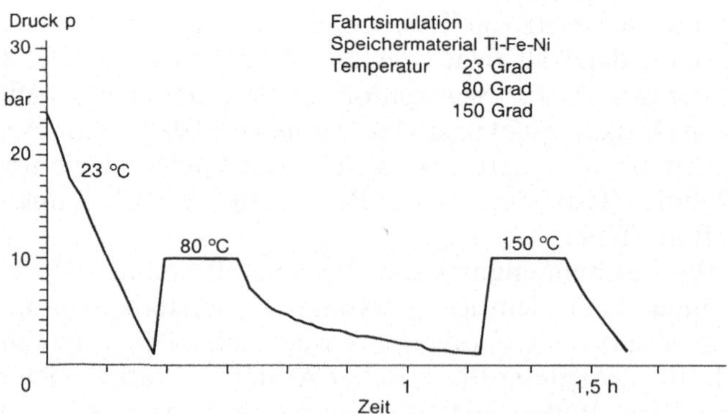

Abb. 24. Betriebsdauer und Druckverlauf eines Ti(Fe, Ni)-Hydrids in Abhängigkeit der Betriebstemperatur und Lastwechsel

Die Legierung Mg_2Ni wurde bei Daimler-Benz zunächst als typischer Vertreter der Hochtemperaturhydride untersucht. Wie TiFe bei den Tieftemperaturhydriden ist Mg_2Ni in größeren Mengen leicht herzustellen und bildet zudem den Ausgangspunkt für die Neuentwicklung von weiteren Speichermaterialien durch Zulegierung von Fremdmetallatomen.

Bei hohen Temperaturen (350 °C bis 450 °C) wird Mg_2Ni durch einen Luftkontakt vollkommen passiviert. Bei diesen Temperaturen oxidiert die Oberfläche in kurzer Zeit und verhindert dann die Wasserstoffaufnahme völlig. Bei einer minimalen Beladungstemperatur von 200 °C konnte mit einem Gemisch von 95% Wasserstoff und 5% Luft eine langsame Wasserstoffaufnahme festgestellt werden. Es besteht damit die Möglichkeit, auch das Hochtemperaturspeichermaterial Mg_2Ni mit Gasgemischen betanken zu können.

Durch Luftbeimengungen im Wasserstoff wird die Dynamik der Wasserstoffaufnahme und -abgabe von Mg_2Ni-Hydriden jedoch extrem verlangsamt. Eine Entnahme aus dem Hydrid ist selbst bei kleinen Absaugleistungen und hohen Temperaturen nicht mehr möglich. Die Speicherkapazität konnte in diesem Fall nur durch langes (> 14 Tage) Ausheizen ermittelt werden.

Mg/Mg_2Ni-Phasengemische zeigen ein ähnliches Verhalten wie Mg_2Ni unter Luftbeimengung. Hochreaktives Magnesiumhydrid reagiert besonders heftig unter Luftkontakt und kann anschließend nicht mehr reaktiviert werden. Bei der Verwendung von Hochtemperaturhydriden muß daher immer auf die besondere Reinheit des Wasserstoffs bei der Beladung geachtet werden. Außerdem muß nach dem Anschließen des HT-Hydridspeichers an die Wasserstoffleitung die Anschlußstelle mit Wasserstoff gespült und damit von Luft freigeblasen werden. Erst dann ist ein langfristiges und einwandfreies Funktionieren des Hochtemperaturspeichers gewährleistet.

2.6.4 Verbesserung der selektiven Wasserstoffabsorption

Die genannten Versuchsergebnisse haben gezeigt, daß es möglich ist, bestimmte Tieftemperatur-Hydridspeicher mit Gasgemischen zu betanken. Der einzige Einfluß der Fremdgase ist im allgemeinen eine Verlangsamung der Speicherdynamik. Zur Optimierung des Systems bietet sich nun an, die Oberflächeneigenschaften der Wasserstoffspeichermaterialien in gezielter Richtung so zu ändern, daß alle technisch interessanten Hydridspeicher unter Gasgemischbetankung möglichst nahe an ihr Reinstwasserstoffverhalten kommen. Dies könnte durch eine entsprechende Oberflächenbehandlung der Legierungen ermöglicht werden. Dabei ist vorgesehen, auf die Speicheroberfläche dünne Metallschichten aufzubringen, die sich gegenüber den Fremdgasen im Wasserstoff in genau definierter Weise verhalten:

- sie sollten wasserstoffpermeabel sein und
- solche chemischen Eigenschaften besitzen, daß die Oberfläche von allen Fremdgasen möglichst wenig passiviert werden kann.

Diese Anforderungen könnten von einer Vielzahl metallischer Schichten erreicht werden. Wasserstoffpermeabilität ist bei genügend geringer Schichtdicke (einige μm) immer gegeben, Passivität gegenüber den Fremdgasen kann durch die geeignete Wahl der aufzubringenden Metalle erreicht werden. Es bietet sich an, zunächst die Metalle Kupfer und Nickel auf die Speicheroberfläche aufzubringen. Als relativ edle Metalle bieten sie die Gewähr, sich reaktionsträge zu verhalten. Ziel einer derartigen Entwicklung muß es sein, die Adsorptionswärmen der Fremdgase zu verkleinern und damit die relative Flächenbedeckung zugunsten des Wasserstoffs zu verändern. Die Aufbringung der metallischen Schichten auf die Legierung kann mit verschiedenen bekannten Beschichtungsverfahren erfolgen:

- elektrolytische Beschichtung
- Aufdampfen im Vakuum
- Herstellung aus der Schmelze
- mechanische Beschichtung mit anschließender Wärmebehandlung

Die einzelnen Herstellungsmethoden werden natürlich einen starken Einfluß auf das Speicherverhalten haben. Es muß dabei immer gewährleistet sein, daß die Metallschicht direkt auf die aktive Oberfläche aufgetragen wird, ohne vorher eine störende Zwischenschicht zu erzeugen.

Erste Versuche, die bei Daimler-Benz durchgeführt wurden, zeigten, daß vor allem Kupfer- bzw. Nickelbeschichtungen von Tieftemperaturhydriden bei Mengen von bereits $\leqq 5\%$ des Beschichtungsmetalls am Gesamtgewicht zu einem deutlich besseren Hydrierverhalten der Legierung bei Verwendung von stark verunreinigtem Wasserstoff führen.

Obwohl sich die Entwicklung auf dem Gebiet der selektiven Wasserstoffabsorption mittels Hydridspeicher erst im Anfangsstadium befindet, ist somit zu erwarten, daß vor allem beschichtete Tieftemperaturhydride bei bestimmten wasserstoffhaltigen Gasgemischen ähnliches Verhalten wie unter reinem Wasserstoff zeigen werden.

Neueste Untersuchungen von Schlappbach et al. [30, 31] und [32] konnten darüber hinaus nachweisen, daß mehrkomponentige Legierungshydride die Tendenz aufweisen, eine ihrer Legierungskomponenten (besonders die Metalle Mangan und Nickel) an der Oberfläche anzureichern (Oberflächensegregation), wobei vor allem Mangan und Nickel nur in geringem Maße von Fremdgasen im Wasserstoff passiviert werden. Hier ergibt sich eine Möglichkeit, durch gezielte Legierungszusammensetzung die Passivierung durch Fremdgase einzugrenzen und diesen Effekt durch die genannten Beschichtungsmethoden noch zu ergänzen. Für den technischen Einsatz der Hydridspeicher ist nun von entscheidender Bedeutung, mit welchem Herstellungsprozeß und in welcher Reinheit Wasserstoff produziert wird, um dann die entsprechenden Maßnahmen zum Schutz der Legierung vor der Bildung von eventuell noch möglichen Passivierungsschichten zu treffen. Auf diesem Gebiet liegen somit noch umfangreiche Entwicklungsmöglichkeiten vor.

2.7 Die Wärmeleitfähigkeit von Hydridspeichern

Die hohe Reaktionskinetik des Wasserstoffs mit den metallischen Legierungen kommt im technischen Einsatz nur dann voll zur Geltung, wenn die während der Hydridbildung freigesetzte Wärme bzw. die zur Wasserstoffabgabe benötigte

Wärme genügend rasch ab- bzw. zugeführt werden kann. Gelingt der benötigte Wärmetransport nicht in ausreichendem Maße, so kommt der Prozeß der Hydridbildung oder -zersetzung zum Stillstand. Der Speicher muß somit eine relativ gute Gesamtwärmeleitfähigkeit aufweisen, damit er mit Wasserstoff kontinuierlich be- und entladen werden kann. Von der konstruktiven Seite des Hydridbehälterbaus gesehen, müssen die Druckbehälter gleichzeitig auch Wärmetauscher und die Wärmeübergänge von der Behälterwand zum Speichermaterial möglichst gut sein (siehe Kap. 3.4).

Über den Betrag der Reaktionsenthalpie (ΔH_f^0) und aus den gewünschten Be- und Entladungszeiten des Wasserstoffs aus dem Speicher und unter Berücksichtigung des Wärmetauschmediums (z. B. Wasser, Luft) können für jeden Anwendungsfall die äußeren geometrischen Abmessungen des Speichers definiert werden.

Das eigentliche Problem bei der Wärmeleitfähigkeit des Speichers ist jedoch das Hydridmaterial. Im nicht beladenen Zustand besitzten die metallischen Legierungen noch eine relativ gute Wärmeleitfähigkeit, die bereits dann stark gemindert wird, wenn die Legierungen in Pulverform lose in den Behälter eingeschüttet werden. Durch die Einlagerung des Wasserstoffs nimmt die Leitfähigkeit der Legierungskörner aufgrund der Hydridbildung jedoch weiter um Größenordnungen ab. Die Wärmeleitfähigkeit wird also gerade dann besonders gering, wenn große Wärmemengen transportiert werden müßten.

Die Verbesserung der Wärmeleitfähigkeit im Hydridspeichermaterial ist somit für den Bau technischer Wasserstoffspeicher von größter Bedeutung.

Liegt die wasserstoffaufnehmende Metallegierung als Granulat im Speicher vor, so weist die Pulverschüttung aufgrund der schlechten Wärmeübergänge an den Berührstellen zwischen den einzelnen Metallkörnern eine 10^2- bis 10^3mal schlechtere Wärmeleitfähigkeit als die kompakten Metalle auf. Die Wärmeleitfähigkeit des Wasserstoffgases liegt in vergleichbarer Größenordnung (λ = 0,19 W/m · K). Der Wasserstoff trägt bei einer solchen Anordnung daher wesentlich mit zum Wärmetransport bei. Naheliegend ist es nun daher, die Wärmeübergänge zwischen den Teilchen durch Verpressen des Materials zu verbessern. Dadurch werden vermehrt auftretende und ausgedehntere Kontaktzonen zwischen den einzelnen Körnern erzeugt, die Wärmeleitfähigkeit also erhöht. Von ganz entscheidendem Einfluß auf das Ergebnis sind dabei Härte und Verformbarkeit der Metallegierung. Sehr günstig wirkt sich aus, daß beim Aktivieren des Speichermaterials bei Temperaturen von 300 bis 400 °C unter Wasserstoffatmosphäre Oberflächenverunreinigungen, die die Wärmeleitfähigkeit zusätzlich beeinträchtigen können, weitgehend abgebaut werden.

Da zahlreiche Metallhydride wie beispielsweise das TiFe-Hydrid in sehr harten und spröden Kristallisationsformen vorliegen, wird durch die technisch realisierbaren Preßdrücke bis etwa 100 kN/cm^2 nur eine geringfügige Deformation der Metallkörper an den Kontaktstellen erreicht – die Verpressung führt zu einer vergleichsweise geringen Steigerung der Wärmeleitfähigkeit. Davon unabhängig erhält man in jedem Fall als erwünschten Zusatzeffekt durch das Verpressen eine erhöhte Schüttdichte, wodurch die volumenbezogene Energiedichte ansteigt.

Die thermische Leitfähigkeit der nicht aktivierten TiFe-Legierung wurde von

[33] gemessen (Tabelle 5). Entsprechende Daten für das TiFe-Hydrid liegen in der gleichen Größenordnung. Die Wärmeleitfähigkeitsdaten für Mg_2NiH_4 und Wasserstoff sind noch ungünstiger als jene der Tieftemperaturhydride.

Tabelle 5. *Wärmeleitfähigkeit von TiFe, Mg_2Ni und Wasserstoff*

Substanz	Wasserstoffdruck (bar)	λ (W/m · K)	
TiFe, unaktiviert	1	1,28	
	5,1	1,35	
	20,4	1,61	T = 298 K
	34	1,77	
Mg_2NiH_4	1	0,56	
	5	0,61	T = 298 K
	35	0,65	
H_2, gasförmig	1	0,19	

Das Wärmeleitvermögen kann prinzipiell durch die Zugabe von Substanzen mit hoher Wärmeleitfähigkeit – beispielsweise Aluminium – gesteigert werden. *Bei Daimler-Benz wurde in diesem Zusammenhang ein Verfahren entwickelt, das die relativ geringen Wärmeleitfähigkeiten der Hydride durch Zusätze metallischer Pulver mit anschließender Verpressung deutlich verbessern konnte.* Als zugemischtes Metallpulver wählt man besonders dann bevorzugt Metalle mit geringem spezifischem Gewicht, z. B. Aluminium, wenn auch auf ein möglichst geringes Speichergewicht (hohe effektive spezifische Energiedichte) geachtet werden muß. Im stationären Einsatz von Hydridspeichern, wo das Gewicht nicht von primärer Bedeutung ist, kämen noch andere Metallbeimengungen, wie z. B. Kupfer, Magnesium, in Frage. Die Wärmeleitfähigkeitszahlen des Aluminiums und anderer Metalle sind der Tabelle 6 zu entnehmen.

Tabelle 6. *Wärmeleitfähigkeit verschiedener Metalle*

Metall	λ (W/m · K)
Al	237
Cu	398
Au	315
Fe	80
Mg	159
Ni	90
Ag	427

Die Ergebnisse der Messungen der Wärmeleitfähigkeitszahlen der TiFe-Legierung mit Metallbeimischungen sind in Tabelle 7 dargestellt. Alle Proben wurden vor den Messungen mit 2,8 kbar mechanisch kalt verdichtet.

Tabelle 7. *Wärmeleitfähigkeit von TiFe mit Metallzusätzen*

Substanz	λ (W/m · K)	
TiFe	1,45	
TiFe + 5% Al	6,14	T = 298 K
TiFe + Mg-Matrix	10,84	

Der Einsatz von Aluminium bietet somit eine Reihe von Vorteilen:

- hohe Wärmeleitfähigkeit des Metalls,
- gute plastische Verformbarkeit,
- niedriges spezifisches Gewicht,
- hoher Füllgrad bei vergleichsweise geringer gewichtsmäßiger Beimischung,
- hohe spezifische Wärme,
- kostengünstig (etwa 2,50 DM/kg. Alle Preise im Text Stand 1980.)

Der chemische Einfluß des Aluminiums auf die jeweilige Speichersubstanz muß jedoch in jedem Einzelfall überprüft werden, da aufgrund seiner niedrigen Schmelztemperatur (T ~650 °C) bereits bei den eventuell erforderlichen Aktivierungstemperaturen der Speicher (300 < T < 400 °C) eine erhöhte Diffusion des Aluminiums einsetzen dürfte. Damit könnte Aluminium mit den Legierungen reagieren und z. B. die Hydriereigenschaften verschlechtern. Vor der Wahl der entsprechenden Wärmeleitsubstanz muß somit geprüft werden, ob unerwünschte Nebenreaktionen mit der Legierung auftreten können. Im übrigen könnte Aluminium aufgrund seiner besonderen Affinität zu Sauerstoff einen günstigen Einfluß auf das Langzeitverhalten des Speichers ausüben – möglicherweise läßt sich so eine Passivierung der Oberflächen von bestimmten Metallhydriden durch Verunreinigungen wesentlich verringern.

Bei der Auswahl des Materials für die Erhöhung der Wärmeleitfähigkeit können Späne, Flocken oder Pulver verwendet werden, wobei die charakteristischen Abmessungen der Zusätze eher größer als die Teilchendurchmesser des Hydridgranulats sein sollten. Auf diese Weise erhält man beim Verpressen mit der dabei auftretenden plastischen Verformung der Metallzusätze gute Wärmeübergänge (große Kontaktflächen) zwischen jeweils benachbarten Hydridteilchen – auch bilden sich längere Leitungswege aus, die die Wärme unabhängig vom Granulat transportieren. Zusätze, die als feines Pulver in den Lücken zwischen den (harten) Hydridteilchen vom Preßdruck nicht erreicht werden, liefern keinen merkbaren Beitrag für die Erhöhung der Wärmeleitfähigkeit. Verpreßt man die Proben bei höheren Temperaturen nahe der Fließgrenze der Zusätze, kann aufgrund der erhöhten plastischen Verformbarkeit mit einer weiteren Verbesserung der Wärmeleitfähigkeit gerechnet werden. Selbstverständlich muß bei den auf diese Weise hergestellten Preßkörpern jeweils nachgeprüft werden, ob durch die Leitfähigkeitszusätze und die Verpressung kein nachteiliger Einfluß auf die Geschwindigkeit der Wasserstoffreaktion und auf die Wasserstoffspeicherfähigkeit ausgeübt wurde.

Für die technische Herstellung eines Hydridspeichers hoher Wärmeleitfähigkeit bieten sich zwei Möglichkeiten an: die Speichermasse wird entweder beim

Einbringen im röhrenförmigen Speicherbehälter direkt verpreßt, oder es können einzelne verpreßte Tabletten in den Behälter eingebracht werden. Diese Tabletten sind zur Aufrechterhaltung einer hohen Wasserstoffaufnahme- und -abgabegeschwindigkeit nötigenfalls mit axialen Bohrungen versehen. Da sich die verpreßte Speichermasse während des Aktivierungsprozesses ausdehnt, erhält man in beiden Fällen einen guten Wärmeübergang zur Speicherwand.

Bei der Verbesserung der Wärmeleitfähigkeit durch Metallzusätze muß eine Verringerung der Energiedichte des Speichers zwischen 5 und 10% in Kauf genommen werden. Dieser Nachteil wird zu einem großen Teil dadurch kompensiert, daß konstruktiv einfachere und dadurch leichtere Wärmetauscheinrichtungen verwendet werden können als im Falle der Hydridpulver ohne Zusätze von Aluminium oder Kupfer.

Während die Aluminiumbeimischungen keinen Einfluß auf die chemischen Eigenschaften des TiFe zeigen, führen sie bei Mg_2Ni bei den entsprechend höheren Temperaturen (Mg_2Ni = Hochtemperaturhydrid!) zu einer chemischen Reaktion (Legierungsbildung zwischen Mg_2Ni und Al). Für MgH_2 und Mg_2Ni wird daher als Metallbeimischung Kupferpulver in Frage kommen, da Kupfer unter den thermischen Bedingungen der Hochtemperatur-Hydridbildung noch keine meßbaren Reaktionen gegenüber MgH_2 und Mg_2Ni zeigt.

Das Zumischen eines Metalls zur Wärmeleitfähigkeitsverbesserung ist vergleichbar mit der aus der Batterietechnologie bekannten Verbesserung der elektrischen Leitfähigkeit von Elektroden (z. B. Pb-Gerüst in den Elektroden des Bleiakkus, Cu-Gerüst bei der TiNi-Elektrode). Wird das verpreßte Material (Hydrid und Metallzusatz) bei ca. 450 °C unter ständiger Wasserstoff-Be- und -Entladung getempert, so bildet sich aufgrund der Volumendehnung des Hydrids während der Wasserstoffaufnahme ein stabiler Matrixkörper des nicht aktiven Materials (Aluminium, Kupfer) aus, in dem das Hydridpulver eingebettet ist. In Abb. 25 ist das Schliffbild einer Probe aus TiFe mit 5% Al gezeigt. Innerhalb der einzelnen Hydridkörner sind Mikrorisse zu beobachten, die durch die Volumendehnung beim Hydrieren sowie durch die Sprödigkeit des Hydrids hervorgerufen sind. Zwischen den Hydridkörpern ist die helle Al-Matrix zu erkennen, die sich nach mehrmaligem Zyklisieren gut in die Hohlräume eingedrückt hat und somit ein stabiles Gerüst bildet.

Durch das Ausbilden eines Wärmeleitfähigkeitsgerüstes beim Vermischen der Speichersubstanz mit Metallpulver wird somit erreicht, daß die Wärmeleitfähigkeit über den gesamten Bereich der Wasserstoffkonzentration in der Hydridphase hinweg nahezu konstant ist.

Durch die Erhöhung bzw. Konstanz der Wärmeleitfähigkeit des Materials ist es möglich, die Reaktionswärme bei gleichem Umsatz über größere Strecken zu transportieren. Man kann daher entweder die Rohrdurchmesser von Rohrbündelspeichern entsprechend groß dimensionieren (Kap. 3.4) oder aber andere Speicherkonstruktionen, wie etwa einen Kessel mit eingehängten Kühl-/Heizröhren, wählen.

Hydridspeicher mit hoher Wärmeleitfähigkeit sind dementsprechend auch für die Ausnutzung von Sonnenenergie und Erdwärme und für alle jene Fälle geeignet, in denen mit kleinen Temperaturdifferenzen zwischen Heiz/Kühl-Medium und Umgebungstemperatur gerechnet werden muß (Hydridwärmepumpe, siehe Kap. 6.1).

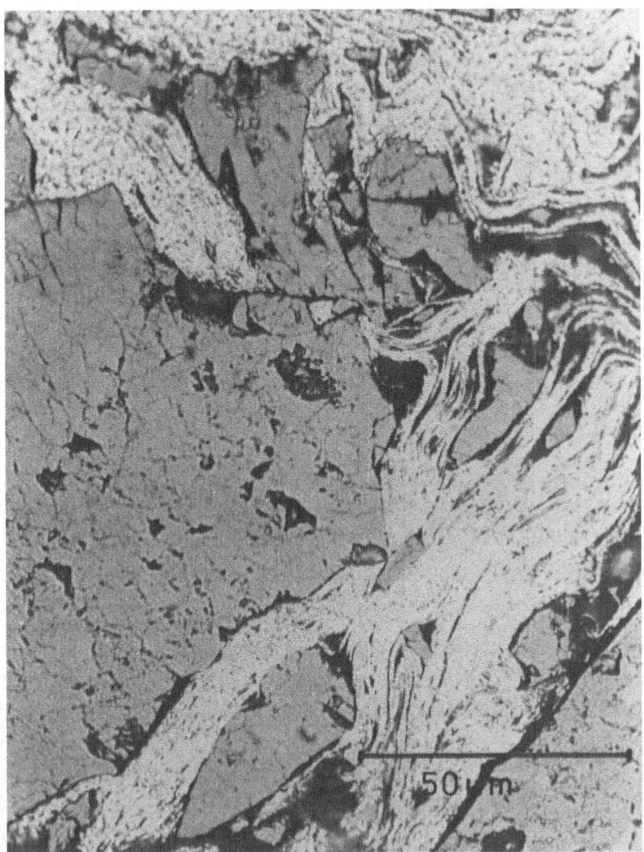

Abb. 25. Schliffbild eines verpreßten Hydrids (dunkel) mit 5 Gew.-% Aluminiumzusatz (helle Streifen und Flächen). Das verzweigte „Aluminiumnetz“ ermöglicht eine gute Wärmeleitfähigkeit

Zusammenfassend kann festgestellt werden: Beimischungen von geeigneten Metallzusätzen steigern die Wärmeleitfähigkeit des Speichermaterials deutlich – die Kinetik des Speichers beim Be- und Entladen des Wasserstoffs wird dadurch verbessert – der Speicher kann mit geringeren Wärmetauschflächen gebaut werden (Materialersparnis) – es können besonders kurze Zeiten (Minuten) für den vollständigen Wasserstoff- bzw. Wärmeaustausch erzielt werden. Dieser Aspekt ist z. B. besonders für die rasche Betankung von Fahrzeugspeichern bzw. für den optimalen Bau von Hydridwärmepumpen und -kälteanlagen von entscheidender Bedeutung.

2.7.1 Experimentelle Ermittlung der Wärmeleitfähigkeit von Hydriden

Wesentliche Voraussetzung für eine gezielte Entwicklung ist die Messung der Wärmeleitfähigkeiten in Abhängigkeit von Material, Preßdruck und Teilchengeometrie. Die direkte Messung der Wärmeleitfähigkeit wird unter Vakuum und unter sorgfältiger Kompensation der Strahlungsverluste durchgeführt (Abb. 26)

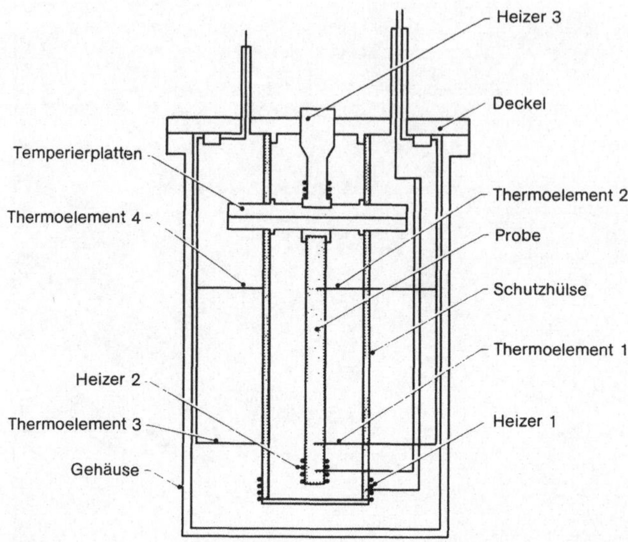

Abb. 26. Apparatur zur Bestimmung der Wärmeleitfähigkeit (Schnitt nach [34])

– die prinzipielle Meßanordnung wird, allerdings für den einfacheren Fall der guten Wärmeleiter, in [34] beschrieben. Bei den Hydriden sind mehrstündige Meßzeiten bis zum Erreichen des Temperaturgleichgewichts erforderlich. Die Meßkammer ist für zylindrische Probenkörper von etwa 4 cm Durchmesser und Höhen von 2 bis 3 cm ausgelegt. Der Temperaturgradient wird mit drei Thermoelementen in jeweils 5 mm axialem Abstand am Umfang gemessen. Die Wärme wird über zwei an den Stirnflächen mit Schraubdruck angepreßten Kupferplatten zu- bzw. abgeführt. Da auch die Temperaturen der beiden Kupferplatten gemes-

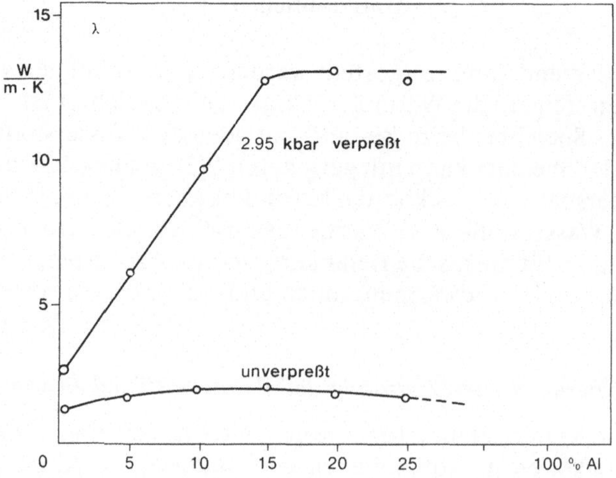

Abb. 27. Wärmeleitfähigkeit von TiFe mit und ohne Aluminium bei verschiedenen Preßdrücken

sen werden, sind zugleich die durch diese Anordnung gegebenen Wärmeübergänge zur Probe bestimmt. Mit der beschriebenen Apparatur kann die Wärmeleitfähigkeit von Pulverschüttungen, Preßkörpern von etwa $3 \cdot 10^8$ N/m^2 an aufwärts und Sinterkörpern mit einer Meßgenauigkeit von etwa 20% bestimmt werden, ein angesichts der großen Streuung bei Form und Oberflächenbeschaffenheit der einzelnen Teilchen in Schüttungen vernachlässigbarer Fehler (Abb. 27).

2.8 Zyklisierungsstabilität von Hydridspeichern

Wie in Kap. 2.6 dargestellt wurde, ist die Zahl der Be- und Entladung von Hydriden sehr stark von der Reinheit des verwendeten Wasserstoffs abhängig. In diesem Fall bestimmt der Oberflächenzustand die Zahl der möglichen Be- und Entladezyklen. Doch auch die Hydridbildung unter reinem Wasserstoff kann nach einer endlichen Zahl von Be- und Entladungen des Metalls mit Wasserstoff zu einer mitunter erheblichen Abnahme der Wasserstoffspeicherdichte führen. Der Grund für dieses Verhalten liegt in einem möglichen Zerfall der Legierung in Einzelkomponenten bzw. in andere Phasenzusammensetzungen unter Druck (Wasserstoffbeladungsdruck) und Temperatureinwirkung. Wie in Kap. 2.11.10.1 dargestellt, zerfällt z. B. die Phase Mg_2Cu während einer relativ geringen Be- und Entladezyklenzahl unter 10 bar Wasserstoff und Temperaturen um 250 °C gemäß Gl. (13)

$$2\,Mg_2Cu + 3\,H_2 \longrightarrow 3\,MgH_2 + MgCu_2 \qquad (13)$$

in nicht aktives $MgCu_2$ und MgH_2. Die Phase TiNi, die bei Temperaturen $T \geqq 150$ °C und Wasserstoffdrücken $p_{H_2} \geqq 2$ bar beliebig oft be- und entladbar ist, zerfällt bei Temperaturen $T \geqq 400$ °C und Wasserstoffdrücken $p_{H_2} \geqq 40$ bar in Titanhydrid (TiH_2) und $TiNi_3$.

Reilly et al. [35] haben demgegenüber nachgewiesen, daß bei den TiFe-Hydriden bei Temperaturen unterhalb von 100 °C und Wasserstoffdrücken $p_{H_2} \leqq 50$ bar keine Disproportionierung (Zerfall) der Legierung stattfindet. Besonders das Monohydrid (TiFeH) weist nach mehr als 30 000 Zyklen unveränderte Speicherfähigkeit auf. Erst Wasserstoffdrücke von mehr als 100 bar können bei Temperaturen $T > 150$ °C zu einem Zerfall der TiFe-Legierung führen. Generell ist daher bei allen Hydriden die Tendenz zur Disproportionierung unter meist hohen Drücken und Temperaturen vorhanden, aber nur einige wenige Legierungen zerfallen bereits bei den für den technischen Einsatz gegebenen Druck- und Temperaturwerten (siehe auch Kap. 2.9).

Da in einer Vielzahl von binären Legierungen vom Typ AB die ternäre Hydridphase ABH_x thermodynamisch metastabil bezüglich der Bildung der Einzelphasen $AH_x + B$ ist, konkurrieren z. B. im TiFe-System die drei Reaktionen (14, 15, 16)

$$TiFe + H_2 \rightleftharpoons TiFeH_2 \qquad -30\ kJ/mol\ H_2 \qquad (14)$$
$$TiFe + H_2 \rightleftharpoons TiH_2 + Fe \qquad -45\ kJ/mol\ H_2 \qquad (15)$$
$$TiFe + H_2 \rightleftharpoons TiH_2 + TiFe_2 \qquad -80\ kJ/mol\ H_2 \qquad (16)$$

Die für die Energiespeicherung technisch interessante Reaktion (14) hat also die niedrigste freie Enthalpie; die Bildung von $TiFeH_2$ ist im Vergleich zu den

Reaktionen (15) und (16) energetisch ungünstig. (15) und (16) benötigen jedoch eine räumliche Diffusion der Legierungskomponenten, welche bei niedrigen Temperaturen sehr gering ist. Die Reaktionen (15) und (16) sind im Raumtemperaturbereich gehemmt. Die Hydridphase $TiFeH_2$, die gebildet werden kann, ist demnach metastabil. Die starken Gitterverzerrungen beim Wasserstoffeinbau begünstigen die Phasentrennungen durch Rekristallisation gemäß den Gl. (15) und (16). Mit zunehmender Zahl von Betankungen könnte demnach der Ausscheidungsgrad von Legierungskomponenten anwachsen und die Speicherkapazität des Wasserstofftanks reduzieren. Experimentell war ein solcher Effekt bei TiFe auch noch nach 30 000 Zyklen nicht meßbar. Um den Zeitaufwand gering zu halten, kann die Disproportionierung auch über die Messungen der magnetischen Suszeptibilität erfaßt werden. Aufgrund der großen Suszeptibilitätsdifferenzen zwischen Ferro- und Dia- bzw. Paramagnetismus ist diese Methode sehr empfindlich und gut geeignet, eine Früherkennung einer Disproportionierung zu ermöglichen.

Nimmt nämlich der ferromagnetische Anteil ständig zu, so ist zu erwarten, daß die Legierung vollständig disproportioniert (freies Eisen!) und nach einer begrenzten Zyklenzahl die Hydridbildung nicht mehr möglich ist.

Strebt der ferromagnetische Anteil jedoch einem im allgemeinen niedrigen Sättigungswert zu, so bedeutet das, daß die Legierung stabil bleibt und die Hydridbildung unbegrenzt wiederholbar ist.

Bei der Faraday-Methode der Suszeptibilitätsmessung [36] wird die magnetische Suszeptibilität aus der Kraft F_x, die auf eine Probe der Masse m_o in einem in x-Richtung inhomogenen Magnetfeld H(x) wirkt, ermittelt [Gl. (17)].

$$\chi = \frac{2\,F_X}{m_0} \left(\frac{\delta H^2(x)}{\delta x} \right)^{-1} \tag{17}$$

Voraussetzungen für die Auswertungen sind, daß der Gradient von $H^2(x)$ über die gesamte Probe linear ist und daß für ferromagnetische Verunreinigungen die Magnetisierung im inhomogenen Magnetfeldbereich näherungsweise konstant ist.

Der Vorteil der Faraday-Methode ist, daß die Meßempfindlichkeit durch Feinwaagen sehr stark erhöht werden kann und deshalb nur geringe Probenmengen benötigt werden.

Um die Probe immer in demselben Magnetfeld-Inhomogenitätsbereich zu halten, wird eine Kompensationswaage verwendet, bei der die Kraft F_x mit Hilfe von Äquivalenzmassen $m_{äq}$ kompensiert wird. Die Gl. (18) der Gramm-Suszeptibilität ist für diesen Fall:

$$\chi_g \left[\frac{cm^3}{g} \right] = 1{,}9627 \cdot 10^{-7} \frac{m_{äq}\,[mg]}{m_0\,[g]} \left| \frac{\delta H^2}{\delta x} \left[\frac{kG}{mm} \right] \right|^{-1} \tag{18}$$

Die Mol-Suszeptibilität errechnet sich daraus (18 a) durch Multiplikation mit dem Molekulargewicht M der Probe.

$$\chi_{mol} \left[\frac{cm^3}{mol} \right] = M \cdot \chi_g \left[\frac{cm^3}{g} \right] \tag{18 a}$$

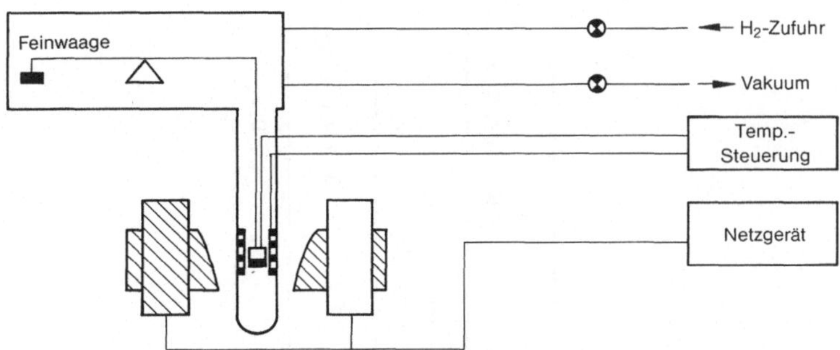

Abb. 28. Apparatur zur Bestimmung der magnetischen Suszeptibilität

Die Meßanordnung (Abb. 28) wurde aus kommerziellen Bauelementen (SARTORIUS-Electronic-Mikrowaage 4433, BRUKER-Gradienten-Magnetsystem, B-MB6, LEYBOLD-HERAEUS-Vakuumpumpe D16 A, KINSEIS-Temperiersystem für Magnetwaageofen OM-4) aufgebaut. Das Endvakuum der Apparatur beträgt $8 \cdot 10^{-6}$ bar, die absolute Wägegenauigkeit – begrenzt durch Erschütterungen und thermische Einflüsse – ca. $5 \cdot 10^{-7}$ g, die relative Wägegenauigkeit 10^{-4}.

Das Magnetfeld des Gradienten-Magnetsystems wurde mit der SIEMENS-Hallsonde M 05009-A2 für vier verschiedene Stromeinstellungen des Magnetnetzgerätes und zwei Spaltbreiten der Magnetpolschuhe ausgemessen. Die Hallsonde ist kernresonanzmäßig bei Protonen-Larmorfrequenzen von 0,0 · 45, 7 und 28 MHz justiert und geeicht (NMR-Genauigkeit H/H = 10^{-5}), die Eichpunkte werden linear interpoliert. Nichtlinearitäten der Hallsondenkennlinie und Interpolationsfehler begrenzen die Meßgenauigkeit auf ~2%.

In der Tabelle 8 sind für zwei unhydrierte TiFe-Proben mit unterschiedlicher Herstellung die Suszeptibilitätswerte enthalten:

Probe I: TiFe, wie geschmolzen, granuliert < 200 µm
Probe II: Probe I nach 5maligem Aufheizen und ca. 400 °C und Hydrieren mit 50 bar Wasserstoff

Die Auswertungen zeigen, daß mehrmaliges Zyklisieren der TiFe-Proben den zu Beginn äußerst niedrigen ferromagnetischen Phasenanteil erhöht und den paramagnetischen Suszeptibilitätsanteil ebenfalls leicht ändert.

Durch einen Vergleich mit der Magnetfeldabhängigkeit reinen Eisens können die Konzentration und Konzentrationsänderung der ferromagnetischen Cluster im TiFe abgeschätzt werden. Das Ergebnis zeigt, daß die beobachteten Abweichungen bei den Hydrierzyklen sehr klein sind und einem Sättigungswert zustreben. Für den praktischen Einsatz ist TiFe daher (in Übereinstimmung mit den Literaturdaten) zyklisierungsstabil.

Aufgrund der Suszeptibilitätsmessungen ist es also nicht nur möglich, das Langzeitverhalten von Hydriden unter vorgegebenen Bedingungen (Temperatur, Wasserstoffdruck) zu ermitteln, sondern es gelingt vor allem auch, mit dieser Meßmethode für jedes Hydrid die entsprechenden Grenzwerte für Temperatur und Wasserstoffdruck zu ermitteln, ab denen die Disproportionierung einsetzt.

Tabelle 8. *TiFe: Abhängigkeit der magnetischen Suszeptibilität von Zulegierungen*

Probe	Charakteristik der Probe	Mol.-Gewicht	paramagn. Suszept.		ferromagn. Suszept.		KDI		Röntgenqualität
		M	$\frac{\chi_g}{cm^3 \cdot g^{-1}}$	$\frac{\chi_{mol}}{cm^3 . Mol^{-1}}$	$\frac{a^{ferro}}{cm^3 \cdot kG \cdot g^{-1}}$	C_{Fe}	$\frac{H/Me}{Gew.\text{-}\%}$	$\frac{\Delta H}{kJ \cdot mol^{-1}}$	
I TiFe	<200 μm	103,75	$2{,}01 \cdot 10^{-5}$	$2{,}08 \cdot 10^{-3}$	$3{,}22 \cdot 10^{-5}$	$7{,}71 \cdot 10^{-4}$	1,77	27,7	nahezu 100%
II TiFe zykl.	(5x, 400°, 50 bar)		$4{,}55 \cdot 10^{-5}$	$4{,}72 \cdot 10^{-3}$	$1{,}95 \cdot 10^{-4}$	$1{,}82 \cdot 10^{-3}$			
Fe		55,85	$1{,}54 \cdot 10^{-2}$	$8{,}58 \cdot 10^{-1}$	$1{,}07 \cdot 10^{-1}$	1			p.a.

Diese Daten sind dann mitentscheidend bei der Auswahl geeigneter Hydride für den jeweils gewünschten technischen Anwendungsfall.

2.9 Sicherheitsaspekte von Hydridspeichern

Aufgrund der chemischen Bindung des Wasserstoffs im Legierungsgitter ist die Wasserstoffspeicherung in Form von Metallhydriden eine besonders sichere Art der Kraftstoffspeicherung, wobei Hoch- bzw. Tieftemperaturhydride beträchtliche Unterschiede bezüglich ihrer sicherheitstechnischen Aspekte zeigen.

- Wegen der stabilen chemischen Wasserstoffbindungen sind Hochtemperaturhydride noch sicherer als die instabileren Tieftemperaturhydride.
- Die Betriebstemperaturen liegen bei Hochtemperaturhydriden mit ca. 300 °C jedoch wesentlich höher als bei Tieftemperaturhydriden mit 20 bis 30 °C, so daß vor allem bei Luftkontakt (Behälterbruch) mit wesentlich heftigeren Reaktionen gerechnet werden muß. Hier handelt es sich also in erster Linie um Probleme des Behälterbaus, die mit den vorliegenden Erfahrungen aus dem chemischen Apparatebau jedoch beherrschbar sein dürften.

Wie sicher Wasserstoff in Metallhydriden gespeichert wird, soll durch folgende Beispiele dargestellt werden.

Wird ein 100-l-Behälter mit verpreßtem Tieftemperaturhydrid gefüllt, so beträgt die Packungsdichte etwa 4,5 kg/l mit einer Porosität von ca. 20%. In den 450 kg Hydridmaterial des 100-l-Behälters können somit etwa 9 kg (2 Gew.-%) entsprechend 100 m^3 Wasserstoff gespeichert werden. Bei einem Beladungsdruck von 50 bar sind in dem Porenvolumen des Hydridspeichers von etwa 20 l ca. 1 000 l Wasserstoff oder 1% der insgesamt gespeicherten Mengen in gasförmigem Zustand vorhanden.

Bei einem Tankbruch kann also maximal 1 m^3 Wasserstoff spontan entzündet werden. Der Heizwert dieses sofort vorhandenen Wasserstoffs entspricht etwa dem Heizwert von $\frac{1}{4}$ Liter Benzin und ist demnach durchaus gering. Die verbleibenden 99 m^3 Wasserstoff im Hydrid können nur durch Wärmeentzug aus der Umgebung (Luft) abgegeben werden, da im Falle eines Behälterbruchs sicherlich auch die vorgesehene Wärmezufuhr (über Heißwasser oder Heißgase) zur geregelten Wasserstoffabgabe ausfällt. Der im Hydrid gespeicherte Wasserstoff wird also unter ständiger Druckabnahme (Abkühlung des Speichermaterials durch Wärmeentzug zur Wasserstofffreisetzung) und unter ständig verminderter Geschwindigkeit abgegeben. Eine spontane Freisetzung großer Mengen Wasserstoffs findet beim Bruch eines Hydridbehälters im Gegensatz zum Bersten von Druckgasbehältern und Flüssig-Wasserstofftanks nicht statt.

Darüber hinaus dürfte der Betriebsdruck des Hydridspeichers im allgemeinen zwischen 5 und 10 bar liegen, so daß während der Wasserstoffentnahme aus dem Speicher sich nur maximal 0,1 bis 0,2% der gespeicherten Wasserstoffmenge im gasförmigen Zustand befinden und damit spontan entzündungsfähig sind. Der Heizwert dieser gasförmigen Wasserstoffmenge ist mit 1 000 bis 2 000 kJ sehr niedrig und entspricht etwa dem Heizwert von 20 bis 50 cm^3 Benzin. Bei einem Tankbruch werden also nur geringe Mengen an Wasserstoff spontan freigesetzt. Der gespeicherte Wasserstoff kann nur unter ausreichender Wärmezufuhr langsam an die Umgebung abgegeben werden, wenn er nicht überhaupt, z. B. durch eine Oberflächenpassivierung an Luft, im Hydrid gespeichert bleibt. Bei den Hochtemperaturhydriden ist außerdem die Wasserstoffbindung im

Abb. 29. Beschußversuch an einem TiFe-Hydridbehälter: a) unmittelbar nach Beschuß; b) etwa 30 Sekunden später; c) nach 10 Minuten Vereisung des Behälters

Metall so stabil, daß aufgrund der durch einen Behälterbruch ausbleibenden ausreichenden Wärmezufuhr spontan jede weitere Wasserstoffabgabe unterbunden wird. Hochtemperaturhydride können bei Raumtemperatur sogar an Luft gelagert werden, ohne zu zerfallen und damit Wasserstoff abzugeben. In diesem Fall wird der Wasserstoff also besonders sicher gespeichert ($Ti_2NiH_{2,5}$, TiNiH, Mg_2NiH_4). Metallhydride sind damit nicht nur um Größenordnungen sicherer als Druckgasbehälter oder Flüssig-Wasserstofftanks, sie verhalten sich auch günstiger als konventionelle Kraftstofftanks. Die am Denver Research Institute [37 a, b] und bei Daimler-Benz durchgeführten Beschußversuche an Hydrid- und Benzintanks zeigten folgendes Verhalten der Kraftstoffbehälter (Abb. 29, 30):

- Am Hydridtank entsteht an der Ein- und Ausschußstelle Flammenbildung.
- Die Flamme wird in kurzer Zeit (Minuten) kleiner und kann schließlich mit der flachen Hand ausgeschlagen werden.
- Aufgrund der Wasserstoffabgabe an die Flamme und des Entzugs der Wärme aus dem Behälter und der Umgebung vereist die Behälteroberfläche mit Ausnahme einer kleinen Fläche rund um die Flammen. Der brennende Behälter kann somit an seinen kalten Stellen angefaßt und damit gefahrlos abtransportiert werden.
- Solange die Wasserstoffleitung nicht beschädigt ist, kann weiterhin Wasserstoff aus dem brennenden Speicher entnommen werden, um unter Umständen z. B. ein Fahrzeug mit Wasserstoffantrieb noch aus der direkten Gefahrenzone zu bringen.
- Da der Wasserstoff eine hohe Diffusionsgeschwindigkeit besitzt und als leichtestes aller Gase stets aufsteigt, kann sich auch bei einem nicht brennenden Leck im Hydridtank aufgrund ungenügender Wasserstoffnachfuhr kein explosives Gemisch in belüfteten Räumen bilden.
- Der Benzintank hingegen explodierte bei Beschuß und löste einen entsprechenden Flächenbrand aus.

Abb. 30. Beschußversuch an einem Benzintank (gleicher Energieinhalt wie TiFe-Behälter Abb. 29): a) unmittelbar nach Beschuß (starke Rauch- und Flammenbildung); b) 5 bis 10 Minuten später (Abnahme der Rauch- und Flammenbildung)

Während also die chemische Bindung des Wasserstoffs in der Legierung eine sehr sichere Speicherung ermöglicht, wirft die Speicherlegierung selbst noch einige sicherheitstechnische Fragen auf. Metallpulver mit großer Oberfläche sind nicht nur, wie gewünscht, hoch reaktiv gegenüber Wasserstoff, sondern auch gegenüber Luft (Sauerstoff). Die Oxidation der Legierungspulver an Luft kann nicht nur spontan, sondern auch noch unter hoher Wärmeentwicklung ablaufen. (Die Oxidationsenthalpien der Metalle sind im allgemein sehr groß!) Bricht also ein Tank, der mit Hydridpulver feiner Körnung gefüllt ist, so ist nicht der Wasserstoff, sondern die Selbstentzündungstendenz der Legierungspulver die eigentliche Gefahrenquelle. Wie im Kap. 2.7 dargestellt, ist es schon aus Gründen der Wärmeleitfähigkeit und der Packungs- und damit Energiedichte des Speichers erforderlich, mit Aluminiumzusätzen verpreßtes Hydridmaterial in die Speicher zu füllen. Derartig verarbeitete Legierungen mit relativ geringer Oberfläche erweisen sich als nicht pyrophor, da sie vor allem auch bei einem Bruch des Behälters nicht mehr als feinverteilter Metallstaub, sondern nur noch in Form relativ grober Brocken aus dem Behälter austreten können.

Aus den Abb. 31 und 32 ist das Verhalten von TiFe und TiZrCrMn im pulverförmigen und verpreßten Zustand gegenüber Luft zu erkennen. In einem DTA-Gerät (Differentielle Thermo-Analyse) kann mit Hilfe einer Bestimmung der Gewichtszunahme einer Probe Oxidationsbeginn, -dauer und -geschwindigkeit ermittelt werden. Während TiFe-Pulver (⌀ < 30 μm) erst ab 150 °C zur Selbstentzündung neigt (Abb. 31), reagiert die Lavesphase TiZrCrMn (⌀ < 30 μm) schon

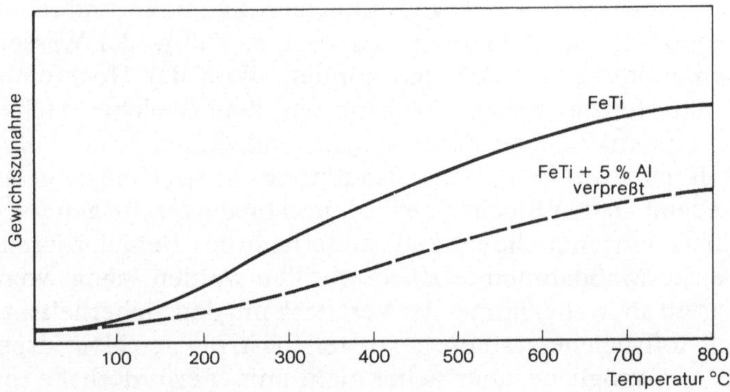

Abb. 31. Selbstentzündungstemperaturen von verpreßtem (+5% Al) und unverpreßtem TiFe-Hydrid

bei Umgebungstemperatur spontan mit Luft. Vermischt man jedoch die Legierungspulver mit jeweils 5 Gew.-% Aluminium (unter Schutzgas!) und verpreßt sie anschließend zu entsprechenden Formkörpern, so setzen die Entzündungstemperaturen (Abb. 32) nicht nur erst bei wesentlich höheren Temperaturen ein, TiFe: T > 450 °C, TiZrCrMn: T > 400 °C, sondern die Reaktionskinetik der Oxidation ist auch wesentlich verlangsamt, so daß es nicht mehr zu einem spontanen Durchglühen kommen kann. Entzündet sich im Verlauf eines Unfalls das Hydridspeichermaterial trotzdem, so können als Löschmittel neben Wasser auch alle anderen bekannten Löschverfahren für Metallbrände eingesetzt werden.

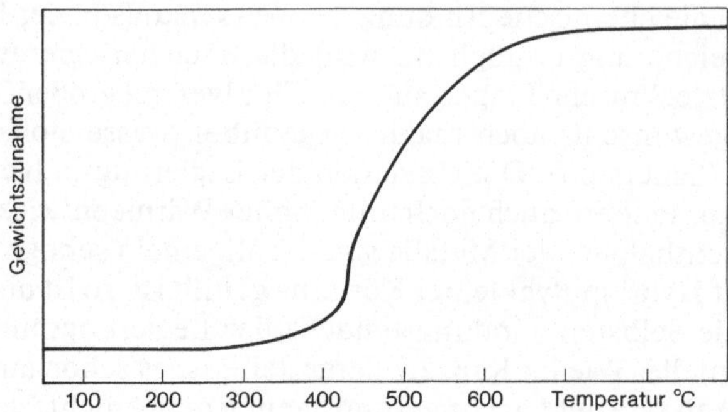

Abb. 32. Selbstentzündungstemperatur von verpreßtem TiZrCrMn-Hydrid (+5% Al)

Im Fall der Hochtemperaturhydride ist aufgrund der benötigten Wärmezufuhr auf hohem Temperaturniveau (T ~ 300 °C) zu beachten, daß während des Betriebs eines als Gaswärmetauscher ausgelegten Hydridspeichersystems (siehe auch Kap. 3.4.1.7) die heißen Gase z. B. mit den Magnesiumhydriden nicht in Berührung kommen dürfen, da sonst der Hydridspeicher ausglüht. Für den stationären Einsatz von Hochtemperaturhydriden empfiehlt sich hier aus sicherheitstechnischen Gründen der Einsatz von hochtemperaturbeständigen Ölen als Wärmetauschmedium.

Sollte ein Speicherbehälter mit Hochtemperaturhydriden *während* des Betriebs platzen, so gerät die Magnesiumlegierung mit Öl und nicht mit Heißgasen in Kontakt. Sie wird dadurch passiviert, so daß weder Wasserstoff- noch Legierungsentzündungen stattfinden können. Wird der Hochtemperaturspeicher direkt mit Heißgas beheizt, so kann ein, dem Speicher nachgeschaltetes System von Umlenkblechen dafür sorgen, daß glühende Metallpartikel, die durch einen Behälterbruch während des Betriebs in das Heißgas gelangen konnten, anschließend an den Blechen gekühlt und niedergeschlagen werden, so daß sie nicht zur Gefahrenquelle (Brand) außerhalb des Behälterbereichs werden können. Welche Maßnahmen letztlich ergriffen werden, hängt vom einzelnen Anwendungsfall ab, wobei immer der Vergleich mit den Sicherheitsbedingungen anderer Kraftstoffspeichersysteme herzustellen ist, um den Hydridspeicher nicht durch seine zwar mögliche, aber sicher nicht immer erforderliche totale Sicherheit zu schwer und zu teuer zu machen.

Ein spezielles Sicherheitsproblem für Hydridspeicher ergibt sich im Zusammenhang mit ihrem mobilen Einsatz als Kraftstoffspeicher in Fahrzeugen. Es stellt sich hier nämlich die Frage nach dem Verhalten eines geschlossenen Hydridspeichers ohne Wasserstoffabgabe bei äußerer Wärmezufuhr auf hohem Temperaturniveau (Benzinfeuer, entstanden nach einem Unfall mit einem wasserstoff- und einem benzinbetriebenen Fahrzeug). Aus diesem Grund wurden bei Daimler-Benz folgende Versuche durchgeführt:

Zwei Behälter wurden mit TiFe- bzw. „TiCrMn“-Legierungen, die Ti, Cr, Mn und mehrere zusätzliche Elemente enthalten können, gefüllt, vollständig hydriert und bei einem Wasserstoff-Fülldruck von 50 bar einem Benzinfeuer ausgesetzt. Dabei wurden die Temperaturen am Außenmantel und der Wasser-

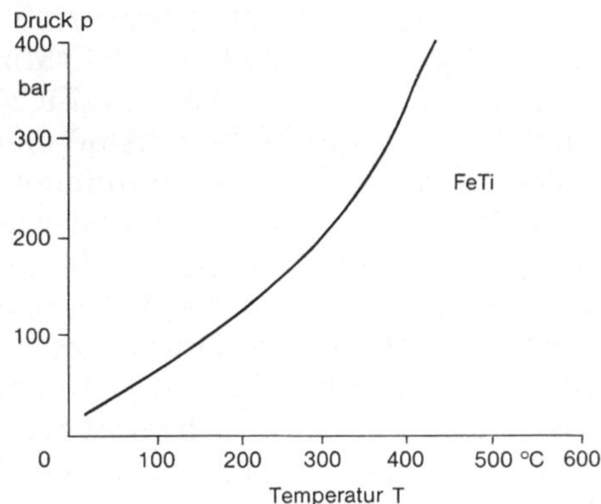

Abb. 33. Druckverlauf im verschlossenen TiFe-Hydridtank unter äußerer Wärmezufuhr (Benzinfeuer)

stoffdruckverlauf im Inneren des Behälters gemessen. Entsprechend Abb. 33 steigt aufgrund der Wärmezufuhr ohne gleichzeitiger Wasserstoffentnahme der Druck im TiFe-Hydridbehälter sehr rasch an. Bei Außentemperaturen um 450 °C und inneren Drücken um 300 bar platzt der Behälter unter Entwicklung der entsprechenden Detonationsdruck- bzw. Hitzewelle. Völlig anders verhält sich dagegen das „TiCrMn"-Hydrid. Wie in Abb. 34 dargestellt, steigt auch hier der Druck im Behälter stark an. Bei Druckwerten $p_{H_2} < 300$ bar erfolgt jedoch trotz weiterer Wärmezufuhr im dichten, geschlossenen Behälter ein spontaner Druckabfall bis $p_{H_2} < 5$ bar. Erst bei Temperaturen $T > 800$ °C beginnt der Druck wieder langsam zu steigen; Werte von mehr als 10 bar werden dann aber nicht mehr erreicht. Dieser für die Behältersicherheit besonders günstige Aspekt läßt sich auf die in Kap. 2.9 beschriebene Phasendisproportionierung zurückführen. Während im Falle der TiFe-Hydride auch Drücke um 300 bar offenbar noch nicht

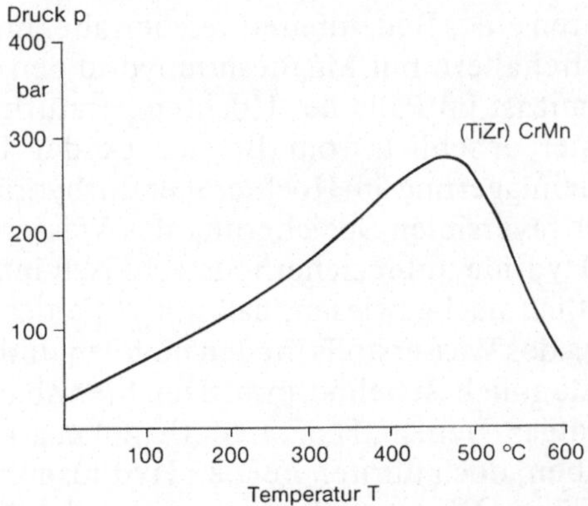

Abb. 34. Druckverlauf im verschlossenen TiZrCrMn-Hydridtank unter äußerer Wärmezufuhr (Benzinfeuer)

ausreichen, um den Zerfall der TiFe-Legierung herbeizuführen, ist dies bei den Lavesphasenhydriden, wie man am Beispiel des „TiCrMn"-Hydrids erkennen kann, schon bei Drücken $p_{H_2} \sim 250$ bar möglich. Das „TiCrMn"-Hydrid zersetzt sich also anfänglich unter Wärmezufuhr in Wasserstoff und „TiCrMn". Da nun kein Wasserstoff abgegeben wird und bei Temperaturen $T > 100$ °C auch keine Hydridbildung erfolgen kann, steigen Temperatur und Wasserstoffdruck stetig. Die Legierung zerfällt bei Temperaturen zwischen 300 und 400 °C und unter einem Wasserstoffdruck $p_{H_2} > 200$ bar in Titan, Chrom und Mangan bzw. Chrom-Mangan-Legierungen. Unter diesen Druck- und Temperaturbedingungen reagiert aber Titan unter Titanhydridbildung (TiH_2) und starker Wärmeentwicklung (ΔH) mit Wasserstoff. Der Menge nach reicht der im „TiCrMn"-Hydrid gespeicherte Wasserstoff gerade aus, um das vorhandene Titan vollständig in TiH_2 zu verwandeln. Die frei werdende Hydridbindungsenthalpie ist dem Betrag nach vergleichbar mit dem Heizwert des gespeicherten Wasserstoffs – damit erhält der Speicher sehr schnell optimale Reaktionstemperaturen (500 bis 600 °C) zur Titanhydridbildung – der Speicherinnendruck sinkt aufgrund der überall auftretenden Titanhydridbildung sehr rasch auf kleine Werte ($p_{H_2} < 5$ bar). Da das entstandene Titanhydrid ein äußerst stabiles Hochtemperaturhydrid ist, treten Wasserstoffdrücke über 50 bar erst bei Temperaturen um 1 000 °C auf. Derartig hohen Temperaturen werden die Behälter auch bei einem Benzinfeuer nicht oder nur äußerst selten ausgesetzt. Lavesphasenhydride (z. B. „TiCrMn"-Legierungen) stellen damit äußerst sichere Tieftemperaturhydride dar, wobei die Werte für Wasserstoffdruck und Temperatur, ab denen die Legierungszersetzung eintritt, von den Legierungszusammensetzungen abhängen und damit in Grenzen variiert werden können. Vor allen der kritische Druck, ab dem die Legierung zerfällt, ist schließlich ein Kriterium für die Auslegung der Hydridbehälter. Die Wandstärken der Behälter müssen dann so ausgelegt werden, daß der Behälterberstdruck nur geringfügig über dem Zersetzungsdruck der Legierungen liegt. Ist dies der Fall, so ist ein Bersten der Behälter durch äußere Wärmezufuhr auch ohne Wasserstoffentnahme ausgeschlossen, da aufgrund der Titanhydridbildung ein Druckanstieg über die äußerste erlaubte Grenze nicht mehr möglich ist.

Magnesium- und Magnesiumlegierungshydride sind etwas instabiler als Titanhydrid, die Temperaturen eines Benzinfeuers reichen aber immer noch nicht aus, um in geschlossenen Behältern mit Magnesiumhydrid den Druck über 100 bar steigen zu lassen. Damit ist im Falle der Hochtemperaturhydride der maximal mögliche Druck immer erheblich vom Berstdruck der Behälterwände entfernt. Die Wasserstoffeinlagerung in Hochtemperaturhydriden stellt somit die sicherste Methode der reversiblen Speicherung des Wasserstoffs dar.

Das Verhalten der Hydride unter sicherheitstechnisch interessanten Extrembedingungen hat deutlich nachgewiesen, daß mit Hilfe der Metallhydride eine gefahrlose Speicherung des Wasserstoffs für den mobilen und stationären Einsatz möglich ist. Selbstverständlich ist beim Einsatz von brennbaren Gasen und Flüssigkeiten (Erdgas, Stadtgas, Benzin, Heizöl, Methanol u. a.) immer ein gewisses Sicherheitsrisiko gegeben, doch dürften bei den Hydridspeichern im Gegensatz zur Druckgas- oder Flüssig-Wasserstoffspeicherung keine Gründe sicherheitstechnischer Art gegen einen weitverbreiteten stationären und mobilen Einsatz sprechen.

2.10 Herstellung von Hydriden und Hydridbehältern

Die großtechnische Herstellung von Metallhydriden wird seit etwa 1975 von INCO, New York, bzw. bei der INCO-Tochtergesellschaft MPD, Birmingham, England, durchgeführt [38], wobei neben einer Serie von Listenprodukten (TiFe, Mg_2Ni, $LaNi_5$ u. a.) auch alle anderen Hydride in den gewünschten Mengen hergestellt werden. Die Billings Corporation, Independence, USA [39], liefert komplette Hydridspeichersysteme für den mobilen und stationären Einsatz. Seit 1980 werden in der Bundesrepublik Deutschland Hydride im technischen Maßstab bei der Firma „Gesellschaft für Elektrometallurgie", Nürnberg, erzeugt. Die Firmen Thyssen, Essen, und Mannesmann, Düsseldorf, entwickeln und bauen Hydridbehälter und komplette Speichersysteme in den gewünschten Größenordnungen. Hier ist in Kürze mit der Serienfertigung von 100-kg-Speichereinheiten (Tieftemperaturhydride) zu rechnen.

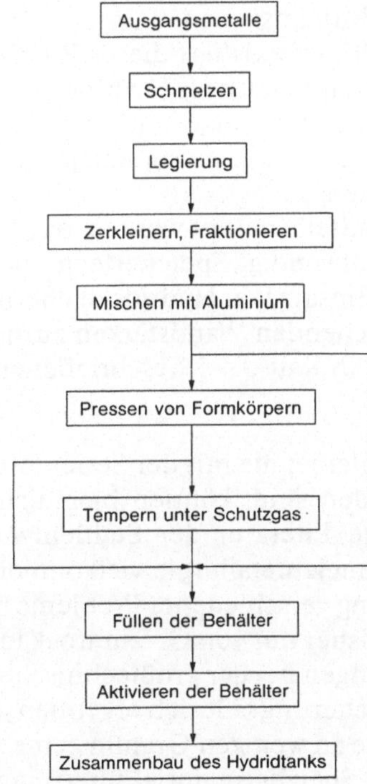

Abb. 35. Schema der Herstellung von Hydridbehältern

Abb. 35 zeigt das allgemeine Schema der Herstellung eines Hydridtanks:

- Die Legierungen werden aus den Ausgangsmetallen erschmolzen, anschließend
- unter Schutzgas zerkleinert und fraktioniert (Korngrößen $\leqq 500\ \mu m$) und
- mit Aluminiumpulver (oder anderen Wärmeleitfähigkeitssubstanzen) verpreßt.

- Zum besseren Wärmekontakt mit der Behälterwand können die Preßlinge entweder mit einer Aluminiumschicht, die aufgespritzt wird, versehen und/oder in eine Aluminiumfolie gewickelt werden.
- Die Wärmebehandlung dieser Preßlinge kann *vor* dem Einfüllen in die Behälter in einem Ofen mit Schutzgas oder Wasserstoffatmosphäre erfolgen.
- Werden diese vorgereinigten Preßlinge in die Behälter gefüllt und diese verschweißt, so ist eine anschließende Wasserstoffaufnahme *ohne* Wärmebehandlung der Behälter möglich.
- Werden die Preßlinge ohne Wärmevorbehandlung in die Behälter gefüllt, so muß entweder jedes Einzelrohr oder der Gesamtbehälter wärmebehandelt werden, um adsorbierte Gasschichten zu entfernen.
- Bei beiden Verfahren muß darauf geachtet werden, daß die Preßlinge der Tieftemperaturhydridlegierungen mit Untermaß in bezug auf den Röhreninnendurchmesser hergestellt werden, da sonst die Volumendehnungen bei der Hydrierung so groß sind, daß die irreversiblen Verformungen der Behälter über ein zulässiges Maß hinausgehen.
- Bei Hochtemperaturhydriden existiert dieses Problem nicht, da sie aufgrund ihrer Stabilität bei Raumtemperatur als Hydride verarbeitet werden und damit keine zusätzlichen Volumendehnungen auftreten können. Auch sind die Speicher sofort aktiv, da sie bei Erwärmung entsprechend instabil werden und damit Wasserstoff abgeben.
- Schließlich soll an dieser Stelle betont werden, daß besonders der mobile Einsatz eine entsprechend aufwendige Speichertechnologie erfordert (Kap. 3.6.2), während der stationäre Einsatz von Hydridspeichern auf eine einfache Behälterbauweise mit entsprechenden Wandstärken zurückgreifen kann. Stationär könnten z. B. die beiden in Kap. 3.4.1 beschriebenen Behälterformen vorteilhaft eingesetzt werden.

Weitere technische Probleme, die mit der Serienfertigung von Hydriden und Speicherbehältern verbunden sind, können hier nicht dargestellt werden. Es muß auf die umfangreiche Literatur der Stahlentwicklung, des chemischen Apparatebaus und der Schmelzmetallurgie vielkomponentiger Systeme verwiesen werden. Eine Darstellung verschiedener Probleme bei der Hydridherstellung in großen Mengen wurde bisher nur von G. Sandrock in [40, 41, 42] gegeben. Aus allen vorliegenden Erfahrungen bei der großtechnischen Herstellung von Legierungen zur Wasserstoffspeicherung läßt sich erkennen, daß die auftretenden Probleme beherrschbar und die an wenigen Gramm gemessenen Hydrideigenschaften auch auf viele Tonnen Speichermaterial übertragbar sind.

In den folgenden Kapiteln wird daher ohne Rücksicht auf die technische Anwendung ein Überblick über die physikalischen und chemischen Eigenschaften einzelner Hydridsysteme gegeben. Zur Eingrenzung des Themas werden ausschließlich Legierungshydride beschrieben, da die Elementhydride im Buch „Metal Hydrides“ [16] ausführlich dargestellt sind.

B. Experimentelle Ergebnisse

2.11 Auswahl und Eigenschaften verschiedener Hydridsysteme

Aus Gründen der Verfügbarkeit (Kosten) und des Metallgewichts (Speicherdichte) kommt aus dem Periodensystem der Elemente nur eine begrenzte Anzahl von Metallen für die Legierungsbildung von Hydridspeichern in Frage. Hauptsächlich sind dabei die Metalle Magnesium, Aluminium, Calcium, Titan, Chrom, Mangan, Eisen, Nickel, Kupfer, Zink als Ausgangselemente für die Bildung von Legierungshydriden geeignet. Unter der Voraussetzung relativ geringer Konzentrationen stehen auch die Metalle Zirkon, Vanadin, Lanthan, Mischmetall und Yttrium zur Verfügung. Seit etwa 1968 werden Legierungen aus den genannten Metallen sehr ausführlich hinsichtlich ihrer Eigenschaften als Wasserstoffspeicher untersucht.

Schwerpunkte dieser Grundlagenforschung der Metall-Wasserstoff-Reaktionen lagen dabei auf folgenden Gebieten:

- Theorie der Reaktion
- Isotopieeffekte
- Wärmeleitfähigkeit
- Strukturbestimmung
- Diffusion
- Oberflächenreaktionen
- Wasserstoffversprödung
- Magnetismus
- Legierungsentwicklung u. a.

Besonders umfangreiche Messungen liegen von den Konzentrations-Druck-Isothermen einzelner wasserstoffspeichernder Legierungen vor.

Diese internationalen Arbeiten, die am Brookhaven National Laboratory, am Denver Research Insitute, bei der KFA in Jülich, am Battelle Institut in Genf, an der ETH in Zürich und zahlreichen anderen Universitätslabors sowie in den Forschungslabors von z. B. International Nickel (INCO), Allied Chemical, Air Products, Solar Division of International Harvester, Philips/Eindhoven, durchgeführt wurden, und die Ergebnisse der Daimler-Benz-Hydridentwicklung werden im folgenden einzeln dargestellt und diskutiert. Um vergleichbare Daten zu erhalten, wurden, von wenigen Ausnahmen abgesehen, die Konzentrations-Druck-Isothermen der hier diskutierten Metallhydridsysteme im Daimler-Benz-Labor noch einmal gemessen. Sämtliche Messungen wurden dabei während der Desorption des Wasserstoffs aus dem Hydrid durchgeführt, da diese Bedingung für viele technische Anwendungsfälle die eigentlich entscheidende ist.

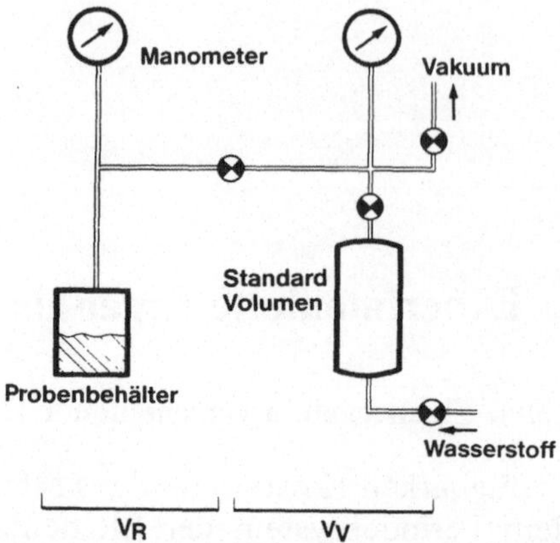

Abb. 36. Versuchsaufbau zur Messung der Konzentrations-Druck-Isothermen von Metall-Wasserstoff-Systemen

Die Bestimmung von Konzentrations-Druck-Isothermen geschieht mit Hilfe der in Abb. 36 skizzierten prinzipiellen Versuchsanordnung.

Die Legierung befindet sich in einem Reaktionsgefäß aus gehärtetem Stahl, welches temperaturgeregelt beheizt oder gekühlt werden kann. Mit einem Mantelthermoelement wird die Probentemperatur inmitten des Granulats gemessen. Die zugeführten bzw. entnommenen Wasserstoffmengen während der Desorptions-(Absorptions-)Schritte werden mit Hilfe des Vorratsvolumens (V_V), der Druckänderung (p_V) und der Temperatur im Vorratsvolumen (T_V) bestimmt. Für die korrekte Ermittlung der aus der Hydridprobe entnommenen Wasserstoffmenge muß der aus der Gasphase innerhalb des Reaktorvolumens (V_R) stammende Wasserstoffanteil abgezogen werden. Dieser Anteil ist bestimmt durch die Differenz der Gleichgewichtsdrücke (ΔP_R) im Reaktor vor und nach der Wasserstoffentnahme (-zufuhr), dem Totvolumen im Reaktorbereich

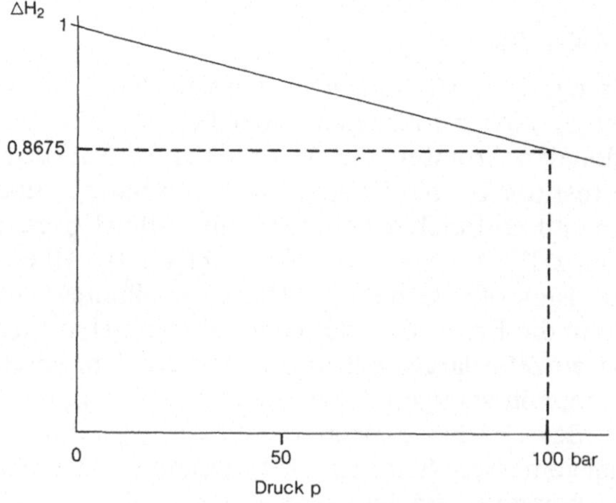

Abb. 37. Korrekturwerte für die reale Gasgleichung

(V_R) und der gemittelten Temperatur im Bereich des Reaktorrestvolumens. Um die Auswertung mit Hilfe eines kurzen Programms auch mit programmierbaren Taschenrechnern bewerkstelligen zu können, wird die erforderliche Gasphasenkorrektur mittels Korrekturfaktoren (k_T, k_V) vorgenommen, die bei bekannter Probemasse, Probentyp und Reaktortemperatur entsprechenden Tabellen entnommen werden kann. Insbesondere bei der Aufnahme von Absorptionskennlinien finden die Gasmengenbestimmungen bei Gasdrücken bis etwa 60 bar statt. Die Abweichung vom idealen Gasgesetz ist hier aufgrund des Eigenvolumens der Wasserstoffmoleküle und der Wechselwirkung der Moleküle untereinander bereits beträchtlich (Abb. 37).

Eine gleich große Druckänderung bei gleicher Temperatur und Volumen, jedoch bei einem um 100 bar höheren Druck vorgenommen, entspricht einer um den Faktor 0,8675 niedrigeren Änderung der in dem Volumen enthaltenen Wasserstoffmenge.

Für die Gaskorrektur wird dabei die Van-der-Waals-Gleichung (19) für Wasserstoff

$$\left(p + \frac{a}{V^2}\right)(V - b) = RT \tag{19}$$

mit den Konstanten

$$a\,(H_2) = 0{,}2472 \cdot 10^6\,\frac{cm^6\,bar}{mol^2};\quad b\,(H_2) = 0{,}0266 \cdot 10^3\,\frac{cm^3}{mol}$$

zugrunde gelegt. Der Verlauf kann im interessierenden Druckbereich in ausgezeichneter Näherung durch eine Gerade ersetzt und auf diese Weise sehr einfach bei der Auswertung berücksichtigt werden.

Mit Hilfe der Van-der-Waals-Korrektur wird die desorbierte (absorbierte) Wasserstoffmenge w bei jeder Wasserstoffentnahme (-zufuhr) aus dem Reaktionsgefäß nach folgender Beziehung (20) berechnet:

$$w = 0{,}1 \cdot M_2/m \tag{20}$$

$$M_2 = M_1 + (85{,}5 - \bar{p}_V \cdot 0{,}115) \cdot V_V\,\Delta\,\bar{p}_V\,293{,}15/(273{,}15 + T/°C)$$
$$-V_R \cdot (85{,}5 - \bar{p}_R \cdot 0{,}115) \cdot \Delta\,p_R \cdot k_T \cdot k_p \cdot k_R$$

Die beiden Terme ($85{,}5 - \bar{p}_V \cdot 0{,}115$) stellen die Van-der-Waals-Korrektur für die im Vorratsvolumen gemessene Gasmenge und für den aus der Gasphase des Reaktors stammenden Gasanteil dar. Das Vorratsvolumen ist nur den relativ kleinen Temperaturschwankungen der Raumtemperatur unterworfen, die Korrektur wird hier in ausreichender Nährung „ideal" durch den Faktor 293,15/(273,15 + T) vorgenommen. In der genannten Gleichung bedeuten:

$M_{1,2}$ = Wasserstoffmenge (mg in der Probe vor und nach der Wasserstoffentnahme (-zufuhr))

$\bar{p}_V$ = mittlerer Druck (bar im Vorratsgefäß während der Wasserstoffentnahme (-zufuhr))

Δp_V = Druckänderung (bar im Vorratsgefäß bei der Wasserstoffentnahme (-zufuhr))

T = Raumtemperatur (°C)

$\bar{p}_R$ = Druckmittel im Reaktorgefäß zwischen den Gleichgewichtdrücken vor und nach der Gasentnahme (-zufuhr)

Δp_R = Druckdifferenz der Gleichgewichtdrücke vor und nach der Gasentnahme im Reaktorgefäß

k_T = Temperaturkorrektur für die Wasserstoffmenge im Reaktorgefäß

$k_T = 1$ für $T_{Reaktor} \sim 20\,°C$

$= 0{,}9 \quad \sim 150\,°C$

$= 0{,}8 \quad \sim 300\,°C$

k_p = Korrektur des Reaktorvolumens aufgrund unterschiedlicher Füllgrade bzw. Probeneinwaagen:

k_p	Proben-vol. (cm^3)	Probengewicht (g) TiFe-Legierungen	Mg_2Ni-Legierungen
1	6	35	20
1,05	4,5	26	15
1,1	3	17	10
1,15	1,5	8	5

k_R = Korrekturfaktor für unterschiedliche Reaktorgefäße

m = Probengewicht (g)

w = Wasserstoffkonzentration (Gewichtsprozent)

V_v = Vorratsvolumen (l)

V_R = Reaktorrestvolumen (l)

Mißt man die Isothermen in Absorption, so liegen die Druckwerte in der Regel etwas höher als bei den Desorptionsisothermen gleicher Temperatur. Da der Druckunterschied zwischen Absorption und Desorption nahezu temperaturunabhängig ist, kann angenommen werden, daß die Hysterese auf die Volumenänderung der Einheitszelle beim Be- und Entladen des Wasserstoffs zurückzuführen ist und daher proportional zum H/M-Verhältnis sein wird.

Bei den meisten Legierungen werden im allgemeinen nur die Desorptionsisothermen gemessen, da man auf diese Weise die gewünschten Informationen über das Druckverhalten für die praktische Anwendung (Entnahmebedingungen) erhält und zudem mögliche undichte Stellen in der Apparatur nur zu niedrigeren und nicht zu höheren Werten für die Energiedichte der Legierung führen können. Absorptionsisothermen sind im allgemeinen nur bei Systemen mit geschlossenem Wasserstoffkreislauf (z. B. Hydridwärmepumpen) von Interesse. In den folgenden Kapiteln werden die Wasserstoffkonzentrations-Druck-Isothermen verschiedener Legierungssysteme dargestellt und diskutiert.

2.11.1 Das System Ti-Fe-H

Im System Titan-Eisen existieren nach M. Hansen [43] drei intermetallische Phasen (Abb. 38):

$TiFe_2$ (C 14-Typ), TiFe (B2-Typ) und Ti_2Fe ($E9_3$-Typ). $TiFe_2$ bildet keine Hydridphase. TiFe und Ti_2Fe reagieren mit Wasserstoff unter Hydridbildung, sie können deshalb als Energiespeicher verwendet werden.

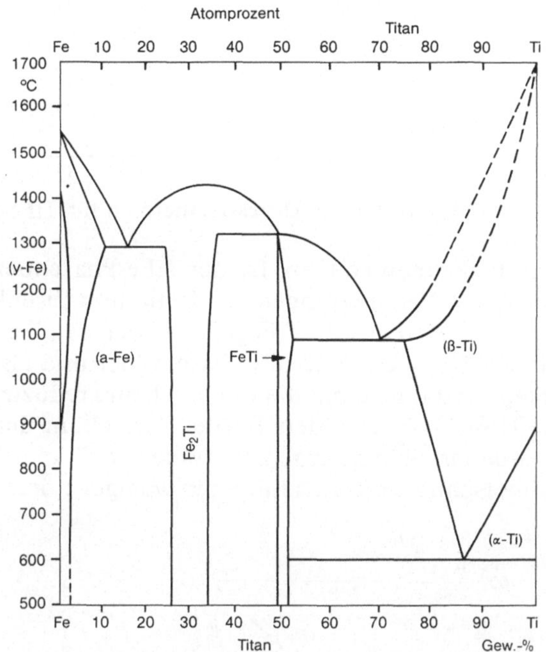

Abb. 38. Zustandsdiagramm Titan-Eisen (nach [43])

2.11.1.1 TiFe–H

Die kubisch raumzentrierte Legierung TiFe (B2; a = 2,97 Å) bildet nach Untersuchungen von Reilly und Wiswall [44] zwei Hydridphasen TiFeH und $TiFeH_{2-x}$ aus. Die Konzentrations-Druck-Isotherme (Abb. 39) hat demnach zwei Druckplateaus. Während TiFeH ein gut ausgeprägtes Druckplateau bei T = 20 °C zeigt und damit als stabile Hydridphase mit ~ 1 Gew.-% Wasserstoff entsprechend einer Energiedichte von 1,2 MJ/kg vorliegt, befindet sich die zweite Phase $TiFeH_2$ bereits im instabilen Bereich. Da für $TiFeH_2$ die Temperatur T = 20 °C in der Nähe der kritischen Temperatur liegen dürfte, entsteht unter diesen Bedingungen kein konstantes Druckplateau. Mit Drücken bis 10 bar können 1,5 MJ/kg und mit 50 bar 2,2 MJ/kg erreicht werden. Die Bindungsenthalpien betragen für TiFeH ca. − 28 kJ/mol Wasserstoff und für $TiFeH_{2-x}$ etwa − 35 kJ/mol Wasserstoff (Abb. 40).

Der Gleichgewichtsdruck von 1 bar wird von TiFeH bei − 6 °C, von $TiFeH_{2-x}$ bei − 20 °C erreicht. Das bedeutet, daß beide Hydride bei relativ niedrigen Tem-

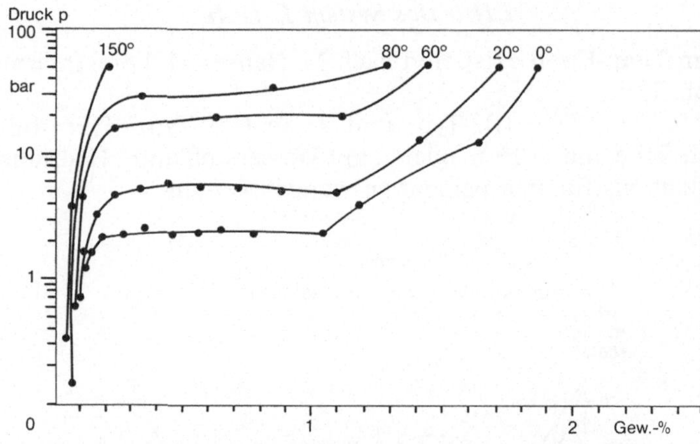

Abb. 39. Konzentrations-Druck-Isothermen für TiFe-H

peraturen Wasserstoff abgeben können. Da der TiFe-Phasenbereich schmal ist, führen auch schon kleine Veränderungen der Titan- und Eisenkonzentrationen zur Bildung der benachbarten Phasen $TiFe_2$ (Eisenüberschuß) bzw. Ti_2Fe (Titanüberschuß). Während $TiFe_2$ keine Hydridphase bildet und als inaktive Masse stets die Speicherkapazität und damit die Energiedichte reduziert, kann Wasserstoff mit der Phase Ti_2Fe Hydride bilden. Bei der Herstellung der TiFe-Legierungen muß daher besonders darauf geachtet werden, daß kein Eisenüberschuß auftritt. Ein Titanüberschuß wirkt sich hingegen weniger störend aus, so daß bei

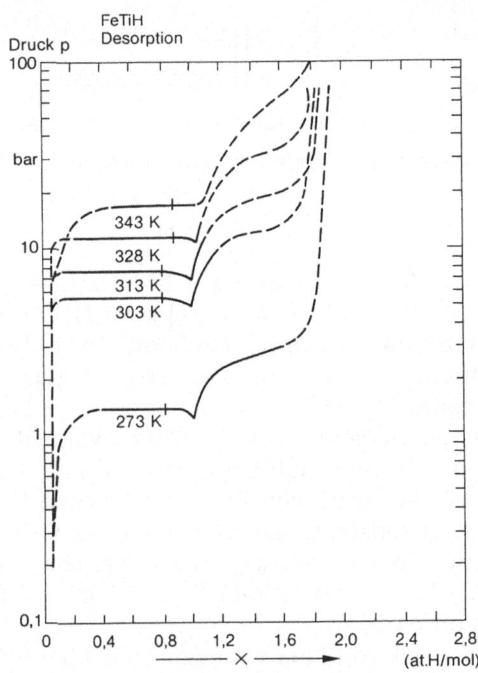

Abb. 40. Konzentrations-Druck-Isothermen für TiFe-H (nach [44])

der großtechnischen Herstellung von TiFe-Hydrid auch ein gewisser Anteil der Fremdphase Ti_2Fe akzeptiert werden kann.

2.11.1.2 Ti_2Fe-H

Die Phase Ti_2Fe (E 9_3-Phase, a = 11,347 Å) bildet sich nach [45] nur sauerstoffstabilisiert als $Ti_4Fe_2O_x$ aus. Nach K. Hiebel et al. [46] reagiert $Ti_4Fe_2O_x$ mit Wasserstoff und bildet dabei ein Hydrid mit der chemischen Summenformel $Ti_4Fe_2O_{0,46}H_{5,68}$. Die Einheitszelle der E9_3-Phase enthält somit 64 Titan-, 32 Eisen-, 7 Sauerstoff- und 90 Wasserstoffatome. Da sich die Struktur der $Ti_4Fe_2O_x$-Phase bei der Wasserstoffabsorption nicht ändert, wohl aber der Gitterparameter, sind die möglichen Positionen der Wasserstoffatome im Gitter durch die Kristallklasse Fd3m-O_7^h bestimmt. Obwohl zur Zeit keine KDI-Messungen des Systems vorliegen, kann geschlossen werden, daß eine Reihe (2 bis 4) Ti_2Fe-Hydride existieren, da nicht alle 90 Wasserstoffatome auf geometrisch und energetisch gleichwertigen Postitionen eingebaut werden können. Die Speicherdichte für Wasserstoff liegt mit $\leqq 1,7$ Gew.-% etwas niedriger als bei den TiFe-Hydriden. Welcher Anteil der gesamten Energiedichte von 2 MJ/kg Ti_2Fe-Legierung auch schon bei Temperaturen T = 20 °C zur Verfügung steht, bleibt bis zur exakten KDI-Messung abzuwarten. Mindestens eines der möglichen Ti_2Fe-Hydride dürfte jedoch ein MT-Hydrid sein und damit erst bei Temperaturen $T \geqq 100$ °C Wasserstoff mit einem Druck $p_{H_2} \geqq 1$ bar abgeben. Angaben zur Bindungsenthalpie sind zur Zeit nicht möglich. Der Gleichgewichtsdruck von 1 bar wird nach [46] im Falle der vollhydrierten Phase $Ti_4Fe_2O_{0,46}H_{5,68}$ bei $T \sim 20$ °C erreicht. Das bedeutet, daß ein Teil des gespeicherten Wasserstoffs auch bei Umgebungstemperaturen abgegeben werden kann. Da die Phase $Ti_4Fe_2O_x$ bei der großtechnischen TiFe-Hydridherstellung unter Titanüberschuß auftreten kann, ist mindestens aus diesem Grund eine umfangreiche Untersuchung des Systems $Ti_4Fe_2O_x$ mit Wasserstoff erforderlich.

2.11.2 Die Systeme Ti-Fe-Me-H

Wie in Kap. 2.4 dargestellt wurde, ist der Einfluß der Elektronen- und Kristallstruktur von entscheidender Bedeutung für den Verlauf der Konzentrations-Druck-Isothermen. Substituiert man daher im Titan-Eisen-System Titan durch die Metalle Zirkon bzw. Vanadin und Eisen durch Mangan, Chrom bzw. Nickel, so resultieren aus den geänderten elektronischen und strukturellen Eigenschaften der Legierung auch Änderungen ihres Hydrierverhaltens. Die Untersuchungen der Fremdmetallzusätze umfaßten bisher nur die TiFe-Phase, die nur dann einphasig bleibt, wenn die Substitutionsmetalle vollständig in der B2-Struktur eingebaut werden können. Sobald dies nicht mehr der Fall ist, treten die benachbarten Phasen Ti_2Fe bzw. $TiFe_2$ mit den entsprechend geänderten Hydrierverhalten der Legierungen auf.

2.11.2.1 Ti-Fe-Mn-H

Ersetzt man in der TiFe-Legierung Eisen durch Mangan, so wird nach Untersuchungen von Reilly [47] die Kristallstruktur der Legierung nicht verändert, das

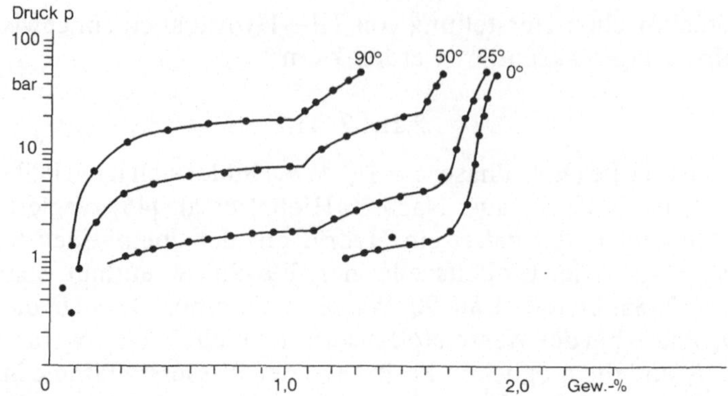

Abb. 41. Konzentrations-Druck-Isothermen des Systems TiFe-Mn-H

Kristallgitter aber durch den Einbau der größeren Manganatome aufgeweitet. Die experimentell bestimmten Isothermen (Abb. 41) lassen folgende Aussagen zu:

- Der Einbau der Manganatome führt bis zu einer Konzentration von 20 Atom-% entsprechend einer Summenformel $TiFe_{0,8}Mn_{0,2}$ zu einer Stabilisierung der Hydride.
- Das bedeutet, daß die Werte für die Bindungsenthalpien zunehmen, aber auch, daß bei vorgegebener Temperatur mit niedrigerem Druck beladen werden kann.
- Das Druckniveau von 1 bar liegt damit definitionsgemäß höher (stabiler) als bei der undotierten Legierung.
- Da nach den vorliegenden Meßergebnissen besonders die Phase $TiFeH_2$ (also das Dihydrid) stabilisiert wird, wird die Druckdifferenz zwischen den beiden Hydriden TiFeH und $TiFeH_2$ deutlich verringert.
- Die maximale Speicherfähigkeit des Wasserstoffs wird durch den Einbau von Mangan in die TiFe-Legierung nur unwesentlich geändert.
- Unter der Randbedingung vergleichbarer, aber relativ niedriger Drücke sind die Unterschiede in der Energiespeicherdichte von TiFe bzw. $TiFe_{0,8}Mn_{0,2}$ erheblich. So sinkt z. B. die Speicherdichte von TiFe von ca. 2,2 MJ/kg bei 50 bar Beladungsdruck auf Werte um 1,5 MJ/kg bei 10 bar Beladungsdruck, während die Energiedichten von $TiFe_{0,8}Mn_{0,2}$ zwischen 50 bar und 10 bar aufgrund des stabilisierten Dihydrids nur geringfügig (zwischen 2,3 MJ/kg und 2,2 MJ/kg) variieren. Berücksichtigt man noch die Tatsache, daß die Behältergewichte der Hydridspeicher für jede technische Anwendung bei einer Auslegung für 50 bar schwerer sind als für 10 bar, so folgt, daß Ti-Fe-Mn-Hydride überall dort den TiFe-Hydriden überlegen sind, wo besonders tiefe Einsatztemperaturen ($T \leqq 5$ °C) nicht zu erwarten sind.

2.11.2.2 Ti-Zr-Fe-H [48]

Mit dem Einbau von Zirkon anstelle Titans in die TiFe-Legierung sollte vor allem der Einfluß von Elementen mit größeren Atomradien auf das Hydrierverhalten von TiFe untersucht werden. Es zeigte sich, daß bei Reaktionstemperaturen um 1100 °C nur etwa 5% Titan durch Zirkon homogen substituiert werden kann. Der KDI der Legierung $Ti_{0,95}Zr_{0,05}Fe$ (Abb. 42) ist zu entnehmen, daß die Dihydridphase nicht mehr ausgebildet wird und damit die Speicherdichte auf Werte ≦1,5 Gew.-% Wasserstoff absinkt. Eine Konzentrationserhöhung von Zirkon in der Legierung führt zu einem heterogenen Phasengemisch aus TiFe, Ti_2Fe, Ti und Zr. Dieses Gemisch zeigt erwartungsgemäß bei der Hydrierung (Abb. 43) einen großen Anteil an Hochtemperaturhydriden (TiH_2, ZrH_2) und ein der Verringerung des TiFe-Anteils entsprechend verkürztes Druckplateau.

Die Frage, ob das Dihydrid im Ti-Zr-Fe-System nicht existiert oder ob es durch den Zr-Einbau destabilisiert wurde und stabil erst wieder bei tiefen Temperaturen auftritt, ist gegenwärtig nicht geklärt. Sollten in technischen Anwendungsfällen Hydride mit besonderen Tieftemperatureigenschaften ($p > 1$ bar bei $T < -20$ °C) erforderlich sein, so könnte das Dihydrid im System Ti-Fe-Zr-H einen Ansatzpunkt zur Entwicklung eines besonders instabilen Wasserstoffspeichers bieten.

2.11.2.3 Ti-Fe-Cr-H [49]

In der Legierung TiFe wurde Eisen bis zu 15 Atom-% durch Chrom substituiert. Aufgrund der Röntgenstrukturanalysen treten Phasengemische aus

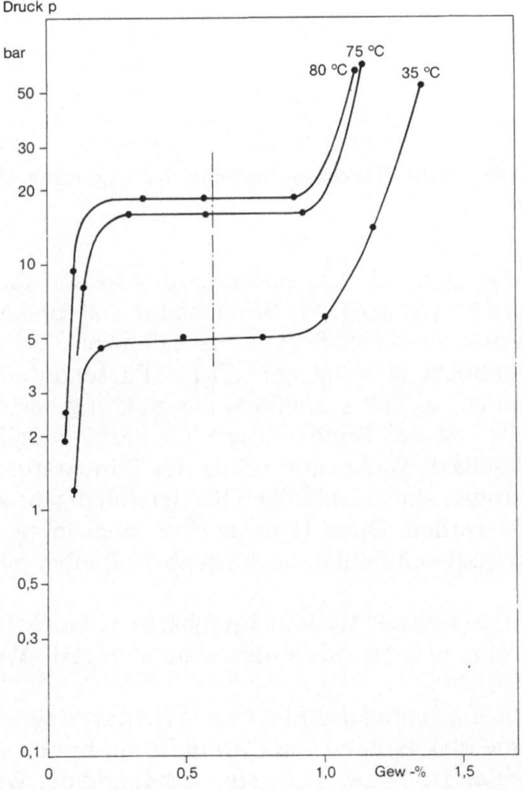

Abb. 42. Konzentrations-Druck-Isothermen der Legierung $Ti_{0,95}Zr_{0,05}Fe$-H

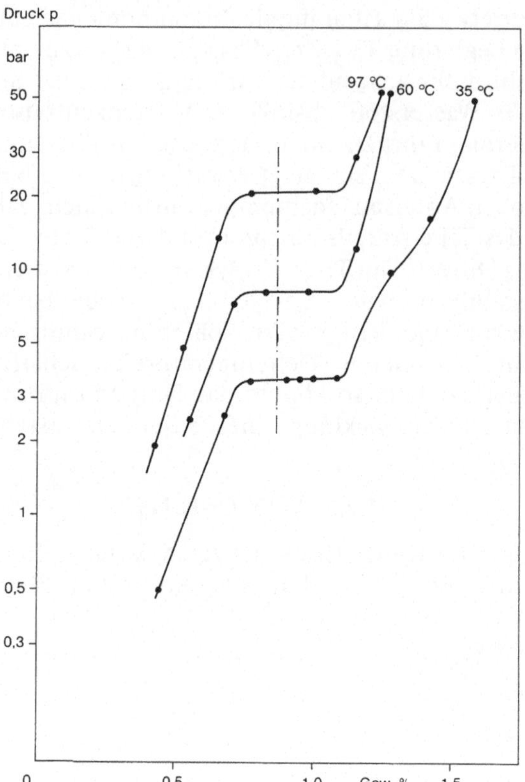

Abb. 43. Konzentrations-Durck-Isothermen der Legierung $Ti_{0,8}Zr_{0,2}Fe$-H

$Ti_2Fe_{1-x}Cr_x$ und $TiFe_{1-x}Cr_x$ auf. Aus diesem Grund weisen auch die Konzentrations-Druck-Isothermen (Abb. 44, 45) Bereiche für Tief- und Mitteltemperaturhydride auf. Das System weist eine Speicherkapazität von 2,2 Gew.-% auf. Mit zunehmender Chromdotierung steigt der „Ti_2Fe"-Phasenanteil gegenüber dem „TiFe"-Phasenanteil an, so daß schließlich die Nutzung des insgesamt gespeicherten Wasserstoffs erst bei Temperaturen $T > 100$ °C möglich ist. Ti/Fe/Cr-Hydride können demnach Wasserstoff schon bei Temperaturen $T > -5$ °C abgeben, müssen dann aber zur vollständigen Wasserstoffabgabe auf Temperaturen $T > 100$ °C gebracht werden. Diese Hydride sind daher immer noch unter Verwendung von Heißwasser entladbar, besitzen aber offenbar einen Mitteltemperaturhydridanteil.

Die Bindungsenthalpien der Hydride im System Ti-Fe-Cr-H ändern sich nur unwesentlich im Vergleich zu den entsprechenden ΔH_f^0-Werten im System Ti-Fe-H.

In welchem Maße die veränderte Elektronendichteverteilung durch den Einbau der Chromatome (das 4s-Band von Chrom ist nur mit einem s-Elektron besetzt) in die Wirtsgitter TiFe bzw. Ti_2Fe eine Erhöhung der Wasserstoffkonzentration in den einzelnen Phasen hervorruft, ist gegenwärtig nicht geklärt.

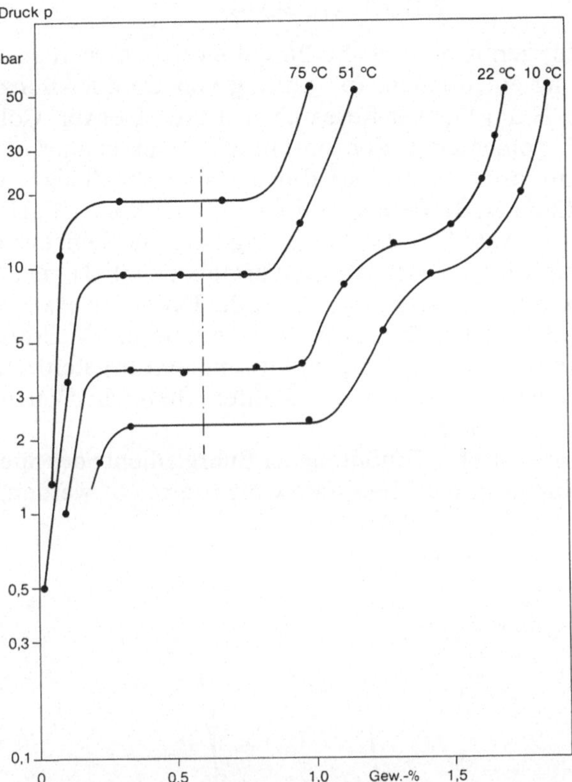

Abb. 44. Konzentrations-Druck-Isothermen der Legierung $Ti_{0,95}Cr_{0,05}Fe$-H

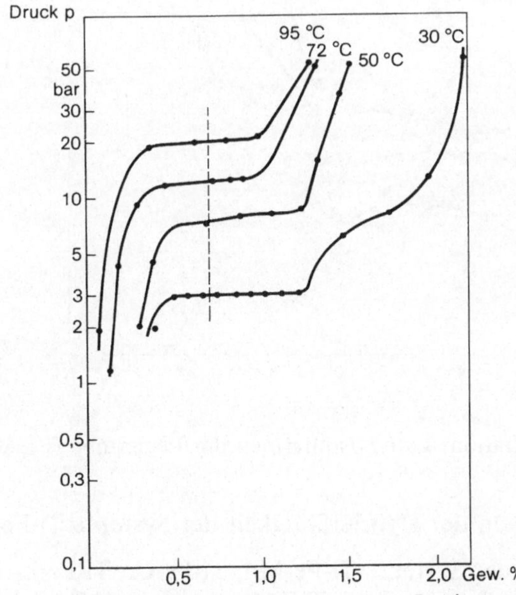

Abb. 45. Konzentrations-Druck-Isothermen der Legierung $TiFe_{0,9}Cr_{0,1}$-H

2.11.2.4 Ti-Fe-Al-H

Aufgrund des niedrigen Atomgewichts 26 sollte versucht werden, Aluminium in die TiFe-Legierung einzubauen. Im Auftrag von Daimler-Benz wurde das System $(Ti_{1-x}Al_x)Fe$-H am Denver Research Institute, Denver, Colorado/USA [50], untersucht. Die gemessenen Konzentrations-Druck-Isothermen (Abb. 46) können wie folgt interpretiert werden: Ein bereits geringfügiger Einbau von Aluminium (x ~ 1 Atom-%) destabilisiert die Dihydridphase $TiFeH_{2-x}$ deutlich. Mit zunehmendem Al-Anteil in der Legierung wird die Dihydridphase nicht mehr gebildet, zudem wird auch die Monohydridphase TiFeH instabiler, so daß bereits bei einer Zusammensetzung $Ti_{0,9}Al_{0,1}Fe$ der Druck um etwa den Faktor 10 angestiegen ist. Wird in der technischen Anwendung ein Wasserstoffabgabedruck zwischen 10 und 20 bar bei Umgebungstemperatur gefordert, so können aluminiumdotierte TiFe-Hydride, allerdings unter erheblicher Verringerung der Speicherdichte, eingesetzt werden.

Die ursprünglich angestrebte Erhöhung der Energiedichte des Speichers kann durch Aluminiumeinbau in die TiFe-Matrix nicht erreicht werden.

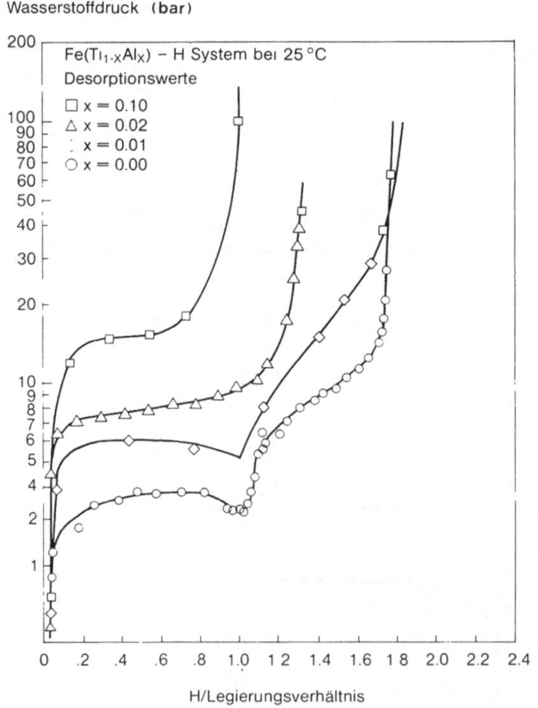

Abb. 46. Konzentrations-Druck-Isothermen der Legierung $Ti_{1-x}Al_xFe$-H

2.11.2.5 Tendenzen der Hydrierfähigkeit der Systeme Ti-Fe-Me-H

Wie die Ergebnisse der Systeme Ti-Fe-Mn, Ti-Fe-Cr, Ti-Fe-Zr und Ti-Fe-Al zeigen, kann durch eine Dotierung der TiFe-Legierung mit Fremdmetallatomen das Reaktionsverhalten gegenüber Wasserstoff geändert werden. Dabei stehen nicht so sehr die Veränderungen der Speicherdichte zu höheren oder niedrigeren Werten im Vordergrund, sondern vielmehr die Temperaturlage der Druck-

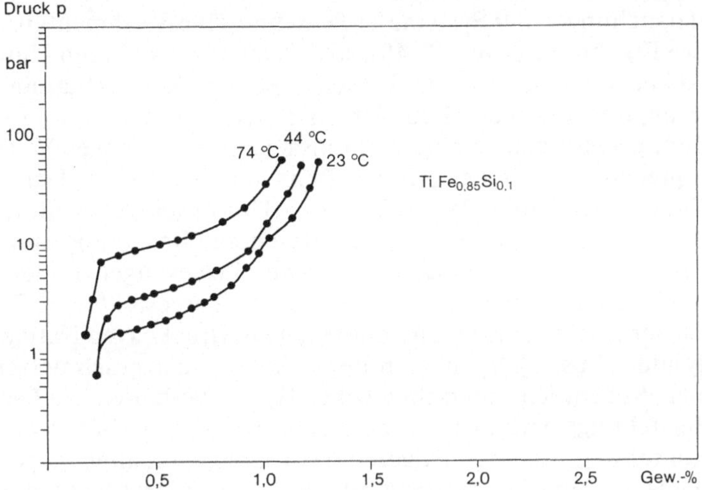

Abb. 47. Konzentrations-Druck-Isothermen der Legierung $TiFe_{0,85}Si_{0,15}$

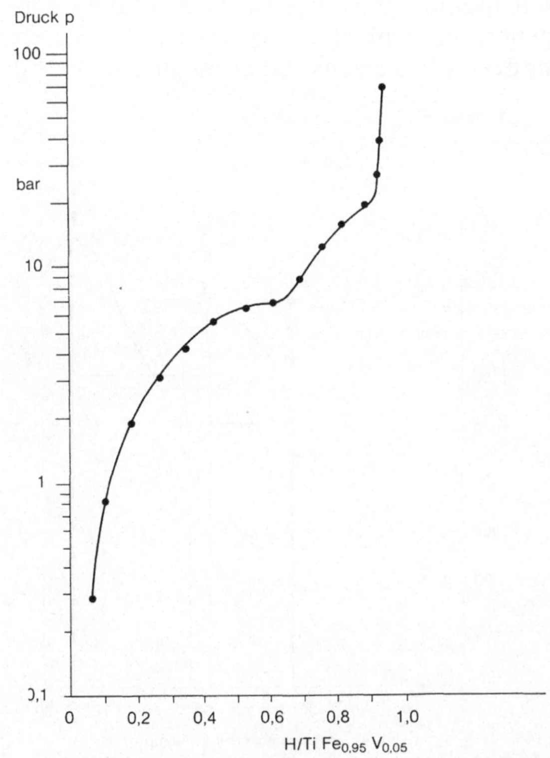

Abb. 48. Konzentrations-Druck-Isothermen einer Legierung TiFe-V-H

plateaus und damit verbunden die Möglichkeit, die Werte der Bindungsenthalpien variieren zu können. Für die technische Anwendung erhält man damit einen gewissen Spielraum, in dessen Grenzen die Hydride den entsprechenden Erfordernissen angepaßt werden können.

Die Untersuchungen der Systeme Ti-Fe-Si und TiFe-V erbrachten ausschließlich negative Ergebnisse (Abb. 47, 48), so daß von einer weiteren Untersuchung bisher Abstand genommen wurde. Da schon geringe Konzentrationen Vanadin ein relativ ungünstiges Verhalten der KDI hervorgerufen und zudem auch Kostengründe gegen einen technischen Einsatz größerer Mengen Vanadin in den Hydriden sprechen, wurde bei Daimler-Benz auf eine weitere Darstellung des Systems Ti-Fe-V verzichtet. Weiterführende Untersuchungen dieses Systems sind den Arbeiten [51, 52] zu entnehmen. Besondere Beachtung muß in diesem Zusammenhang die Herstellungsmethode der Legierungen finden. Ein Vergleich der bei Daimler-Benz durch Sinterprozesse hergestellten Ti-Fe-Cr-Legierungen gleicher Zusammensetzung mit jenen am Brookhaven National Laboratory (Reilly and Johnson [49]) im Lichtbogen unter Argon geschmolzenen Legierungen zeigt ein deutlich unterschiedliches Hydrierverhalten. Im Gegensatz zu unseren Herstellungsmethoden führen die chromdotierten TiFe-Schmelzproben am BNL durchweg zu ungünstigeren Hydriereigenschaften gegenüber den reinen TiFe-Hydriden. Hierbei muß allerdings angemerkt werden, daß in der genannten Arbeit [49] keine Angaben über Röntgenstrukturanalysen und damit über exakte Phasenzusammensetzungen gemacht wurden. Somit dürfte in diesem Fall eine homogenere Probenherstellung über einen Sinterprozeß und damit eine Verbesserung der Hydriereigenschaften möglich sein. Ob die im Sinterprozeß

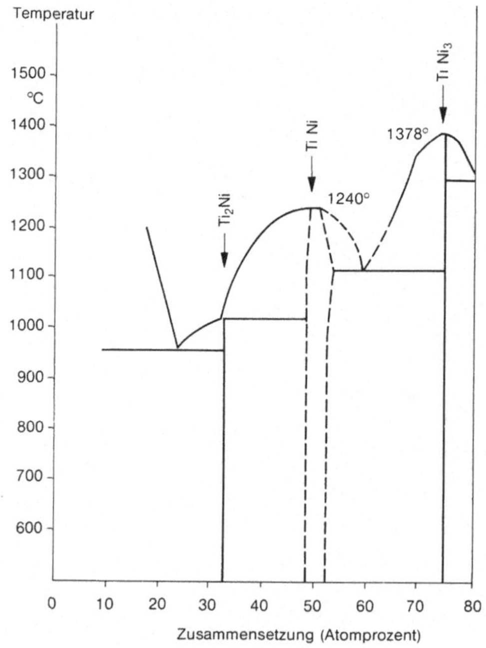

Abb. 49. Ausschnitt aus dem Zustandsdiagramm Titan-Nickel (nach [53])

hergestellten Proben der Systeme Ti-Fe-Si und Ti-Fe-V im Schmelzprozeß zu besseren Ergebnissen hinsichtlich ihrer Wasserstoffaufnahme führen, wurde bisher nicht untersucht.

2.11.3 Das System Ti-Ni-H

Nach M. Hansen [53] existieren im System Titan-Nickel die drei intermetallischen Phasen Ti_2Ni ($E9_3$-Typ), TiNi (B_2-Typ) und $TiNi_3$ (DO_{24}-Typ) (Abb. 49). $TiNi_3$ bildet keine Hydridphase. TiNi und Ti_2Ni reagieren mit Wasserstoff unter Hydridbildung, sie können deshalb ähnlich wie die isotypen Legierungen TiFe und Ti_2Fe zur Energiespeicherung verwendet werden.

2.11.3.1 TiNi-H

Die kubisch raumzentrierte Legierung TiNi (B2, a = 3,01 Å) bildet nach Untersuchungen am Battelle Institut in Genf [54] und bei Daimler-Benz [55] eine Hydridphase der Zusammensetzung TiNiH aus. Die Konzentrations-Druck-Isotherme (Abb. 50) weist TiNiH als Hochtemperaturhydrid aus mit einem Wasserstoffdruck $p_{H_2} \sim 1$ bar bei einer Temperatur $T \sim 200$ °C. Die stabile Hydridphase TiNiH speichert etwa 1 Gew.-% Wasserstoff. Die Bindungsenthalpie ΔH_f^0 beträgt ~ -40 kJ/mol Wasserstoff (Abb. 51). Röntgenstrukturanalysen ergaben für TiNiH den B2-Typ analog der TiNi-Phase mit einem vergrößerten Gitterparameter a = 3,10 Å. Die Bildung des TiNi-Hydrids erfolgt also unter einer Volumenvergrößerung um etwa 10% gegenüber der nicht hydrierten Legierung.

Da Ti-Ni-Hydride besonders gut als negatives Elektrodenmaterial in alkalischen Akkumulatoren geeignet sind, ist besonders für diesen Einsatz die Frage der Formstabilität der Elektroden trotz Volumenänderung während der Be- und

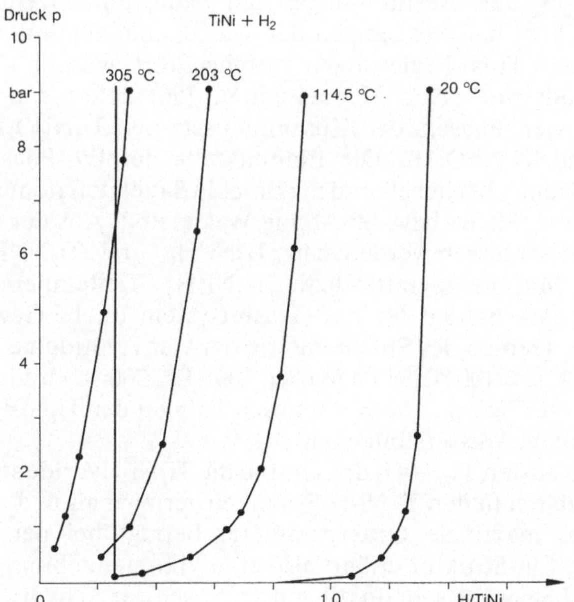

Abb. 50. Konzentrations-Druck-Isothermen des Systems TiNi-H

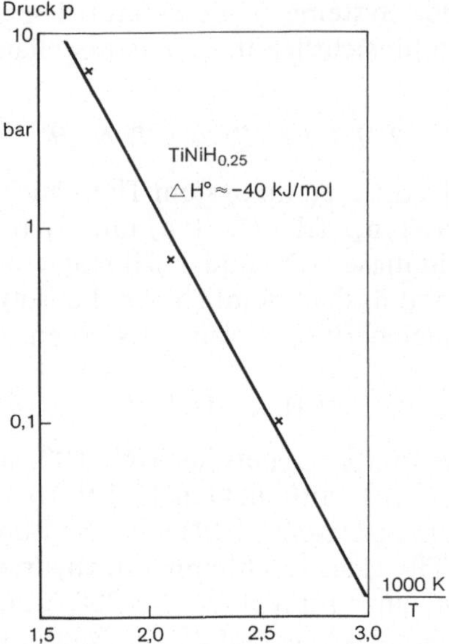

Abb. 51. van't Hoff-Isochore des TiNi-Hydrids

Entladung von entscheidender Bedeutung. Technische Lösungswege hierzu werden in Kap. 5 beschrieben.

2.11.3.2 Ti_2Ni-H

Die Phase Ti_2Ni ($E9_3$-Phase, a = 11,333 Å) bildet sich auch sauerstoffstabilisiert als $Ti_4Ni_2O_x$ aus. Bestimmungen der Sauerstoffkonzentrationen in der Legierung ergaben, daß Messungen der Wasserstoffaufnahme stets mit sauerstoffstabilisierten Ti_2Ni-Legierungen durchgeführt wurden. Die Konzentrations-Druck-Isotherme (Abb. 52) bei 150 °C [56] liefert den Beweis für die Existenz von vier Phasen der Zusammensetzung $Ti_4Ni_2O_xH_1$, $Ti_4Ni_2O_xH_2$, $Ti_4Ni_2O_xH_4$ und $Ti_4Ni_2O_xH_5$. Die Einheitszelle der $E9_3$-Phase enthält somit neben den 64 Titan-, 32 Nickel- und maximal 16 Sauerstoffatomen der Legierung der Reihe nach 16, 32, 64 bzw. 80 Atome Wasserstoff. Aus der Lage der Druckplateaus kann geschlossen werden, daß „Ti_2Ni"$H_{0,5}$ und „Ti_2Ni"H Hochtemperatur-, „Ti_2Ni"H_2 Mitteltemperatur- bzw. „Ti_2Ni"$H_{2,5}$ Tieftemperaturhydride sind. Die Speicherdichte beträgt für das Gesamtsystem ca. 1,5 Gew.-% Wasserstoff bzw. 1,8 MJ/kg. Gemäß der Stöchiometrie der vier Hydridphasen stehen davon 0,36 MJ/kg bei $T \leqq 100$ °C, 1,08 MJ/kg bei $T \leqq 200$ °C und 1,80 MJ/kg bei $T \geqq 200$ °C zur Verfügung. Die Bindungsenthalpien der Ti_2Ni-Hydride nehmen mit abnehmendem Wasserstoffgehalt zu.

Im Vergleich zu den Ti_2Fe-Hydriden sind die Ti_2Ni-Hydride stabiler, wobei die Speicherkapazitäten in den Ti-Ni-H-Systemen geringer als in den Ti-Fe-H-Systemen sind. Der maximale Gitterparameter beträgt bei der $Ti_2NiH_{2,5}$-Phase a = 11,90 Å, die $E9_3$-Struktur erfährt also eine Volumendehnung von $\Delta V \sim 20\%$.

Da die TiNi-Legierung sehr duktil und damit schwer zu hydrieren ist, sollte bei der großtechnischen Herstellung von TiNi-Hydrid durchaus ein gewisser Anteil

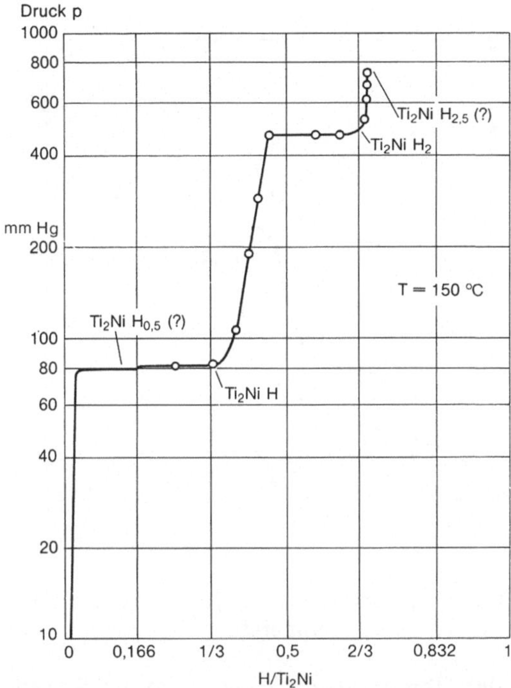

Abb. 52. Konzentrations-Druck-Isotherme des Systems Ti_2Ni-H

Ti_2Ni-Hydrid in der Matrix der Grundlegierung vorhanden sein. Dieses Zweiphasengemisch ist dann wesentlich leichter herzustellen und zu hydrieren. Unter bestimmten Einsatzbedingungen kann damit auch eine Steigerung der Speicherdichte von Ti_2Ni/TiNi-Mischungen gegenüber den Einzelphasen erreicht werden (siehe Kap. 2.5). Das Verhalten der Energiedichten der Phasenmischungen Ti_2Ni/TiNi als Funktion der Temperatur resultiert letztlich aus der Stabilität der einzelnen Hydridphasen (Abb. 53).

2.11.3.3 Die Interphasendiffusion des Wasserstoffs im System Ti_2Ni/TiNi

Aus den Hydrierversuchen in der Gasphase ist bekannt (Kap. 2.4.3), daß die Phasen Ti_2Ni und TiNi bis zu ihrem maximalen Wasserstoffgehalt hydriert und ebenso unter Vakuum vollständig desorbiert werden können. Während TiNi nur ein definiertes Hydrid (TiNiH) ausbildet, liegen im Falle Ti_2Ni insgesamt vier Hydridphasen ($Ti_2NiH_{0,5}$, Ti_2NiH, Ti_2NiH_2, $Ti_2NiH_{2,5}$) unterschiedlicher Stabilität vor. Das bedeutet, daß für die Ti_2Ni-Hydride unterschiedliche Temperaturwerte existieren, die überschritten werden müssen, um überhaupt die Wasserstoffreaktion einleiten zu können. Für bestimmte Temperaturwerte können somit auch unter Umständen nur Teilreaktionen der Hydridbildung erfolgen, wobei die Reaktionskinetik für die unter diesen Bedingungen noch auftretenden Hydride dann besonders gering wird, wenn die untere Temperaturschwelle für eine der Hydridphasen erreicht wird (Kap. 2.5).

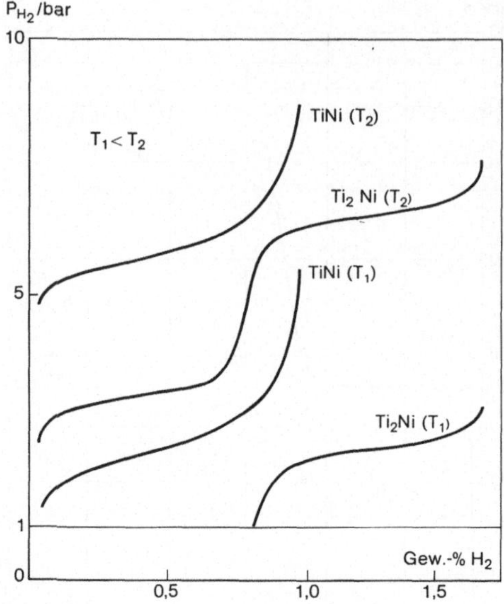

Abb. 53. Abhängigkeit der Speicherkapazität der Ti-Ni-Hydride von der Betriebstemperatur

Legt man neben den Temperaturen auch noch die Reaktionszeiten fest, so erhält man für Ti_2Ni, TiNi und ihre Phasenmischungen das in Abb. 54 dargestellte Verhalten der in einer bestimmten Zeit und bei einer bestimmten Temperatur abgegebenen Wasserstoffmenge. Man erkennt bei der reinen Ti_2Ni-Phase die Bildung der vier Hydride und aufgrund der Temperatursteigerungen die Zu-

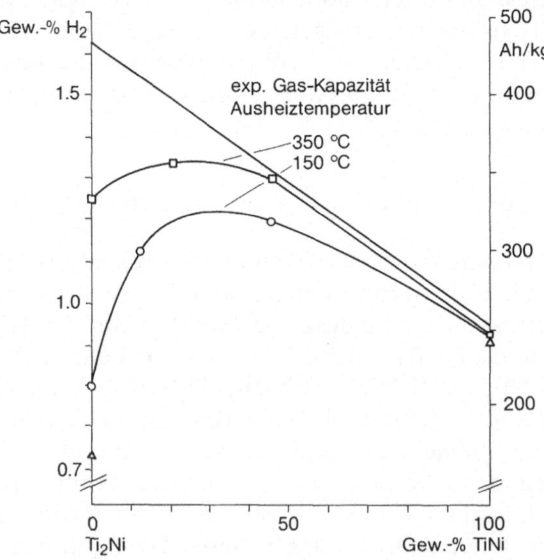

Abb. 54. Reversible Speicherkapazität von Ti_2Ni- und TiNi-Hydriden (Gasphasenreaktion)

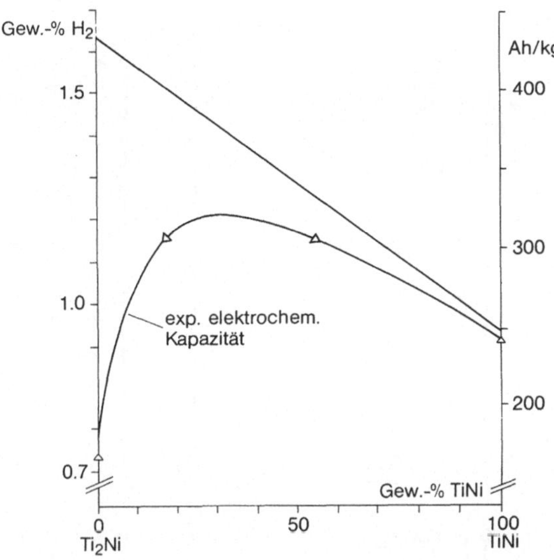

Abb. 55. Reversible elektrochemische Speicherkapazität von Ti_2Ni- und TiNi-Hydriden

nahme ihrer Stabilität. Überraschend ist der nicht lineare Zusammenhang der unter gleichen Bedingungen gemessenen Werte für Ti_2Ni/TiNi-Phasengemische. Dieser Verlauf läßt folgende Interpretation zu: Die Zunahme der Wasserstoffkinetik des Gesamtsystems wird durch das Zulegieren der TiNi-Phase hervorgerufen. Die Phase weist im gesamten betrachteten Temperaturbereich eine relativ hohe Reaktionskinetik gegenüber Wasserstoff auf und bestimmt das Verhalten des Phasengemisches Ti_2Ni/TiNi. Diese Annahme konnte durch elektrochemische Be- und Entladungsexperimente bestätigt werden (siehe auch Kap. 4.1). Während der elektrochemischen Be- und Entladung der Ti_2Ni-und TiNi-Hydride wurde der in Abb. 55 dargestellte Verlauf gemessen.

Die Phase TiNi kann also mit guter Kinetik im Potentialbereich − 940 mV bis − 650 mV gegenüber Hg/HgO elektrochemisch vollständig reversibel be- und entladen werden. Entsprechende Diffraktometerdiagramme weisen folgendes Schema nach (Abb. 56 a, b).

Abb. 56 a	TiNi $\longrightarrow$ TiNiH	Beladung
Abb. 56 b	TiNiH $\longrightarrow$ TiNi	Entladung

Die reine Phase Ti_2Ni hingegen zeigt aufgrund der Diffraktometeraufnahmen ein anderes Verhalten (Abb. 57 a, b).

Abb. 57 a	$Ti_2Ni \longrightarrow Ti_2NiH_2$	Beladung
Abb. 57 b	$Ti_2NiH_2 \longrightarrow Ti_2NiH$	Entladung

Der elektrochemisch maximal erhaltene Wert der Energiedichte liegt für die Phase Ti_2Ni bei 160 Ah/kg entsprechend 0,6 Gew.-% Wasserstoff. Die aus den Röntgendaten errechenbare maximale Kapazität ergibt in guter Übereinstimmung damit 170 Ah/kg. Die elektrochemisch nutzbare Energiedichte für TiNiH beträgt 250 Ah/kg entsprechend ca. 1 Gew.-% Wasserstoff.

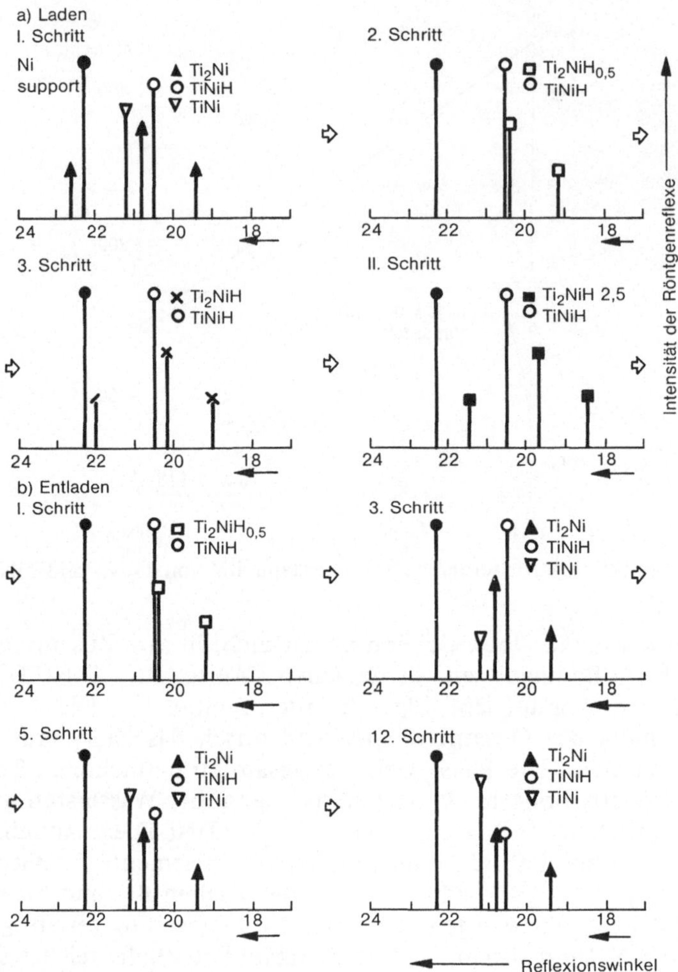

Abb. 56. Diffraktometeraufnahmen (Schema) während der elektrochemischen Be- und Entladung von TiNi-H (∇TiNi; ○TiNiH)

Abb. 58 stellt das Diffraktometerdiagramm dar, das an einer Phasenmischung der Zusammensetzung 60% Ti_2Ni und 40% TiNi gemessen wurde. Bei der elektrochemischen Be- und Entladung ergibt sich folgendes Schema:

Abb. 58 a	$Ti_2Ni + TiNi \longrightarrow Ti_2NiH_{2,5} + TiNiH$	Beladung
Abb. 58 b	$Ti_2NiH_{2,5} + TiNiH \longrightarrow Ti_2NiH_{0,5} + TiNi$	Entladung

Aus den Abb. 56 und 58 erkennt man, daß bei schrittweiser Be- bzw. Entladung des aktiven Phasengemisches nacheinander die verschiedenen beschriebenen Wasserstoffphasen auftreten. Während sich der Gehalt an Wasserstoff in der Ti_2Ni-Phase ständig ändert, was durch laufende Verschiebung der Ti_2Ni-Reflexe angezeigt wird, bleiben die TiNiH-Reflexe ihrer Intensität und Lage nach während der Entladung lange Zeit unverändert.

Da jedoch aus dem Potential/Zeit-Verlauf der elektrochemisch entladenen reinen TiNi-Phase und ihrer Kapazität von etwa 250 Ah/kg eindeutig folgt, daß die Entladung der Phase bereits bei −940 mV/Hg/HgO beginnt (Abb. 59), können die Diffraktometerdiagramme nur dadurch erklärt werden, daß TiNi ständig und daher auch während der Zeit der Röntgenaufnahme mit H_2 aus den Ti_2Ni-Wasserstoffphasen wieder aufgeladen wird.

Sollte eine derartige, wenigstens teilweise Wiederaufladung der TiNi-Phase durch Ti_2NiH_x tatsächlich stattfinden, so müßten folgende Eigenschaften des Phasengemisches zu beobachten sein:

- Wenn die TiNiH-Phase in überwiegender Menge vorhanden ist, müßten zuerst die Ti_2Ni-Hydride völlig dehydrierbar sein, bevor die Wasserstoffkonzentration im TiNi-Hydrid merklich abnimmt.

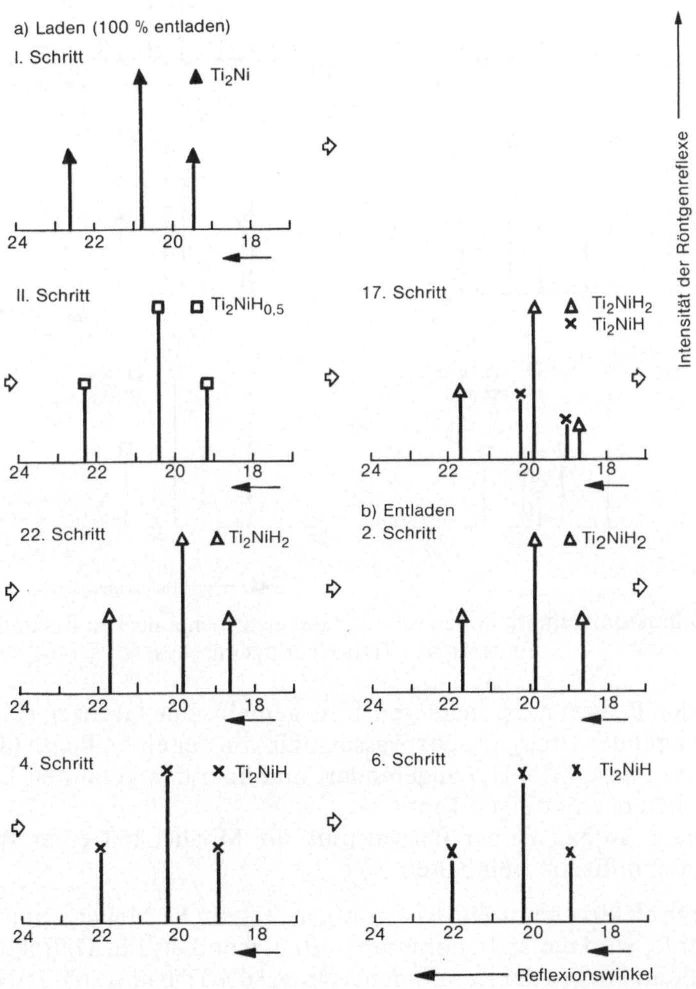

Abb. 57. Diffraktometeraufnahmen während der elektrochemischen Be- und Entladung von Ti_2Ni-H

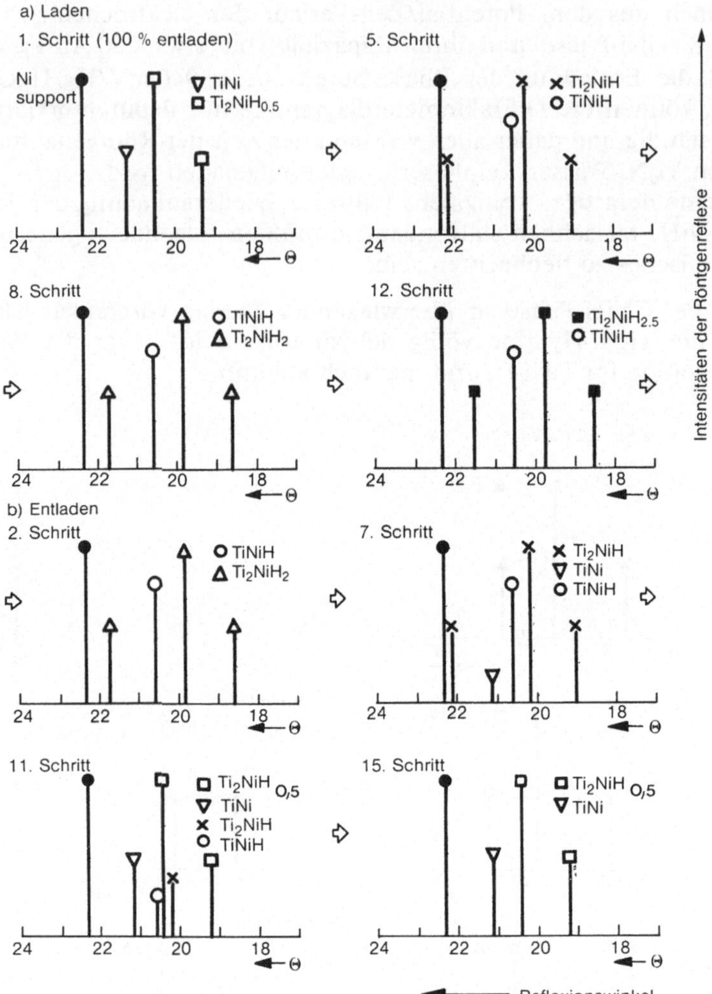

Abb. 58. Diffraktometeraufnahmen während der elektrochemischen Be- und Entladung eines Ti_2Ni-, TiNi-Hydridgemisches

- Die beiden Phasen müssen ausgedehnte gemeinsame Grenzen (Flächen) besitzen, damit der Übergang des Wasserstoffs von der einen Phase (Ti_2NiH_x) in die zweite Phase ($TiNiH_x$) ungehindert und über den gesamten Legierungsbereich homogen erfolgen kann.
- Der innere Aufbau beider Phasen muß die Möglichkeit einer Wasserstoff-Interphasendiffusion beinhalten.

Wie durch elektrochemische bzw. röntgenanalytische Meßergebnisse nachgewiesen wurde, wird die erste Forderung hinreichend erfüllt. Diffraktometerdiagramme, die an Proben der Zusammensetzung 80% TiNi und 20% Ti_2Ni (entsprechend einem Pulvergemisch von 50 Gew.-% TiH_2, 50 Gew.-% Nickel) aufgenommen wurden, zeigten schon nach den ersten zwanzig Entladungsminuten (bei

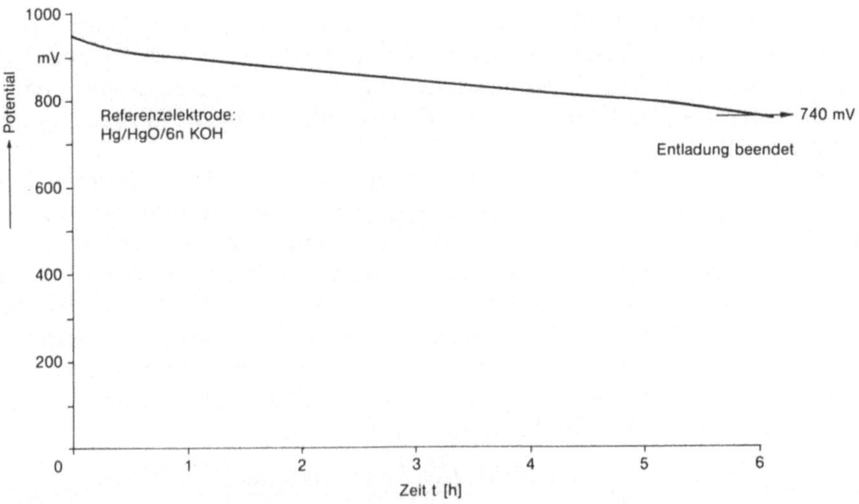

Abb. 59. Potentialverlauf während der elektrochemischen Entladung des TiNi-Hydrids

einer Gesamtentladezeit von einigen Stunden), daß Ti_2Ni bereits zum größten Teil dehydriert ist. Im Verlaufe der weiteren Entladung gelingt es, den Restwasserstoff der $Ti_2NiH_{0,5}$-Phase zu desorbieren. Das kann nur durch die relativ große Zahl von freien Wasserstoffplätzen in der $TiNiH_x$-Phase erklärt werden. Der Wasserstoff der $Ti_2NiH_{0,5}$-Phase tritt durch die gemeinsamen Grenzflächen in das Gitter der $TiNiH_x$-Phase ein und füllt diese Phase teilweise wieder bis TiNiH auf. Deshalb muß diese Phase gleichzeitig mit Ti_2Ni im Diffraktometerdiagramm nachweisbar sein. Dieser Nachweis ist der Abb. 56 zu

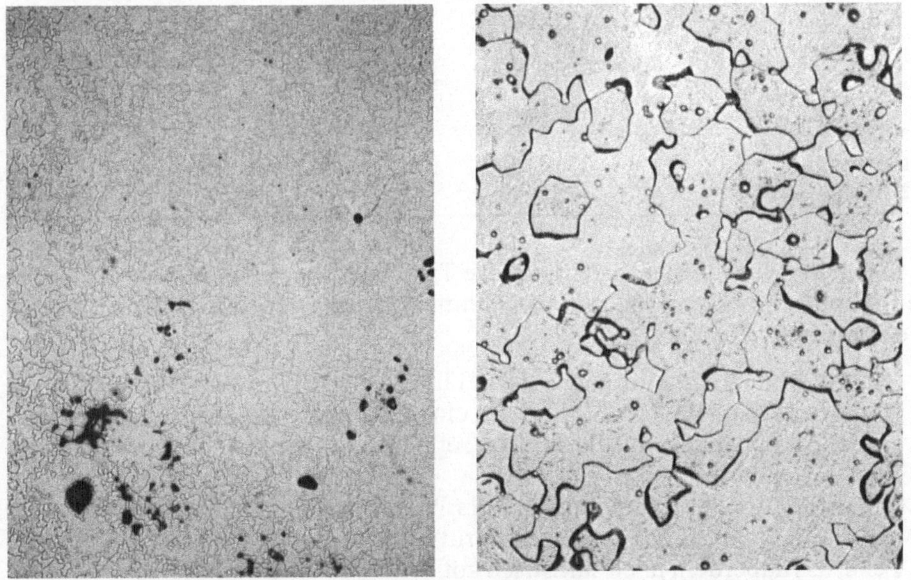

Abb. 60. Schliffbild der Phasenverteilung Ti_2Ni/TiNi (hell)

entnehmen. Kann die TiNiH-Phase nicht mehr über die Ti_2NiH_x-Phasen geladen werden, so wird im anschließenden Entladungsverlauf (Abb. 56 und 58) als Folge der weiteren Dehydrierung immer mehr TiNi-Phase entstehen, während die Intensität des charakteristischen TiNiH-Röntgenreflexes folgerichtig immer geringer wird.

Die zur raschen Interphasendiffusion des Wasserstoffs benötigten kurzen Wege zwischen der Ti_2Ni- und der TiNi-Legierung können durch einen Reaktions-Sinterprozeß der Ausgangsmetalle Titan und Nickel erreicht werden. Die Schliffbilder (Abb. 60) der Phasengemische zeigen dann eine feine Verteilung von Ti_2Ni und TiNi mit ausgeprägten gemeinsamen Phasengrenzen. Damit ist es möglich, daß der Wasserstoff trotz seiner relativ geringen Diffusionsgeschwindigkeit im Ti_2Ni-Gitter die Phasengrenzen zu TiNi genügend rasch erreichen kann. Definiert man nun die „Wasserstoffdichte" ρ_H der Phasen als die Zahl der Wasserstoffatome in einem Würfel der Kantenlänge 10 Å,

$$\rho_H = \frac{n_H \cdot 10^3}{a^3} \left(\frac{\text{Wasserstoffatome}}{10^3\ \text{Å}^3} \right)$$

n_H = Zahl der Wasserstoffatome in der Einheitszelle
a = Gitterparameter der Einheitszelle (Å)

so erhält man Kennwerte, die für die weiteren Modellvorstellungen eine einfachere Betrachtungsweise erlauben. Die ρ_H-Werte für die verschiedenen Wasserstoffphasen sind in Tabelle 9 zusammengefaßt.

Tabelle 9. *Die „Wasserstoffdichte" im System Ti-Ni-H*

Phase	a (Å)	n_H	ρ_H
$Ti_2NiH_{2,5}$	11,90	80	47
Ti_2NiH_2	11,80	64	39
Ti_2NiH	11,60	32	20
$Ti_2NiH_{0,5}$	11,50	16	10
TiNiH	3,10	1	33
$TiNiH_{0,5}$	3,01 (?)	0,5	19
TiNi	3,01	0	0

Die in der Tabelle 9 enthaltene Phase $TiNiH_{0,5}$ konnte bisher noch nicht eindeutig nachgewiesen werden. Die Summenformel erlaubt jedoch zwei Interpretationsmöglichkeiten:

- Bei der Entladung wird gerade die Hälfte der TiNiH-Zellen vollständig dehydriert, was für 50% der TiNi-Phase einen ρ_H-Wert von Null und die Gleichgewichtsmöglichkeit TiNiH + TiNi ergibt (es existiert keine zweite TiNi-Wasserstoffphase).
- Bei der Entladung wird homogen je ein Wasserstoffatom (von zwei möglichen) aus jeder TiNiH-Einheitszelle entfernt. Bei nur einem Wasserstoffatom je Zelle, das außerdem noch statistisch auf den 24 Tetraederlücken verteilt ist, ist es wahrscheinlich, daß die Gitterkonstante der neuen, vermuteten $TiNiH_{0,5}$-

Phase zumindest annähernd den Wert der dehydrierten Phase (a = 3,01 Å) annimmt und somit von der TiNi-Phase schwer bzw. nicht mehr zu unterscheiden ist. Daraus würden die Gleichgewichtsmöglichkeiten TiNiH + $TiNiH_{0,5}$ + TiNi resultieren. Untersuchungen zur Bestätigung einer eventuell vorhandenen Phase $TiNiH_{0,5}$ werden gegenwärtig durchgeführt.

Für die Wasserstoffdichten ergeben sich daher während der Entladung von TiNiH im allgemeinen Werte zwischen Null (TiNi) und 33 (TiNiH). Die Bruttoformel $TiNiH_{0,5}$ gilt – bis zum Nachweis einer derartigen Phase – nur als Beispiel eines möglichen Entladungszustands.

Die Tabelle 10 enthält alle wichtigen theoretisch möglichen Gleichgewichtsfälle der Wasserstoffphasen eines heterogenen Sintergutes, wobei ρ_{H_1} bzw. ρ_{H_2} die Wasserstoffdichten der Phase 1 bzw. der Phase 2 bedeuten (im gewählten Fall wird die Zahl der Wasserstoffatome je 1 000 $Å^3$ angegeben).

Tabelle 10. *Die „Wasserstoffdichte" im Phasengemisch*

Gleichgewichtsfall	Phase 1	ρ_{H_1}	ρ_{H_2}	Phase 2
1	$Ti_2NiH_{2,5}$	47	33	TiNiH
2	Ti_2NiH_2	39	33	TiNiH
3	Ti_2NiH	20	33	TiNiH
4	Ti_2NiH	20	19	$TiNiH_{0,5}$
5	Ti_2NiH	20	0	TiNi
6	$Ti_2NiH_{0,5}$	10	33	TiNiH
7	$Ti_2NiH_{0,5}$	10	19	$TiNiH_{0,5}$
8	$Ti_2NiH_{0,5}$	10	0	TiNi

Während die Korngrenzen, bedingt durch die Oberflächenenergie, nach außen hin relativ hohe Energiebarrieren darstellen, sind die Phasengrenzen im Inneren des Korns für den Wasserstoff leichter zu überschreiten. Die TiNi-Phase bietet nun durch ihre statistische Wasserstoffverteilung auf den Zwischengitterplätzen weniger Schwierigkeiten für die Ausbreitung des Wasserstoffs auf erlaubte Plätze, als es in der Ti_2Ni-Legierung durch die festgelegten Wasserstoffplätze der Fall ist. Ein Vergleich der „Wasserstoffdichten" ρ_H in Tabelle 10 zeigt, daß im Gleichgewichtsfall ein Konzentrationsgradient von der $Ti_2NiH_{2,5}$-Phase in Richtung TiNiH-Phase existiert. Sind alle Plätze der beiden Phasen mit Wasserstoffatomen besetzt ($Ti_2NiH_{2,5}$ + TiNiH), so erfolgt nur ein Austausch der Wasserstoffatome untereinander, aber keine Konzentrationsverschiebung. Wird jedoch das Gleichgewicht gestört (Wasserstoffentnahme), so werden sowohl im TiNiH-Gitter wie auch im Ti_2NiH_x-Gitter Wasserstoffplätze frei, wobei jetzt das Konzentrationsgefälle dafür sorgt, daß die $TiNiH_y$-Phase mit Wasserstoffatomen aus der Ti_2NiH_x-Phase aufgefüllt wird. Das folgende Schema zeigt, welche Dehydrierungsgleichgewichte unter diesen Annahmen erreicht werden können:

Die zu Beginn vollständig hydrierte Probe wird langsam entladen. Nach kurzer Zeit ist ohne Interphasendiffusion des Wasserstoffs ein Gleichgewicht (21) möglich.

$$Ti_2NiH_{2,5} + TiNiH \longrightarrow Ti_2NiH_{2,3} + TiNiH_{0,8}$$
$$(TiNiH_{0,8} = 80\%\ TiNiH + 20\%\ TiNi) \qquad (21)$$

Bedingt durch die Interphasendiffusion werden die freien Plätze in der TiNi-Phase jedoch durch Wasserstoffatome der $Ti_2NiH_{2,3}$-Phase aufgefüllt [Gleichgewicht (22)]:

$$Ti_2NiH_{2,3} + TiNiH_{0,8} \longrightarrow Ti_2NiH_2 + TiNiH \qquad (22)$$

Während der weiteren Entladung stellt sich (ohne Diffusionsausgleich) ein Zustand (23):

$$a \cdot Ti_2NiH + b \cdot Ti_2NiH_2 + c \cdot TiNiH + d \cdot TiNi \qquad (23)$$
$$(a + b = 100\%,\ c + d = 100\%)$$

ein.

Da nun $\rho_{Ti_2NiH_2} > \rho_{TiNiH} > \rho_{Ti_2NiH_{0,5}} > \rho_{TiNi}$ ist, erhält man, bedingt durch die Interphasendiffusion, statt (23) den Gleichgewichtszustand (24):

$$a' \cdot Ti_2NiH + b' \cdot Ti_2NiH_2 + TiNiH\ (a' > a;\ b' < b) \qquad (24)$$

Wasserstoffatome aus Ti_2NiH_2 füllen also TiNi zu TiNiH auf, wobei der Ti_2NiH-Anteil zunimmt. Man erhält als Endgleichgewicht (25):

$$Ti_2NiH + TiNiH \qquad (25)$$

Die weitere Entladung erfolgt in gleicher Weise (Schritte 22 bis 25). Unter der Berücksichtigung, daß $\rho_{TiNiH} > \rho_{Ti_2NiH}$ ist, erhält man der Reihe nach die Gleichgewichte:

$$Ti_2NiH_{0,5} + TiNiH + TiNi \qquad (26)$$

$$Ti_2NiH_{0,5} + TiNi \qquad (27)$$

$$Ti_2Ni + TiNiH + TiNi \qquad (28)$$

Nach Messungen an der Einzelphase ist es nicht möglich, Ti_2NiH elektrochemisch weiter bis zum Ti_2Ni zu dehydrieren. Dies dürfte einmal auf kinetische Hemmung des Wasserstoffdurchtritts durch die Phasengrenze Elektrode/Elektrolyt bedingt sein, zum anderen liegen die Phasen Ti_2NiH und $Ti_2NiH_{0,5}$ als besonders stabile Hydride (Hochtemperaturhydride) vor.

Den Bruttoformeln entsprechend kann die $E9_3$-Phase (Ti_2Ni), deren Einheitszelle bekanntlich 64 Titan- und 32 Nickelatome enthält, während der Hydrierung der Reihe nach insgesamt 16, 32, 64 bzw. 80 Atome Wasserstoff interstitiell einlagern. Da sich die Struktur der Ti_2Ni-Phase bei der Wasserstoffabsorption nicht ändert, sind die möglichen Positionen der Wasserstoffatome im Gitter durch die Kristallklasse Fd3m-O_7^h bestimmt. Unter der Annahme, daß die Gitterlücke wenigstens groß genug sein muß, um einem Wasserstoffatom mit dem Bohrschen Radius von 0,53 Å Platz zu bieten, erhält man Resultate, die zeigen, daß die Positionen 8 (a), 8 (b) und 16 (d), vom rein geometrischen Standpunkt aus betrachtet, Wasserstoffatome aufnehmen können. Die 8 (a) Lücken werden durch Nickeltetraeder (Abb. 61) gebildet; der Abstand Lücke–Nachbaratom beträgt 1,78 Å und ist demnach größer als die Summe der Wasserstoff- und Nickelatomradien ($r_{Ni} + r_H = 1,20 + 0,53 = 1,73$ Å).

Die 8 (b) Lücken befinden sich in den Zentren von Titanoktaedern (Abb. 61);

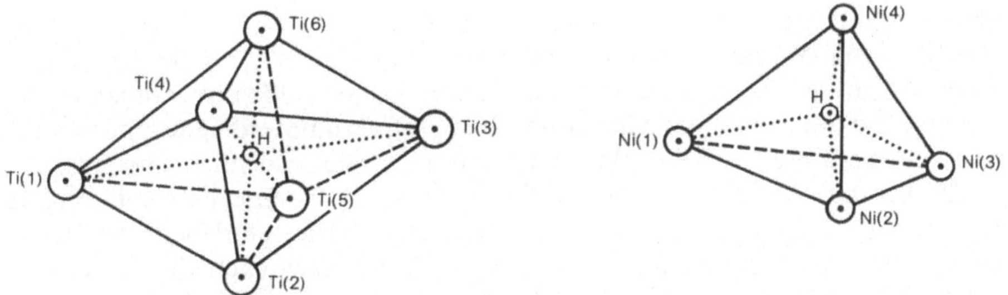

Abb. 61 a. Die Einlagerung des Wasserstoffs auf den Tetraeder- und Oktaederplätzen der Ti_2Ni-Legierung

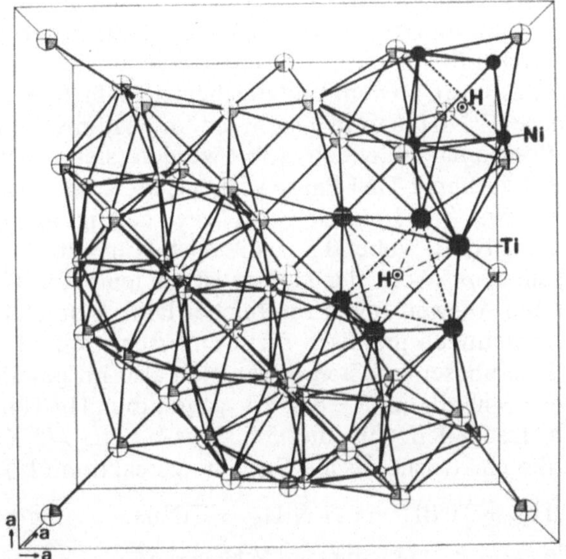

Abb. 61 b. Schema der Kristallstruktur einer Ti_2Ni-Legierung

der Abstand Lücke–Titanatom beträgt 2,10 Å und ist daher ebenfalls größer als die Summe der betreffenden Atomradien ($r_{Ti} + r_H = 1{,}45 + 0{,}53 = 1{,}98$ Å).

Die Abstände der 16 (d) Positionen, von ihren jeweils sechs nächsten Nachbarn (Titanatome der Position [f] oder Nickelatome der Position [e]) werden in der Literatur mit 2,13 Å bzw. 3,36 Å angegeben. Es ist daher möglich, auch auf diesen Plätzen Wasserstoff in das Gitter einzubauen. Mit Hilfe von Neutronenbeugungsaufnahmen konnten die drei erwähnten Positionen des Wasserstoffs eindeutig bestätigt werden [56].

Die Positionen des Wasserstoffs in der TiNiH-Phase können nur aufgrund geometrischer Überlegungen diskutiert werden, da Neutronenbeugungsaufnahmen wegen der großen Schwierigkeit, Deuterium in entsprechenden Konzentrationen in das B2-Gitter einzubauen, bisher nicht durchgeführt wurden.

In der B2-Struktur findet man 24 Tetraederlücken, deren Radien $r_L = 0{,}291\, r_A$ betragen, wobei r_A den Atomradius angibt. Daraus folgt für TiNi als Mindestgröße der Gitterlücke $r_L = 0{,}25$ Å ($r_{Ti} = 1{,}45$ Å, $a = 3{,}01$ Å). Setzt man für den Platzbedarf von Wasserstoff wieder den Bohrschen Radius $r_H = 0{,}53$ Å voraus, so errechnet sich daraus eine für den Einbau des Wasserstoffs notwendige Gitterkonstante von $a = 3{,}40$ Å. Mit Hilfe der Diffraktometerdiagramme konnte der Gitterparameter der Wasserstoffphase, wie vorhin erwähnt, zu $a = 3{,}10$ Å $\pm 0{,}02$ Å ermittelt werden. Dieser Wert ergibt eine Verschiebung der Lücke von ($\frac{1}{2}$/O/$\frac{1}{4}$) in ($\frac{1}{2}$/O/$\sim\frac{1}{3}$). Der Wasserstoff befindet sich demnach mit großer Wahrscheinlichkeit in den verzerrten Tetraederlücken des B2-Gitters, besetzt diese aber entsprechend der Bruttoformel nur statistisch.

Wenn nun im Phasengemisch die TiNi-Phase den Summenwert von $TiNiH_{0,5}$ unterschreitet, liegt ihr ρ_H-Wert tiefer als jener von Ti_2NiH (Tabelle 10). Damit stellt sich ein Konzentrationsgefälle ein, aufgrund dessen der Wasserstoff wieder in Richtung $TiNiH_{0,5}$ diffundiert. Ist nun die Menge Ti_2NiH zu gering (50 Gew.-% TiH_2/50 Gew.-% Nickel-Mischung), um alle Plätze in der $TiNiH_x$-Phase aufzufüllen, so gelingt es sogar, zu dem Endgleichgewicht $Ti_2Ni + TiNiH + TiNi$ zu gelangen. Die Phase $Ti_2NiH_{2,5}$ kann also in einem bestimmten Phasengemisch aufgrund der H_2-Positionen völlig dehydriert werden (siehe auch Abb. 58 b).

Wenn umgekehrt zu wenig TiNi-Phase vorliegt, wie zum Beispiel bei Phasengemischen mit 57 Gew. -% TiH_2/43 Gew.-% Nickel, gelangt man zu dem Gleichgewicht $Ti_2NiH_{0,5} + TiNiH_x$, wobei $0{,}5 > x > 0$ ist. Nur wenn $x < 0{,}2$ ist, erhält man für $TiNiH_x$ einen ρ_H-Wert, der kleiner ist als jener für $Ti_2NiH_{0,5}$. Dieser Wert dürfte nach den Auswertungen zahlreicher Diffraktometerdiagramme bei diesen Zusammensetzungen praktisch nicht unterschritten werden.

Mit Hilfe der Interphasendiffusion lassen sich also im gewählten Potentialbereich zwischen -940 mV und -650 mV gegenüber Hg/HgO zwei Gleichgewichtsendlagen feststellen: für die 57 Gew.-% TiH_2/43 Gew.-% Nickel-Mischung lautet die elektrochemische Entladungsreaktion (29) demnach:

$$Ti_2NiH_{2,5} + TiNiH \longrightarrow Ti_2NiH_{0,5} + TiNiH_x \qquad x \cong 0{,}3 \qquad (29)$$

während für die 50 Gew.-% TiH_2/50 Gew.-% Nickel-Mischung das Gleichgewicht mit

$$Ti_2NiH_{2,5} + TiNiH \longrightarrow Ti_2Ni + TiNiH + TiNi \qquad (30)$$

zu beschreiben ist. Dieses Verhalten konnte durch Röntgenbeugungsaufnahmen eindeutig nachgewiesen werden. Alle übrigen Zusammensetzungen Ti_2Ni/TiNi weisen ein der Stöchiometrie entsprechendes Verhalten auf.

Damit konnte im System Ti_2Ni/TiNi-Hydrid zum ersten Mal der Nachweis erbracht werden, daß es möglich ist, die Kinetik eines Hydrids mit hoher Speicherfähigkeit durch Zulegierung eines Hydrids mit niedriger Speicherfähigkeit, aber hoher Wasserstoffkinetik deutlich zu verbessern (siehe auch Kap. 2.5).

2.11.4 Das System Ti-Co-H

Nach M. Hansen [57] existieren im System Titan-Kobalt drei intermetallische Phasen (Abb. 62), nämlich $TiCo_2$ (C16-Typ), TiCo (B2-Typ) und Ti_2Co ($E9_3$-Typ). $TiCo_2$ bildet keine Hydridphase. TiCo und Ti_2Co zeigen eine hohe Wasserstoffaufnahme und sind deshalb als Speicherlegierungen geeignet.

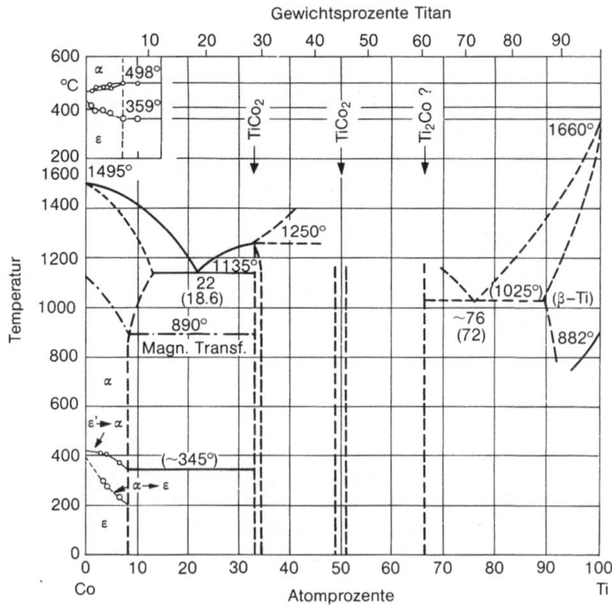

Abb. 62. Zustandsdiagramm Titan-Kobalt (nach [57])

2.11.4.1 TiCo-H

Die kubisch raumzentrierte Legierung TiCo (B2, a = 2,994 Å) bildet nach Messungen bei Daimler-Benz und [58] ein stabiles Hydrid der Zusammensetzung TiCoH aus. Wie die Konzentrations-Druck-Isothermen zeigen (Abb. 63), erreicht das TiCo-Hydrid den Wasserstoffdruck von $p_{H_2} \geqq 1$ bar bei Temperaturen $T \geqq 130$ °C. Die maximale Speicherkapazität dieses MT-Hydrids erreicht bei einem Druck von 50 bar ~ 1,3 Gew.-% Wasserstoff, bei einem Druck von 5 bar werden immer noch 1,1 Gew.-% Wasserstoff gespeichert. Die Bindungsenthalpie des Hydrids beträgt mit $\Delta H_f^0 = -53$ kJ/mol Wasserstoff etwa 22% des unteren Heizwertes des Wasserstoffs. Mit diesem Wert liegt die Wärmespeicherdichte im TiCoH um den Faktor 2 über jener für TiFeH. Da das TiCo-Hydrid bei vergleichbaren niedrigen Druckwerten ($p_{H_2} \leqq 5$ bar) sowohl eine höhere Wasserstoff- als auch Wärmespeicherdichte als TiFeH aufweist, ist der Einsatz besonders dann interessant, wenn eine relativ hohe Wärmespeicherdichte (300 kJ/kg) bei Temperaturen 100 °C $\leqq T \leqq$ 200 °C gefordert wird. Andererseits dürften die Kosten der Legierung (Kobaltpreis!) den Einsatz von TiCo-Hydriden nur auf spezielle Fälle einschränken.

2.11.4.2 Ti_2Co-H

Die Phase Ti_2Co ($E9_3$-Phase, a = 11,306 Å) bildet sich auch als sauerstoffstabilisierte Phase $Ti_4Co_2O_x$ aus. Untersuchungen dieses Systems von H. Mintz et al. [59] und bei Daimler-Benz weisen nach, daß in der Einheitszelle der $E9_3$-Struktur neben den 64 Titan-, 32 Eisen- und maximal 16 Sauerstoffatomen bis zu 90 Wasserstoffatome eingebaut werden können. Obwohl zur Zeit keine KDI-Messungen

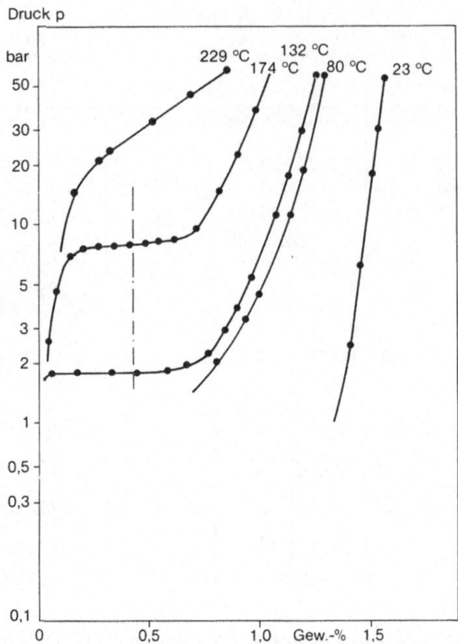

Abb. 63. Konzentrations-Druck-Isothermen der Legierung TiCo

des Systems vorliegen, kann aus den isotypen Systemen Ti_2Ni und Ti_2Fe geschlossen werden, daß voraussichtlich vier Ti_2Co-Hydridphasen existieren. Die maximale Speicherdichte für Wasserstoff liegt bei ca. 1,8 Gew.-%. Das entspricht einer stöchiometrischen Zusammensetzung von $Ti_4Co_2O_xH_{5,6}$. Welcher Anteil der gesamten Energiedichte von 2,1 MJ/kg in den verschiedenen Temperaturbereichen zur Verfügung steht, bleibt bis zur exakten KDI-Messung abzuwarten. Da die Stabilität der Hydride von Ti_2Fe über Ti_2Co bis Ti_2Ni zunimmt, dürften die Ti_2Co-Hydride überwiegend im Mitteltemperaturbereich ausgebildet werden.

Untersuchungen an den Mischsystemen Ti-Co-Fe und Ti-Fe-Ni [60, 61] haben gezeigt, daß sich die Stabilitäten und Speicherdichten einzelner Mischhydride additiv aus dem Verhalten der Legierungshydride $TiFeH_x$, $TiCoH_x$, $TiNiH_x$, Ti_2FeH_x, Ti_2CoH_x bzw. Ti_2NiH_x ergeben. Besonders beachtet werden muß hier das System Ti-Fe-Ni-H, das nach Messungen von Cholera et al [29] geeignet ist, Wasserstoff aus Erdgas/Wasserstoff-Gemischen selektiv zu absorbieren. Diese Problematik wird in Kap. 3.2.4.2 ausführlich diskutiert.

2.11.5 Das System Ti-Mn-H

Im System Titan-Mangan existiert nur die Phase $TiMn_2$ (C14, Laves-Phase) [62]. Bei einer Zusammensetzung, die einer Summenformel „TiMn" entspricht, wird eine titangesättigte Lavesphase der $TiMn_2$-Struktur ausgebildet. Während die $TiMn_2$-Phase nur geringe Mengen an Wasserstoff löst ($\leqq 0,1$ Gew.-%), zeigt die „TiMn"-Legierung eine hohe Reaktivität gegenüber Wasserstoff und ist damit zur Energiespeicherung geeignet.

2.11.5.1 „TiMn"-H

Eine Phase der Zusammensetzung TiMn ist nicht existent. Vielmehr wird bei einer Zusammensetzung $Ti_{1\pm x}Mn$ ($x \leqq 0{,}2$) eine Reihe titangesättigter Lavesphasen gebildet. Die Konzentrations-Druck-Isothermen verschiedener „TiMn"-Legierungen (Abb. 64) zeigen, daß ein stabiles Tieftemperaturhydrid mit einer Summenformel $Ti_{1,2}MnH_{1,2}$ entsteht. Das bedeutet, daß diese Phase bis zu 1,4 Gew.-% Wasserstoff speichert.

Wählt man die Zusammensetzung $Ti_{1,2}Mn$, so erreicht der Wasserstoffdruck schon bei T = 25 °C einen Wert $p_{H_2} \geqq 6$ bar. Das Hydrid ist also etwas instabiler als TiFeH und kann somit Wasserstoff bei tieferen Temperaturen als TiFeH abgeben (voraussichtlich − 20 °C). Die Reaktionskinetik des Wasserstoffumsatzes ist extrem hoch, das bedeutet, daß auch die übrigen Reaktionen mit Gasen (Luft) rasch ablaufen. Das Legierungspulver ist demnach besonders pyrophor und glüht bei Luftkontakt durch (siehe auch Kap. 2.9). Die Ausbildung eines Dihydrids wurde bisher nicht beobachtet.

Sollte die kritische Temperatur der Dihydridbildung schon bei T = 20 °C überschritten sein, so ist ein Dihydrid der „TiMn"-Legierung, wenn überhaupt, erst bei Temperaturen T ~ − 100 °C stabil. Da für ein solches hypothetisches Hydrid

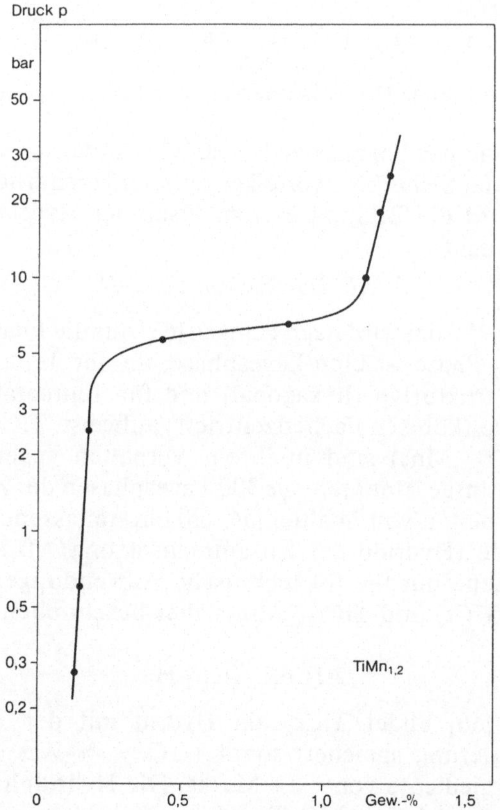

Abb. 64. Konzentrations-Druck-Isotherme der Legierung $TiMn_{1,2}$
T = 25 °C

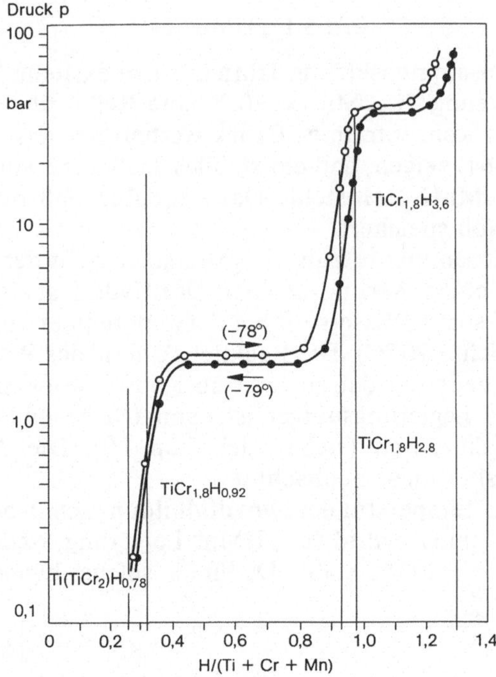

Abb. 65. Konzentrations-Druck-Isothermen der Legierung $TiCr_2$ (nach [66])

Beladungsdrücke von $p \geqq 100$ bar bei $T \sim 20$ °C erforderlich wären und mit diesen hohen Werten der Sicherheitsvorteil gegenüber Hochdruckgasflaschen weitgehend entfällt, wird die Bildung extrem instabiler Hydride im allgemeinen nicht näher untersucht.

2.11.6 Das System Ti-Cr-H

Im System Titan-Chrom wird nach Hansen [63] nur die Phase $TiCr_2$ stabil ausgebildet. Die $TiCr_2$-Phase ist eine Lavesphase, die für Temperaturen bis etwa 1 100 °C den C15-Strukturtyp (hexagonal) und für Temperaturen $T > 1\,100$ °C den C14-Strukturtyp (kubisch flächenzentriert) aufweist. $TiCr_2$, $TiMn_2$ und ihre Mischphasen $Ti(Cr_{2-x}Mn_x)$ sind in ihrem Verhalten gegenüber Wasserstoff charakteristisch für insgesamt mehr als 300 Lavesphasen der Zusammensetzung AB_2. Da in den Arbeiten von Shaltiel [64, 65] ein umfassender Überblick über Lavesphasenhydride (Hydride der Zusammensetzung AB_2H_x) gegeben wird, sollen an dieser Stelle nur die für technische Anwendungen besonders interessanten Systeme $TiCr_2$ und $TiCr_{2-x}Mn_x$ näher beschrieben werden.

2.11.6.1 $TiCr_2$-H

Nach Johnson [66] bildet $TiCr_2$ ein Hydrid mit der Zusammensetzung $TiCr_2H_{1,2}$. Die Legierung speichert somit 1,2 Gew.-% Wasserstoff und besitzt dadurch eine Energiedichte von ~1,4 MJ/kg. Die Hydridphase wird allerdings erst bei Temperaturen von − 80 °C (!) stabil ausgebildet, so daß ein extrem instabiles Hydrid vorliegt. Der Wert der Bindungsenthalpie ist entsprechend gering und wird mit $\Delta H_f^0 = -20$ kJ/mol H_2 angegeben (Abb. 65). Wie Messungen der Konzentrations-Druck-Isothermen auch bei Daimler-Benz zeigen, liegt die kritische Temperatur des Hydrids offenbar bei $-20\,°C \geqq T \geqq 0\,°C$. Der Einsatz von $TiCr_2$-Hydrid ist deshalb bei Umgebungstemperatur nicht möglich. Für extreme Temperaturbedingungen (z. B. in Gegenden, deren mittlere Temperaturwerte − 20 °C kaum überschreiten) können hingegen zur Speicherung des Wasserstoffs praktisch nur Hydride der Basiszusammensetzung $TiCr_2$ verwendet werden. Da trotz tiefer Temperaturen die Kinetik der Wasserstoffreaktion der $TiCr_2$- Legierung für alle technischen Anwendungen hinreichend gut ist, war es das Ziel der international durchgeführten Entwicklung, ein stabileres Hydrid des Typs AB_2 auf Titan-Chrom-Basis zu erzielen. Der schon von anderen Systemen bekannte stabilisierende Einfluß des Mangans konnte hier voll genutzt werden, da, wie im vorhergehenden Kapitel gezeigt wurde, Titan-Mangan-Legierungen als Lavesphasen ausgebildet werden.

2.11.6.2 $TiCr_{2-x}Mn_x$-H

Die zahlreichen Messungen der Konzentrations-Druck-Isothermen im System Titan-Chrom-Mangan an Legierungszusammensetzungen des Typs $TiCr_{2-x}Mn_x$ erbrachte den Nachweis [67], daß der Manganeinbau anstelle des Chroms zu einer gewissen Stabilisierung der Hydridphase *und* zu einer Zunahme der Speicherkapazität führt. In Abb. 66 sind die Konzentrations-Druck-Isother-

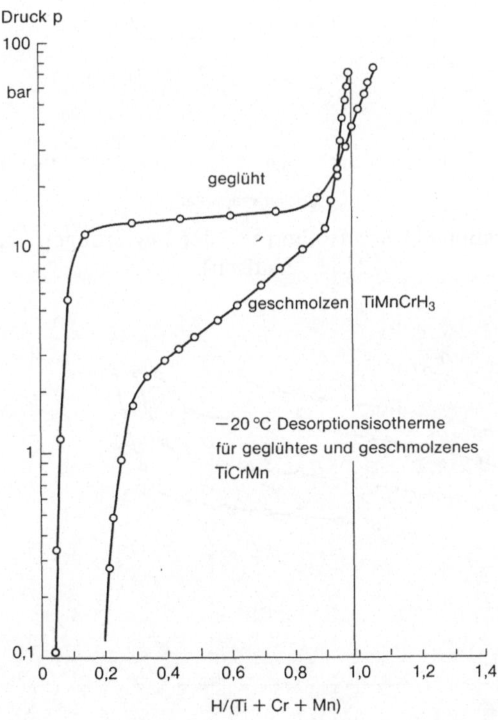

Abb. 66. Konzentrations-Druck-Isothermen der Legierung TiCrMn (nach [67])

men einer Legierung auf der Basis von „$TiCr_{2-x}Mn_x$“ dargestellt. Dieses Legierungshydrid ist gegenüber dem $TiCr_2$-Hydrid wesentlich stabiler. Allerdings beträgt der Gleichgewichtsdruck bei Temperaturen von $T \sim -20\,°C$ noch immer $p_{H_2} > 2$ bar. Zudem tritt kein Druckplateau, sondern ein stetiger Druckanstieg mit zunehmender Wasserstoffkonzentration in der Legierung auf. Da die Druckdifferenzen relativ gering sind (etwa 4 bis 5 bar) und stetig ausgebildet werden, hat dieses prinzipielle Verhalten der $Ti(Cr_{1-x}Mn_x)_2$-Hydride keine negativen Auswirkungen für technische Anwendungen. Die Speicherdichte ist mit $\geqq 1{,}9$ Gew.-% Wasserstoff größer als in TiFe-Hydriden, es können somit Energiedichten bis $\sim 2{,}3$ MJ/kg erreicht werden.

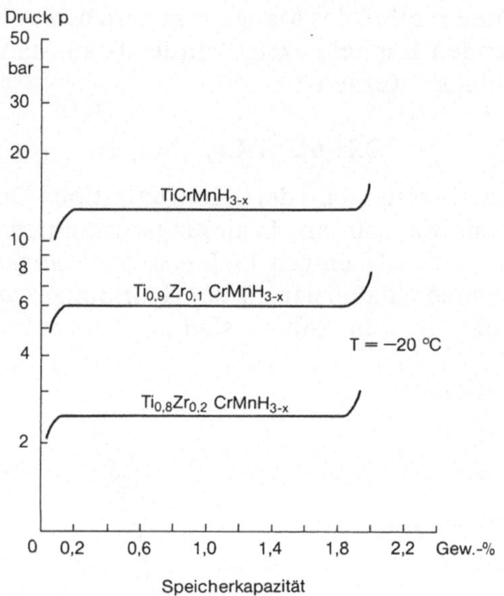

Abb. 67 a. Konzentrations-Druck-Isothermen der Legierungen $Ti_{1-x}Zr_xCrMn$-H (schematisch)

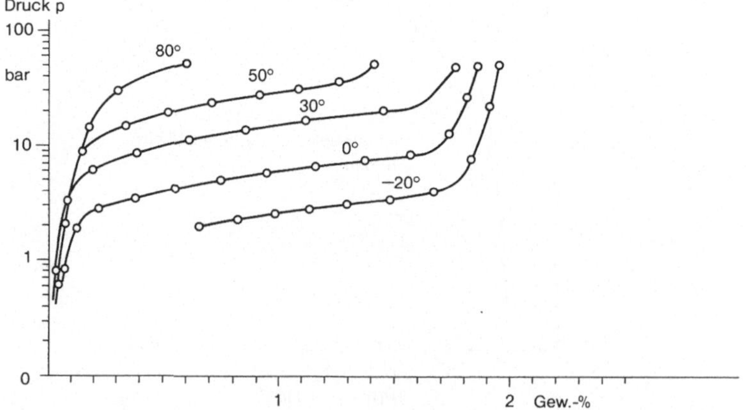

Abb. 67 b. Konzentrations-Druck-Isothermen der Legierung $Ti_{0,9}Zr_{0,1}CrMn$-H

T. Gamo et al. [68] und Y. Machida et al. [69] haben nachgewiesen, daß eine weitere Stabilisierung des $TiCr_{2-x}Mn_x$-Hydrids zu erreichen ist, wenn anstelle des Titans Zirkonatome in das Legierungsgitter eingebaut werden. Werden 10 Atom-% Titan durch Zirkon ersetzt, so beträgt der Gleichgewichtsdruck des Wasserstoffs über dem Hydrid bei einer Temperatur $T = -20\,°C$ nur noch $p_{H_2} \sim 6$ bar. Bei einer weiteren Zirkonanreicherung bis etwa 20 Atom-% im Gitter werden bei $-20\,°C$ Druckwerte von $p_{H_2} \sim 3$ bar gemessen. Entsprechend dem System TiCrMn-H werden die Hydride der Zusammensetzung $Ti_{0,9}Zr_{0,1}CrMnH_3$ bzw. $Ti_{0,8}Zr_{0,2}CrMnH_3$ ausgebildet. Die Konzentrations-Druck-Isothermen (Abb. 67 a, b) zeigen, daß die Speicherkapazität mit zunehmendem Zirkoneinbau etwas verringert wird und Werte von 1,88 Gew.-% Wasserstoff bzw. 1,83 Gew.-% Wasserstoff erreicht werden. In Anbetracht des zur Beladung benötigten relativ niedrigen Drucks von $p_{H_2} \leqq 10$ bar sind Tieftemperaturhydride auf der Basis von Ti-Zr-Cr-Mn-Legierungen für jede technische Anwendung besonders gut geeignet. Die Hydridbildungsenthalpien betragen etwa -25 kJ/mol Wasserstoff. Die Legierungen sind ohne besondere Wärmebehandlungen schon bei Umgebungstemperatur wasserstoffaktiv, so daß schon in zwei bis drei Be- und Entladungszyklen die volle Energiedichte erreicht wird. Bei der Handhabung von feinkörnigem Legierungspulver ist allerdings zu beachten, daß aufgrund des Zirkonanteils eine hohe Sauerstoffaffinität vorliegt und das Material damit besonders pyrophor ist.

Zahlreiche Arbeiten [70, 71, 72] haben darüber hinaus den Nachweis erbracht, daß der Einbau einer Reihe anderer Metalle in die TiCrMn-Phase möglich ist und daß dies zu entsprechenden Änderungen bezüglich der Wasserstoffreaktion führt. Da diese Änderungen alle in einer gewissen Bandbreite um die Eigenschaften der Ti-Zr-Cr-Mn-Hydride streuen, kann das $Ti_{0,9}Zr_{0,1}CrMn$-Hydrid als charakteristisch für diese Hydridsysteme angesehen werden. Für einen definierten Anwendungsfall kann dann das entsprechend geeignete Hydrid aus der Vielzahl der möglichen Speichersubstanzen gewählt werden. Da die von Shaltiel [65] dargestellten Hydridsysteme des Lavesphasentyps mit Ausnahme der TiCrMn-Legierungen aus Metallen gebildet werden, die aus wirtschaftlichen Gründen im allgemeinen technisch nicht verwertbar sind, soll auf die Einzeldarstellung dieser Systeme verzichtet werden. Zudem weist keines dieser Systeme Eigenschaften auf, die von den bisher diskutierten Hydriden nicht erfüllt werden könnten.

2.11.7 Die AB_5-Hydride

Die Seltenerdmetalle bilden mit den Metallen Eisen, Kobalt, Nickel Legierungen der Zusammensetzung AB_5 (z. B. $LaNi_5$, $LaCo_5$, $LaFe_5$, $CeNi_5$ ...). Diese Systeme wurden bezüglich ihrer Wasserstoffreaktion ausführlich von van Mal [73] untersucht und dargestellt. Aufgrund der hohen Atomgewichte, der relativ geringen Verfügbarkeit und der relativ hohen Kosten der Legierungen hat bisher nur die $LaNi_5$-Phase bzw. die entsprechende Legierung aus Mischmetall (eine im Handel erhältliche Legierung aus Lanthan, Cer u. a.), nämlich MM Ni_5, Interesse für technische Anwendungen gefunden. Ähnlich wie bei den Lavesphasenhydriden soll hier nur auf die entsprechenden Arbeiten verwiesen werden [74–78], die auch nur einen kleinen Teil der Veröffentlichungen über diese Systeme widerspiegeln. Da das $LaNi_5$-Hydrid im Verhalten charakteristisch für diese Hydridklasse ist, kann die Darstellung der AB_5-Hydride auf diese Legierung begrenzt werden.

2.11.7.1 $LaNi_5$-H

Nach Hansen [79] weist die Legierung $LaNi_5$ eine hexagonale Struktur des Typs $CaCu_5$ auf (a = 4,962 Å, c = 4,008 Å). Die Konzentrations-Druck-Isother-

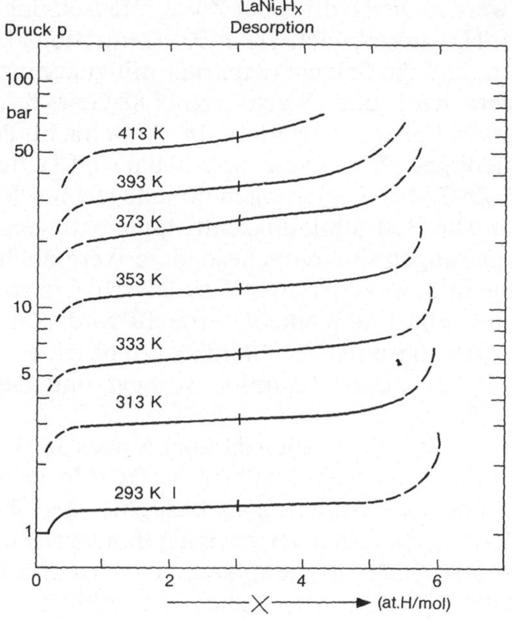

Abb. 68 a. Konzentrations-Druck-Isothermen des Hydrids $LaNi_5H_x$ (nach [80])

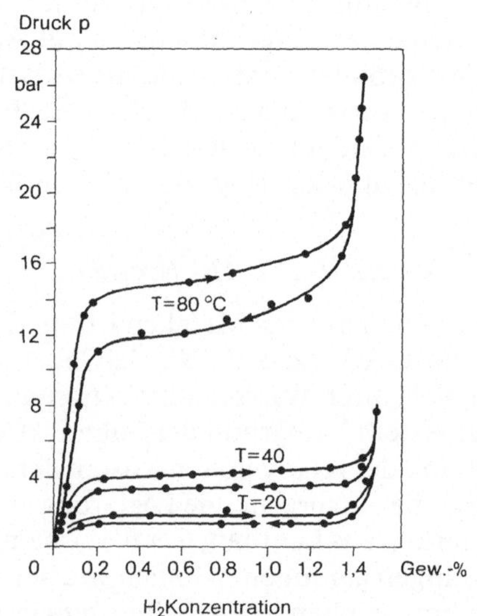

Abb. 68 b. Hysteresis des Hydrids $LaNi_5H_6$ (nach [80])

men des Systems $LaNi_5$-H (Abb. 68 a) zeigen nach van Vucht et al. [80] ein ausgeprägtes Druckplateau bis zu einer Zusammensetzung $LaNi_5H_6$. Demnach bildet $LaNi_5$ ein Tieftemperaturhydrid mit einer maximalen Speicherfähigkeit von 1,4 Gew.-% Wasserstoff aus. Die Bindungsenthalpie beträgt $\Delta H_f^0 = -31$ kJ/mol Wasserstoff, der Gleichgewichtsdruck von $p_{H2} > 1$ bar wird erst bei Temperaturen um 20 °C erreicht. Obwohl das Hydrid kein besonders günstiges Verhalten bei niedrigen Temperaturen aufweist (bei $T \leqq 10$ °C also Wasserstoff nicht mehr abgeben kann), ist das $LaNi_5$-Hydrid durch eine besonders geringe Hysteresis zwischen Absorptions- und Desorptionsdruck gekennzeichnet (Abb. 68 b). Diese sonst von keinen Hydriden auch nur annähernd erreichte Eigenschaft ist technisch dann von Bedeutung, wenn – aus welchen Gründen auch immer – die Differenz zwischen Arbeits- und Beladungsdruck möglichst gering sein soll. Da das $LaNi_5$-Hydrid auch schon mit 2 bar Druck praktisch vollständig beladen werden kann, wäre es ein für stationäre Anwendungen gut geeigneter Energiespeicher. Die relativ hohen Legierungskosten dürften einer weitverbreiteten Anwendung allerdings entgegenstehen.

2.11.8 Das System Ca-Ni-H

Nach Hansen [81] besitzt die Legierung $CaNi_5$ eine hexagonale Struktur (a = 4,96 Å, c = 3,95 Å). Die Konzentrations-Druck-Isothermen der Systeme $CaNi_5$-H (Abb. 69) bzw. Calcium-Mischmetall-Nickel (Basis $CaNi_5$) wurden von Sandrock [82, 83] und Mg-Ni-Ca von [84] untersucht und ausführlich dargestellt. Diese Klasse von Tieftemperaturhydriden speichert nur etwas mehr als 1 Gew.-% Wasserstoff mit einer Bindungsenthalpie von $\Delta H_f^0 = -32$ kJ/mol Wasserstoff.

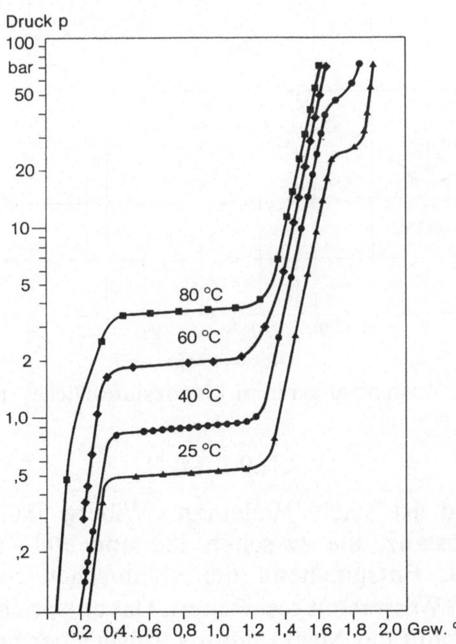

Abb. 69. Konzentrations-Druck-Isothermen des Hydrids $CaNi_5H_x$

Die geringe Hysteresis und die wesentlich niedrigeren Herstellungskosten der Legierungen lassen diese Hydride im technischen Einsatz geeigneter erscheinen als die $LaNi_5$-Hydride. Darüber hinaus zeichnen sie sich durch eine besonders einfache Aktivierbarkeit und dadurch aus, Wasserstoff auch aus Gasgemischen selektiv absorbieren zu können. Für den Fahrzeugeinsatz sind die $CaNi_5$-Hydride aufgrund der niedrigen Speicherdichte wenig geeignet.

2.11.9 Mg-Ni-H

Im System Magnesium-Nickel existieren nach Hansen [85] die beiden intermetallischen Phasen (Abb. 70) Mg_2Ni (C16-Typ) und $MgNi_2$(C36-Typ). $MgNi_2$ bildet keine Hydridphase. Mg_2Ni reagiert mit Wasserstoff unter Hydridbildung und kommt damit als Material zur Energiespeicherung in Frage. Eine Besonderheit der Magnesiumsysteme ist im Gegensatz zu den bisher diskutierten Systemen dadurch gegeben, daß auch Magnesium selber Wasserstoff unter technisch interessanten Randbedingungen speichern und abgeben kann. Damit ist stets der gesamte Bereich von Magnesium bis zur ersten magnesiumreichen Phase – im vorliegenden System Mg_2Ni – von technischer Bedeutung. Aus diesem Grund sollen mit Gültigkeit für alle Magnesium-Metall-Legierungssysteme die Eigenschaften des Magnesiumhydrids (MgH_2) beschrieben werden.

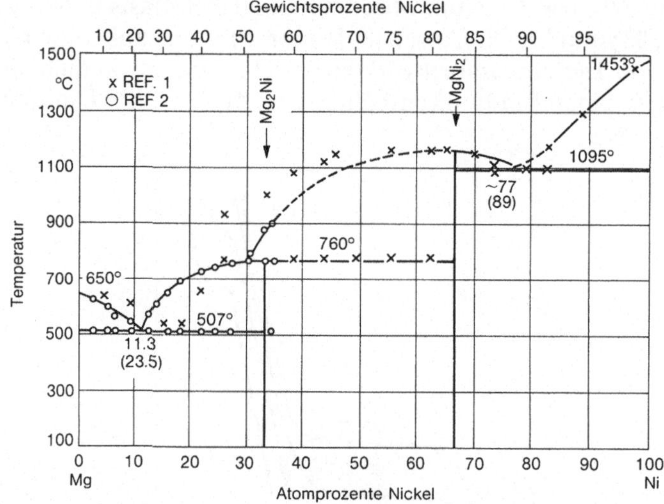

Abb. 70. Zustandsdiagramm Magnesium-Nickel (nach [85])

2.11.9.1 MgH_2

Magnesiumhydrid ist nach Holleman, Wiberg [86] eine weiße, feste, nicht flüchtige Substanz, die zwischen 180 und 300 °C in Wasserstoff und Magnesium zerfällt. Entsprechend der chemischen Summenformel MgH_2 werden ca. 8 Gew.-% Wasserstoff gespeichert. Das entspricht einer Energiedichte von ~9,5 MJ/kg, womit der Magnesiumhydridspeicher nur noch um etwa den Faktor 4 schwerer als ein Benzin- oder Heizöltank wäre und damit die höchste

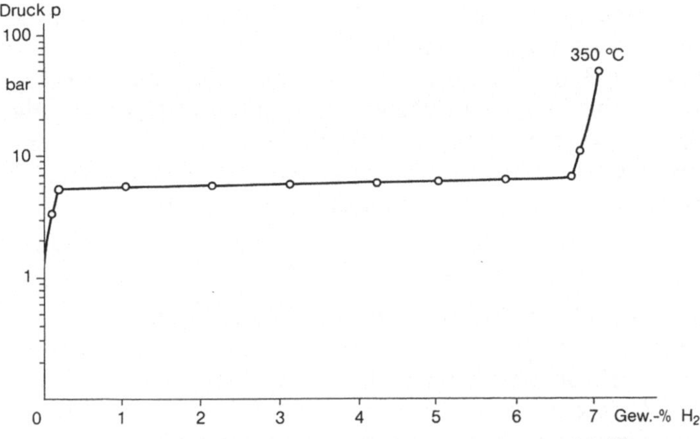

Abb. 71. Konzentrations-Druck-Isotherme von MgH_2

Energiedichte aller Hydride aufweist. Die Konzentrations-Druck-Isothermen (Abb. 71) weisen ein einziges gut ausgeprägtes Plateau auf, dessen Druck von $p_{H_2} \geqq 1$ bar in Übereinstimmung mit früheren Literaturwerten bei $T \geqq 300\,°C$ erreicht wird. Nach [87] beträgt die Bindungsenthalpie $\Delta H_f^0 = -75$ kJ/mol Wasserstoff. Magnesiumhydrid zählt also zur Klasse der Hochtemperaturhydride, ist relativ stabil und benötigt zur Zersetzung eine Wärmemenge, die etwa 30% des unteren Heizwertes des freigesetzten Wasserstoffs entspricht. Die Wärmespeicherdichte erreicht mit 3 MJ/kg einen extrem hohen Wert, so daß Magnesiumhydrid eine bezüglich Wärme- und Wasserstoffspeicherung gewichtsbezogene optimale Lösung darstellt.

Allerdings muß beachtet werden, daß die benötigte Wärmezufuhr bei Temperaturen $T \geqq 300\,°C$ erfolgen muß, da sonst Druckwerte $p_{H_2} \geqq 1$ bar nicht erreicht werden können. Zudem ist die Kinetik des Wasserstoffumsatzes von MgH_2 stark gehemmt, so daß die Zeiten, die für die Be- bzw. Entladung des Magnesiums mit Wasserstoff benötigt werden, für technische Anwendungen im allgemeinen zu lang sind. Aus diesem Grund wurden zahlreiche Versuche unternommen, durch Legierungsbildung von Magnesium mit anderen Metallen das Magnesiumhydrid zu destabilisieren ($p_{H_2} \geqq 1$ bar bei $T < 300\,°C$) und gleichzeitig die Reaktionskinetik drastisch zu erhöhen. Nach neuesten Arbeiten konnte Bogdanovic [25] ein Verfahren entwickeln, das es auch ohne Legierungsbildung ermöglicht, hochreaktives Magnesiumhydrid über organische Prozesse herzustellen. Ein derartiges Hydrid besitzt neben den bekannten Eigenschaften eine ausgesprochen hohe Rekationskinetik gegenüber Wasserstoff und benötigt für die Beladung ab 150 °C einen Druck von $p_{H_2} = 1$ bar. Dieses am Max-Planck-Institut in Mühlheim/Ruhr, Bundesrepublik Deutschland, entwickelte Hydrid weist somit ein ideales Verhalten auf. Aufgrund seiner Reaktionsfreudigkeit ist dieses Hydrid aber auch pyrophor, es muß also unter Schutzgas verarbeitet werden. Zu beachten ist ferner, daß die Wasserstoffreinheit einen Wert von 99,99% nicht unterschreiten sollte, da sonst im Laufe der Betriebszeit die Speicherkapazität und die Kinetik verringert werden können. Nach dem gegenwärtigen Stand der Technik kann davon ausgegangen werden, daß das hochaktive Magnesiumhydrid in einer Vielzahl von Anwendungen eingesetzt werden kann.

Obwohl mit MgH_2 das Maximum an reversibler Speicherkapazität für Hydride erreicht wurde, sind Magnesiumlegierungen und ihre Hydride aufgrund unterschiedlicher Druck-Temperatur-Verhalten für technische Anwendungen von Interesse. Im folgenden soll daher eine Darstellung der Systeme mit den interessantesten Änderungen gegenüber MgH_2 gegeben werden.

2.11.9.2 Mg_2Ni-H

Die Phase Mg_2Ni (C 16-Typ, a = 5,19 Å, c = 13,22 Å), die zwölf Atome Magnesium und sechs Atome Nickel in der Einheitszelle aufweist, bildet nach Reilly et al. [88] ein Hydrid der Zusammensetzung Mg_2NiH_4. Es können also 24 Wasserstoffatome je Zelle eingebaut werden. Den Konzentrations-Druck-Isothermen (Abb. 72) ist zu entnehmen, daß das gut ausgebildete Plateau des stabilen Hochtemperaturhydrids Mg_2NiH_4 bei Temperaturen $T \geqq 250$ °C den Druckwert p_{H_2} = 1 bar überschreitet. Mg_2NiH_4 ist demnach instabiler als MgH_2, kann also bei etwas niedrigeren Temperaturen eingesetzt werden. Die Speicherkapazität liegt mit 3,7 Gew.-% Wasserstoff deutlich unter den Werten für Magnesiumhydrid, aber noch weit über den Energiedichten der TT- bzw. MT-Hydride. Die Bindungsenthalpie beträgt nach Reilly et al. [88] $\Delta H_f^0 = -64$ kJ/mol Wasserstoff. Daraus folgt für die Wärmespeicherdichte ein Wert von ~ 1,2 MJ/kg. Dieser Wert ist für die Wärmespeicherung von Bedeutung, da er auch bei Temperaturen $T \leqq 200$ °C erreicht werden kann, und damit wesentlich geringere Betriebstemperaturen als bei Magnesiumhydrid gewählt werden können. Die Legierungsbildung mit Nickel bringt zudem den Vorteil, daß die Legierungen Mg/Ni praktisch nicht pyrophor und damit nicht nur einfacher zu handhaben, sondern auch

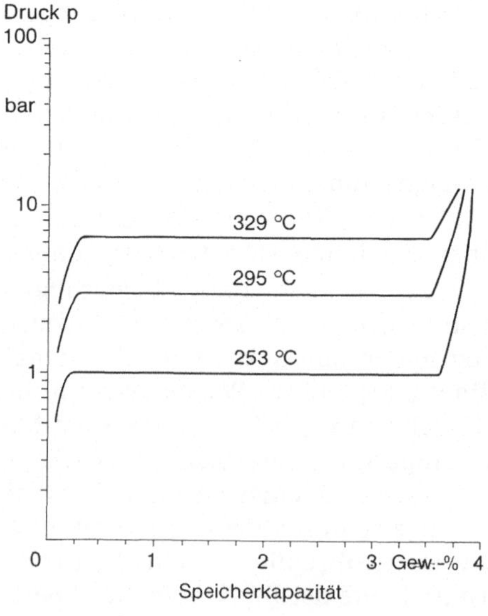

Abb. 72. Konzentrations-Druck-Isothermen der Legierung Mg_2Ni

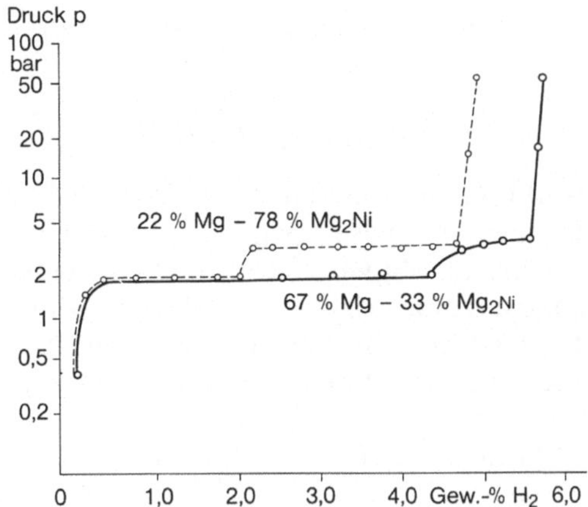

Abb. 73. Konzentrations-Druck-Isothermen der Legierungsmischungen Mg/Mg_2Ni

resistenter gegenüber geringen Verunreinigungen des Wasserstoffs sind. Die Kinetik der Wasserstoffreaktion von Mg_2Ni Hydrid ist für technische Anwendungen im allgemeinen ausreichend gut.

Zur Erhöhung der Speicherfähigkeit können magnesiumreiche Nickellegierungen verwendet werden. Die Konzentrations-Druck-Isothermen (Abb. 73) zeigen, daß sich mit steigendem Magnesiumüberschuß erwartungsgemäß MgH_2 neben Mg_2NiH_4 bildet. Auf diese Weise können Speicherdichten von 3,7 Gew.-% Wasserstoff bis 6,5 Gew.-% Wasserstoff hergestellt werden.

Die Legierungsbildung mit Nickel ist also ein zweiter Weg, Magnesiumhydrid in kurzen und damit technisch interessanten Zeiten be- und entladen zu können. Der Mechanismus, der diesem System zugrunde liegt, ist in Kap. 2.5 beschrieben. Aufgrund einer immer erforderlichen geringen Nickelkonzentration kann das System Mg/Mg_2Ni-Hydrid maximale Speicherdichten von 6,5 Gew.-% Wasserstoff entsprechend 7,7 MJ/kg erreichen. Die bessere Verarbeitungsmöglichkeit (weniger pyrophor) und die verringerte Sensibilität gegenüber Wasserstoffverunreinigungen gehen hier auf Kosten der Speicherdichte (−20% im Vergleich zu MgH_2) und erfordern einen etwas höheren Druck bei der Beladung ($p_{H_2} \geqq 5$ bar). Es wird von diesen technischen Bedingungen abhängen, ob Magnesiumhydrid (nach Verfahren Bogdanovic) oder das legierte Mg/Mg_2Ni-Hydrid zum Einsatz gelangt.

2.11.10 Die Systeme Mg-Me-H

Obwohl im Magnesium-Nickel-Wasserstoff-System im Temperaturbereich zwischen 250 °C und 300 °C Speicherkapazitäten bis 7,5 Gew.-% Wasserstoff realisierbar sind und damit die obere Grenze der reversiblen Wasserstoffspeicherfähigkeit von Metallen und Metallegierungen erreicht ist, wurden zahlreiche Untersuchungen an Magnesiumlegierungen durchgeführt, um vor allem das Temperaturniveau für den Wert des Dissoziationsdrucks von $p_{H_2} = 1$ bar zu senken und damit die Hochtemperaturhydride etwas zu destabilisieren. Aus einer Vielzahl von Legierungen konnten nur wenige, nämlich Magnesium-

Kupfer, Magnesium-Yttrium und Magnesium-Aluminium, interessante Ergebnisse bringen.

2.11.10.1 Mg-Cu-H

Im System Magnesium-Kupfer treten nach Hansen [89] ähnlich wie im System Magnesium-Nickel die beiden Phasen Mg_2Cu und $MgCu_2$ auf. $MgCu_2$ bildet keine Hydridphase, während Mg_2Cu mit Wasserstoff reagiert und damit ein Hydrid der Zusammensetzung Mg_2CuH_4 existiert. Zum Unterschied von Mg_2NiH_4 ist das Mg_2Cu-Hydrid nicht zyklisierungsstabil, da es nach Reilly [90] im Verlauf fortschreitender Wasserstoffbe- und -entladungen gemäß Gl. (31)

$$2\,Mg_2Cu + 3\,H_2 \longrightarrow 3\,MgH_2 + MgCu_2 \qquad (31)$$

in Magnesiumhydrid und inaktives $MgCu_2$ zerfällt. Da die Ausscheidung der Mg_2Cu-Phase irreversibel ist und damit zur ständigen Abnahme der Speicherfähigkeit führt, kann das Mg_2Cu-Hydrid für technische Anwendungen nicht verwendet werden. Aus der Konzentrations-Druck-Isotherme (Abb. 74) läßt

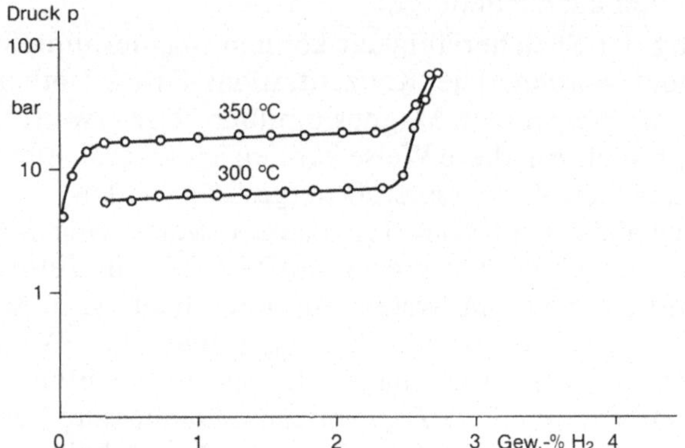

Abb. 74. Konzentrations-Druck-Isothermen der Legierung Mg_2Cu

sich jedoch entnehmen, daß die Temperaturen der Druckplateaus des Hydrids Mg_2Cu-Hydrids um ca. 15 °C unter denen des Mg_2Ni-Hydrids und damit in einem günstigen Temperaturbereich liegen. Aus diesem Grund wurde versucht, eine $Mg_2(Cu, Ni)$-Legierung mit günstigem Speichervermögen und gegenüber Mg_2Ni-Hydrid abgesenktem Temperaturniveau zu entwickeln.

Diese Versuche haben gezeigt, daß bei einer nahezu lückenlosen Mischbarkeit von Mg_2Cu und Mg_2Ni bereits geringe Mengen Nickel ausreichen um Mg(Cu, Ni)-Legierungen in der zyklisierungsstabilen Mg_2Ni-Struktur (hexagonal) auszubilden. Wie den Konzentrations-Druck-Isothermen der nickeldotierten Mg_2Cu-Legierung (Abb. 75) zu entnehmen ist, beträgt die Temperatur, bei der der Wasserstoffdruck $p_{H_2} > 1$ bar wird, mit $T \sim 235$ °C um etwa 15° weniger als für Mg_2Ni-Hydride. $Mg_2(Cu, Ni)$-Hydride weisen somit eine ähnlich günstige Temperaturcharakteristik wie Mg_2Cu-Hydrid auf. Sie dürften jedoch zyklisierungsstabiler sein, da sie im Strukturtyp des Mg_2Ni-Hydrids vorliegen.

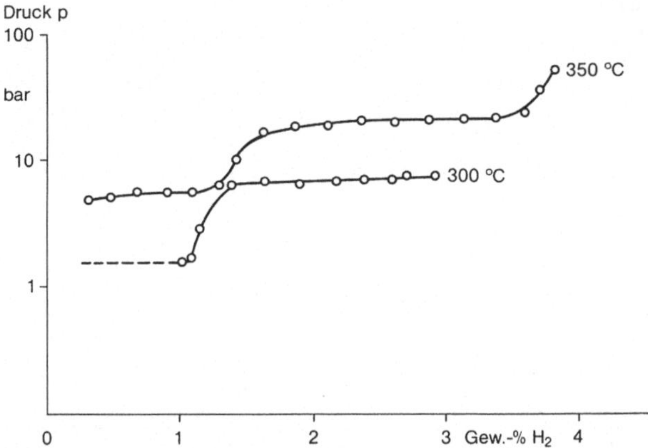

Abb. 75. Konzentrations-Druck-Isothermen der Legierung $Mg_2(CuNi)$

2.11.10.2 Mg-Y-H

Die Hydriereigenschaften von Proben der Zusammensetzung $Mg_{17}Y_3$, $Mg_{90}Y_{10}$ und $Mg_{99}Y$ haben gezeigt, daß ähnlich wie im System Mg/Mg_2Ni auch im System $Mg/Mg_{17}Y_3$ die hohe Kinetik des Wasserstoffumsatzes von der Phase mit niedrigerem Wasserstoffgehalt ($Mg_{17}Y_3$) bestimmt wird. Die Konzentrations-Druck-Isothermen (Abb. 76) weisen Speicherkapazitäten von 3,5 bis 5 Gew.-% Wasserstoff auf. Da $Mg_{17}Y_3$-Hydrid bei den entsprechenden Temperaturen nahezu gleiche Druckplateaus wie Magnesiumhydrid besitzt, ist das System durch einen sehr homogenen Druckverlauf ausgezeichnet. Im technischen Anwendungsfall muß jedoch vor allem geprüft werden, ob dieser Aspekt die wesentlich höheren Legierungskosten rechtfertigt.

2.11.10.3 Mg-Al-H

Im System Mg-Al wurden am Denver Research Institute [91] die beiden Phasen Mg_2Al_3 und $Mg_{17}Al_{12}$ bezüglich ihrer Wasserstoffaufnahme untersucht. Beide Phasen bilden reversible Metallhydride mit den Zusammensetzungen $Mg_2Al_3H_4$

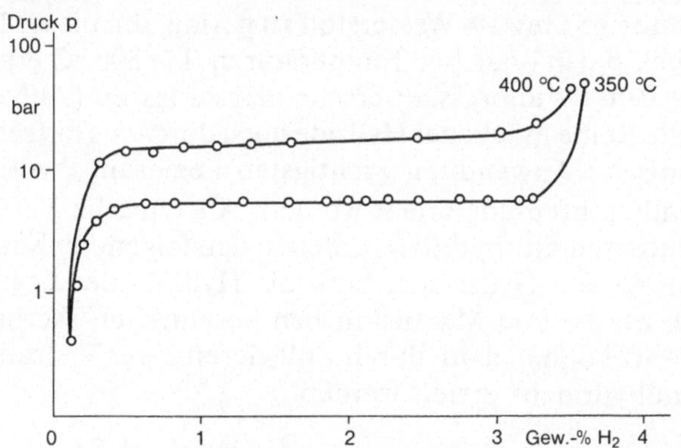

Abb. 76. Konzentrations-Druck-Isothermen im System Mg-Y-H

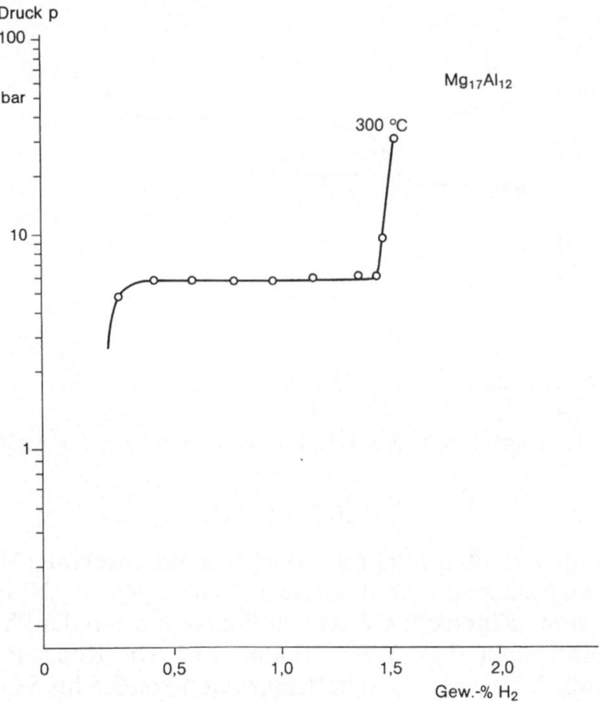

Abb. 77. Konzentrations-Druck-Isotherme der Legierung $Mg_{17}Al_{12}$ (nach [91])

bzw. $Mg_{17}Al_{12}H_{18,4}$. Der Konzentrations-Druck-Isothermen und der van't Hoff-Isochoren ist zu entnehmen, daß die Speicherdichte von $Mg_2Al_3H_4$ etwa 3 Gew.-% Wasserstoff beträgt. Der Wasserstoffdruck von $p_{H_2} \geqq 1$ bar wird bei Temperaturen T = 230 °C überschritten. Die Bindungsenthalpie beträgt mit $\Delta H_f^0 = -70$ kJ/mol H_2 etwa 30% des unteren Heizwertes des Wasserstoffs. Damit käme dieses Hydrid vor allem für die stationäre Wärmespeicherung in Frage, da sich in diesem Fall die geringe Reaktionskinetik der Mg_2Al_3-Hydridbildung wegen der langfristigen Be- bzw. Entladungszeiten nicht unbedingt negativ auswirken muß. Die Speicherdichte der ebenfalls untersuchten Legierung $Mg_{17}Al_{12}$ ist hingegen mit nur 1,5 Gew.-% Wasserstoff zu gering, um dieses Hydrid, dessen Dissoziationsdruck $p_{H_2} \geqq 1$ bar bei Temperaturen T > 300 °C erreicht wird, für den technischen Einsatz interessant erscheinen zu lassen (Abb. 77).

Obwohl sich die Reihe möglicher Hydride noch durchaus fortsetzen ließe, sind die für die technische Anwendung wichtigsten Legierungshydride in der vorliegenden Systembeschreibung erfaßt worden. Als typische Vertreter für Tief-, Mittel- und Hochtemperaturhydride werden in den folgenden Kapiteln über den technischen Einsatz von Hydridspeichern die Hydride der Legierungen TiFe, „TiCrMn“, TiNi, Mg_2Ni und Mg ausführlich beschrieben. Verbesserungen im technischen Einsatz können dann durch Zulegieren einer Vielzahl von Metallen zu diesen „Grundhydriden“ erzielt werden.

Zweiter Teil
Anwendung in Fahrzeugen

A. Allgemeines

3. Hydride als Wasserstoffspeicher für Kraftfahrzeuge

3.1 Einleitung

Wasserstoff ist seit langem als Kraftstoff für Verbrennungsmotoren bekannt [92, 93, 94]. Angesichts der Energielage und der Probleme des Umweltschutzes hat die Frage der Verwendung von Wasserstoff für den Antrieb von Kraftfahrzeugen heute an Bedeutung gewonnen. In diesem Zusammenhang sind folgende Punkte hervorzuheben:

- Für den Antrieb eines Fahrzeugs mit Wasserstoff können modifizierte Ottomotoren eingesetzt und sowohl mit Wasserstoff als auch mit Wasserstoff/Benzin-Gemischen betrieben werden.
- Die volumenbezogene Leistung und der Verbrauch von Wasserstoffmotoren liegen theoretisch zwischen den entsprechenden Werten für Diesel- und Benzinmotoren.
- Bei der Verbrennung von Wasserstoff im Motor zeigt sich praktisch kein CO-, CO_2- bzw. CH-Gehalt und natürlich auch keine Bleiemission im Abgas.
- Aufgrund des weiten Zündbereichs von Wasserstoff-Luft-Gemischen ergeben sich auch sehr geringe NO_X-Werte, allerdings nur unter gleichzeitiger Verringerung der Motorenleistung aufgrund der hohen Luftüberschußzahl ($\lambda > 2$).
- Ein Mischbetrieb mit Benzin/Wasserstoff ist in jedem beliebigen Mischungsverhältnis möglich, so daß Wasserstoff vor allem auch kurz- und mittelfristig gesehen als Zusatzkraftstoff zu Benzin verwendet werden kann. In diesem Fall genügen nur relativ geringe Änderungen am Benzinmotor, um den veränderten Eigenschaften des Wasserstoff/Benzin/Luft-Gemisches Rechnung zu tragen.

Damit ist es prinzipiell möglich, einen Kraftstoff für Kraftfahrzeuge aus Wasser unter Einsatz von Kohle, Kern- und Solarenergie herzustellen. Da Wasserstoff-Verbrennungsmotoren besonders im Magerbetrieb ($\lambda > 2$) praktisch keine Schadstoffe emittieren, sind sie bezüglich ihrer Umweltfreundlichkeit mit Elektromotoren vergleichbar. Der Wasserstoffantrieb mit Verbrennungsmotor stellt demnach eine mögliche emissionsarme und erdölunabhängige Alternative zum Elektroantrieb dar. Außerdem bietet sich nach dem gegenwärtigen Stand der Technik Wasserstoff generell als Sekundärenergieträger (Brennstoff, Kraftstoff) am Ende des Erdölzeitalters an, da Wasserstoff (die nötige Primärenergie, z. B. Kohle oder Kernenergie zur Wasserstoffgewinnung vorausgesetzt) in praktisch unerschöpflichen Mengen im Wasser vorhanden ist und die Wasserstoffverteilung in Form von reinem Wasserstoff oder wasserstoffhaltigen Gasgemischen (Stadtgas) mit keinen prinzipiellen technischen Schwierigkeiten verbunden ist.

Eine durch die schwindenden Erdölreserven erforderliche Wasserstofftechnologie wäre schon deshalb besonders vorteilhaft, weil sie – ähnlich der Erdöltechnologie – universell als Energieversorgung für Haushalt, Industrie und Fahrzeuge eingesetzt werden kann. Durchaus denkbar erscheint hier die Kombination Gas(Wasserstoff)/Strom für Haushalt und Industrie bzw. Wasserstoff/Methanol/Benzin für den Fahrzeugeinsatz. Eine zur Abdeckung der heutigen Energiemengen auf Kohlenwasserstoffbasis benötigte Wasserstofftechnologie erfordert allerdings einen beträchtlichen Aus- bzw. Umbau bestehender Gaswerke bzw. Gasverteilungssysteme.

Ob und wann Wasserstoff in größerem Maße als Sekundärenergieträger eingesetzt wird, kann hier nicht diskutiert werden. Sollten wirtschaftliche Überlegungen für eine Wasserstoffinfrastruktur zur stationären Energieversorgung sprechen, so könnten über ein derartiges System dann auch Fahrzeuge mit Wasserstoff versorgt werden.

Unter Berücksichtigung der Tatsache, daß bereits heute

- Wasserstoff zentral aus Kohle bzw. Erdgas wirtschaftlich hergestellt werden kann,
- Wasserstoffmotoren besonders emissionsarm sind und
- Wasserstoff in Metallhydriden besser gespeichert werden kann als elektrische Energie in Batterien,

besteht zunächst einmal, auch ohne weitverzweigte Wasserstoffinfrastruktur, die Möglichkeit, im Laufe der nächsten Jahre z. B. innerstädtische Transportsysteme, bei denen es insbesondere auf Umweltfreundlichkeit ankommt, mit wasserstoffbetriebenen Fahrzeugen zu versehen und somit im Nahverkehrsbereich konventionellen Kraftstoff zu sparen.

Aufgrund der Wärme/Wasserstoff-Kopplung in Metallhydriden ist es dabei immer möglich, die beiden Probleme

- Umweltfreundlichkeit und
- Energieausnutzung

bei Fahrzeugen mit Verbrennungsmotoren in gleichem Maße einer optimalen Lösung zuzuführen, da die im Hydrid gespeicherte Abwärme des Verbrennungsmotors bei der Betankung wiedergewonnen und z. B. in bestehende Heizungssysteme (z. B. Hausheizung, Fernwärmenetze) eingespeist und damit wieder verwendet werden kann.

Fahrzeuge mit Wasserstoffantrieb sind jedoch stets durch das erhöhte Tankgewicht und die zur Zeit fehlende weitverzweigte Infrastruktur für Wasserstoff nicht als eine bessere oder preiswertere Lösung gegenüber Fahrzeugen mit Ottomotor und Benzintank anzusehen. Der Wasserstoffantrieb ermöglicht vor allem für den Fall, daß als Primärenergiequellen Kernenergie bzw. Kohle zur Verfügung stehen, eine Streckung noch vorhandener Benzinreserven (aus Öl oder Kohle) und damit – falls erforderlich – einen stufenlosen Technologieübergang von Kohlenwasserstoffen zu Wasserstoff.

Die Wasserstoffversorgung für Kraftfahrzeuge muß jedoch nicht immer notwendigerweise mit der Erstellung einer eigenen Infrastruktur in Form von Wasserstoffrohrnetzen verknüpft werden. In den folgenden Kapiteln kann gezeigt werden, daß die heute existierenden Infrastrukturen für Strom, Gas und Wasser auch zur zentralen und dezentralen Wasserstofferzeugung energetisch sinnvoll eingesetzt werden können.

3.2 Allgemeines zur Wasserstofferzeugung aus Gas und Strom [95]

Obwohl die zentrale Erzeugung des Wasserstoffs und seine anschließende Verteilung großtechnisch sowohl gasförmig als auch flüssig möglich ist, wird der dafür erforderliche finanzielle Aufwand im allgemeinen wesentlich größer sein als z. B. jener zur Erstellung vergleichbarer Mengen synthetischen Benzins. Eine weitverzweigte Wasserstoff-Infrastruktur nur für Kraftfahrzeuge dürfte demnach aus wirtschaftlichen und für den europäischen Raum auch aus politischen Gründen in Zukunft nicht erstellt werden.

Unter diesen Umständen stellt sich daher kurz- bis mittelfristig betrachtet in erster Linie die Frage, ob es möglich ist, jährlich einen Teil jener Benzinmenge (z. B. 20 bis 40%), die für den Pkw-Antrieb benötigt wird, durch Wasserstoff zu ersetzen und somit die Benzinvorräte um diesen Betrag zu verlängern, ohne dabei gleichzeitig die möglicherweise unwirtschaftlichen Maßnahmen einer eigenen Wasserstoff-Infrastruktur ergreifen zu müssen.

Die Lösung kann hier im Einsatz von Gas und Strom liegen, also bei jenen heute bereits existierenden Energieträgern und deren Infrastrukturen, die bisher nicht für den Fahrzeugantrieb, sondern praktisch nur für die Hausenergieversorgung eingesetzt werden.

Grundsätzlich kann also erst einmal davon ausgegangen werden, daß die bestehenden Energieerzeugungs- und Verteilungssysteme (Kraftwerke, Strom- und Gasnetze) auch in Zusammenhang mit einer Wasserstofftechnologie in Fahrzeugen unverändert bleiben. Die für den Fahrzeugantrieb benötigte Energie aus dem Strom- bzw. Gasnetz zur Wasserstofferzeugung erfordert daher keinen erhöhten Primärenergieverbrauch, sondern kann durch eine Reduzierung des stationären Energieverbrauchs, z. B. der Raumheizung, eingespart werden. Damit erhält der Verbraucher die Möglichkeit, bei vorgegebenem und unter Umständen begrenztem Energieangebot wenigstens noch frei wählen zu können, wie er die ihm zur Verfügung stehende Energie für mobile und stationäre Zwecke einzusetzen gedenkt. Da der mittlere Energieverbrauch pro Haushalt etwa 2- bis 4mal größer als der mittlere Energieverbrauch pro Pkw ist, folgt, daß aus einer Umwandlung von weniger als 10% der im Haushalt benötigten Heizenergie in Wasserstoff ein Benzinersatz und damit eine Benzineinsparung von 20 bis 40% resultieren.

Das setzt allerdings voraus, daß die Energieumwandlung von Strom und Gas in Wasserstoff vollständig, d. h. ohne Verluste, durchgeführt werden kann. Physikalisch gesehen ist das natürlich nicht möglich, da alle Energieumwandlungen mit hohen Verlusten – in Form von Wärme – verknüpft sind. Nun ist es jedoch Ziel und Zweck der Energieversorgung, den Verbrauchern die Erzeugung von Wärme (stationär) und Antriebsenergie (mobil) zu ermöglichen. Erfolgt die Energieumwandlung von Strom und Gas in Wasserstoff daher beim Verbraucher, so ist die auftretende Umwandlungswärme nicht Verlust-, sondern Nutzwärme. Die Umwandlung erfolgt somit weitgehend in nutzbare Wärme und in Kraftstoff. Die im Wasserstoff vorhandene Energie, die im Kraftfahrzeug verbraucht wird, steht dann natürlich nicht mehr für die Hausheizung zur Verfügung. Sie muß durch stationäre Sparmaßnahmen, z. B. durch Absenkung der Raumtemperatur, um 1 bis 2° kompensiert werden. Die insgesamt verfügbare Primärenergie kann auf diese Weise für den Fahrzeugeinsatz wesentlich besser genutzt werden, als dies bisher der Fall war. Da eine Verwendung von Wasserstoff nicht nur den Verbrennungsablauf konventioneller Motoren besonders umweltfreundlich gestaltet, sondern es dadurch möglich ist, Fahrzeuge mit Verbrennungsmotoren am Gashahn bzw. an der Steckdose zu betanken, wird der Fahrzeugantrieb mit Verbrennungsmotoren auch in Zukunft die beste aller Lösungen darstellen. In welchem Maße die möglichen Kraftstoffe (Benzin, Diesel, Methanol, Ethanol, synthetische Kraftstoffe, Wasserstoff) letztlich eingesetzt werden, ist eine Frage der dann zur Verfügung stehenden Primär-Energieträger und der Umweltauflagen.

3.2.1 Wasserstoff als Zusatzkraftstoff

Geht man davon aus, daß täglich an der Steckdose oder am Gashahn das Energieäquivalent von 1,1 l Benzin in Form von Wasserstoff hergestellt werden kann, so können auf diese Art etwa 400 l Benzin im Jahr (entsprechend 20 bis 40% des jährlichen Bezinbedarfs von 1 000 bis 2 000 l) ersetzt werden. Dem Heizwert nach müssen also täglich 3,5 m^3 Wasserstoff hergestellt und gespeichert werden. Wird diese Menge über Nacht (12 Stunden) erzeugt, so genügen Kleinstanlagen mit einer Produktionsrate von nur 0,3 m^3 H_2/h oder 25 g H_2/h. Bei diesen relativ geringen Mengen Wasserstoff empfiehlt es sich vor allem, den erzeugten Wasserstoff als Zusatzkraftstoff zu Benzin im Fahrzeug zu verwenden. Bei einer täglichen Fahrstrecke bis zu 50 km könnte die täglich erzeugte Wasserstoffmenge bei Fahrzeugen mit einem Benzinverbrauch von 10 l/100 km etwa 20% des Benzinbedarfs ersetzen (Abb. 78 a).

Aus Gründen der Sicherheit und der Kosten dürften an einer Hausanlage zur

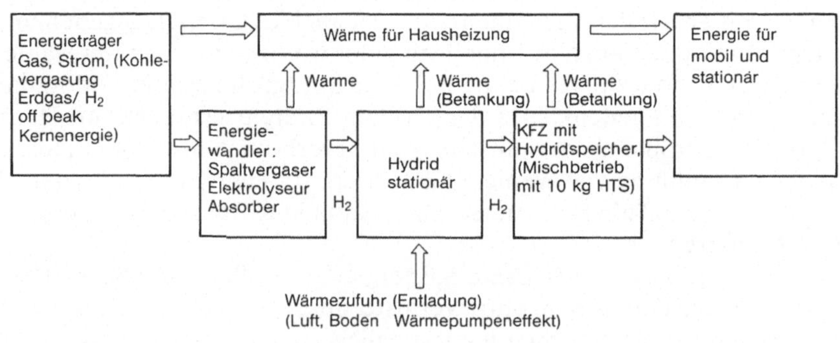

10 % Energie(Haus) → entspricht einer Energiemenge von 4 Mrd l Benzin aus 10 Mio Haushalten

1,1 l „Benzin" als H_2/Tag 400 l Benzinersatz/Jahr = 20-40 % Benzinersatz

max. Erzeugungsraten: 3,5 m^3 H_2/Tag — 24 h ‣ 150 l H_2/h; 10 h ‣ 350 l H_2/h

Abb. 78 a. Individuelle Wasserstofferzeugung mittels Gas und Strom

Wasserstofferzeugung nur Drücke zwischen 1 und 5 bar vertretbar sein. Mit Drücken um 1 bar können ausschließlich Hochtemperaturhydride (Mg-Ni) betankt werden, mit Drücken bis 5 bar ist auch eine Beladung von Tieftemperaturhydriden, allerdings unter deutlichen Kapazitätsverlusten, möglich. In diesem Fall weisen Tieftemperaturhydride nur etwa die Hälfte (~1 Gew.-%) ihrer Speicherkapazität auf, und man benötigt zur Speicherung der täglichen Wasserstoffmenge von z. B. 3,5 m^3 Wasserstoff etwa 40 kg Tankgewicht. Ein Hochtemperaturspeicher mit Magnesiumhydrid wiegt bei gleicher gespeicherter Wasserstoffmenge nur noch 8 bis 10 kg (s. Kap. 3.3.2).

3.2.2 Kleinanlagen zur Wasserstofferzeugung

Abb. 78 b gibt das Blockschema der individuellen Wasserstofferzeugung aus Gas und Strom wieder. Der nach dem Energiewandler auftretende Wasserstoff wird entweder direkt im Kraftfahrzeug in Form eines Metallhydrids gespeichert oder aber auch stationär in einem Metallhydrid zwischengelagert. Dies gilt insbesondere für den Fall einer 24stündigen (d. h. kontinuierlichen) Wasserstoffproduktion, da hier der Wasserstoff so lange zwischengespeichert werden muß, bis das Fahrzeug zum Tanken zurückkommt. Die während der Wasserstofferzeugung auftretende Wärme kann größtenteils zur Heißwasserbereitung genutzt werden, da sie bei $T > 80$ °C anfällt und damit eine ständige Heizquelle mit einer Leistung von 0,5 bis 1 kW darstellt. Die anfallende Prozeßwärme entspricht bei der Darstellung von 400 l Benzin in Form von Wasserstoff in Abhängigkeit des Umwandlungswirkungsgrades dem Heizwert von etwa 400 bis 600 l Heizöl. Mit diesem Betrag läßt sich ein Teil des Grundwärmebedarfs eines Haushalts decken. Probleme der Bedarfsschwankungen dürften bei diesen Wärmemengen, die konstant über ein Jahr verteilt anfallen, nicht auftreten.

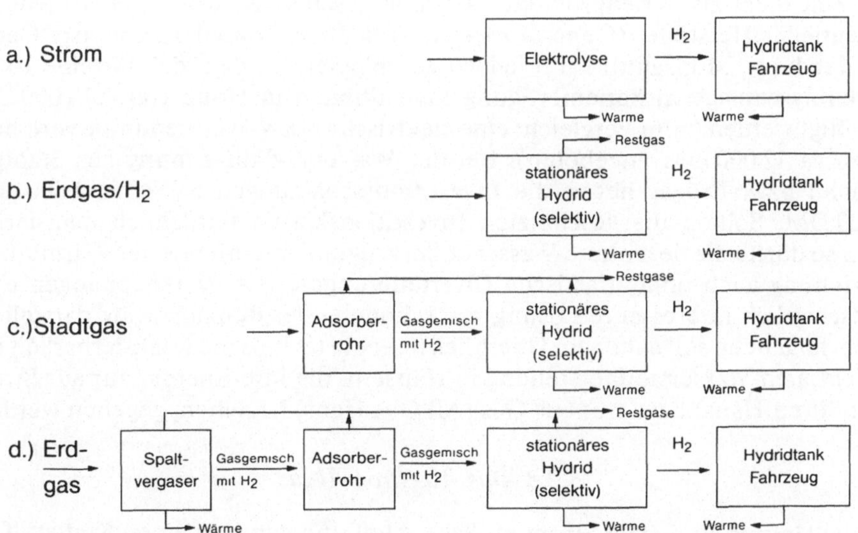

Abb. 78 b. Verfahrensschema der Wasserstofferzeugung mittels Gas und Strom

Die bei der Hydridbildung (Wasserstoffspeicherung) freigesetzten Wärmemengen – sie entsprechen der bei der Hydridzersetzung im Fahrzeug gespeicherten Motorabwärme – können aufgrund ihres im allgemeinen relativ hohen Temperaturniveaus ($T \geqq 60\,°C$) ebenfalls genutzt werden. Da sie stets größer sind als die bei der Energiewandlung zusätzlichen unvermeidbaren Verluste (Abstrahlung, Wärmetauscher u. a.) könnte dadurch für den Haushalt mehr Energie, als ursprünglich nur für Heizzwecke geliefert, zur Verfügung stehen. Dies könnte letztlich zu einer Senkung des Gesamtenergieverbrauchs führen.

Die für die Hydridzersetzung während der Beladung des Fahrzeugspeichers benötigte Energie zur Desorption des Wasserstoffs aus dem stationären Zwischenspeicher kann außerdem noch der Umgebung (Luft, Boden) kostenfrei entnommen werden. Diese Wärme fällt bei der Beladung des stationären Speichers mit Wasserstoff auf einem höheren Temperaturniveau wieder an, wenn der Beladungsdruck des Zwischenspeichers etwas höher gewählt wird als der Entladedruck (siehe Kap. 6.1).

Der Zwischenspeicher erfüllt dann gleichzeitig die Funktion einer Wärmepumpe. Die so gewinnbare Energiemenge, in Form von genutzter Luft- oder Bodenwärme, beträgt ca. 10% des Wasserstoffheizwertes und entspricht im vorliegenden Fall (~ 3,5 m^3 H_2/Tag) etwa 40 bis 50 l Heizöl/Jahr. Dies sind ~ 1% des jährlichen Heizenergiebedarfs, die im Falle einer Wasserstoffzwischenspeicherung automatisch zur Verfügung stehen.

Zur Herstellung der erforderlichen 3,5 m^3 H_2/Tag (entspricht einem Energieäquivalent von 400 l Benzin/Jahr) aus Strom ist eine Anschlußleistung des Elektrolyseurs von etwa 1 bis 2 kW erforderlich (10 bis 24 h Betrieb, $\eta = 50\%$).

Für die Wasserstofferzeugung aus Erdgas (Spaltgaserzeugung) bzw. aus Stadtgas (Kohle) müssen Geräte mit einer Produktionsrate von 2 bis 5 l H_2/min (entsprechend 10 bis 30 g H_2/h) eingesetzt werden.

Derartige Kleinanlagen zur Strom- und Gasumwandlung in Wasserstoff gibt es zur Zeit nicht als Serienprodukte. Aus den geschätzten Kosten verschiedener potentieller Hersteller (General Electric, Teledyne, United Technology Corp., Air Products, Monsanto) kann jedoch geschlossen werden, daß für eine 1-kW-Elektrolyseanlage in Serienfertigung Investitionen in Höhe von < 10 000 DM benötigt werden (zum Vergleich: eine elektrische 6-kW-Wärmepumpe wird heute zu ca. 12 000 DM angeboten). Bei der Wasserstoffabtrennung aus Stadtgas (Kohle) bzw. Erdgas liegen die Investitionsschätzungen zwischen 1 000 und 5 000 DM. Sollten die geschätzten Investitionskosten tatsächlich realisierbar sein, so dürfte die dezentrale Wasserstofferzeugung mit integrierter Wärmerückgewinnung auch ohne drastische Ölverteuerungen bzw. -verknappungen eine wirtschaftlich interessante Lösung zur Schonung der Benzinvorräte darstellen.

Im folgenden soll daher ein Überblick über die technische Realisierbarkeit der dezentralen Wasserstoffherstellung in Häusern, die ihre Energie nur aus Strom (All-Strom-Haus) bzw. nur aus Gas (All-Gas-Haus) beziehen, gegeben werden.

3.2.3 Das All-Strom-Haus

Die Umwandlung von Strom in Wasserstoff und damit in einen Kraftstoff für Verbrennungsmotoren könnte heute bereits in jenen etwa 2 Millionen Haushal-

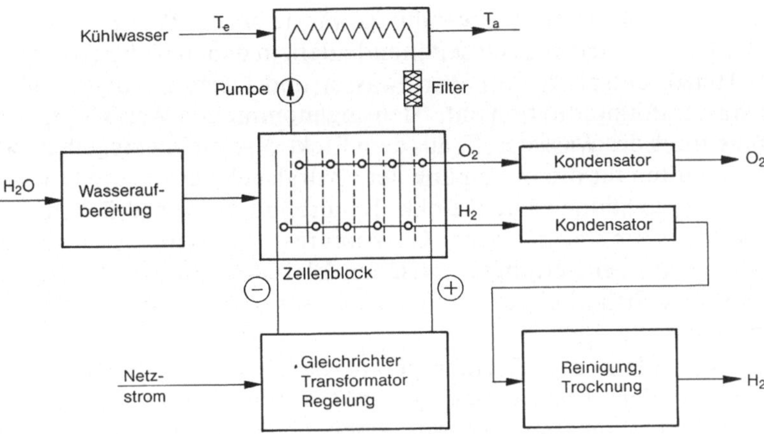

Abb. 79. Schema Elektrolyseur

ten der Bundesrepublik Deutschland durchgeführt werden, die ihren Heizbedarf in Form elektrischer Energie decken. Die mit Kleinelektrolyseuren (1 bis 2 kW) herstellbare Wasserstoffmenge (Abb. 79) könnte jährlich etwa 0,8 Milliarden Liter Benzin ($2 \cdot 10^6$ Haushalte × 400 l Benzin) oder 2,5% des Gesamtbenzinbedarfs der Bundesrepublik Deutschland ersetzen. Ein verstärkter Einsatz von Kernenergie, wie er in Zukunft zu erwarten ist, würde somit auch auf dem mobilen Sektor zu einer verminderten Abhängigkeit von Erdölprodukten führen. Darüber hinaus stellt die Nachtbetankung von Fahrzeugen mit Wasserstoff eine besonders günstige Lösung für die Off-peak-Energieverwertung von Kernreaktoren dar. Selbst wenn Prognosen zutreffen sollten, daß elektrische Energie letztlich zum dominierenden Energieträger wird, so hat dies für die Automobilindustrie nur zur Konsequenz, daß in verstärktem Maße Ottomotoren auf Wasserstoffbetrieb oder Wasserstoff/Benzin-Mischbetrieb umgerüstet werden müßten. Eine Ablösung der Verbrennungsmotoren durch Elektromotoren ist auch dann nicht sinnvoll, wenn nur noch elektrische Energie verfügbar wäre. Der Elektroantrieb mit Batterie ist gegenwärtig dem Wasserstoffantrieb mit Verbrennungsmotor und Hydridspeicher bezüglich Gewicht, Reichweite, Fahrverhalten, Lebensdauer und Kosten stets deutlich unterlegen. Um vergleichbare Reichweiten und Tankgewichte für Wasserstoff- und Elektroantrieb zu erhalten, müßten Batterien mit Energiedichten von 200 bis 300 Wh/kg (gegenwärtiger Stand 20 bis 50 Wh/kg) entwickelt werden. Eine derartige Entwicklung elektrochemischer Energiespeichersysteme ist, wenn überhaupt, nur langfristig zu erwarten (siehe auch Kap. 3.5).

Die Wasserstofferzeugung unter Einsatz von Strom erfolgt mit Hilfe eines Leitungswasserelektrolyseurs. Eine zusätzliche Wasseraufbereitung *vor* dem Gerät ist somit nicht notwendig. Der Elektrolyseur kann zudem mit variablem Wirkungsgrad betrieben werden, womit das Verhältnis von erzeugter Wärme zu erzeugtem Wasserstoff dem stationären Wärmebedarf weitgehend angepaßt werden kann. Es sei an dieser Stelle erinnert, daß nur 10% der Wärme für Heizzwecke über den Elektrolyseur produziert wird, so daß im Normalfall nur ein Teil des

Warmwasserbedarfs von der Umwandlungswärme bei der Wasserstofferzeugung gedeckt wird. Nur in den äußerst seltenen Fällen, in denen täglich weniger Energie als 1 l Heizöl entspricht, für Warmwasser und Heizung aufgewendet wird, sinkt die Wasserstoffproduktion unter den angenommenen Wert von 3,5 $m^3/24$ h. Der Abgabedruck des Wasserstoffs aus dem Elektrolyseur liegt regelbar zwischen 1 und 5 bar. Sollten für die Betankung der Hydridspeicher höhere Drücke erforderlich werden, so können Druckelektrolyseure mit Betriebsdrücken bis 40 bar geliefert werden. Ein mechanischer Gaskompressor ist demnach nicht notwendig. Selbst bei kurzen Leitungen zwischen Elektrolyseur und Fahrzeug sollte man jedoch aus Sicherheitsgründen den Gasdruck möglichst niedrig halten (1 bis 5 bar).

Obwohl vor allem der Hochtemperaturspeicher im Fahrzeug direkt mit Wasserstoff aus dem Elektrolyseur betankt werden kann, erfordert eine 24-Stunden-Produktion des Wasserstoffs einen Hydridzwischenspeicher. Dieser Speicher kann nun ebenfalls als Hochtemperaturhydrid vorliegen und im gefüllten Zustand gegen den leeren Fahrzeugbehälter ausgetauscht werden (Gewicht 8 bis 10 kg, Volumen 8 bis 10 l). Sollte diese Wechseltechnik nicht erwünscht sein, so kann entweder die 10-h-Betankung (Nachtbetankung) herangezogen und der produzierte Wasserstoff direkt in den Fahrzeugtank eingelagert werden, oder es muß unter Beibehaltung des 24-h-Betriebs der Elektrolysedruck bis etwa 5 bar erhöht und ein Tieftemperaturhydrid als stationärer Zwischenspeicher verwendet werden.

Welchem der genannten Betankungsvorgänge unter technisch wirtschaftlichen Gesichtspunkten der Vorzug zu geben ist, wird seit 1980 bei Daimler-Benz experimentell ermittelt.

3.2.3.1 Aufbau einer Elektrolyseanlage

Kernstück einer Elektrolyseanlage ist der Zellenblock (Abb. 80), der aus einer Reihe hintereinandergeschalteter Einzelzellen besteht. Jede Einzelzelle hat mit der nächsten Zelle eine Elektrode gemeinsam (bipolare Bauweise) und wird durch ein Diaphragma zur Gastrennung in einen Anodenraum und einen Kathodenraum unterteilt. Über integrierte Gassammelleitungen wird der Wasserstoff an den Kathoden, der Sauerstoff an den Anoden abgenommen. Der bei der Elektrolyse an der Kathode entstehende Wasserstoff enthält noch geringe Mengen Sauerstoff und Wasserdampf. Der Sauerstoffanteil wird bei kommerziellen Elektrolyseuren katalytisch zu Wasser umgesetzt und dieses dann adsorptiv entfernt. Nach dieser Reinigung liegt der Wasserstoff mit einer Reinheit $\geqq 99{,}999\%$ vor. Diese Reinheit reicht aus, um sowohl Tieftemperatur- als auch Hochtemperaturhydride zu beladen.

Die anfallende Wärme aus dem Elektrolyseur wird über einen Elektrolytkreislauf mit Wärmetauscher an einen Warmwasserspeicher abgegeben.

Bedingt durch die Wärmerückgewinnung aus dem Elektrolyseprozeß ist es nicht erforderlich, den Elektrolysewirkungsgrad in bezug auf die Wasserstoffproduktion zu optimieren. Ein Elektrolyseur mit niedrigem Wirkungsgrad ($\eta \sim 30\%$) der Wasserstofferzeugung stellt somit ein elektrisches Heizgerät dar, das als Nebenprodukt auch Wasserstoff liefert. Es besteht dadurch die Möglichkeit,

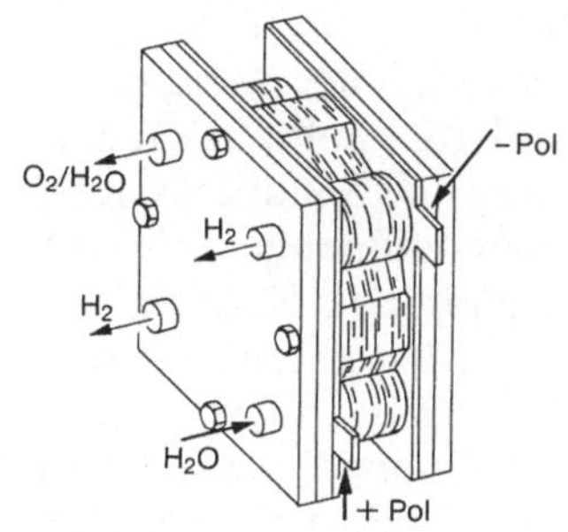

Zellenblock mit 10 Zellen

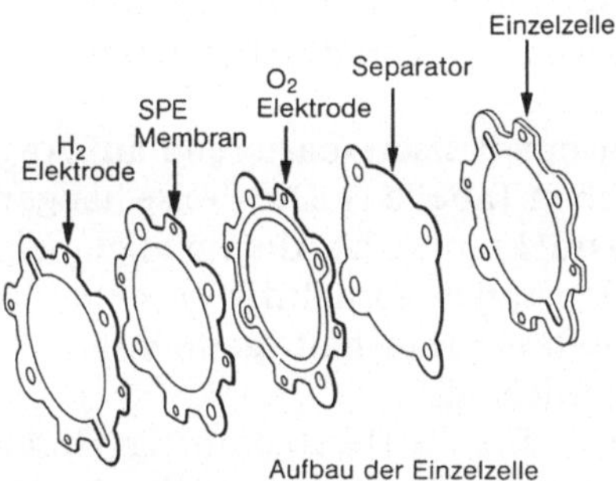

Aufbau der Einzelzelle

Abb. 80. Aufbau eines SPE-Elektrolyseurs (nach General Electric, USA, Unterlage GEK-3411)

Elektrolyseure wesentlich wirtschaftlicher und robuster zu bauen, wenn – im direkten Gegensatz zur existierenden Elektrolysetechnologie – ein möglichst hoher Wärmeanfall gleichzeitig mit der Wasserstofferzeugung angestrebt wird.

Bei der von General Electric [96] neuentwickelten SPE-Technologie (SPE = Solid Polymer Electrolyte) übernimmt eine dünne Kunststoffolie sowohl die Funktion eines festen Elektroyten als auch die der Gastrennung.

Der kompakte Aufbau eines Billings SPE-Elektrolyseurs ist in Abb. 81 dargestellt.

Die Vorteile der SPE-Technologie für die Anwendung als Wärme- und Wasserstoffquelle im Haus sind vor allem:

- keine ätzenden Flüssigkeiten im Elektrolyseur
- keine Kontrolle der Elektrolytkonzentration
- einfacher, kompakter Aufbau (für kostengünstige Massenproduktion geeignet)
- kleines Bauvolumen durch höhere Strombelastbarkeit der Zellen.

Da nach Angaben von General Electric die Verwendung von Edelmetallen (u. a. Platin) bei der SPE-Technologie kostenmäßig nicht ins Gewicht fällt, liegt hier ein für Hausanlagen optimales System vor.

Darüber hinaus ist es für den technischen Einsatz wichtig, daß Elektrolysezellen für Arbeitsdrücke zwischen Atmosphärendruck und über 30 bar ausgelegt werden können. Bei der Druckelektrolyse wird nur der Zellenrahmen so verstärkt und abgedichtet, daß sich bei der Wasserzersetzung im abgeschlossenen Volumen von selbst ein hoher Druck aufbaut. Über einen Druckschalter wird die Stromzufuhr bei Überschreitung des Solldrucks unterbrochen, so daß nur die tatsächlich abgenommene Wasserstoffmenge erzeugt wird.

Prinzipiell können somit sämtliche Hydride für die stationäre und mobile Anwendung mit Elektrolysewasserstoff beladen werden, da die jeweils erforderlichen Beladungsdrücke über den Elektrolyseur aufbebracht werden können. Bei einer erforderlichen Wasserstoffmenge von nur 5 l H_2/min (entsprechend 1 ml Benzin) dürften auch bei Wasserstoffdrücken bis 30 bar keine sicherheitstechnischen Gründe gegen einen weitverbreiteten Einsatz von kleinen Druckelektrolyseuren im Haushalt sprechen. Damit wäre die Möglichkeit gegeben, auch Fahrzeuge mit reinem Wasserstoffantrieb, die aufgrund ihrer Hydridspeicher (siehe Kap. 3.4) mit Drücken zwischen 10 und 30 bar betankt werden müssen, am Hausgashahn nachzuladen.

Eine Marktübersicht mit Preisen, basierend auf Angeboten aus den Jahren 1979 und 1980, findet sich in Tabelle 11. Die Preise hängen natürlich stark von den erreichten Produktionsstückzahlen ab, die im allgemeinen unter 100 Stück pro Jahr liegen. Das Preis-Leistungs-Verhältnis ist, bei größeren Anlagen natürlich besser, so daß eine für mehrere Haushalte gemeinsame Elektrolyseanlage sicherlich besonders wirtschaftlich ist.

Während die meisten in Tabelle 11 aufgeführten Geräte Niederdruckelektrolyseure sind und daher nur die Bedingungen für die Hochtemperaturspeicher-

Abb. 81. Kleinelektrolyseur der Firma Billings mit Abwärmenutzung (Kupferspirale – Wärmetausch)

Tabelle 11. *Kommerziell erhältliche Elektrolyseure (beispielhaft aus einem wesentlich umfangreicheren Angebot an Herstellern und Gerätetypen)*

Hersteller	Type	Elektrolyt	Prod.-Rate m^3/h	Wasserstoffdruck bar	Anschluß-wert kVA	Wirkungs-grad	Preis ca. DM
Krebs-Kosmo, Berlin	WE 05/15	KOH	1,1	1,025	7,2	43%	67 000,–[1]
		KOH	118	30[2]	700	ca. 60%	2 000 000,–
Davy-Bamag, Butzbach	S 25 E 5	KOH	1 ... 1,5	1,04	7 ... 11	40–50%	83 000,–[3]
Teledyne Energy Systems, USA	HS 20	KOH	1,2	5,3	8,0	42%	88 000,–
	HS 200	KOH	12	5,3	80	50%	120 000,–
General Electric, USA	15 EHG 2 B 4	SPE	0,013 5	5,0	0,2	20%	4 500,–
	(DP-044)	SPE	0,5	5,0	4,3	35%	153 000,–[4]
Billings Energy Co., USA	BE – 5 A	SPE	0,9	35,0	8,8	ca. 30%	56 000,–

Anmerkungen: [1]) Ohne Trocknung, Nachreinigung und Wasseraufbereitung
[3]) Mit Kompressor
[2]) Ohne Wasseraufbereitung
[4]) Beinhaltet Entwicklungskosten (Dollarkurs Stand 1980)

Betankung erfüllen, liefert ein von der Billings Corporation, Independece/USA, gebautes Gerät als einziges einen Betankungsdruck von ~ 30 bar. Da das Billings-Gerät zudem sehr kompakt gebaut ist (kaum größer als eine Waschmaschine), wird dieser Elektrolyseur für die bei Daimler-Benz getestete Hausanlage zur Wasserstofferzeugung eingesetzt.

Die technischen Daten des Billings-Elektrolyseurs sind in Tabelle 12 zusammengestellt. Es handelt sich um ein Gerät in SPE-Technologie mit eingebautem Ionenaustauscher für die Leitungswasser-Aufbereitung, Molekularsieb-Trockner und katalytischer Nachreinigung des Wasserstoffs. Das Gerät enthält alle Sicherheitsvorrichtungen und kann in jedem belüfteten Raum aufgestellt werden.

Tabelle 12. *Technische Daten des Elektrolyseurs für die Pilotanlage*

Hersteller:	Billings Energy Corporation, USA
Type:	BE-5 A
Wasserstoff-Abgaberate:	0,9 m^3/h
Abgabedruck:	0 bis 28,12 bar
Energiebedarf:	9,5 kWh/Nm^3
Reinheit:	99,999% (ohne Wasserdampf)
	99,998% (mit Wasserdampf nach Trocknung)
Taupunkt:	−56 °C nach Trocknung, +5 °C vor Trocknung
Anschlußwerte:	
Spannung:	220 V, 8,8 kVA max.
Strom:	50 A Absicherung
Speisewasser:	Chloriertes Leitungswasser, 190 l pro Tag
Druck:	2,8 bis 8,8 bar
Kühlwasser:	57 l/h
Abmessungen:	H × B × T = 81 × 66 × 84 cm
Gewicht:	160 kg
Aufstellung:	Belüfteter Raum mit Wetterschutz, 5 bis 50 °C

Sicherheitsvorrichtungen:

Abschaltung automatisch bei:
a) Wasserstoff-Leck
b) Übertemperatur
c) Wassermangel
d) Verunreinigungen im Speisewasser

Mit einer nominellen Abgaberate von 0,9 m^3 Wasserstoff pro Stunde (~ 20 m^3/Tag) liefert der Standard-Elektrolyseur der Firma Billings etwa das Sechsfache der erforderlichen Wasserstoffmenge für Kleinanlagen (3,5 m^3 H_2/Tag).

Bei der endgültigen Auslegung wird die Abgaberate des Elektrolyseurs selbstverständlich gerade so gewählt, daß ein 10stündiger bzw. 24stündiger Betrieb eingehalten werden kann. Bis zu einem gewissen Grad läßt sich die Abgaberate durch Variation des Zellenstroms einstellen.

Der tatsächliche Wirkungsgrad des 8,5-kW-Elektrolyseurs von Billings liegt nach Datenblatt-Angaben (Tabelle 12) bei 32%, bezogen auf den *unteren* Heizwert des Wasserstoffs. Die Energiebilanz des Geräts dürfte sich wie folgt zusammensetzen:

Oberer Heizwert des Wasserstoffs (0,9 Nm^3/h):	3,2 kW	38%
Transformator- und Gleichrichterverluste:	0,8 kW	9%
Abwärme aus dem Zellenblock:	4,3 kW	51%
Nebenaggregate:	0,2 kW	2%
Wechselstrom-Eingangsleistung:	8,5 kW	100%

Dazu kommen noch geringe Spülgasverluste bei der Trocknung des Wasserstoffs.

Die Nutzung der Abwärme aus dem Zellenblock ist gut möglich, da sie auf einem Temperaturniveau von 60 bis 80 °C anfällt.

Wird der Elektrolyseur kontinuierlich betrieben, so werden jährlich ca. 8 000 m^3 Wasserstoff, die einem Energieäquivalent von 2 000 l Benzin entsprechen, hergestellt. Der 8,5 kW-Elektrolyseur der Firma Billings könnte also 5 bis 6 Fahrzeuge mit dem gewünschten Benzinersatz von 400 l pro Jahr versorgen. Aus den Kosten des als Einzelstück angefertigten Geräts von 60 000 DM ergibt sich eine Investitionssumme von ca. 10 000 DM für den einzelnen Haushalt. Da diese Kosten bei Serienfertigung von Kleinelektrolyseuren noch gesenkt werden können, stellt die Umwandlung von elektrischer Energie (Kernenergie) in einen Kraftstoff (Wasserstoff) für Verbrennungsmotoren eine attraktive Lösung zur Streckung existierender Bezinvorräte dar.

Zweckmäßigerweise wird man außerdem den Elektrolyseur so auslegen, daß maximal der den Jahreszeiten entsprechend benötigte Grundwärmebedarf gedeckt wird. Dies läßt sich durch Variation des Wirkungsgrads über die Stromdichte erreichen.

Die Stromkosten für den Betrieb des Elektrolyseurs der Firma Billings liegen bei DM 0,57 pro m^3 Wasserstoff. Dabei wurde ein Stromtarif von DM 0,06/k Wh zugrundegelegt, wie er 1980 für Speicherheizungen gilt. Berücksichtigt man die nutzbare Abwärme von ca. 4 kWh/m^3 durch eine Gutschrift von DM 0,06/kWh, so kosten 3 Nm^3 Wasserstoff, das Heizwertäquivalent von 1 Liter Benzin, etwa DM 1 an Strom.

Die Anschaffungskosten für Kleinelektrolyseure auf SPE-Basis mit ~2,5 kW elektrischer Anschlußleistung, wie sie für die Erzeugung von 3,5 m^3 Wasserstoff in 10 bis 24 Stunden erforderlich sind, dürften bei Großserienfertigung in die Nähe von 10 000 DM oder darunter kommen, also etwa mit Wärmepumpen vergleichbar sein.

Daß die Elektrolyse auch besonders günstig in größeren Anlagen zur Wasserstofferzeugung einsetzbar ist, zeigt sich am Beispiel eines Elektrolyseurs vom Typ Teledyne HS 200: in der Umgebung von Mehrfamilien-Wohnhäusern installiert, könnten bis zu 10 Wasserstoff-Fahrzeuge oder bis zu 40 Mischbetriebsfahrzeuge mit Wasserstoff versorgt werden, wobei die Gesamtinvestitionskosten etwa 120 000 DM betragen. Somit ergeben sich pro Mischbetriebsfahrzeug im günstigsten Fall bereits heute anteilige Investitionskosten von nur 3 000 DM, die sich bei Großserienfertigung entsprechender Elektrolyseure noch weiter senken lassen.

Die anfallende Wärme des Großelektrolyseurs könnte in diesem Fall in einer zentralen Warmwasseraufbereitungsanlage gespeichert und an die einzelnen Haushalte abgegeben werden. Aufgrund des relativ hohen Wasserstoffverbrauchs empfiehlt sich hier auch eine Wärmerückgewinnung während der Betankung der Wasserstoff-Fahrzeuge.

Schließlich sei noch auf die Tatsache verwiesen, daß der über Kernenergie und Elektrolyse ermöglichte Wasserstoff- bzw. Wasserstoff/Benzin-Betrieb eines Motors schon deshalb besonders umweltfreundlich ist, weil der Wasserstoff bei seiner Verbrennung prinzipiell nur die Mengen an Sauerstoff aus der Luft benötigt, die bei seiner Erzeugung aus Wasser an die Luft abgegeben werden. Dies gilt insbesondere für den Fall der Verbrennung magerer Gemische ($\lambda > 2$), bei der praktisch keine NO_x-Bildung mit zusätzlichem Sauerstoffverbrauch stattfindet. Alle übrigen Wasserstofferzeugungsverfahren aus Wasser, die Erdgas und Kohle einsetzen, weisen wegen der prinzipiellen Bildung von CO und CO_2 diesen Vorteil nicht auf.

Die für Kleinelektrolyseure günstigen Aspekte der Wasserstoff/Wärme-Kopplung sind im allgemeinen für zentrale Großanlagen (Zentraltankstelle) nur bedingt anwendbar. Während für Wohnblocks mit zentraler Warmwasserbereitung ein Großelektrolyseur mit Wärmerückgewinnung denkbar ist, kann die Elektrolyse für z. B. Autobahntankstellen heute keine energetisch sinnvolle Lösung darstellen. Da die erforderliche elektrische Leistung im MW-Bereich liegt, sind die auftretenden Wärmemengen nicht mehr gleichzeitig zu verwerten, sie stellen daher einen hohen Energieverlust dar (50%). Aus diesem Grund dürften zur Zeit die an sich auch an Straßen und Autobahnen existierenden Infrastrukturen für elektrische Energie nicht zur Wasserstofferzeugung an Einzeltankstellen herangezogen werden. Sollte jedoch in Zukunft elektrischer Strom der Hauptenergieträger werden und in ausreichendem Maße zur Verfügung stehen, so könnte man schließlich auch entlang von Autobahnen gasförmigen Wasserstoff über Elektrolyseure bereitstellen und somit über ein weitverzweigtes Wasserstoff-Tankstellennetz (auch ohne Wasserstoffinfrastruktur in Form von Gasleitungen) verfügen.

3.2.4 *Das All-Gas-Haus*

Sobald mehr als 8 Mio. Haushalte in der Bundesrepublik den Wärmebedarf aus Gaslieferungen decken (Stand 1980: 6,8 Mio. Haushalte), könnten jährlich mindestens etwa 3,5 Mrd. Liter Benzin oder etwa 10% des Gesamtbenzinverbrauchs durch Wasserstoff aus dem Hausgashahn ersetzt werden.

Kurz- und mittelfristig steht für die Hausenergieversorgung durch Gas eine Reihe von Gaszusammensetzungen zur Verfügung. Neben Erdgas können Stadtgas (aus der Kohlevergasung) und Erdgas/Wasserstoff-Gemische (aus der Kohlemethanisierung) eingesetzt werden.

Während nun Stadtgas etwa 50% Wasserstoff enthält und Wasserstoff in den Erdgasgemischen mit etwa 5 bis 10% Anreicherung auftreten kann, ist im heute existierenden Erdgas kein freier Wasserstoff enthalten. Da man aber auch aus Erdgas durch partielle Oxidation oder Steam Reforming Wasserstoff erzeugen kann, können somit alle auch in Zukunft denkbaren Gaszusammensetzungen prinzipiell zur Wasserstofferzeugung verwendet werden.

Wie im Falle der Stromverteilung ermöglicht auch das weitverzweigte Gasnetz die Wasserstoffproduktion an vielen Orten und gewährleistet somit eine umfassende und flächendeckende dezentrale Wasserstoffversorgung für Kraftfahrzeuge.

Liegen bereits wasserstoffhaltige Gasgemische vor, so wird über eine entsprechende Gastrennanlage Wasserstoff aus dem Gemisch entnommen und das abgemagerte Gasgemisch weiter zur Wärmeerzeugung genutzt. Im Falle der heute weit verbreiteten Erdgasversorgung muß jedoch ein Teil des Erdgases zuerst in ein wasserstoffhaltiges Gasgemisch verwandelt und anschließend der Wasserstoff über eine Gastrennanlage abgetrennt werden. Die technischen Möglichkeiten und die Probleme, die in diesem Zusammenhang auftreten, sind besonders für Kleinanlagen nicht so einfach zu lösen wie bei der elektrolytischen Wasserstoffgewinnung.

Die wirtschaftlich interessantesten Lösungswege sollen in den folgenden Abschnitten diskutiert werden.

3.2.4.1 Verwendung von Erdgas

Soll Wasserstoff aus dem heute weit verbreitet zur Verfügung stehenden Erdgas hergestellt werden, so muß dieses zuerst über eine Spaltanlage in ein wasserstoffhaltiges Gasgemisch zerlegt werden. Die Spaltanlage kann prinzipiell sowohl mit Wasser (Steam Reformer) als auch nur mit Luft (partielle Oxidation des Erdgases) betrieben werden.

Da hohe Wasserstoffausbeuten, wie sie ein kommerzieller Steam Reformer [97] liefert, bei den benötigten Wasserstoffmengen (3,5 m^3/Tag) nicht notwendigerweise erforderlich sind, kann auch eine Spaltanlage mit stark unterstöchiometrischer Erdgas/Luft-Verbrennung eingesetzt werden.

Bei der partiellen Oxidation von Erdgas mit Luft [98] kann z. B. ein Gasgemisch mit etwa folgender Zusammensetzung entstehen:

$$37-39 \text{ Vol.-\% } H_2,\ 20-21 \text{ Vol.-\% } CO,$$

$$0{,}1-0{,}4 \text{ Vol.-\% } CO_2,\ 40-43 \text{ Vol.-\% } N_2,$$

$$\text{ca. } 0{,}6 \text{ Vol.-\% } H_2O$$

Bei kleineren, weniger aufwendigen Anlagen kann der Wasserstoffanteil auf 30 bis 31 Vol.-% abfallen.

Die genannten wasserstoffhaltigen Gasgemische werden nach dem heutigen Stand der Hydridentwicklung jedes Hydrid desaktivieren, so daß keine Wasserstoffaufnahme stattfinden kann. Es ist daher notwendig, zumindest eine Trennung des Gasgemisches in Bestandteile, die ausgesprochene Hydridgifte (H_2O, CO_2, CO) sind, und in Rohwasserstoff, der keine typischen Inhibitoren mehr enthält, durchzuführen. Je nach Reinheit des so erzeugten Wasserstoffs ist es dann bereits möglich, entsprechende Hydride direkt zu betanken.

Bei all diesen Trennprozessen wird ein Gasstrom in zwei Teilströme aufgeteilt, wobei der für die Hydridbetankung ungenutzte Gasanteil, da er brennbare Gase enthält (CO und auch Wasserstoff!), zur direkten Erzeugung von Hauswärme (Q) verwendet wird (Brenner). Weitere Wärmequellen für die Hausheizung sind –

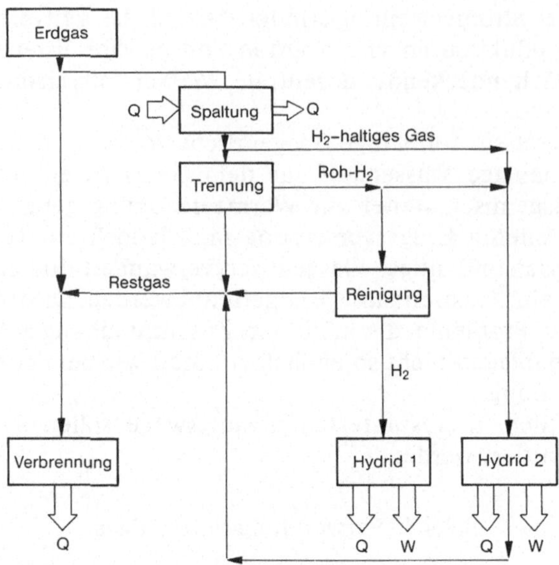

Abb. 82. Schema der Wasserstoffgewinnung aus Erdgas: Hydrid 1 nicht selektiv; Hydrid 2 selektiv; Q = Wärme; W = mechanische, elektrische, thermische Arbeit des gespeicherten Wasserstoffs

wie bei der Elektrolyse – die Betankungswärme von Hydridspeichern und natürlich die direkte Verbrennung von Erdgas (Abb. 82).

Die bekannten Gastrennmethoden, die in Kap. 3.2.4.4 beschrieben werden, ermöglichen die Wasserstoffgewinnung aus Erdgas auch ohne Einsatz selektiv absorbierender Hydridspeicher, so daß es mit bekannten Verfahren möglich ist, auch aus Erdgas Wasserstoff als Kraftstoff für Kraftfahrzeuge herzustellen (mit Drücken $\leqq 5$ bar). Selbstverständlich könnte die dem Heizwert entsprechende Menge Erdgas entweder als Flüssiggas (wie heute im Handel erhältlich) oder auch in Druckgasflaschen verdichtet ebenso als Kraftstoff eingesetzt werden. Gegen den Einsatz von Druckgasbehältern dürfte auch im Falle des Erdgases der hohe Druck (100 bis 200 bar) und das damit verbundene erhöhte Sicherheitsrisiko im Haus und im Fahrzeug gegen diese sonst sehr einfache Verwendung von Erdgas als Kraftstoff sprechen.

Die Umwandlung von Erdgas in Wasserstoff bietet sich vor allem dann an, wenn Fahrzeugflotten (städtische Verkehrsbetriebe) aus Emissionsgründen mit Wasserstoff betrieben und dabei zentral versorgt werden müssen oder wenn keine zusätzlichen Verteilungsinfrastrukturen für Flüssiggas aufgebaut werden, aber auf existierende Gasnetze zurückgegriffen werden kann. Ob und in welchem Maße Wasserstoff aus Erdgas hergestellt wird, ist dann letztlich eine Frage der Wirtschaftlichkeit. Dabei sind vor allem die Investitionskosten für Kleinerzeugungsanlagen von entscheidender Bedeutung. Während die Erdgasaufbereitungsanlagen (Spaltung) keinen großen technischen und finanziellen Aufwand erfordern, sind die erforderlichen Wasserstofftrennanlagen durchaus kritischer zu betrachten. Somit ist auch unter Verwendung von Erdgas/Wasserstoff-Gemischen und von Stadtgas die Wirtschaftlichkeit der Wasserstoffherstellung von den Trennmethoden und -mengen abhängig, obwohl Wasserstoff bereits in Gasgemischen vorliegt und nicht erst erzeugt werden muß.

3.2.4.2 Verwendung von Erdgas/Wasserstoff-Gemischen

Ausführliche Studien, vor allem in den USA, haben ergeben, daß eine Beimischung von ~ 10% Wasserstoff zu Erdgas keinerlei technische und sicherheitstechnische Änderungen im Verteilungssystem und bei den Gasbrennern im Haus erfordert [99, 100]. Der Wasserstoff zur Erdgasbeimischung wird zentral aus Wasser unter Einsatz minderwertiger Kohle erzeugt und soll zur Streckung der Erdgasvorräte beitragen. Auf diese Weise wird das weitverzweigte Erdgasnetz auch zum Verteilungsnetz für Wasserstoff. Die Wasserstoffgewinnung am Hausgashahn ist im Falle der Erdgas/Wasserstoff-Gemische mit vergleichsweise geringem technischem und finanziellem Aufwand zu verwirklichen: leitet man nämlich ein derartiges Gasgemisch über bestimmte Hydridspeicher, so erfolgt die Hydridbildung und damit die Trennung des Gemisches in seine Komponenten Wasserstoff und Erdgas ohne Vergiftung des Speichers (Abb. 83).

Im Gegensatz zu den höherkomponentigen Gasgemischen aus der partiellen Oxidation des Erdgases sind für Methan/Wasserstoff-Gasgemische bereits Hydridbildner bekannt (z. B. Ti-Ni-Fe), die diese Abtrennung des Wasserstoffs ermöglichen.

3.2.4.3 Verwendung von Stadtgas (Abb. 83)

Da ein verstärkter Einsatz von Synthesebenzin aus Kohle durch eine Ölverknappung und -verteuerung ausgelöst wird, ist es spätestens zu diesem Zeitpunkt

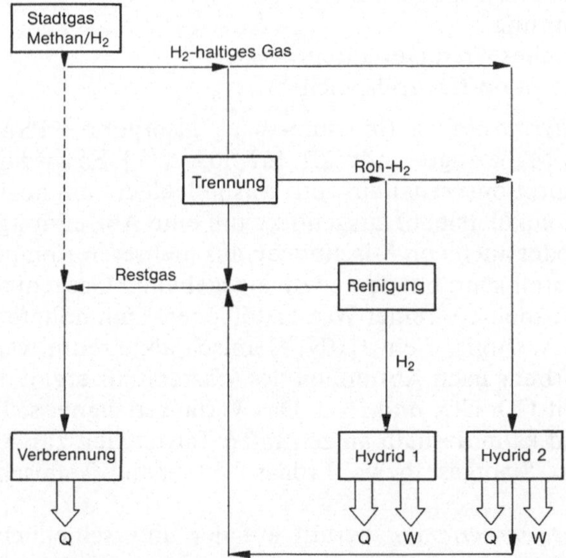

Abb. 83. Schema der Wasserstoffgewinnung aus Stadtgas und CH_4/H_2: Hydrid 1 nicht selektiv; Hydrid 2 selektiv: Q = Wärme; W = mechanische, elektrische, thermische Arbeit des gespeicherten Wasserstoffs

sicherlich notwendig, die dann ebenfalls fehlenden Heizölmengen durch Kohlevergasung (Stadtgas, Wasserstoff) zu ersetzen. Stadtgas (aus Kohle) oder synthetische Erdgas/Wasserstoff-Gemische (aus der Kohlemethanisierung) werden also mittel- und langfristig gesehen zur Wasserstofferzeugung am Hausgashahn verfügbar sein. Die Wasserstoffabtrennung aus der Kohlevergasung ist daher ein auch für die Zukunft interessantes technisches Problem für die Betankung am Hausgashahn. Stadtgas stellt im allgemeinen bereits ein Gemisch aus H_2, CO, CO_2 und einigen Restgasen dar, so daß man zur Wasserstoffgewinnung nur noch Abtrenn- bzw. Reinigungsverfahren als Kleinanlagen einsetzen muß. Das zur Zeit im Vordergrund stehende Monsanto-Verfahren (Wasserstoff-Diffusion; siehe Kap. 3.2.4.4) kann hier insofern modifiziert werden, als die Trennzelle durch Stadtgasverbrennung auf Betriebstemperatur erhitzt werden muß. Über die Energiebilanz dieses Verfahrens liegen noch keine Erkenntnisse vor; durch eine Abwärmenutzung ist jedoch ein hoher Gesamtwirkungsgrad gesichert.

Da der Wasserstoffgehalt im Stadtgas relativ groß ist (50 bis 60%), zieht auch eine kontinuierliche Entnahme der benötigten geringen Wasserstoffmenge für den Kraftfahrzeugeinsatz keine schwerwiegenden Änderungen der Hausgasbrenner nach sich. Die Wasserstoffgewinnung aus Stadtgas eignet sich auch ganz besonders für zentrale Wasserstofftankstellen im städtischen Bereich. Eine durchgehende Gasversorgung längs Autobahnen und Fernstraßen ist hingegen im allgemeinen nicht vorstellbar.

3.2.4.4 Abtrennung des Wasserstoffs aus Gasgemischen

Zur Wasserstoffabtrennung aus Gasgemischen steht eine Reihe bekannter Technologien zur Verfügung:

- Druckwechseladsorption (PSA)
- Diffusionstrennung
- Elektrochemisches Trennverfahren
- selektive Absorption (Hydridspeicher)

Die Druckwechseladsorption (*p*ressure-*s*wing *a*dsorption – PSA) wird heute im großtechnischen Maße angewandt [101, 102, 103, u. a.]. Es wird dabei das unterschiedliche Adsorptionsverhalten von Gasmolekülen an hochporösen Festkörpern (z. B. Molekularsiebe) ausgenutzt, um eine Abtrennung von einzelnen Komponenten (oder auch von Mischungen aus mehreren Komponenten) zu ermöglichen. Generell kann bei den oben angegebenen Gasgemischen entweder – mit geringer Ausbeute – reiner Wasserstoff oder – mit höherer Ausbeute hinsichtlich des Wasserstoffs – ein H_2/N_2-Gemisch abgetrennt werden. Das Freispülen des Adsorbens nach Abtrennen des Wasserstoffs ergibt dann ein brennbares Restgas mit CO, CO_2 und H_2O. Das Verfahren eignet sich besonders für Großanlagen und kann deshalb an zentralen Tankstellen zur Abtrennung von Wasserstoff aus Stadtgas bzw. Erdgas/Wasserstoff-Gemischen eingesetzt werden.

Das Diffusionstrennverfahren beruht auf der unterschiedlichen Diffusionsgeschwindigkeit bzw. Löslichkeit von Gasen in Metallfolien. Bekannt ist insbesondere die Abtrennung von Wasserstoff durch Pd/Ag-Legierungen. Durch die Verwendung von Edelmetallen ist dieses Verfahren jedoch teuer [104].

Neueste Entwicklungen der Firma Monsanto, die von Robinson [105] (Abb. 84 a, b) beschrieben werden, zeigen, daß Verbundstoffe auf Polysulfonbasis in Hohlfasern zu einem Bündel zusammengefaßt und in einem Druckbehälter montiert in der Lage sind, bei Umgebungstemperatur und ohne Energiezufuhr Wasserstoff aus Gasgemischen auch im großtechnischen Maßstab abzutrennen (PRISM-Abscheideanlage). Soll das Bauvolumen möglichst klein werden, so können nach den Entwicklungen bei Monsanto die Polysulfonfasern durch Hohlfasern aus Nickellegierungen ersetzt werden. Durch die geringen Kosten eines derartigen Monsanto-Trennrohres kann praktisch jedem Gasgemisch unter wirtschaftlich günstigen Bedingungen die für den Kraftfahrzeugeinsatz benötigte Wasserstoffmenge der Hausgasversorgung entnommen werden. Mit Hilfe der Monsanto-Technologie ist es also erst möglich, kleine Gastrennanlagen für Wasserstoff auch im Vergleich zur Flüssigkeitstechnologie (Erdgasverflüssigung) wirtschaftlich interessant zu machen.

Für die Abtrennung von 3,5 m^3 H_2/Tag aus einem Spaltgas (Erdgas) mit 30 Vol.-% Wasserstoff wird ein Trennrohr mit den Maßen 60 cm × 4 cm benötigt. Die nötigen hohen Temperaturen bei dieser Trennung (~ 800 °C) werden bei der

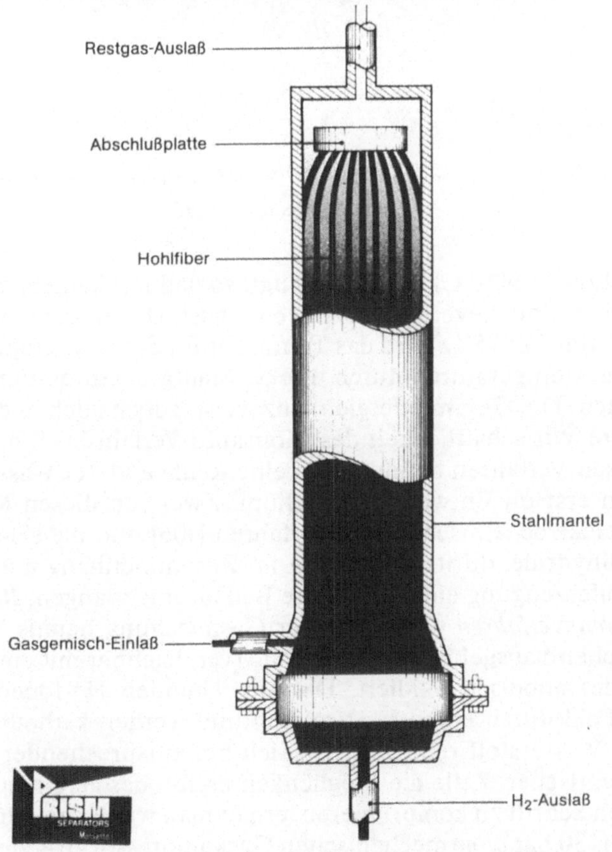

Abb. 84 a. Permeationszelle der Firma Monsanto
Photo: Monsanto, USA

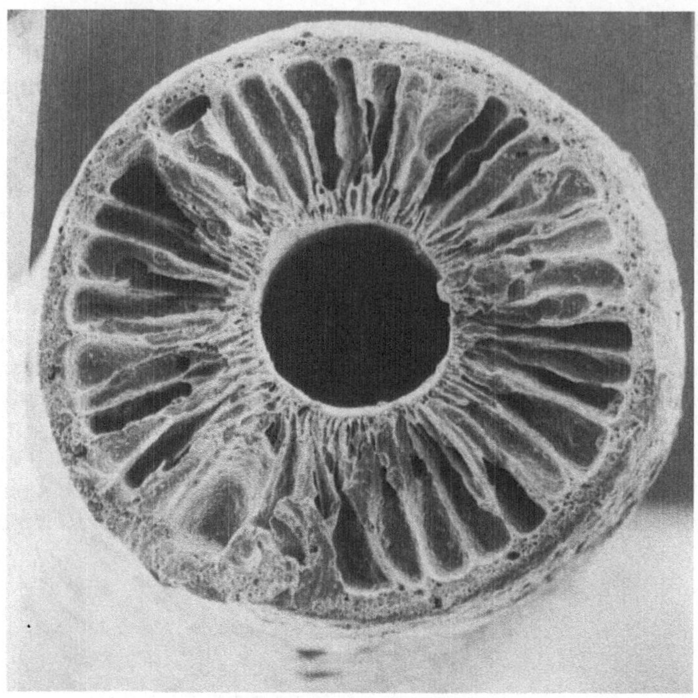

Abb. 84 b. Querschnitt einer Trennfaser (∅ = $^1/_{10}$ bis 1 mm)
Photo: Monsanto, USA

Methanoxidation (~ 900 °C) bereits erzeugt, so daß mit keinem oder nur geringem zusätzlichen Energieverbrauch zu rechnen ist. Der erzeugte Wasserstoff hat eine Reinheit von 99,995%. Wird das Trennrohr für Stadtgas eingesetzt, so müssen die Betriebstemperaturen durch direkte Stadtgasverbrennung erzeugt und erhalten werden. Die Gesamtenergiebilanz weist jedoch auch in diesem Fall auf eine besondere Wirtschaftlichkeit des Monsanto-Verfahrens hin.

Neben diesen Verfahren befindet sich eine Reihe anderer Wasserstoff-Trennmöglichkeiten erst im Entwicklungsstadium. Zwei von diesen Möglichkeiten, nämlich das elektrochemische Trennverfahren [106] und die selektiv absorbierenden Metallhydride, dürften vor allem im Zusammenhang mit Kleinanlagen zur Wasserstofferzeugung eine besondere Bedeutung erlangen. *Bei dem elektrochemischen Trennverfahren* wird aus einer Gasmischung heraus Wasserstoff an einer entsprechend ausgebildeten Elektrode (vergleichbar mit einer Brennstoffzellenelektrode) anodisch oxidiert. Die entstehenden H^+-Ionen wandern im elektrischen Feld durch einen Elektrolyten und werden kathodisch wieder zu molekularem Wasserstoff reduziert. Da sich bei entsprechender Konstruktion der elektrochemischen Zelle die Möglichkeit ergibt, das gereinigte Wasserstoffgas im gleichen Schritt zu komprimieren, erhält man wieder die Möglichkeit, alle Druckwerte bis 30 bar *ohne* mechanischen Gaskompressor zu erzielen und damit wie bei der Elektrolyse auch bei hohen Drücken ein Maximum an Sicherheit zu erhalten.

Die genauen Energiebilanzen (kWh_{el}/m^3 Wasserstoff) sind für technische Anlagen nicht bekannt, da dieses Verfahren noch nicht wesentlich über Laborexperimente hinaus entwickelt ist.

Bei der selektiven Absorption ist die Abtrennung des Wasserstoffs mit der Hydridbildung vereinigt, da die Legierungen selektiv Wasserstoff aus dem vorliegenden Gasgemisch extrahieren. Es sind allerdings zur Zeit noch sehr wenige für dieses Verfahren geeignete Legierungen bekannt. Dies gilt insbesondere für Gasgemische mit Komponenten, die stark adsorptiv an der Oberfläche gebunden werden können (z. B. CO, H_2O, O_2; siehe Kap. 2.6.2.2). Dies führt dann zu einer starken Verringerung der aktiven Oberfläche, die den Wasserstofftransport in das Metall ermöglicht. Das Verfahren der selektiven Wasserstoffabsorption durch Metallhydride wäre jedoch vom Aufwand und vom Energiebedarf her besonders vorteilhaft, da es die gewünschte Speicherung mit der gewünschten Trennung verbindet. Allerdings dürften Metallhydride nur für bestimmte Gasgemische, z. B. Erdgas/Wasserstoff, Stickstoff/Wasserstoff u. a., einsetzbar sein, so daß im Rahmen der Wasserstofferzeugung aus Gas in erster Linie die Diffusionstrennung (Fa. Monsanto) als Abtrennungs- und Reinigungsmethode zum Einsatz kommen wird, da so zur Zeit am ehesten eine für individuelle Zwecke wirtschaftliche Kleinanlage zur Wasserstoffbetankung von Fahrzeugspeichern (bzw. Zwischenspeichern) erstellt werden kann.

Es ist also technisch durchaus möglich, Wasserstoff als Kraftstoff für Kraftfahrzeuge und im Haushalt einzusetzen, ohne dafür eine eigene Infrastruktur errichten zu müssen.

Prototypanlagen der genannten Möglichkeiten zur Wasserstofferzeugung am Hausgashahn werden seit 1980 bei Daimler-Benz im Rahmen des vom BMFT geförderten Projekts „Alternative Energien für den Straßenverkehr", Teilgebiet Wasserstofftechnologie, erstellt und im praktischen Einsatz erprobt.

Die daraus gewonnenen Erkenntnisse lassen nicht nur eine Optimierung der Wärme/Wasserstoff-Kopplung des Gesamtsystems zu, sondern sie ermöglichen darüber hinaus eine genaue Angabe der Randbedingungen, unter denen die Verwendung von Wasserstoff als Benzinersatz auch unter wirtschaftlichen Gesichtspunkten sinnvoll wird.

Sollten daher in Zukunft nur noch Kohle und Kernenergie zur Verfügung stehen, so könnte Wasserstoff in allen Haushalten hergestellt werden und somit als Ergänzung zu den synthetischen flüssigen Kraftstoffen allgemeine Verwendung finden.

3.3 Wasserstoffantrieb für Kraftfahrzeuge

3.3.1 Verbrennungsmotoren mit Wasserstoff

Im Gegensatz zur Frage der mobilen Wasserstoffspeicherung, die erst seit etwa 1970 intensiver untersucht wird, sind wasserstoffgetriebene Motoren (Gasmotoren) schon seit über 100 Jahren bekannt. Aus der umfangreichen Literatur zum Thema Wasserstoffmotor sind vor allem in [107 bis 111] sowohl Einzelresultate als auch Überblicksdarstellungen enthalten, die dem heutigen Stand der Entwicklung entsprechen. Gegenwärtig beschäftigen sich in der Bundesrepublik Deutschland neben Daimler-Benz [112 bis 114] vor allem die Motoren-Insti-

Abb. 85. Cadillac Seville mit Benzin-Wasserstoff-Mischbetrieb und Hydridspeicher
Photo: Billings Energy Corporation, USA

Abb. 86. Fahrzeug mit Wasserstoffantrieb und Hydridspeicher im praktischen Einsatz bei der U.S.-Post
Photo: Billings Energy Corporation, USA

Abb. 87. Blick in den Motorraum des Postfahrzeugs mit H_2-Leitung. Gasmischer und Druckminderer (rechte Seite)
Photo: Billings Energy Corporation, USA

Abb. 88. Wasserstoff-Pkw mit Flüssigwasserstofftank
Photo: Musashi Institute of Technology, Japan

tute der Hochschulen in Aachen [115], Kaiserslautern [116] und Stuttgart [117] mit der Entwicklung von Verbrennungsmotoren für den Wasserstoffantrieb. International gesehen, wird dieses Thema bei Peugeot (Frankreich), Fiat (Italien), General Motors (USA) und zahlreichen Hochschulinstituten vor allem in USA und Japan untersucht (Abb. 85–89).

Abb. 89 a. Fahrzeug mit Wasserstoffantrieb und Hydridspeicher
Photo: Ergenics/MPD, Großbritannien

Abb. 89 b. Gabelstapler mit Wasserstoffmotor und Hydridspeicher
Photo: Ergenics/MPD, Großbritannien

Prinzipiell geht es heute in erster Linie darum, existierende Benzinmotoren auf den Betrieb mit Wasserstoff umzurüsten. Der Serien-Ottomotor kann dabei mit äußerer Gemischbildung, innerer Gemischbildung und im Zweistoffbetrieb eingesetzt werden.

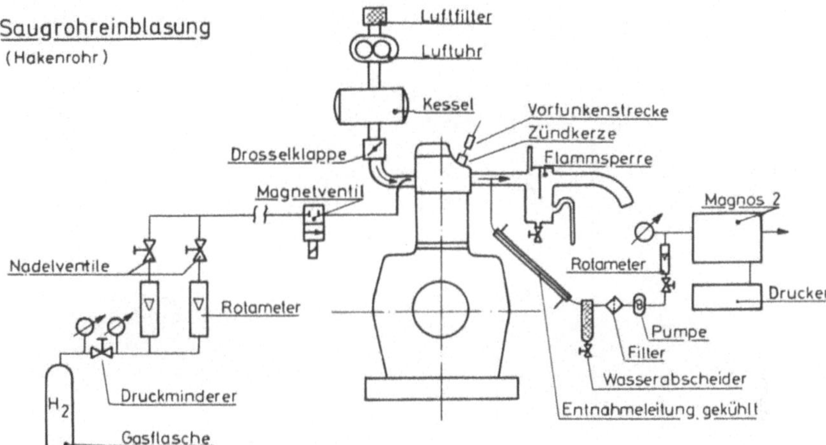

Abb. 90 a. Wasserstoffmotor mit äußerer Gemischbildung (Schema)

Abb. 90 b. Mercedes-Benz Wasserstoffmotor mit äußerer Gemischbildung

Im Falle der äußeren Gemischbildung [118] (Abb. 90 a, b) werden Wasserstoff und Luft in einem Gasmischer im geeigneten Verhältnis gemischt. Das Gasgemisch wird anschließend vom Motor zur Verbrennung angesaugt. Der benötigte Wasserstoffdruck liegt bei 1 bar, so daß sowohl Hoch- als auch Tieftempe-

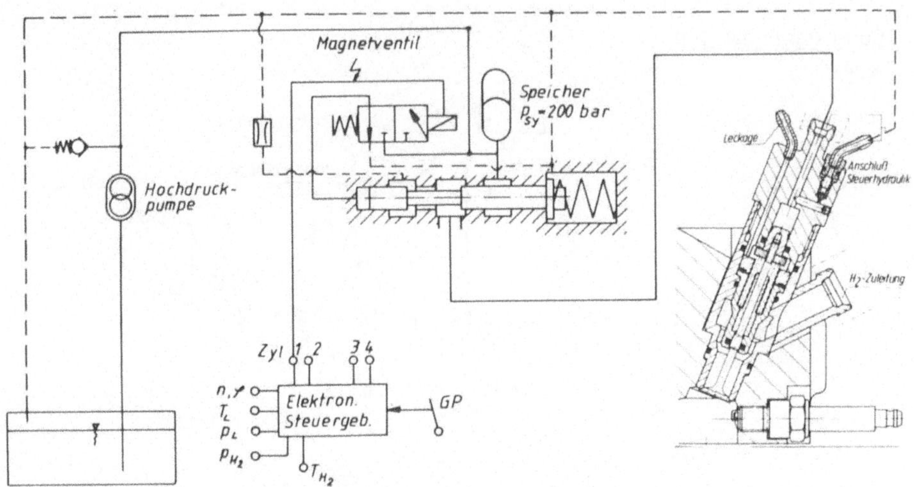

Abb. 91 a. Einzylinderaggregat mit innerer Gemischbildung (Schema)

Abb. 91 b. Wasserstoffmotor mit innerer Gemischbildung

raturspeicher optimal eingesetzt werden können. Nachteile des genannten motorischen Betriebs sind einmal Rück- und Fehlzündungen, die allerdings bei entsprechend abgemagerten Gemischen bzw. durch Abgasrückführung (Wasserdampf!) oder durch Wassereinspritzung in den Zylinder vermieden werden können, und die prinzipiell niedrige volumenbezogene Leistung des Motors.

Eine Erhöhung der motorischen Leistung kann über die innere Gemischbildung [119] (Abb. 91 a, b) erreicht werden. Hierbei wird nur Luft angesaugt und Wasserstoff in den Kompressionstakt eingeblasen. Die erforderlichen Wasserstoffdrücke liegen zwischen 2 und 50 bar, wobei die Leistung des Motors mit steigendem Wasserstoffdruck zunimmt und bei 50 bar sogar über den Werten konventioneller Benzinmotoren liegt. Definitionsgemäß sind bei der inneren Gemischbildung keine Rück- und Frühzündungen möglich. Neben der Konzeption eines geeigneten Einblaseventils für Wasserstoff bestimmt der gewählte Wasserstoffdruck auch die Auswahl der Hydridspeicher. Mit Drücken bis 5 bar können – wie auch bei der äußeren Gemischbildung – Hoch- und Tieftemperaturhydride eingesetzt werden. Zwischen 5 und 50 bar läßt sich der Wasserstoff nur noch aus Tieftemperaturhydriden entnehmen, allerdings ist unter diesen Druckbedingungen ein Kaltstart ($T < 0\,°C$) nicht mehr möglich. Für das Antriebssystem Motor–Hydridspeicher dürfte die innere Gemischbildung mit Drücken zwischen 2 und 5 bar einen brauchbaren Kompromiß zwischen Motorleistung und Hydridgewicht darstellen, da unter diesen Bedingungen immer noch Hoch- und Tieftemperaturspeicher mit maximaler Energiedichte eingesetzt werden können und die Motorleistung gegenüber der äußeren Gemischbildung erhöht wird.

3.3.2 Zweistoffbetrieb Wasserstoff-Benzin

Auch im Zweistoffbetrieb kann Wasserstoff entweder dem Benzin/Luft-Gemisch im Saugrohr zugegeben oder aber direkt in den Zylinder eingeblasen werden.

Da es prinzipiell möglich ist, Wasserstoff und Benzin in jedem Verhältnis im Motor zu mischen und zu verbrennen, wurde für die bei Daimler-Benz durchgeführten Demonstrationsversuche ein bis zu 60%iger Benzinersatz durch Wasserstoff gewählt. Diese Lösung sollte einmal den ersten Schritt von der Erdöl- zur Wasserstofftechnologie demonstrieren, andererseits durch die hohe Wasserstoffzugabe auch deutliche Verbesserungen der Abgasemissionswerte aufweisen. In Zusammenarbeit mit der Universität Kaiserslautern [120] wurde folgendes Konzept für einen Pkw mit 2,8-l-Einspritzmotor erstellt und erstmals im Jahre 1977 realisiert (Abb. 92): Der Motor wird im Leerlauf mit stark abgemagertem Wasserstoff/Luft-Gemisch betrieben, so daß z. B. an Kreuzungen keine Schadstoffe emittiert werden. In allen übrigen Lastbereichen erhält der Motor ein Benzin/Luft-Gemisch, das im unteren Lastbereich so abgemagert ist, daß es nur mit Hilfe des Wasserstoffs als Zündsubstanz gezündet werden kann. Daraus folgt, daß in bestimmten Betriebszuständen bis zu 60% weniger Benzin verbraucht wird und dadurch die Emissionswerte vor allem für CO und NO_x deutlich verringert werden. Für das beschriebene Betriebskonzept müssen für je 50 kg Benzin ca. 4 kg Wasserstoff zur Verfügung stehen. Diese Wasserstoffmenge kann in ca. 200 kg Tieftemperaturhydrid gespeichert werden.

Abb. 92. Mercedes-Benz 280 E mit Benzin/Wasserstoffmischbetrieb und Hydridspeicher

Hochtemperaturhydride können bei dieser Version des Zweistoffbetriebs nicht verwendet werden, da in den unteren Lastbereichen des Motors, in denen der Wasserstoff ausschließlich eingesetzt werden soll, das zur Hochtemperaturhydridzersetzung benötigte Temperaturniveau ($T \geqq 300\,°C$) des Abgases nur relativ selten überschritten wird und dadurch im allgemeinen zu wenig Wärme zur Wasserstoffabgabe aus Hochtemperaturhydriden zur Verfügung steht.

Der Zweistoffbetrieb Benzin-Wasserstoff kann, wie in Kap. 3.2.1 dargestellt, aber auch nur dazu dienen, durch den Zusatzkraftstoff Wasserstoff den Benzinverbrauch zu senken und damit die Verfügbarkeit flüssiger Kraftstoffe zu verlängern.

Um den Gesamtenergieverbrauch des Fahrzeugs möglichst klein zu halten, sollte in diesem Fall der benötigte Wasserstoff aus Gewichtsgründen nur in Hochtemperaturhydriden gespeichert werden. Ein 50 kg schwerer Magnesiumhydridtank enthält ungefähr das Energieäquivalent von 10 kg Benzin. Damit das System Motor–Hochtemperaturhydridspeicher im Mischbetrieb Benzin/Wasserstoff funktioniert, wird der Motor im Leerlauf und im unteren Lastbereich mit Benzin betrieben. Sobald die Abgaswärme der Benzinverbrennung den Hydridspeicher auf Temperaturen $T \geqq 300\,°C$ erwärmt hat, wird Wasserstoff freigesetzt. Man erhält also in den oberen Lastbereichen des Motors Bedingungen, die einen Wasserstoff/Benzin-Mischbetrieb in Zusammenhang mit einem Hochtemperaturhydridspeicher erlauben.

Für den Benzin/Wasserstoff-Mischbetrieb bietet sich der Einsatz eines Hochtemperaturspeichers besonders dann an, wenn Wasserstoff nur zur Streckung der Benzinvorräte eingesetzt werden und nicht auch noch gleichzeitig zu einer deutlichen Schadstoffreduktion des Verbrennungsmotors beitragen soll. Unter der Voraussetzung, daß ein Teil des während der Phase hoher Motorleistung benötigten Benzins durch Wasserstoff substituiert und dieser Wasserstoff in Magnesiumhydrid gespeichert wird, ergeben Berechnungen eine maximal substituierbare Benzinmenge von 14% EFZ (*E*uropa-*F*ahrzyklus), 22% CDC (*C*ity *D*riving *C*ycle) und 32% HDC (*H*ighway *D*riving *C*ycle). Diese Werte liegen im Rahmen des angenommenen Ersatzes von 20 bis 40% Benzin durch die individuelle Wasserstoffherstellung am „Hausgashahn" (Kap. 3.2.1).

Hydride auf Magnesium-Basis stellen für den Mischbetrieb daher den optimalen Fall bezüglich Speichergewicht, Speichervolumen, Speicherkosten, Betankungsdruck, Anlagenkosten, Anlagensicherheit, Quantität und Qualität der rückgewinnbaren (Ab-)Wärme dar.

Der genannte partielle Zweistoffbetrieb, der hinsichtlich des motorischen Konzepts prinzipiell möglich ist, weist im Vergleich zum reinen Benzinbetrieb, wie jeder andere Mischbetrieb auch, zusätzliche Aufwendungen für eine ausreichende Regelung des Motors auf. Diese Zusatzkosten dürften jedoch im wirtschaftlich vertretbaren Rahmen liegen.

Die Schadstoffemission wird im allgemeinen proportional zur Wasserstoffmenge im Gemisch verbessert, eine optimale Reduzierung der Emissionswerte kann mit dieser Version des Zweistoffbetriebs jedoch nicht erreicht werden.

3.3.3 Gasturbine

Wasserstoff kann in Gasturbinen bekanntlich problemlos verbrannt werden. In Zukunft wäre eine erforderliche Umstellung der Gasturbine von flüssigen Kraftstoffen auf Wasserstoff noch einfacher zu realisieren als im Falle des Ottomotors. Zu beachten ist allerdings, daß die Abwärme der Gasturbine im allgemeinen mit Temperaturen $T \leqq 300\,°C$ verknüpft ist, so daß die Wasserstoffspeicherung nur in Tieftemperaturhydriden erfolgen kann. Das System Gasturbine–Tieftemperaturhydride dürfte dem System Ottomotor–Tief-/Hochtemperaturhydrid (Kombinationsspeicher) bezüglich Gewicht und damit Kraftstoffverbrauch stets deutlich unterlegen sein.

3.3.4 Brennstoffzelle und Elektromotor

Als Alternative zur Verbrennungskraftmaschine ist der im Betrieb emissionsfreie Elektromotor in zahlreichen Fahrzeugen eingesetzt und getestet worden [121, 122, 123]. Die zum Betrieb des Elektromotors benötigte elektrische Energie (Strom) kann entweder in gespeicherter Form (Batterien) im Fahrzeug mitgeführt (siehe Kap. 3.5) oder aber direkt im Fahrzeug über eine Brennstoffzelle erzeugt werden. Bei einer Wasserstoff/Luft-Brennstoffzelle zur Stromerzeugung wird bekanntlich Wasserstoff mit Sauerstoff (aus der Luft) elektrochemisch zu Wasser umgesetzt (kalte Verbrennung, Umkehrung der Elektrolyse) [124]. Die dabei frei werdende Reaktionsenthalpie kann direkt in elektrische Energie umgewandelt und als solche verbraucht werden. Da Brennstoffzellen mit einem Wirkungsgrad von 50 bis 60%, Elektromotoren im Mittel mit einem Wirkungsgrad von 70 bis 80% und die Regeleinheiten des Elektroantriebs mit einem Wirkungsgrad von etwa 90% arbeiten, weist das Gesamtsystem Brennstoffzelle–Elektromotor einen Wirkungsgrad von 30 bis 40% auf und ist somit in der Energieausnutzung etwa doppelt so gut wie der Wasserstoffverbrennungsmotor ($\eta \sim 20\%$). Das bedeutet, daß im Falle des Elektroantriebs nur noch die Hälfte des Hydridspeichergewichts erforderlich wäre, um gleiche Reichweiten wie mit dem System Ottomotor–Hydridspeicher zu erreichen.

Die Einsparung am Hydridgewicht wird jedoch durch das Gewicht der Brennstoffzelle überkompensiert. Das Leistungsgewicht von Brennstoffzellen, die mit Luft betrieben werden, liegt nach Angaben der Firmen Siemens [125], United Technology [126] und General Motors [127] zwischen 20 und 30 kg/kW (einschließlich aller Zusatzgeräte). Um die Leistungsabgabe von 50 kW (vergleichbar mit der Leistung eines 2-l-Motors) aus der Brennstoffzelle zu ermöglichen, beträgt ihr Gewicht demnach 1 000 bis 1 500 kg. Damit ist das System Hydridspeicher–Brennstoffzelle–Elektromotor im Kraftfahrzeug immer wesentlich ungünstiger als das System Hydridspeicher – Verbrennungsmotor. Darüber hinaus ist die Brennstoffzelle bekanntlich nicht überlastbar, so daß sie sich generell für einen ständigen Lastwechsel mit häufigen Überlastungsspitzen (starkes Beschleunigen von Fahrzeugen) wenig eignet. Bei der stationären Anwendung (Stromerzeugung aus Wasserstoff), bei der es ausschließlich auf den

Abb. 93. Stationärer Hydridspeicher mit innerem Wärmetausch. Inhalt etwa 2 t $TiFe_{0,9}Mn_{0,1}$
Photo: Brookhaven National Laboratory, USA

Gesamtwirkungsgrad und nicht auf das Gewicht ankommt, kann das System Brennstoffzelle–Hydridspeicher jedoch sehr vorteilhaft eingesetzt werden (Kap. 5.2).

3.4 Hydridspeichertechnologie für Kraftfahrzeuge

Beim Bau von Hydridspeichern lassen sich die aus dem chemischen Apparatebau vorliegenden Erfahrungen natürlich auch im Zusammenhang mit der chemischen Reaktion des Wasserstoffs mit Metallen anwenden. Der erste stationäre Hydridtank mit einem Hydridgewicht von etwa 2 000 kg wurde von den Brookhaven National Labs. [128] entwickelt und gebaut. Wie man den Abb. 93 und 94 entnehmen kann, werden die benötigten Wärmemengen über ein im Hydridmaterial eingebettetes Wärmetauschsystem zu- bzw. abgeführt (innerer Wärme-

Abb. 94. Aufbau des inneren Wärmetauschsystems; unten: Hydridmaterial
Photo: Brookhaven National Laboratory, USA

Abb. 95. Hydridspeicher als Röhrenbündel. Der äußere Wärmetausch erfolgt über die Oberfläche des Röhrenbündels
Photo: Ergenics/MPD, Großbritannien

tausch). Die bei der Billings Corporation und bei MPD/Ergenics (Abb. 95) entwickelten Hydridspeicher für Fahrzeuge [129] bestehen aus Rohrbündeln, die im Inneren mit Hydrid gefüllt sind und über die äußere Oberfläche der Röhren mit Wärme versorgt werden (äußerer Wärmetausch). In beiden Fällen müssen die Wärmetauschflächen stets so ausgelegt sein, daß der erforderliche Wärmeumsatz gewährleistet wird. Aus den technischen Bedingungen, wie z. B. Energieinhalt des Tanks, maximale Wasserstoffabgaberate (Belastbarkeit des Speichers), Betankungsgeschwindigkeit, Einbaumöglichkeiten im Fahrzeug u. a., ergeben sich dann unterschiedliche Formen im Behälterbau.

Grundsätzlich wird man bei der Auslegung von Hydridspeichern davon ausgehen müssen, daß aus Gewichtsgründen nur ein Teil der heute in Form von Benzin und Diesel im Fahrzeug transportierten Energiemengen in den Hydridspeichern mitgeführt werden kann. Aufgrund der relativ geringen Energiedichten von 500 bis 1 000 Wh/kg müßten statt 50 kg Benzin 500 bis 1 000 kg Hydridspeicher eingebaut und transportiert werden. Da dies aus wirtschaftlichen (Kosten der Speicher) und energetischen (wesentliche Erhöhung des Kraftstoffverbrauchs) Gesichtspunkten nicht praktikabel ist, folgt, daß aus Kosten- und Energiegründen das Hydridspeichergewicht nicht mehr als 100 bis 200 kg betragen sollte. In derartigen Speichergewichten können dann je nach Hydridwahl Energiebeträge gespeichert werden, die 5 bis 20 kg Benzin (6,5 bis 25 l Benzin) entsprechen.

Die heute üblichen Reichweiten der Fahrzeuge mit einer Tankfüllung werden dadurch beträchtlich unterschritten. Besonders deutlich kommt hier zum Ausdruck, daß nur die Fahrzeuge, die heute schon einen niedrigen spezifischen Kraftstoffverbrauch aufweisen, auch besonders kostengünstig auf den Wasserstoffbetrieb umgerüstet werden können, da dann z. B. ein 100-kg-Speicher genügt (Inhalt energetisch mit 6 bis 8 l Benzin vergleichbar), um eine Fahrstrecke von ca. 150 km zu gewährleisten.

Der Wasserstoffantrieb mit Hydridspeicher wird daher vor allem für den Kurzstreckenverkehr mit maximalen Reichweiten von 150 bis 200 km geeignet sein und kann, dort eingesetzt, eine Streckung der Benzin- und Dieselvorräte ermöglichen, die stets für den Langstreckenverkehr benötigt werden.

Wird Wasserstoff mit Luft im Motor verbrannt, so kann die entstehende Wärme im Mittel nur zu 20% in mechanische Energie für den Fahrzeugantrieb genutzt werden. 80% der Reaktionswärme im Zylinder gehen daher ungenutzt über das Kühlwasser oder das Abgas an die Umgebung. Im Vergleich dazu werden beim Benzinmotor im Mittel 80 bis 85%, bei Dieselmotoren etwa 75% der zur Verfügung stehenden Energie in Abwärme verwandelt.

Bei der Versorgung des Antriebs mit Wasserstoff aus einem Hydridspeicher muß diesem nun kontinuierlich eine bestimmte Wärmemenge auf einem definierten Temperaturniveau zugeführt werden, da sonst keine Wasserstoffabgabe aus dem Speicher erfolgt. Die benötigte Wärme zur Hydridzersetzung wird prinzipiell dem Kühlwasser und/oder dem Abgas entnommen, wobei Tieftemperaturhydride von beiden Wärmequellen, Hochtemperaturhydride nur aus dem Abgas versorgt werden können. Daraus ergeben sich folgende Varianten des Speicherbaus (Abb. 96):

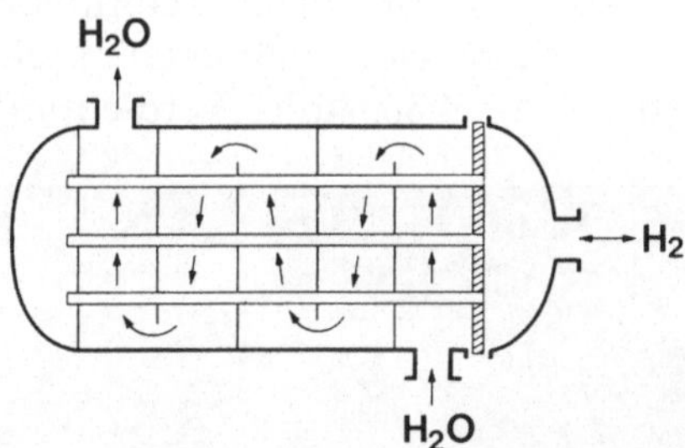

Abb. 96. Schema des Hydridtanks mit äußerem Wärmetausch. Anstelle von Wasser kann Abgas verwendet werden

- Tieftemperaturhydride
  - Wärmeversorgung durch Kühlwasser mittels Flüssigkeitswärmetauscher
  - Wärmeversorgung durch Abgas direkt über Gaswärmetauscher
  - Wärmeversorgung durch Abgas indirekt über Öl als Wärmeträger mittels Flüssigkeitswärmetauscher
- Hochtemperaturhydride
  - Wärmeversorgung durch Abgas direkt über Gaswärmetauscher
  - Wärmeversorgung durch Abgas indirekt über hochtemperaturbeständige Öle ($T \leqq 300$ °C) mittels Flüssigkeitswärmetauscher

Die Entscheidung, welche Variante der Wärmezufuhr zu den Hydriden gewählt wird, ist letztlich eine Frage des zulässigen Bauvolumens im Fahrzeug, der Sicherheitsanforderungen und der Herstellungskosten und Gewichte der Behälter.

Die technisch einfachste Lösung für die mobile und stationäre Anwendung von Hydriden besteht darin, leere Druckgasbehälter mit Hydridgranulat zu füllen und die Behälter in ein beheizbares Wasserbad zu setzen. Da in eine 10-l-Gasflasche (Leergewicht < 15 kg) etwa 40 bis 45 kg Hydrid eingefüllt werden können, liegt das Gesamtgewicht des Systems unter dem Gewicht der 50-l-, 200-bar-Druckgasflaschen, wobei die gleiche Menge Wasserstoff gespeichert wird.

Aus Gründen der Sicherheit und des Bauvolumens wird also schon diese sehr einfache Ausführung eines Hydridbehälters den Druckgasflaschen für die Anwendung im Haushalt und im Fahrzeug überlegen sein.

3.4.1 Hydridspeichertechnologie bei Daimler-Benz

Daimler-Benz führt als erster Fahrzeughersteller der Welt seit 1973 Versuche mit Transportern mit Wasserstoffantrieb und Hydridspeicherung durch. Die bis 1981 gebauten Mercedes-Benz Hydrid-Versuchsfahrzeuge (Abb. 97, 98, 99) dienten in erster Linie dazu, das Zusammenwirken zwischen Motor und Hydridspeicherung zu untersuchen. Es wurde daher kein neuer Motor entwickelt, sondern ein konventioneller Vierzylinder-Serienmotor mit einem Hubraum von 2,3 Litern ohne größere Änderungen und ohne Optimierung der Verbrauchs-und Abgaswerte auf Wasserstoffbetrieb mit äußerer Gemischbildung umgestellt (Leistung $P = 50$ kW, Drehzahl $n = 4\,800$/min, Verdichtungsverhältnis $\varepsilon = 9$, Was-

Abb. 97. Mercedes-Benz Transporter mit Wasserstoffmotor und Hydridspeicher

Abb. 98. Mercedes-Benz Transporter mit Wasserstoffmotor und Hydridspeicher

Abb. 99. Mercedes-Benz City-Bus mit Wasserstoffmotor und Hydridspeicher

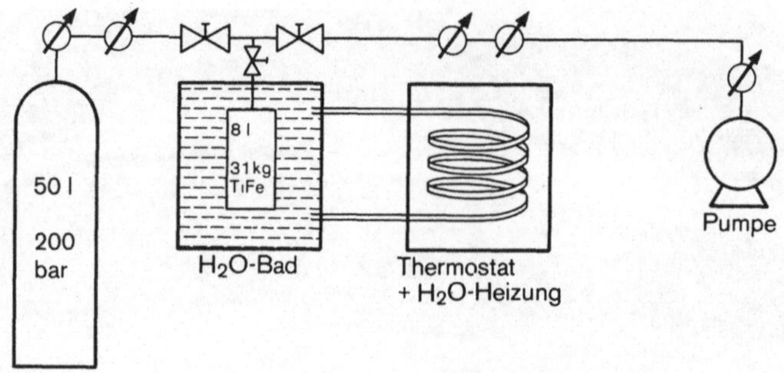

Abb. 100. Schema der Labortestanlage für Hydridspeicher

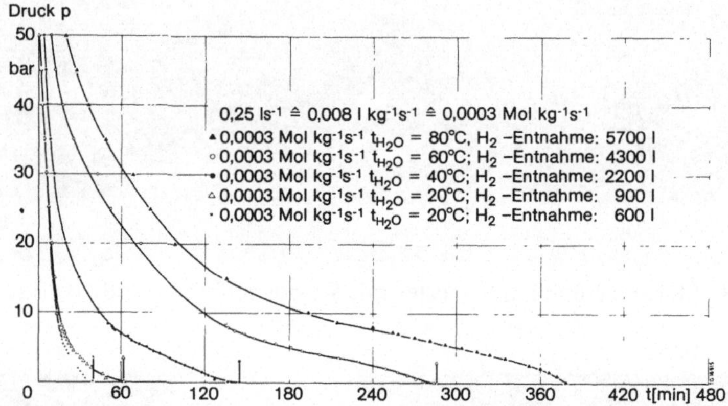

Abb. 101. Belastungsergebnisse des TiFe-Hydrids an der Pumpe. Entnahmerate: 0,25 l H_2 s^{-1} (entspricht Leerlaufbelastung bei 50 kW Motor und 200 bis 300 kg Hydridspeicher)

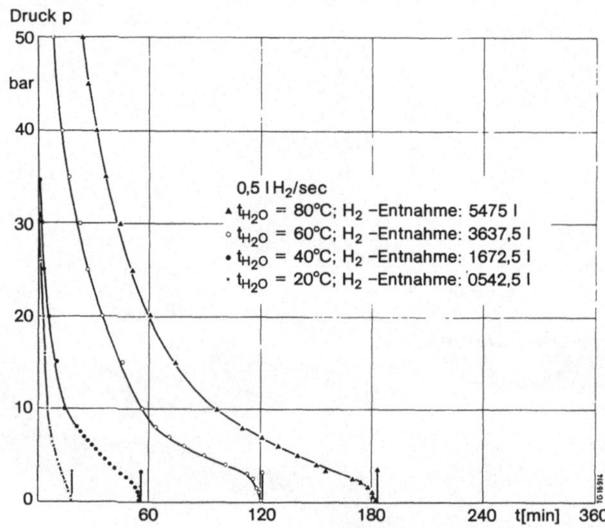

Abb. 102. Belastungsergebnisse des TiFe-Hydrids an der Pumpe. Entnahmerate: 0,5 l H_2 s^{-1}

sereinspritzung). Als Speichermaterial wurde in den ersten Speichern das von den Brookhaven National Labs. entwickelte TiFe-Hydrid verwendet, da es sich hier um ein Niedertemperaturhydrid mit geringem Energiebedarf für die Wasserstofffreisetzung handelt. Gegenwärtig werden bei Daimler-Benz TiZrCrMn-, Mg_2Ni-und Mg/Mg_2Ni-Hydride als Fahrzeugspeicher getestet.

Die wichtigste Kenngröße des Speichermaterials für den Fahrzeugantrieb, nämlich die Belastbarkeit in Abhängigkeit von Speicherdruck und -temperatur,

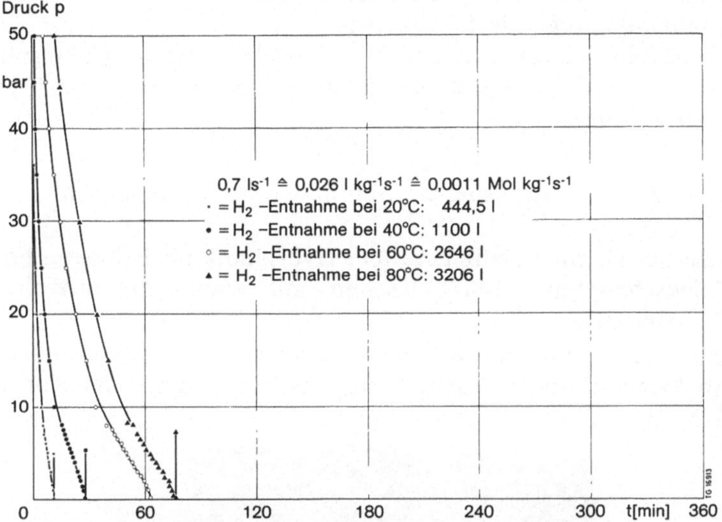

Abb. 103. Belastungsergebnisse des TiFe-Hydrids an der Pumpe. Entnahmerate: $0{,}7\,l\,H_2\,s^{-1}$

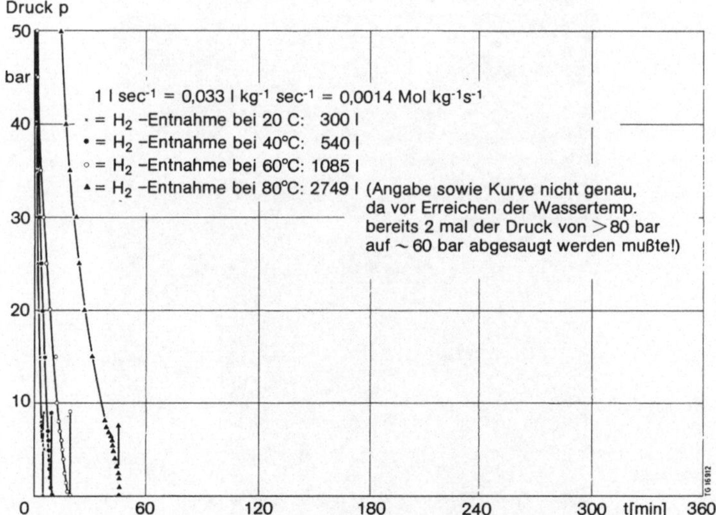

Abb. 104. Belastungsergebnisse des TiFe-Hydrids an der Pumpe. Entnahmerate: $1\,l\,H_2\,s^{-1}$ (entspricht einer Speicherbelastung im mittleren und oberen Lastbereich eines 50 kW-Motors bei 200 bis 300 kg Hydridspeicher)

kann außerhalb des Fahrzeugs im Labor dadurch erfaßt werden, daß der Verbrennungsmotor durch eine Vakuumpumpe ersetzt wird und die variable Saugleistung der Pumpe Voll- bzw. Teillastbereiche simuliert (Abb. 100). Die im Fahrzeug aus dem Kühlwasser oder Abgas entnehmbare Wärmemenge zur Freisetzung des Wasserstoffs aus der Legierung wird in diesem Versuchsaufbau mittels Thermostat und Wasserbeheizung geliefert. Als Hydridspeicher genügt dann ein 1-l-Druckgefäß und daher ein relativ geringer Aufwand an Material und Zeit. Druck und Temperatur im Speicher bzw. Wasserbad werden zeit- und belastungsabhängig registriert (Abb. 101–104).

Diese Belastungskurven, z. B. am TiFe-Hydrid gemessen, zeigen deutlich, daß es möglich ist, einen Motor problemlos mit Wasserstoff aus einem Tieftemperaturhydrid zu versorgen.

3.4.1.1 Hydridspeicher mit äußerem Wärmetausch

Der erste bei Daimler-Benz getestete Hydridtank im Fahrzeug bestand aus 16 parallelgeschalteten 8-l-Stahlflaschen mit einem Gesamtvolumen von 128 Litern (Abb. 105).

Die TiFe-Legierung wurde bei Heraeus/Hanau aus Ti-Schwamm (commercial grade) und Armco-Eisen im Vakuum erschmolzen und auf eine Korngröße von

Abb. 105. Zusammenbau des 1. Daimler-Benz Hydridspeichers (aus 16 8-l-Stahlflaschen)

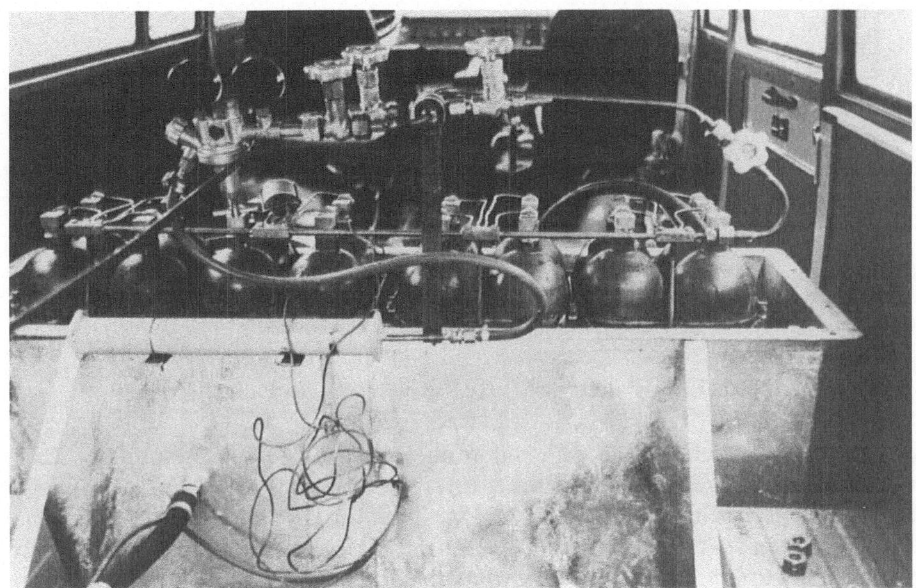

Abb. 106. Speicher im Wasserbad während der Endmontage im Fahrzeug

< 200 μm zerkleinert. Die 16 Flaschen enthielten insgesamt 493 kg Hydridpulver. Dies entspricht einer Schüttdichte von 3,85 kg/dm^3, so daß bei einem spezifischen Gewicht des TiFe von 5,6 kg/dm^3 ein Füllgrad von ca. 70% erreicht werden konnte.

Der Speicher wurde in einem Kleintransporter so eingebaut (Abb. 106), daß die 16 Flaschen über eine 180-l-Wasserfüllung direkt vom Kühlwasserkreislauf des Motors erwärmt wurden.

Der Speicher konnte nach dem Aktivieren etwa 90 m^3 Wasserstoff aufnehmen. Unter Berücksichtigung des Totvolumens entspricht dies einer Einlagerung von 1,80 Gew.-% Wasserstoff in der Legierung. Eine vollständige Hydrierung war nur in etwa 12 Stunden durchführbar, da die Reaktionswärme nur langsam über die Wassermenge im Blechbehälter an die Umgebung abgegeben werden konnte.

Zur Bestimmung des Verhaltens des Speichers bei wechselnder Belastung wurde folgender Fahrzylus für das ca. 2 t (Leergewicht) schwere Fahrzeug gewählt:

20 s Beschleunigung bis 50 km/h
30 s Fahrt bei 50 km/h
20 s Auslaufen und Abbremsen bis zum Stillstand des Fahrzeugs
30 s Leerlauf

Bei dieser Testfahrt konnten 242 Zyklen und damit eine Reichweite von 187 km erzielt werden, die in 7½ Stunden zusammenhängend zurückgelegt wurde (Abb. 107).

Für den Fahrzeugeinsatz hat dieser sehr einfache Hydridspeicherbau den Nachteil, daß das Behälter- und Wassergewicht etwa gleich dem Hydridgewicht

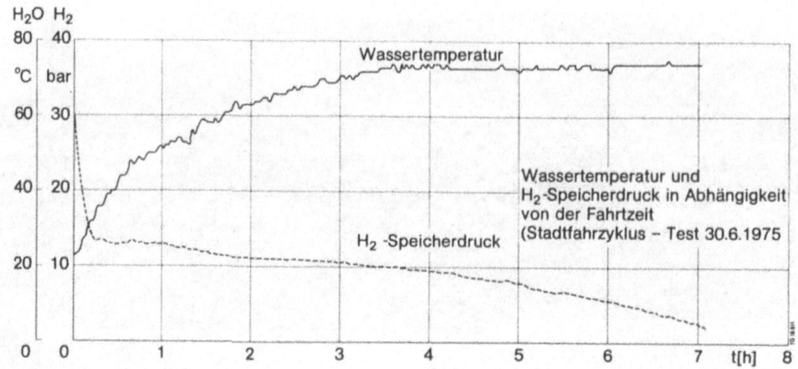

Abb. 107. Verhalten des 1. Hydridspeichers im Fahrzeug

ist, das Gesamtgewicht des Speichers demnach etwa 900 kg beträgt und der Tank somit eine relativ geringe spezifische Energiedichte von 330 Wh/kg aufweist (Faktor 30 gegenüber Benzintank). Darüber hinaus sind nur langfristige Beladungszeiten ($t \geqq 10$ Stunden) möglich. Es soll jedoch an dieser Stelle darauf hingewiesen werden, daß ein Elektrotransporter mit einer eine Tonne schweren Bleibatterie unter vergleichbaren Fahrbedingungen maximale Reichweiten von 40 km erzielt (siehe besonders Kap. 3.5). Damit ist schon die einfachste Bauweise des Systems Hydridspeicher–Verbrennungsmotor dem Elektroantrieb um den Faktor 5 überlegen.

Aufgrund der ersten, zufriedenstellenden Testergebnisse des Speichers mit äußerem Wärmetausch und über das Langzeitverhalten des Speichermaterials wurde bei Daimler-Benz ein weiterer Hydridtank für Reichweiten um ca. 100 km mit platzsparenden Abmessungen entwickelt. Der Wärmetausch sollte dabei mittels Kühlwassers im Inneren des Behälters erfolgen. Die technische Auslegung dieses Prototyps eines Hydridspeichers mit innerem Wärmetausch wird in Kap. 3.6.1 beschrieben (Abb. 108 a).

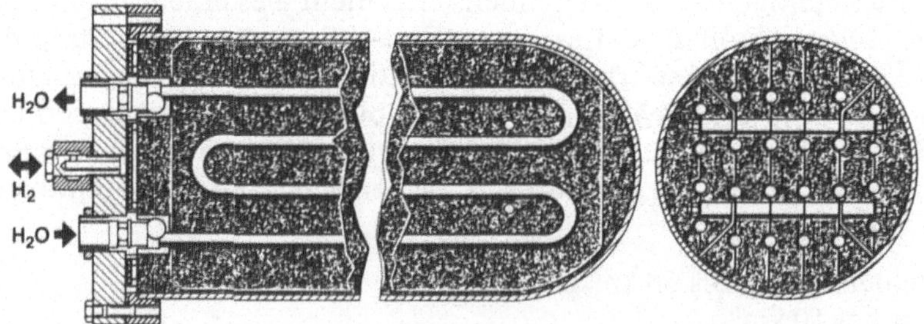

Abb. 108 a. Schema des Hydridspeichers mit innerem Wärmetausch

3.4.1.2 Hydridspeicher mit innerem Wärmetausch

Der Titan-Eisen-Hydrid-Speicher mit innerem Wärmetauscher (Tabelle 13) (Abb. 108 b) wurde im Fahrzeug hinter dem Vordersitz unter einer Bank untergebracht, mittels Kühl- und Steuerkreis mit dem Motor verbunden und im Jahre 1975 im praktischen Fahreinsatz getestet. Da im Dauertest Reichweiten

Abb. 108 b. Einbau des Hydridspeichers mit innerem Wärmetausch im Fahrzeug (unter einer Sitzbank)

um 100 km (Durchschnittsgeschwindigkeit 50 km/h, Spitzengeschwindigkeit 105 km/h) erzielt werden konnten, lieferte auch dieses Hydridfahrzeug wesentlich bessere Resultate als die bisher für den innerstädtischen Verkehr in Betracht gezogenen Elektrofahrzeuge.

Tabelle 13. *Daten des 200-kg-TiFe-Speichers*

Material:	$TiFeH_2$
Energiedichte:	ca. 600 Wh/kg
Gewicht:	ca. 200 kg
Volumen (gesamt):	73 l
Behältergewicht:	ca. 130 kg
Energiedichte des Gesamtsystems:	370 Wh/kg
Hydrierdruck:	maximal 50 bar
Hydrierdauer:	maximal 10 h

Bei jedem Test wurde der zeitliche Verlauf des Wasserstoffdrucks im Speicher, die Drehzahl und der Abfall der Kühlwassertemperatur im Wärmetauscher registriert. Ein typisches Beispiel dafür ist die Aufzeichnung der Testfahrt 5 (Abb. 109).

Aus den Meßdiagrammen dieser Versuchsfahrten ist prinzipiell folgendes Verhalten zu erkennen: Die Speichertemperatur sinkt je nach Fahrweise, bis das vom Motor erwärmte Wasser das Granulat aufwärmt. Die Wassertemperatur sinkt um maximal 12 °C von 20 °C auf etwa 8 °C und steigt danach in etwa 30 Minuten auf 60 °C und in etwa einer Stunde auf 70 °C, wobei als Endtempera-

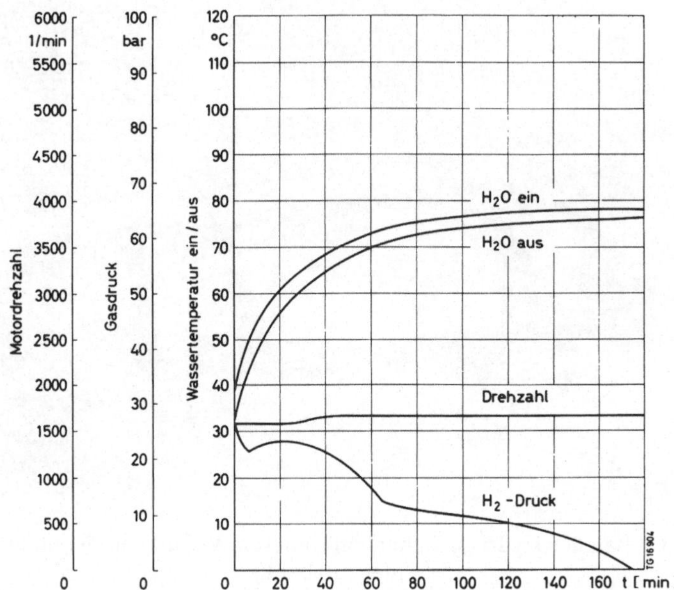

Abb. 109. Meßergebnisse einer typischen Testfahrt für den Speicher 108 a und b

tur stets etwa 80 °C erreicht werden. Die Temperaturdifferenz zwischen Wasserein- und Wasseraustritt beträgt rund 10 °C. Das zweite Plateau (entsprechend TiFeH) ist je nach Fahrweise mehr oder weniger geneigt und liegt bei ca. 10 bar. Im Bereich des zweiten Plateaus konnte immer eine größere Fahrstrecke zurückgelegt werden als im ersten. Dieses Verhalten ist nicht nur auf den günstigeren Verbrauch des inzwischen auf über 60 °C erwärmten Motors, sondern auch durch die verschiedenen Plateaulängen der TiFe-Hydride zurückzuführen. Im verwendeten Speichersystem reicht die in allen Drehzahlbereichen anfallende Motorwärme des Kühlwassers aus, um die zur Freisetzung des Wasserstoffs aus dem Granulat benötigte Wärmemenge zu liefern.

Die beiden wichtigsten Aussagen all dieser Fahrzeugtests sind, daß

- der Wasserstoffdruck über dem Hydrid bei mehr als 90% aller Fahrzeiten über 5 bar liegt und daß
- die Temperatur des Hydridtanks am Ende jeder Versuchsfahrt ca. 80 °C erreicht.

Soll nun der Speicher beladen und gleichzeitig die anfallende Reaktionswärme (gespeicherte Motorabwärme) für Heizzwecke verwendet werden, so befindet sich der heiße, leere Speicher in einer idealen Ausgangsposition für die Wärme-Wasserstoff-Kopplung. Wird nämlich kaltes Wasser (an der Haustankstelle) durch den Speicher geleitet, so wird es bis zu Temperaturen um 50 bis 60 °C erwärmt und kühlt dabei den Speicher ab (Temperaturen des Speichers zwischen 70 und 75 °C). In diesem Temperaturbereich wird Wasserstoff unter 50 bar Druck aufgenommen und die Reaktionsenthalpie an das kalte Wasser abgegeben, so daß dieses stets mit 50 bis 60 °C den Hydridspeicher verläßt. Nach z. B. 10 Stunden (abhängig von den Durchflußbedingungen des Kühlmittels und des Wasserstoffdrucks) kann neben einer kontinuierlichen Abgabe von Heißwasser auch der Speicher wieder vollständig gefüllt werden. Im Falle des 200-kg-Tanks mit gespeicherten 3,6 kg (1 800 mol) Wasserstoff fällt bei der Beladung eine Reaktionsenthalpie von 30 kJ/mol Wasserstoff und damit eine Gesamtwärmemenge von 54 MJ an. Die 10stündige Beladung des Hydridtanks stellt damit eine Wärmequelle mit einer Heizleistung von ~ 1,5 kW dar.

Soll jedoch der Speicher kurzfristig (10 min) nachgetankt werden, so muß der Tank vor der Beladung mittels Kühlwasser mit z. B. 1 l/s auf Umgebungstemperatur abgekühlt werden. Danach erst werden innerhalb der ersten 10 min bis zu 75% der gesamten Wasserstoffspeicherkapazität absorbiert. Der maximale Temperaturunterschied im Wärmetauscher beträgt jetzt 20 °C. Das Aufladen des Hydridtanks bis zur vollen Wasserstoffspeicherkapazität geschieht unter diesen Bedingungen innerhalb von 45 min. Die relativ lange Beladungszeit für die restlichen 25% ist bei der vorliegenden Geometrie des Speichers offensichtlich auf einen Wärmestau im Hydridgranulat zurückzuführen.

Die angestrebten kurzen Tankzeiten können entweder durch Erhöhung der Wärmeleitfähigkeit des Hydrids oder durch eine Verringerung der Bildungsenthalpien (Lavesphasenhydride) erreicht werden. Natürlich muß auch der externe Kühlmittelkreislauf mit erhöhter Durchflußgeschwindigkeit und eventuell niedrigerer Temperatur des Kühlmittels eingesetzt werden. Die gewünschten kurzen Auftankzeiten von 5 bis 10 min können vor allem auch durch Unterbrechung der Wärmezuführung in den Tank kurz vor dem Auftanken erreicht werden, d. h. während das Fahrzeug noch in Betrieb ist. In diesem Fall kühlt der vom Motor angesaugte Wasserstoff das Speichermaterial auf eine Temperatur von − 20 °C ab, der Wasserstoffdruck liegt dabei immer noch über 1 bar, so daß der Betrieb des Motors gesichert ist.

Natürlich besteht dabei jederzeit die Möglichkeit, dem Speicher neue Wärme

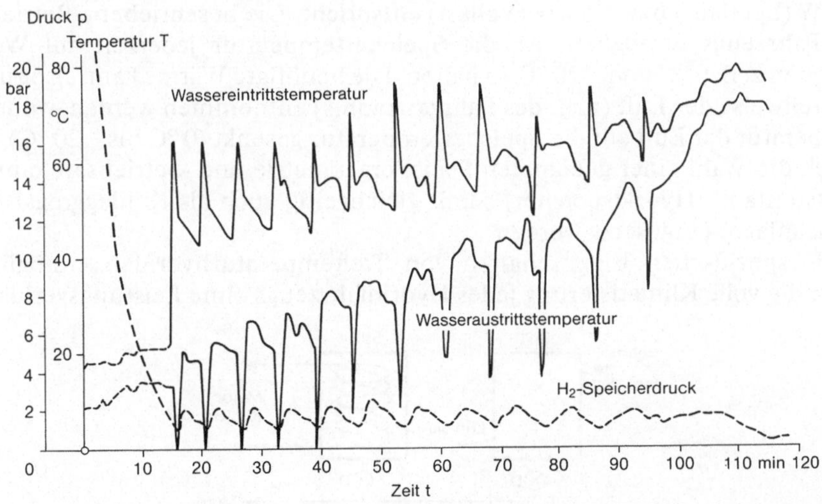

Abb. 110. Druckverlauf im Hydridtank bei geregelter Wärmezufuhr aus dem Kühlwasser

zuzuführen, damit bei Bedarf unverzüglich zusätzlicher Wasserstoff zum Antrieb des Fahrzeuges freigegeben werden kann.

Die günstigste Art des Betriebs des Fahrzeugspeichers besteht somit darin, die Wärmezufuhr während der gesamten Betriebszeit des Fahrzeugs zu steuern und die Tanktemperaturen immer zwischen −20 °C und +20 °C zu halten, so daß es jederzeit fahr- und auftankbereit ist. Die niedrige Speichertemperatur vor dem Aufladen in Verbindung mit einer geringfügig reduzierten Bindungsenthalpie ermöglicht ein volles Aufladen des Tanks innerhalb weniger Minuten mit Drücken ≦30 bar (Abb. 110).

Der Betrieb mit gepulster Wärmezufuhr bietet folgende Vorteile:

- Die Betriebstemperatur des Speichers wird immer zwischen −20 °C und maximal +20 °C gehalten (keine Wärmeisolation erforderlich).
- Der Betriebsdruck des Tanks liegt bei 1 bis 2 bar (dadurch ist bei diesem Tank absolute Sicherheit gegeben).
- Kurze Auftankzeiten, da das Granulat kalt ist.
- Besserer Betrieb des Motors, da durch das kühlere Kraftstoff-Luft-Gemisch ein höherer Liefergrad erreicht wird.

Außerdem läßt sich der kalte Speicher mit entsprechenden konstruktiven Maßnahmen – Aufbau des Hydridspeichers aus Rohrbündeln (äußerer Wärmeaustausch) – auch als Klimaanlage (zur Kühlung des Fahrgastraums) verwenden.

3.4.1.3 Hydridspeicher als Klimaanlage

Ein im Fahrzeug eingebauter 50-kW-Motor verbraucht bei Vollast ca. ½ mol (1 g) H_2/s und ca. 1/20 mol (0,1 g) H_2/s im Leerlauf. Die mittlere Bindungsenergie des Wasserstoffs in TiFe-Hydriden beträgt 30 kJ/mol Wasserstoff, so daß die für die Abgabe der erforderlichen Wasserstoffmenge aus der Umgebung (Kühlwasser, Abgas, Luft) entnommene Wärmemenge einer Kühlleistung des Hydrids von 1,5 kW (Leerlauf) bzw. 15 kW (Vollast) entspricht. Die beschriebene Betriebsart des Fahrzeugs ermöglicht es, die Speichertemperatur jederzeit auf Werten zwischen z. B. 0 °C und −20 °C zu halten. Die benötigte Wärme kann also zumindest teilweise der Luft (z. B. des Fahrgastraums) entnommen werden, wobei die Temperatur der Luft auf die Speichertemperatur gesenkt (0 °C bis −20 °C) wird. Durch die Wahl einer geeigneten Speichergeometrie und -betriebsart kann der Kraftstofftank (Hydridspeicher) somit gleichzeitig auch als Kühlaggregat (z. B. Klimaanlage) eingesetzt werden.

Die spezifischen Eigenschaften von Tieftemperaturhydriden ermöglichen daher die volle Klimatisierung jedes Hydridfahrzeugs ohne Leistungsverlust des

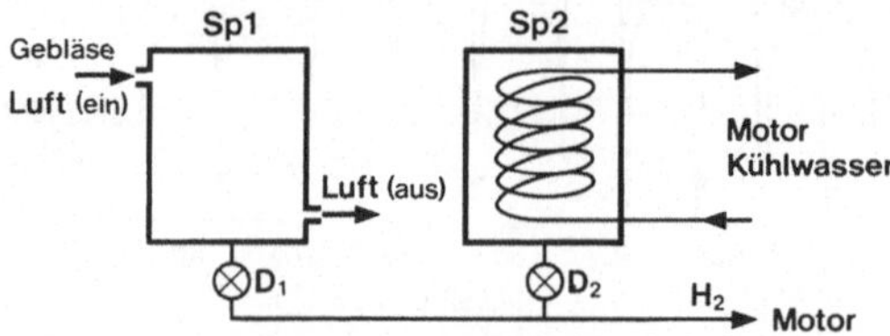

Abb. 111. Schema der Hydridklimaanlage

Motors und ohne das bei konventionellen Klimaanlagen gegebene zusätzliche Gewicht. Der weltweit gesehen erste Prototyp einer Hydridklimaanlage (Abb. 111) wurde von Daimler-Benz im Juli 1976 in ein Hydridfahrzeug eingebaut und geprüft. Der Motor bezieht Wasserstoff aus dem „Klimatisierungs"-Hydridspeicher (Sp 1), der die erforderliche Wärme der Luft entnimmt, bis aufgrund der ungenügenden Wärmezufuhr der Wasserstoffdruck im Tank auf ca. 1 bar absinkt und die Temperaturen je nach Tankfüllung zwischen −20 °C und 0 °C liegen. Die Wasserstoffentnahme aus dem Klimatisierungs-Speichertank wird nun durch die Druckschalter (D_1, D_2) unterbrochen, während gleichzeitig der zweite Hydridtank (Sp 2), der nur durch das Kühlwasser aufgeheizt wird, mit dem Motor verbunden wird. Dadurch ist eine kontinuierliche Wasserstoffzufuhr gewährleistet. Um keine Unterbrechung in der Kühlung des Fahrgastraums eintreten zu lassen, wird dem kalten Tank (Sp 1) weiterhin Luft zugeführt, so daß dieser sich allmählich erwärmt. Sobald der Wasserstoffdruck im Klimatisierungsspeicher (Sp 1) einen Wert von ca. 2 bar erreicht hat, wird die Wasserstoffzufuhr wieder von Sp 2 auf Sp 1 umgestellt. Auf diese Weise wird eine konstante Kühlung des Fahrgastraumes und volle Ausnutzung des Wasserstoffs für den Antrieb des Fahrzeuges erreicht.

Die Kühlung des Fahrgastraums über einen Tieftemperaturhydridspeicher ist *auch dann noch möglich,* wenn der Motor abgeschaltet ist. Die Luft kann in diesem Falle über den TiFe-Hydridtank geblasen werden, dessen Temperatur unter 0 °C liegt. An dieser kalten Oberfläche kühlt sich die Luft ab und erwärmt dabei langsam den Tank. Es sei hier darauf hingewiesen, daß eine – allerdings zeitlich begrenzte – Klimatisierung *ohne* Motorbetrieb *nur* mit Hilfe von Wasserstoffspeicherung in Hydriden möglich ist.

Natürlich kann dem Klimatisierungs-Hydridspeicher auch ohne Kühlung des Fahrgastraums Wasserstoff entnommen werden.

Die für die Wasserstoffabgabe erforderliche Wärmemenge wird dem Tank dann in üblicher Weise durch das Kühlwasser bzw. Abgas direkt bzw. indirekt über die Luft als Zwischenträger zugeführt.

Zur Darstellung der Klimatisierbarkeit des Fahrgastraums mittels eines TiFe-Speichers wurde ein mit 93,5 kg 200 µm-TiFe-Pulver gefüllter 25-Röhren-Speicher im hinteren Teil des Fahrzeuges zwischen den beiden Radkästen eingebaut (Abb. 112 a, b). Die Röhren aus X 10 CrNiTi 189 sind ca. 95 cm lang und weisen einen Durchmesser von 50 mm sowie eine Wandstärke von 1 mm auf.

Eine Verbesserung des Klimatisierungseffektes wird dadurch erreicht, daß der Luftwärmetausch über Wasser als Wärmetauschmedium erfolgt. Der Aufbau eines derartig konzipierten TiFe-Klimaspeichers im City-Bus (Abb. 113) wurde wie folgt durchgeführt: Bedingt durch die gute Wärmeübertragung des Wassers kann auf einen größeren Abstand zwischen den Röhren verzichtet werden. Insgesamt sind 5 Lagen à 5 Röhren direkt übereinandergelegt. Das Gewicht der TiFe-Legierung beträgt 91 kg und mit Ummantelung und Sammelrohr wiegt der Speicher 144 kg mit den äußeren geometrischen Abmessungen 230 × 230 × 1 225 mm.

Wird der Speicher kontinuierlich über einen Zeitraum von 2 Stunden entladen, was einer üblichen Fahrzeit des Busses entspricht, so beträgt die notwendige Heizleistung zur Freisetzung des Wasserstoffs 3,4 kW. Falls die für diese

Leistung notwendige Wärme über einen Wärmetauscher der Fahrzeuginnenraumluft entnommen wird, stellt das System ein Kühlaggregat mit der entsprechenden Kühlleistung dar. Damit diese Kühlleistung tatsächlich am Wärmetauscher im Fahrzeuginnenraum vorliegt, werden die Leistung der Wasserpumpe und die Dimensionierung des Wärmetauschers entsprechend ausgelegt.

Ist die Kühlung der Fahrgastzelle nicht erforderlich, so wird die zur Freisetzung des Wasserstoffs notwendige Wärme wieder dem Motorkühlwasser entnommen. In diesem Betriebszustand erfolgt die Wärmezufuhr intermittie-

Abb. 112. TiFe-Hydridspeicher zur Klimatisierung des Fahrgastraums: a) Zusammenbau des Speichers; b) Einbau des Speichers mit Gebläse

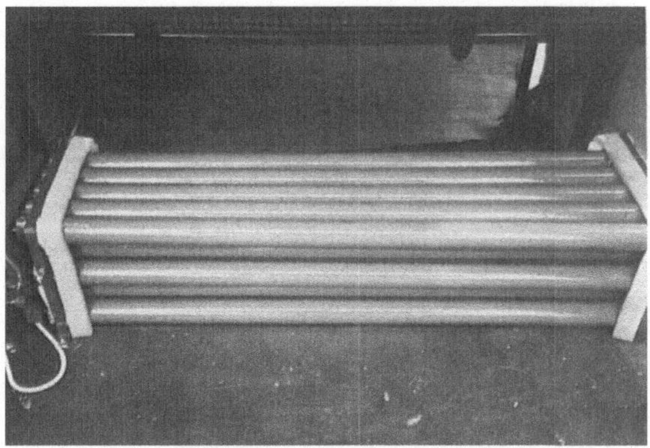

Abb. 113. TiFe-Klimaspeicher für den Mercedes-Benz City-Bus

rend, also nur dann, wenn der Wasserstoffdruck im Speicher unter 2 bar absinkt. Bei Überschreiten eines Drucks von 2,5 bar schaltet der Kreislauf automatisch ab. Auf diese Weise ist gewährleistet, daß die Speichertemperatur immer so niedrig wie möglich gehalten wird.

3.4.1.4 Hochtemperaturhydridspeichersysteme in Kraftfahrzeugen (Kombinationsspeicher)

Der einzige, jedoch schwerwiegende Nachteil bei der Anwendung von Niedertemperaturhydriden im Fahrzeug ist ihre relativ geringe Energiedichte. Eine Erhöhung der Wasserstoffspeicherdichte – und damit eine Reduzierung des Speichergewichts – um den Faktor 2 bis 4 gegenüber TiFe-Hydriden ist grundsätzlich nur bei Verwendung von Leichtmetallhydriden (Legierungen mit Magnesium, Aluminium) möglich.

Alle Hochtemperaturhydride mit hohen Wasserstoffspeicherdichten haben bekanntlich das gemeinsame Merkmal, daß der für den Betrieb des Motors erforderliche Wasserstoffdruck von 1 bar nur bei Temperaturen zwischen 200 °C und 400 °C erreicht werden kann; die Wasserstoffbindungsenergie ist darüber hinaus mindestens doppelt so groß wie bei den Tieftemperaturhydriden. Während des Fahrbetriebs muß daher eine viel größere Wärmemenge zugeführt bzw. beim Auftanken abgeführt werden. Angesichts der erforderlichen hohen Temperaturwerte kann den Hochtemperaturhydriden Motorabwärme nur aus dem Abgas zugeführt werden und nicht wie bei den Tieftemperaturhydriden aus dem Kühlwasser.

Damit das Hydridfahrzeug jederzeit betriebsbereit ist (insbesondere gilt dies für den Anlaßvorgang), muß der Hochtemperaturspeicher stets mit einem Tieftemperaturspeicher verbunden sein. Eine Kombination von Hoch- und Tieftemperaturspeicher ist somit in bezug auf Gewicht und Aktionsradius die günstigste Speicherlösung (Abb. 114).

Da der Hochtemperaturhydridspeicher bisher nur als Rohrbündelspeicher ausgelegt wurde, liegen gegenwärtig experimentelle Ergebnisse über folgende Behältervarianten als Kraftstoffspeicher in Kraftfahrzeugen vor:

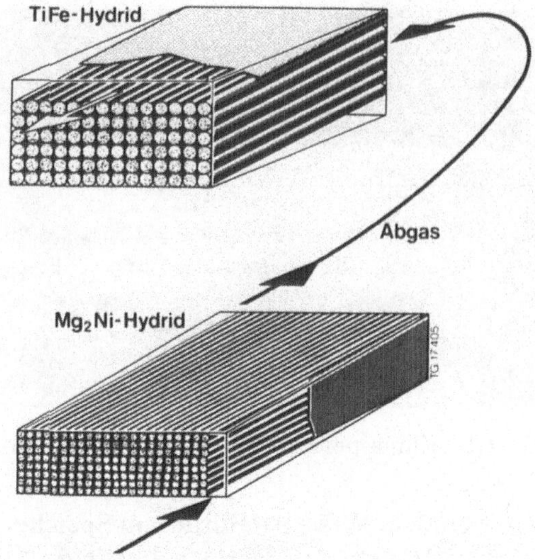

Abb. 114. Schema des Hydridkombinationsspeichers

- Tieftemperaturhydridspeicher, flüssigkeitsbeheizt, mit äußerem (Rohrbündel) und innerem Wärmetausch (Abb. 108, 115)

Abb. 115. Rohrbündel für Hydridspeicher mit äußerem Wärmetausch (Wärmetauschmedium: Kühlwasser, Abgas oder Luft)

Abb. 116. Abgasbeheizter TiFe-Hydridspeicher (Rohrbündelspeicher)

Abb. 117. Abgasbeheizter „TiCrMn“-Hydridspeicher (Rohrbündelspeicher)
Photo: Mannesmann-Röhrenwerke, Bundesrepublik Deutschland

- Tieftemperaturhydridspeicher, abgasbeheizt, mit äußerem Wärmetausch (Abb. 116, 117), Daimler-Benz/Mannesmann und
- Hochtemperaturhydridspeicher, abgasbeheizt, mit äußerem Wärmetausch (Abb. 118)

Darüber hinaus werden bei Thyssen und Mannesmann die Speichervarianten

- Tieftemperaturhydridspeicher, abgasbeheizt, mit Öl als äußerem und innerem Wärmetauschmedium,

Abb. 118. Abgasbeheizter Hochtemperaturhydridspeicher. Der Anbau rechts vorne dient als Luftschacht für die Hydridstandheizung

– Hochtemperaturspeicher, abgasbeheizt, mit innerem Wärmetauscher und Abgas bzw. Hochtemperaturöle als Wärmeträger

entwickelt. Da die Freisetzung des Wasserstoffs aus dem Hochtemperaturhydrid prinzipiell durch die Abwärme im Abgas erfolgen muß (Arbeitstemperatur des Speichers $T \geqq 250\,°C$), richtet sich in der Kombinations-Speichertechnik der Anteil des Hochtemperaturhydrids am gesamten Hydridgewicht nur nach der Temperaturdifferenz aus der Abgas- und der Betriebstemperatur des Hochtemperaturhydrids.

Daraus folgt, daß in verschiedenen Stadtfahrzyklen bei niedrigen Abgastemperaturen nur etwa 10% des verbrauchten Wasserstoffs aus Hochtemperaturspeichern stammen, während bei Fahrtests mit höheren Abgastemperaturen (zwischen 400 und 700 °C) bis zu 50% des verbrauchten Wasserstoffs aus Hochtemperaturhydriden, die anderen 50% aus Tieftemperaturhydriden entnehmbar sind. Im ersten Fall errechnen sich die Energiespeicherdichten zu 525 bis 570 Wh/kg (bei gleicher Reichweite ein Gewichtsfaktor von 16 bis 18 gegenüber Benzintank), im zweiten Fall der günstigsten Fahrbedingungen zu 625 bis 850 Wh/kg (hier ein Gewichtsfaktor von 11 bis 15 gegenüber Benzintank).

Der Einfluß des Behältergewichts auf die Gesamtenergiedichte tritt vor allem bei den Hochtemperaturhydridspeichern besonders deutlich hervor. Neben der Hydridentwicklung kommt daher der Behälterentwicklung (Behälterkonstruktion, -material, -wandstärke u. a.) große Bedeutung zu. Angestrebt werden hierbei Gewichte, die bei Tieftemperaturhydriden ~20%, bei Hochtemperaturhydriden ~30% des Hydridgewichts betragen sollen. Die Arbeitstemperatur des Hochtemperaturhydridspeichers wird durch den 1-bar- bzw. 2-bar-Gleichgewichtsdruck des Hydrids bestimmt. Im Fall von Mg_2NiH_4 liegt die Arbeitstemperatur bei 270 °C, im Fall von Mg(Ni) bei 300 °C. Die Temperaturen eines Wasserstoffmotors liegen zwischen 250 °C bis 270 °C (Leerlauf) und 750 °C

(Vollast). Bei entsprechender Anordnung des Hochtemperaturspeichers in der Nähe des Motors kann also in nahezu allen Betriebszuständen mit Hilfe des Hochtemperaturspeichers dem Abgas Wärme entzogen und damit aus dem Hochtemperaturhydrid Wasserstoff freigesetzt werden.

3.4.1.5 Hydridspeicher als Standheizung

Der Verwendung von Hydridkombinationsspeichern (Hochtemperatur- und Tieftemperaturhydride) als Standheizung liegt folgendes Prinzip zugrunde (Abb. 119): Nach jeder Fahrt (d. h. bei abgeschaltetem Motor) liegen die Temperaturen im Hochtemperaturspeicher zwischen 300 °C und 350 °C und im Tieftemperaturspeicher zwischen z. B. 20 °C und 50 °C. Beide Speicher sind teilweise entladen. Der Wasserstoffdruck im Tieftemperaturspeicher liegt dabei wesentlich höher als im Hochtemperaturspeichers (z. B. 20 bis 30 bar gegenüber 1 bis 3 bar). Verbindet man nun den Tieftemperaturspeicher mit dem Hochtemperaturhydrid, so erfolgt ein Druckausgleich, und Wasserstoff strömt z. B. aus dem TiFe-Granulat in die Mg/Mg_2Ni-Legierung. Dabei wird TiFe gekühlt und entnimmt die Zersetzungsenergie der kalten Umgebungsluft, während der Mg/Mg_2Ni-Speicher durch die Zufuhr von Wasserstoff aufgeheizt wird. Da die Wasserstoffbindungsenthalpie des Mg/Mg_2Ni-Hydrids mindestens doppelt so groß ist wie beim TiFe-Hydrid, stehen auf diese Weise beträchtliche Mengen Heizenergie auf hohem Temperaturniveau, z. B. zum Heizen des Fahrgastraumes im geparkten Fahrzeug, zur Verfügung. Dieser Vorgang beruht daher auf dem Prinzip, die im Hochtemperaturhydrid gespeicherte Abwärme aus dem Motor zu Heizzwecken zu verwenden. Da nach dem Umfüllvorgang von Wasserstoff aus dem Tieftemperaturhydrid in das Hochtemperaturhydrid ein größerer Anteil Wasserstoff stabiler im Hochtemperaturspeicher gebunden ist als vor dem Vorwärmen des Fahrgastraums bzw. Motors, muß nun bei der weiteren Freisetzung des Wasserstoffs für den Fahrbetrieb dem Kombinationsspeicher auch eine erhöhte Wärmemenge in Form von Abwärme aus dem Abgas zugeführt werden. Natürlich entspricht dann diese Wärmemenge jener, die vorher für die

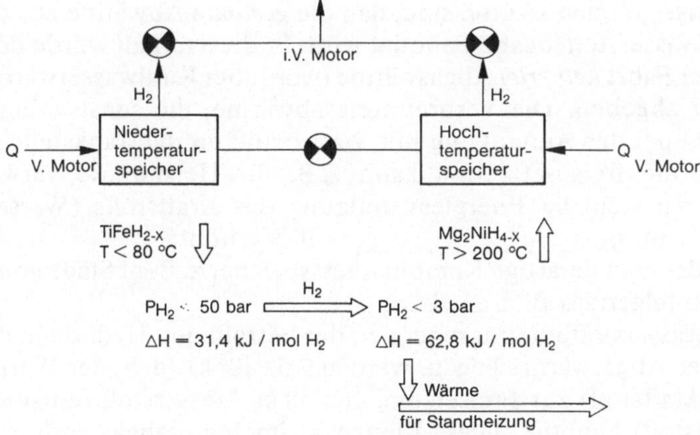

Abb. 119. Schema der Hydridstandheizung

Standheizung verwendet wurde. Da die abgasbeheizten Hydridspeicher grundsätzlich gut wärmeisoliert sind, können sie selbst 24 Stunden nach Abschalten des Motors noch als Zusatzheizung benutzt werden. Die Abstrahlungsverluste aus dem Mg/Mg_2Ni-Tank können außerdem durch Zuführung geringer Mengen Wasserstoffs aus dem TiFe-Speicher ausgeglichen werden, da bei Absinken der Temperatur im Mg/Mg_2Ni-Speicher unter 200 °C der Wasserstofffreisetzungsdruck unter 1 bar absinkt. Wird nun Wasserstoff aus dem TiFe-Speicher in den Mg/Mg_2Ni-Speicher geleitet, steigt die Temperatur aufgrund der Bildungsenthalpie wieder an. Bei einem im Fahrzeug eingebauten Mg_2Ni-Speicher von z. B. 60 kg Gewicht sind ca. 6 mol Wasserstoff, d. h. weniger als 1% des Wasserstoffgehalts in der TiFe-Legierung, zum Ausgleich für einen 10%igen Abfall der Temperatur im Mg_2Ni-Speicher erforderlich. Hydridfahrzeuge besitzen demnach Zusatzheizungen, die

- keinen Kraftstoff verbrauchen,
- kein zusätzliches Gewicht für das Fahrzeug bedeuten und
- keine zusätzlichen Kosten verursachen.

Außerdem ist es mit Hilfe der Kombination von Hoch- und Tieftemperaturhydridspeichern möglich, die Abgastemperaturen ohne größeren technischen Aufwand auf Temperaturen $\leqq 70$ °C abzukühlen und den im Abgas enthaltenen Wasserdampf an Bord des Fahrzeugs auszukondensieren.

Darüber hinaus stellt der Kombinationsspeicher die optimale Lösung für Abwärmespeicherung und Wärmerückgewinnung (sowohl Wärmeinhalt als auch Temperaturniveau) dar.

3.4.1.6 Hydride zur Abwärmespeicherung

Da sowohl Hoch- *als auch* Niedertemperaturhydride mit Abwärme aus dem Abgas versorgt werden, liegen die Abgastemperaturen *hinter* den Kombinationshydridspeichern bei < 70 °C, da ein großer Teil der Abgasenergie für die Wasserstofffreisetzung erforderlich ist.

Im Grenzfall ist es sogar möglich, Hydridsysteme einzusetzen, deren Wasserstoffbindungsenergien so groß sind, daß die *gesamte* Abwärme aus dem Motorabgas zur Wasserstoffabgabe benötigt wird. In diesem Fall würde das Fahrzeug während der Fahrt *keinerlei* Abgaswärme (wohl aber Kühlwasserwärme) an seine Umgebung abgeben. Die Verbrennungsabwärme, die sonst völlig ungenutzt bliebe, wird bei der Auftankung mit Wasserstoff an der Tankstelle als Hydridbildungswärme freigesetzt und kann z. B. für Heizzwecke verwendet werden, wodurch sich die Energieausnutzung des Kraftstoffs (Wasserstoff) von $\eta_{\text{Motor}} \leqq 20\%$ auf $\eta_{\text{Motor + Wärmerückgewinnung}} \sim 50\%$ erhöht.

Verwendet man derartige Kombinationsspeicher z. B. in Stadtomnibussen, so könnte sich folgendes Bild ergeben:

Da die Wasserstoffbindungsenergien der betroffenen Hydride in der Größenordnung der Abgaswärme liegen, werden $7{,}5 \cdot 10^5$ kJ (d. h. der Wärmewert von 20 l Dieselkraftstoff) zur Freisetzung von 18 kg Wasserstoff (entsprechend 60 l Dieselkraftstoff) benötigt. Diese Menge ist im Motorabgas vorhanden, so daß der Fahrbetrieb gewährleistet ist.

Während des Auftankvorgangs werden diese $7{,}5 \cdot 10^5$ kJ von jedem Fahrzeug im Temperaturbereich zwischen 200 °C und 300 °C wieder freigesetzt. Bei z. B. 300 Stadtomnibussen mit Hydridspeichern bedeutet dies, daß jährlich eine Energiemenge mit einem Heizwert entsprechend über 2 Millionen Litern Dieselkraftstoff zurückgewonnen werden kann. Da der Zeitpunkt der Energierückgewinnung frei wählbar ist, könnte er z. B. in die Zeit des Energiespitzenbedarfs gelegt werden.

3.4.2 Überblick über die Hydridspeicherung

Die bei Daimler-Benz seit einigen Jahren im Fahrzeugeinsatz getesteten Speicher aus Tief- und Hochtemperaturhydriden führten somit zu dem Ergebnis, daß der Wasserstofftank durch geeignete Kombination von verschiedenen Hydriden (die auf verschiedenen Temperaturniveaus und mit unterschiedlichen Drücken arbeiten) folgende Zwecke erfüllen kann (siehe auch Abb. 143):

- *Kraftstoffbehälter* (beispielsweise bestehend aus einem TiFe-Hydridspeicher mit einem Gesamtgewicht von 220 bis 230 kg und einem Mg_2Ni-Hochtemperaturspeicher mit einem Gesamtgewicht von etwa 95 kg) mit einem Energieinhalt, der einem 20-l-Benzintank entspricht.
- *Klimaanlage:* und damit Kühlung des Fahrzeuginnenraums ohne Mehrgewicht und ohne zusätzlichen Kraftstoffverbrauch (Verwendung der Luftwärme zur Freisetzung von Wasserstoff aus dem Hydrid unter gleichzeitiger Abkühlung der Luft bis zu −20 °C).
- *Standheizung* des Fahrzeugs, die darauf beruht, daß Hydride mit unterschiedlichen Drücken und unterschiedlichen Bindungsenergien des Wasserstoffs bei Druckausgleich die Bindungsenergie des Hochtemperaturspeichers als Wärme an die Umgebung abgeben können.
- *Abwärmespeicherung und -rückgabe* beim Betankungsprozeß. Hier ist es im Grenzfall möglich, Hydridsysteme zu entwickeln, deren Wasserstoffbindungsenergien so groß sind, daß die gesamte Abwärme aus dem Motorabgas zur Wasserstofffreisetzung benötigt wird. In diesem Fall würde das Fahrzeug während der Fahrt keinerlei Abgaswärme an seine Umgebung abgeben, was bei unterirdischer Streckenführung bzw. in Bergwerken von besonderer Bedeutung ist.
- *Wasserkondensator:* Die Wasserkondensierung erfolgt automatisch bei der Abkühlung des Abgases während der Freisetzung von Wasserstoff aus den Speichern. Ein Teil des auf diese Weise gewonnenen Wassers kann anstelle der 25%igen Abgasrückführungsmenge in den Zylinder eingespritzt werden, wodurch sich die Hubraumleistung erhöht und Fehlzündungen während der Wasserstoffverbrennung vermieden werden.

3.4.3 Antriebssystem Hochtemperaturhydridspeicher und Verbrennungsmotor

Obwohl in Hochtemperaturhydridspeichern eine mehr als dreimal größere Wasserstoffmenge, bei gleichem Gewicht des Speichermaterials, gespeichert werden kann als in Tieftemperaturhydridspeichern, sind bisher nur kombinierte Speicheranlagen, bestehend aus einem großen Niedertemperaturhydridspeicher und einem kleineren Hochtemperaturhydridspeicher, zur Anwendung gekom-

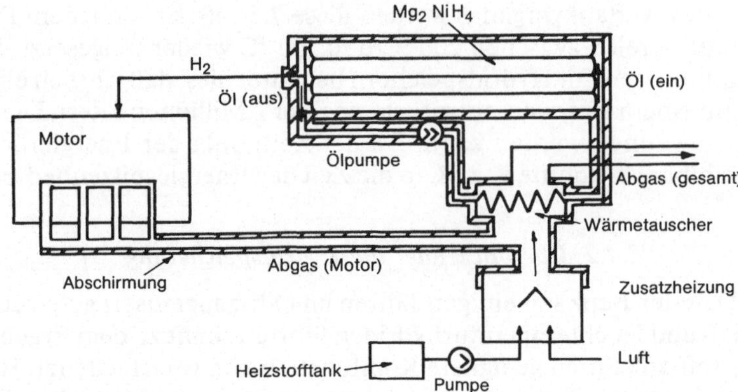

Abb. 120. Wasserstoffantrieb mit Hochtemperaturhydridspeicher und Zusatzheizung

men, da es aufgrund der Energiebilanz des Abgases nicht möglich ist, die für den Betrieb des Verbrennungsmotors erforderliche Wasserstoffmenge ausschließlich dem Hochtemperaturhydridspeicher zu entnehmen.

Neben dem in Kap. 3.3.2 dargestellten Mischbetrieb des Fahrzeugs mit Hochtemperaturhydridspeicher kann der zum Betrieb des Verbrennungsmotors erforderliche Wasserstoff auch dann vollständig nur aus einem Hochtemperaturhydridspeicher entnommen werden, wenn zur Deckung der Energiebilanz eine zur vorhandenen nutzbaren Abgasenergie zusätzliche Wärmezufuhr aus einem Zusatzbrenner direkt über Abgaserhitzung oder indirekt über Hochtemperaturöle erfolgt (Abb. 120).

Wird nun der Teil der Wärmemenge zur Freisetzung des Wasserstoffs aus dem Hochtemperaturhydridspeicher, der nicht durch die Motorabgaswärme gedeckt werden kann, durch eine gesonderte Heizung erzeugt, so ist es möglich, vollständig auf den Niedertemperaturhydridspeicher zu verzichten und entweder die gleiche Menge an Wasserstoff in einem erheblich leichteren Speicher unterzubringen oder bei gleich schwerem Speicher eine erheblich größere Menge an Wasserstoff als bisher zu transportieren.

Aus dem Motorabgas, das ein Temperaturniveau von mindestens 300 °C besitzt, lassen sich etwa 30 bis 50% der für die Freisetzung des Wasserstoffs erforderlichen Wärmemenge entnehmen. Die dann noch fehlende Wärmemenge wird über eine gesonderte Heizung an den Hochtemperaturspeicher abgegeben. Die Steuerung dieser Zusatzheizung kann beispielsweise über den im Hochtemperaturhydridspeicher herrschenden Wasserstoffdruck geschehen: sinkt der Wasserstoffdruck unter einen bestimmten Wert, wird die Leistung der Zusatzheizung erhöht; wird ein vorgegebener oberer Druckwert überschritten, so wird die Heizleistung wieder erniedrigt. Die Zusatzheizung muß deshalb aus Gründen der Energiebilanz in allen Lastpunkten des Motors betrieben werden. Die zusätzliche Wärmemenge kann durch Verbrennen von festen und insbesondere flüssigen Brennstoffen erzeugt werden. Besonders geeignet dafür ist natürlich Heizöl, da es eine hohe Verbrennungswärme mit einem niedrigen Preis verbindet.

Die durch die Ölfeuerung erzeugte Wärme kann dann entweder direkt oder mittels eines Wärmeübertragungsmittels dem Hochtemperaturhydridspeicher zugeführt werden. Es können natürlich auch die Motorabgase zusätzlich aufgeheizt und die nun ausreichende Wärme in dieser Form dem Hochtemperaturspeicher zugeführt werden. Die zum Start (Kaltstart) des Motors erforderliche Wasserstoffmenge kann durch eine kurze Vorheizung des Hochtemperaturspeichers mit der gesonderten Heizung freigesetzt werden. Es ist aber auch möglich, insbesondere wenn keine Vorheizzeit erwünscht ist, einen kleinen Niedertemperaturhydridspeicher vorzusehen, dessen Kapazität so bemessen ist, daß lediglich die für die Aufheizung des Hochtemperaturhydridspeichers auf Betriebstemperatur erforderliche Zeit überbrückt werden kann. Ist dies erfolgt, so wird der Tieftemperaturhydridspeicher abgeschaltet und durch den während der Fahrt aus dem Hochtemperaturhydridspeicher freiwerdenden Wasserstoff wieder für den nächsten Kaltstart aufgeladen.

Die mittels Zusatzheizung erzielbaren Vorteile bestehen in erster Linie darin, daß das Speichersystem erheblich leichter als bisher ausgeführt werden kann und daß die durch die zusätzliche Heizung erzeugten Abgase z. B. denen einer normalen Ölheizung gleichen und damit niedrige Emissionswerte erreichbar sind. Außerdem kann die Betankung des Speichers mit Wasserstoff aufgrund der Eigenschaften der Hochtemperaturhydridspeicher mit besonders niedrigen Wasserstoffdrücken von etwa 1 bis 5 bar und damit am „Hausgashahn" stattfinden. Die durch die Zusatzheizung erzeugte Wärmemenge sowie die zur Freisetzung des Wasserstoffs genutzte Motorabwärme können beim Betanken des Speichers zurückgewonnen werden, so daß damit auch ein Teil der verbrauchten Heizölenergie wieder rückgewinnbar wird.

Anhand eines Beispiels können die technischen Daten eines solchen Systems abgeschätzt werden. Ein Benzintank, gefüllt mit 65 l Benzin, wiegt 61 kg (einschließlich 9 kg Behältergewicht). Diese 65 l Benzin entsprechen dem Heizwert von 18,5 kg Wasserstoff. Zur Speicherung dieser Wasserstoffmenge benötigt man einen Niedertemperaturspeicher, z. B. TiFe-Hydrid, von 1 100 kg Gewicht (einschließlich 185 kg Behältergewicht) oder einen Hochtemperaturspeicher (Mg/Mg_2Ni-Hydrid) von 350 kg Gewicht (einschließlich 90 kg Behältergewicht).

Die zur Freisetzung des Wasserstoffs erforderliche Wärmemenge Q aus einem Hochtemperaturspeicher berechnet sich wie folgt:

$$18{,}5\ \text{kg}\ H_2 = 9{,}25\ \text{kmol}\ H_2$$
$$\Delta H\ (\text{Hydrid}) = 75\ \text{kJ/mol}\ H_2$$
$$Q = 9{,}25 \cdot 10^3 \cdot 75\ \text{kJ} \cong 7{,}0 \cdot 10^5\ \text{kJ}$$

Die aufzubringende Wärmemenge beträgt demnach $7{,}0 \cdot 10^5$ kJ und könnte durch Verbrennung von 16,5 kg Heizöl gedeckt werden.

Da im mobilen Einsatz mindestens 30% der benötigten Wärmemenge auf dem gewünschten Temperaturniveau aus dem Motorabgas zur Verfügung stehen (etwa 25 kJ pro Mol verbrannten Wasserstoffs), genügen maximal 11,6 kg Heizöl (oder eine entsprechende Menge eines anderen Brennstoffs), um die Wärmebilanz zu decken.

Zusätzlich zum Hydridtank muß daher nur noch ein 17 kg schwerer Behälter (11,6 kg Öl plus Behälter) mitgeführt werden. Das Gesamtsystem wiegt dann 367 kg und ist nur noch um den Faktor 6 schwerer als ein Benzintank (61 kg) gleichen Energieinhalts. Dazu kommen noch das Gewicht des Brenners (30 kg) und des Wärmeaustauschers (40 kg) sowie Wärmetauschverluste, die den Heizölverbrauch anheben.

Da die zur Freisetzung des Wasserstoffs aufgewendete Wärme beim Betanken des Hydridspeichers wieder frei wird und größtenteils zurückgewonnen werden kann und weil die auftretenden.Brennerabgase z. B. auf ca. 600 km Fahrstrecke (Verbrauch ca. 3 kg Wasserstoff pro 100 km Fahrstrecke) verteilt werden, ermöglicht der Hochtemperaturhydridspeicher mit Zusatzheizung einen benzinsparenden und umweltfreundlichen Motorbetrieb.

Eine direkte Beheizung des Hochtemperaturspeichers mit Wasserstoff aus einem Tieftemperaturhydrid wäre zwar möglich, doch ist das Gesamtgewicht des Systems um mindestens den Faktor 12 schwerer als ein Benzintank, so daß damit der Kombinationsspeicher nicht übertroffen werden kann.

Die Leistung des Brenners und der Gesamtverbrauch an Heizöl können durch folgende Berechnung näherungsweise ermittelt werden: Im Leerlauf kann aufgrund des niedrigen Temperaturniveaus mit Hilfe der Abgasenergie kein Wasserstoff aus dem Hochtemperaturhydrid freigesetzt werden. Die Leistung des Ölbrenners sollte für den Leerlaufbetrieb (inkl. aller Verluste) etwa zwischen 7,5 kW und 15 kW betragen (0,1–0,2 mol $H_2\,s^{-1} \cdot 65-75$ kJ mol H_2). Mit zunehmender Last steigt die dem Abgas entnehmbare Energie nach der Beziehung (32)

$$\Delta Q = c_p\,(N_2) \cdot \Delta m\,(N_2) \cdot \Delta T + c_p\,(H_2O) \cdot \Delta m\,(H_2O) \cdot \Delta T \qquad (32)$$

Bei $\lambda = 1$ fallen bei der Verbrennung von 1 mol Wasserstoff 18 g H_2O und ca. 56 g N_2 an.

Bei Abgastemperaturen von 450 °C (Teillast) kann dem Abgas eine Energie (pro Mol verbrannten Wasserstoffs) von

$$Q_1 = 1 \cdot 56 \cdot (450-270) + 2 \cdot 18 \cdot (450-270)\ \mathrm{J} =$$
$$= 16{,}560\ \mathrm{kJ}\ (\sim 25\%\ \text{der Freisetzungsenergie}),$$

im Falle der Vollast (650 °C) eine Energie von

$$Q_2 = 1 \cdot 56 \cdot (650-270) + 2 \cdot 18 \cdot (650-270)\ \mathrm{J} =$$
$$= 34{,}96\ \mathrm{kJ}\ (\sim 55\%\ \text{der Freisetzungsenergie})$$

entnommen werden. Bei Teillast wird der Brenner also mit einer Leistung $>$ 15 kW (Wasserstoffverbrauch 0,3 Mol pro Sekunde) bis zu einer Leistung von ~ 30 kW bei Vollast (Wasserstoffverbrauch 1 Mol pro Sekunde) gefahren. Daraus ergibt sich dann der Bedarf von 10 bis 12 kg Heizöl für 18,5 kg Wasserstoff (oder 52 kg Benzin). $^2/_3$ dieser als Reaktionswärme (ΔH) gespeicherten Wärmemenge können bei der Betankung als Hochtemperaturwärme zurückgewonnen werden. Damit liegt die tatsächlich verbrauchte Ölmenge bei ca. 3 bis 4 kg für 500 bis 600 km Fahrstrecke.

Die Werte für die genannten Ölmengen stellen natürlich nur grobe Abschätzungen dar. Die erforderliche Heizölmenge muß stets größer sein als das Äquivalent zur Bindungsenergie des Wasserstoffs im Hydrid, da

- das Speichermaterial erst einmal auf Abgabetemperatur gebracht werden muß,
- die Heißgase nur zwischen Temperaturen von ca. 800 °C und 300 °C genutzt

werden können – das entspricht einem Mehrverbrauch von ~30% Heizöl – und
- Wärmeverluste durch Strahlung und Konvektion nicht berücksichtigt sind.

Andererseits stehen aber im Abgas höhere Energiemengen (bis zu 40 kJ/mol Wasserstoff) im Temperaturbereich ab 300 °C zur Verfügung als bei der vorliegenden Berechnung der Ölmenge im Mittel angenommen wurde (25 kJ/mol Wasserstoff). Daraus könnte eine Verminderung der Ölmenge um 30 bis 40% resultieren, die die genannten Mehrverbräuche kompensiert. Die genaueren Werte müssen in einem entsprechenden Versuchsprogramm ermittelt werden.

Der fremdbeheizte Hochtemperaturhydridspeicher (Abb. 120) stellt somit eine neue Antriebsvariante für umweltfreundliche Fahrzeuge dar. Da als Energielieferanten für die Beheizung der Hydridspeicher *alle* Brennstoffe in Frage kommen, liegt ein Vielstoff/Wasserstoff-Hybridantrieb mit folgenden Eigenschaften vor:

- Wasserstoffgetriebener Ottomotor mit definiertem Leistungs- und Emissionsverhalten
- Kontinuierliche Verbrennung bei der Speicherbeheizung ermöglicht besonders günstige Verbrauchs- und Emissionswerte
- Gesamtleistung gegenüber Wasserstoff/Benzin-Mischbetrieb erheblich besser (besonders HC-Werte)
- Gleichzeitiges Entleeren beider Kraftstofftanks ist von der Funktionsweise her immer gegeben
- Völlig unabhängig von Erdölprodukten durch die Möglichkeit, mit z. B. Kohle, Holz, pflanzlichen Alkoholen direkt zu beheizen
- Durch Wärmerückgewinnung beim Tanken können etwa ⅔ der eingesetzten Brennstoffmenge für die Hydridbeheizung und die aus dem Abgas entnommene Wärmemenge auf hohem Temperaturniveau ($T \geqq 200$ °C) für stationäre Heizzwecke zurückgewonnen werden.
- Die Speicherbetankung kann bei niedrigen Drücken $2 < p_{H_2} < 5$ bar erfolgen. Damit sind weder spezielle Sicherheitsvorkehrungen noch spezielle Leitungssysteme nötig (Hausgashahnbetankung).
- Bei Umgebungstemperatur herrscht in den Speichern Unterdruck. Aus abgestellten Fahrzeugen kann damit definitionsgemäß kein Wasserstoff an die Umgebung gelangen. Absolute Sicherheit in Parkhäusern und Garagen (auch ohne Belüftung) ist gegeben.
- Kaltstart: entweder über Vorheizphase (ähnlich der konventionellen Standheizung) in weniger als 10 Minuten oder sofort über einen kleinen Niedertemperaturhydridspeicher möglich.

Da die grundsätzlichen Probleme wie

- Herstellung und Verteilung von Wasserstoff
- Kosten von Wasserstoff und Hydriden sowie
- Reinheitsgrad des Wasserstoffs

prinzipiell für alle drei Antriebsvarianten

- reiner Wasserstoffantrieb

- Wasserstoff/Benzin-Mischbetrieb
- Wasserstoff/Vielstoff-Mischbetrieb

in gleichem Maße vorhanden sind, ist aufgrund der niedrigen Werte für Speichergewicht und Zusatzkraftstoffverbrauch der fremdbeheizte Hochtemperaturhydridspeicher besonders für den Einsatz im umweltfreundlichen Pkw (z. B. Stadttaxis) geeignet.

Zur Nachprüfung dieser Überlegungen wird bei Daimler-Benz ein fremdbeheizter Hochtemperaturspeicher für den Laborversuch gebaut. Dabei sollen auch die Probleme der Sicherheit, der Regelung, des Brenners, des Wärmetausches und des erforderlichen Bauaufwands untersucht werden.

3.4.4 Demonstrationsvorhaben von Wasserstoffahrzeugen mit Hydridspeichern [130, 131, 132]

Aufgrund der bisher erzielten Ergebnisse der Wasserstoff-Fahrzeuge mit Hydridspeichersystemen und der Überlegungen zur Wasserstoffversorgung wurden im Rahmen eines seit 1979 vom Bundesminister für Forschung und Technologie geförderten Demonstrationsvorhabens „Alternative Energien für den Straßenverkehr" im Teilbereich „Wasserstofftechnologie" folgende Schwerpunkte gesetzt:

- Flottenversuch von Wasserstoffahrzeugen mit Hydridspeichern in Berlin
- Zentrale Wasserstofftankstelle in Berlin (mit Schnellbetankung der Fahrzeuge)
- Fahrzeugerprobung mit neuartigen Hydridspeichern unter praktischen Fahrbedingungen in Stuttgart (mit Wärmerückgewinnung bei der langsamen Betankung)
- Nutzung existierender Energie-Infrastrukturen (Gas, Strom) zur Wasserstofferzeugung und damit zur Schaffung einer individuellen Wasserstofftankstelle („Hausgashahn").

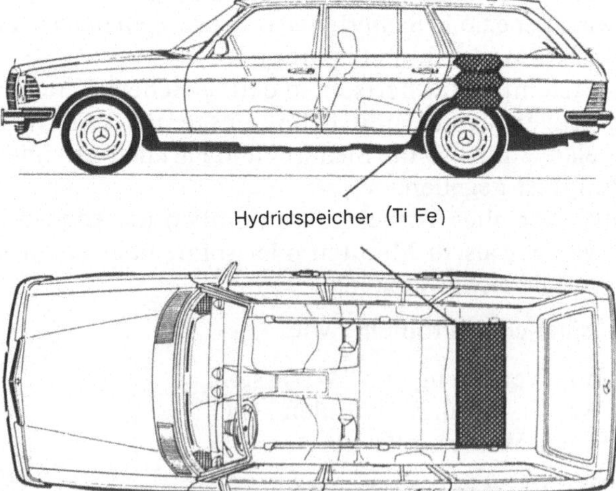

Abb. 121. Schema des Fahrzeugs Mercedes-Benz 230 T mit Hydridspeichern

Die Versuchsflotte in Berlin wird aus 10 Wasserstoff-Fahrzeugen auf der Basis des Typs Mercedes-Benz 230 T (Abb. 121) und 5 Pkw mit Benzin/Wasserstoff-Mischbetrieb auf der Basis des Typs Mercedes-Benz 280 E bestehen. Darüber hinaus werden weitere Fahrzeuge in Stuttgart eingesetzt. Die 10 Wasserstoffahrzeuge werden mit einem 2,3-l-Ottomotor ausgerüstet. Dieser Motor liefert (1982) mit einem Verdichtungsverhältnis $\varepsilon = 9$ etwa 55 kW Nennleistung unter Wasserstoffbetrieb. Zur Vermeidung von Rück- bzw. Frühzündungen wird zusätzlich Wasser in das Saugrohr eingespritzt. Um den hohen Sicherheits- und Zuverlässigkeitsanforderungen des Betriebs in Kundenhand gerecht zu werden, wird für die Berliner Fahrzeuge ein Tieftemperaturspeichersystem gewählt, da mit dieser Technologie (1982) die meisten Erfahrungen gesammelt werden konnten. Der Test von Kombinationsspeichersystemen ist in 2 Kleintransportern (Abb. 122) mit Standort Stuttgart vorgesehen.

Der Gesamtspeicher im Pkw setzt sich aus drei je ca. 120 kg schweren Speichern zusammen (Abb. 123). Damit beträgt das Gesamtgewicht ca. 360 kg, das Gewicht der Hydride liegt bei ca. 280 kg und damit bei 70% des Tankgewichts. Die Lavesphasenhydride auf Basis der Zusammensetzung $Ti_{0,9}Zr_{0,1}CrMn$, die in allen Fahrzeugspeichern eingesetzt werden, weisen eine reversible Wasserstoffspeicherdichte von 1,95 Gew.-% auf. Daraus folgt für die Energiedichte des Gesamtspeichers ein Wert von ca. 500 Wh/kg. Die gespeicherte Wasserstoffmenge von ca. 5,4 kg entspricht einem Benzinäquivalent von etwas mehr als 20 l. Der errechnete Kraftstoffverbrauch für den Stadtbetrieb beträgt ca. 15 l Benzin für 100 km Fahrstrecke. Ein Fahrzeug dieser Gewichtsklasse wird demnach mit Hydridspeichern Fahrstrecken im Stadtbereich zwischen 120 und 130 km erzielen können (Konstantfahrt mit z. B. 50 $\mathrm{kmh^{-1}}$: Reichweite $\sim$350 km).

Sämtliche Speicher werden in Zusammenarbeit der Firmen Daimler-Benz,

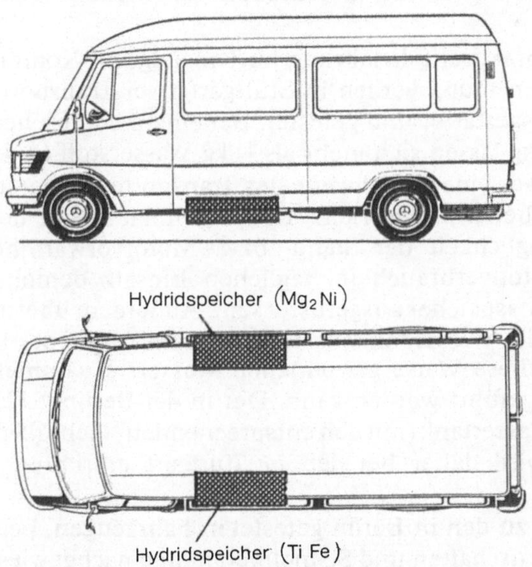

Abb. 122. Schema des Fahrzeugs Mercedes-Benz Kleintransporter mit Hydridkombinationsspeichern

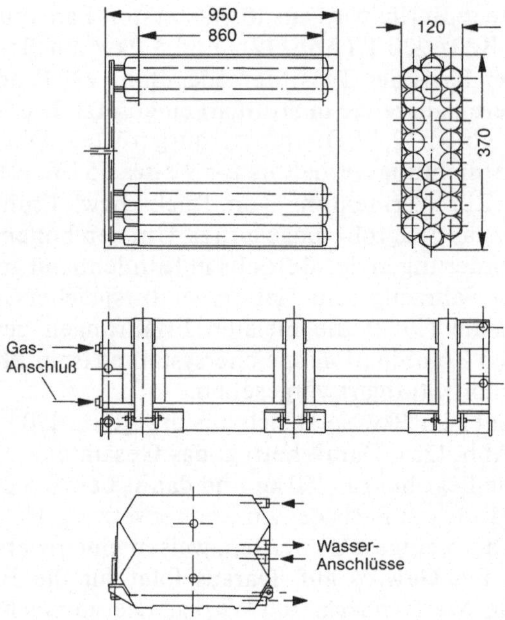

Abb. 123. Schema der Daimler-Benz Hydridspeicher für das Fahrzeug Mercedes-Benz 230 T (Maße in mm)

Thyssen und Mannesmann gebaut. Das verwendete Hydridmaterial (Lavesphasenhydrid) wird von der Gesellschaft für Elektrometallurgie (GfE) geliefert.

Da noch viel praktische Erfahrung im Umgang mit Kombinationsspeichern gesammelt werden muß, werden in Stuttgart zwei Transporter mit Kombinationshydriden ausgestattet und getestet. Bei einem vorgesehenen Gesamttankgewicht von 500 kg lassen sich mehr als 11 kg Wasserstoff (~45 l Benzinäquivalent) speichern, was einer Reichweite des Transporters (Leergewicht ca. 2 t) bis 200 km im Stadtbetrieb entspricht. Darüber hinaus wird der Kombinationsspeicher die Möglichkeit der Stand- bzw. Motorvorwärmheizung ohne zusätzlichen Kraftstoffverbrauch im täglichen Einsatz demonstrieren und mit einem Hydridklimaspeicher ausgerüstet sein. Außerdem übernimmt der Kombinationsspeicher die Wasserkondensation aus dem Abgas des Fahrzeugs, so daß ein Teil des auf diese Weise gewonnenen Wassers gesammelt und dann dem Motor wieder zugeführt werden kann. Der in der Berliner Pkw-Fahrzeugflotte noch benötigte Wassertank (mit den entsprechenden Nachfüll- bzw. Tieftemperaturproblemen) wird daher bei den in Stuttgart erprobten Fahrzeugen entfallen.

Im Gegensatz zu den in Berlin getesteten Fahrzeugen, bei denen vor allem gute Kaltstarteigenschaften und Schnellbetankung nachgewiesen werden sollen – beide Eigenschaften werden von Ti-Zr-Cr-Mn-Hydriden erfüllt –, werden die beiden Transporter mit Speichern ausgerüstet, die eine maximale Wärmespeicherung und -rückgewinnung ermöglichen. Hier eignen sich besonders die Hydride oder Legierungen TiFeMn bzw. Mg_2Ni/Mg (eutektisches Gemisch).

Für den Demonstrationstest des Benzin/Wasserstoff-Mischbetriebs, der in Zusammenarbeit mit der Universität Kaiserslautern (Prof. May) durchgeführt wird, sind 5 Pkw des Typs 280 E vorgesehen. Als Speicher werden in Berlin ausschließlich Tieftemperaturhydride verwendet. Das Gesamtspeichergewicht beträgt 260 kg, davon sind 200 kg Hydridgewicht, 3,8 kg Wasserstoff werden gespeichert. Mit den bis heute erzielten Verbrauchswerten beträgt die Reichweite dieser Fahrzeugklasse im CVS-Test (60% Wasserstoffanteil) 140 km, im EFZ-Test (70% Wasserstoffanteil) 150 km. Tägliche Fahrstrecken von 60–70 km ließen sich daher durch ein Speichergewicht von nur etwa 100 kg erreichen.

3.4.5 Betankung der Wasserstoffahrzeuge mit Hydridspeichern

Die Wasserstofftankstelle in Berlin ist auf dem Gelände der Berliner Gaserzeugungsanstalt (GASAG) geplant. Dabei wird das vorhandene Stadtgas (Zusammensetzung: 53 bis 54 Vol.-% H_2, 25 bis 26 Vol.-% CH_4, 18 Vol.-% CO_2 und 2,5 Vol.-% CO) mit Hilfe einer Pressure-Swing-Anlage in 99,99%igen Wasserstoff umgewandelt (Abb. 124). Dieser Wasserstoff kann über „Schnellzapfsäulen" tagsüber in ca. 10 Minuten in die Wasserstoff-Fahrzeuge abgefüllt werden (Abb. 125). Die maximale Leistung der Tankstelle beträgt 240 m^3 H_2/h. Für die

Abb. 124. Druckwechseladsorptionsanlage (PSA) für die Wasserstofferzeugung aus Stadtgas
Photo: Bergbauforschung, Bundesrepublik Deutschland

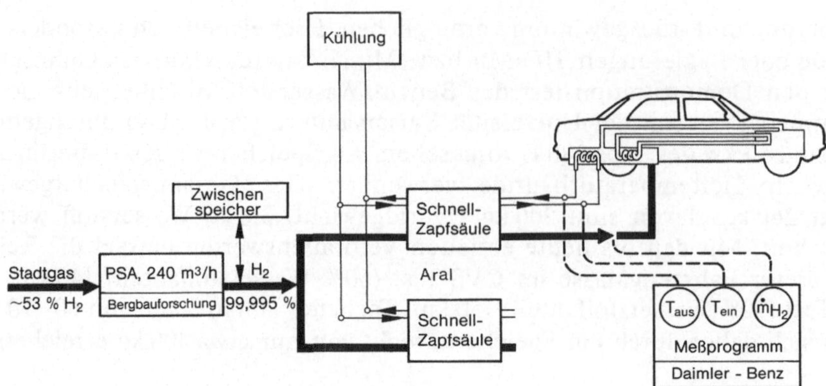

Abb. 125. Schema der Tankstelle in Berlin

Schnellbetankung ist ein Beladungsdruck von 50 bar vorgesehen. Die Berliner Betankungszentrale, die von Aral betrieben wird (Abb. 126), soll nicht nur das Tanken in kurzen Zeiten demonstrieren, sondern auch als Beispiel dafür gelten, daß zum Betreiben von Wasserstoffahrzeugen keine Infrastruktur in Form von Wasserstoffleitungsnetzen gehört, da auf gegenwärtige Gasleitungsnetze zurückgegriffen werden kann.

3.4.5.1 Betankung von Tieftemperaturhydriden

In Abb. 127 ist die Schnellbetankungscharakteristik eines Tieftemperaturhydridspeichers aufgetragen. Eine Füllung von 80% ist bei völlig entleertem und kaltem Speicher in ca. 8 Minuten durchführbar. In Abb. 128 ist die Betankungskurve eines völlig entleerten, aber heißen Speichers gezeigt (gestrichelte Kurve). Dies entspricht einem Nachtanken unmittelbar nach einer Fahrt. Zum Vergleich ist die Kurve des kalten Speichers mit eingezeichnet. Da beim heißen Speicher ($T_A = 80$ °C) die maximale Beladungstemperatur bereits vor Beginn der Betankung vorliegt, ist eine sofortige sprunghafte Wasserstoffaufnahme wie beim kalten Speicher aufgrund der Wärmekapazität des Systems nicht möglich. Die Beladung steigt kontinuierlich von Null aus an, wobei die Geschwindigkeit der Wasserstoffaufnahme und folglich auch die Wärmeabfuhr in den ersten Minuten gleich der des ursprünglich kalten Speichers ist. Mit zunehmender Betankungsdauer gleichen sich beide Kurven an. Eine Kapazität von 80% wird bei heißem Speicher nach ca. 10 Minuten erreicht.

Zur Untersuchung der Betankungsmöglichkeit von nur teilentleerten Speichern wurden zwei Experimente durchgeführt, wobei bei einem Speicherinhalt von ca. 62% die restliche Kapazität sowohl bei kaltem als auch bei heißem Speicher nachgetankt wurde. Die Ergebnisse sind in Abb. 129 im Vergleich zu der Betankung eines völlig entleerten kalten Speichers aufgetragen. Bei heißem Speicher erfolgt die Wasserstoffaufnahme wie im Falle der Leerbetankung bei gleicher Kapazität.

Eine erheblich schnellere Auffüllung wird wieder im Falle des kalten Speichers erzielt (strichpunktierte Linie).

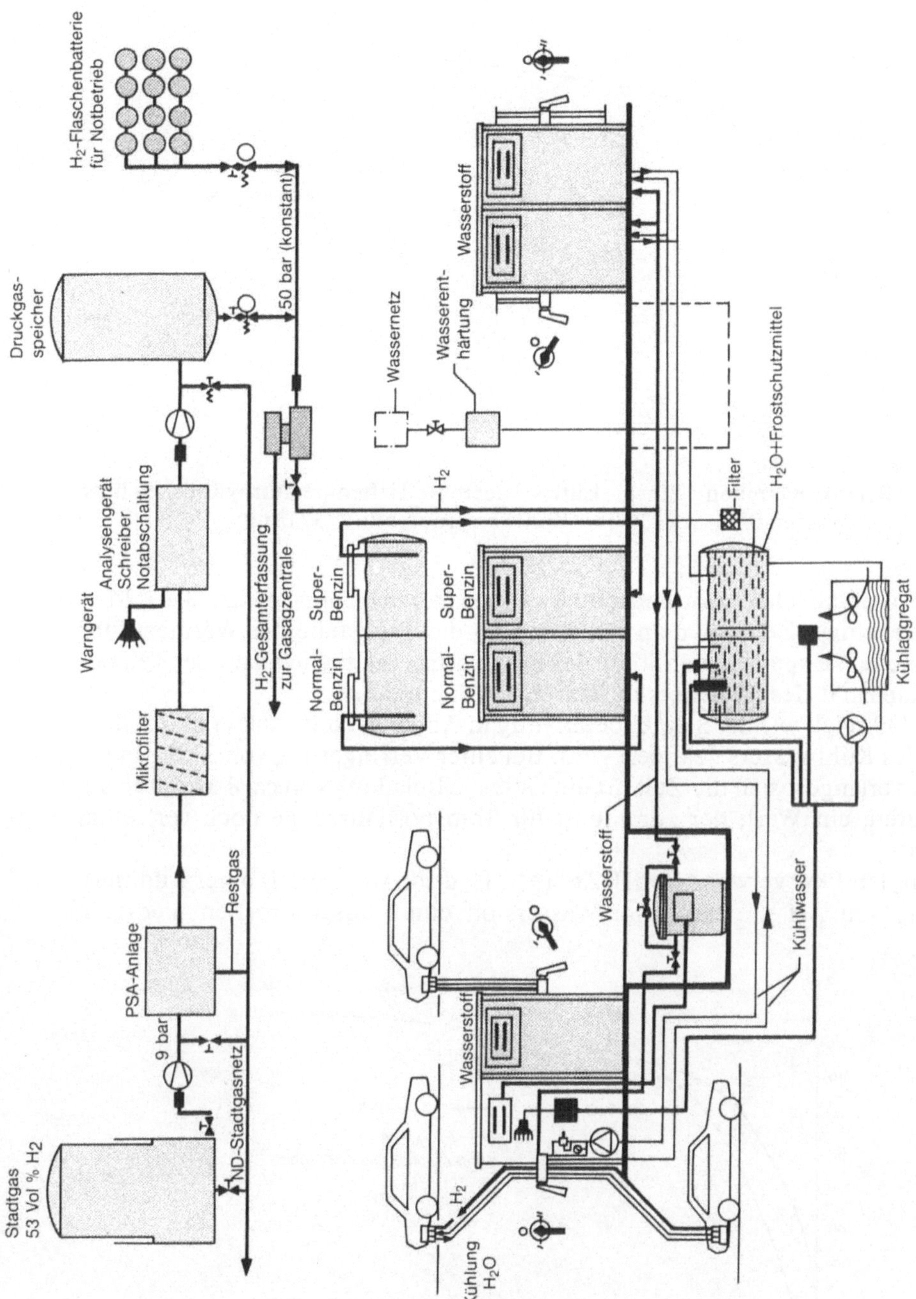

Abb. 126. Aufbau der Tankstelle in Berlin
Photo: Deutsche Gerätebau GmbH, Bundesrepublik Deutschland

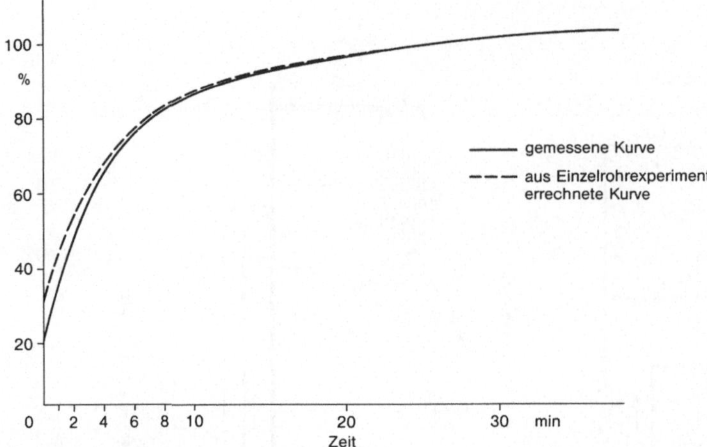

Abb. 127. Betankungszeiten eines kalten, leeren Tieftemperaturhydridspeichers. Wasserstoffdruck: 50 bar; Kühlwasserdurchfluß: 37 l/min

Für den praktischen Fahrbetrieb ist es ratsam, wie schon in Kap. 3.4.1.2 beschrieben, einige Zeit vor dem Anfahren an die Tankstelle die Wärmezufuhr zum Speicher zu sperren, damit bei der Betankung ein möglichst großer Teil der Wärmekapazität des Speichers ausgenutzt werden kann.

Abb. 130 zeigt, wie die Schnellbetankung in Abhängigkeit von der Durchflußmenge des Kühlwassers geändert wird. Bei einer Verringerung von 37 l/min auf 15 l/min verlängert sich die Zeit für eine 80%ige Beladung von ca. 8 Minuten auf 12 Minuten, ein Wert, der zumindest für Transportfahrzeuge noch vertretbar erscheint.

Die in den Pkw verwendeten TiZrCrMn-Hydride weisen mit einer Bildungsenthalpie von $\Delta H = -25$ kJ/mol Wasserstoff einen ausgesprochen niedrigen

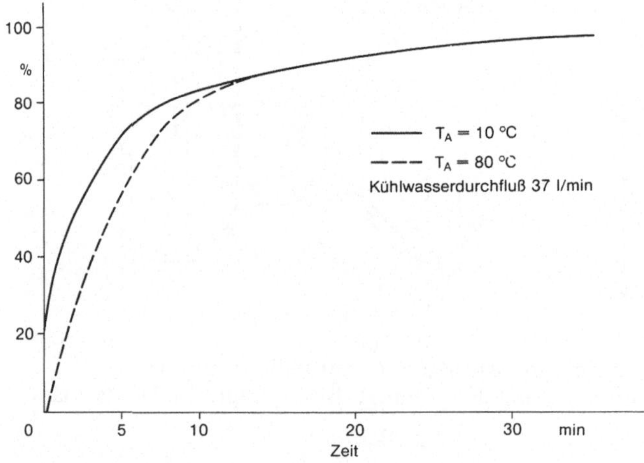

Abb. 128. Betankungszeiten eines heißen, leeren Tieftemperaturhydridspeichers

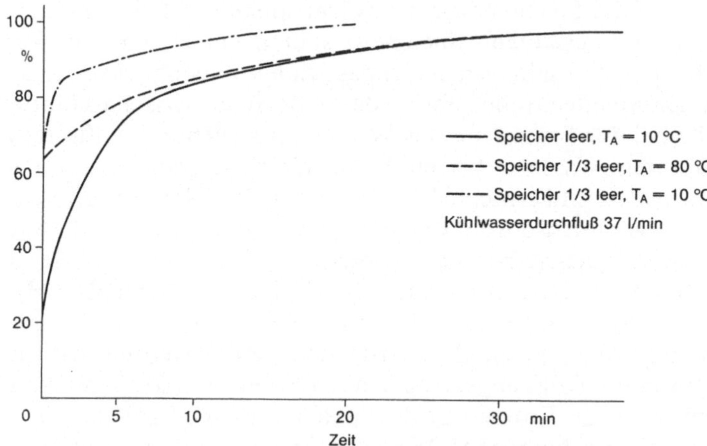

Abb. 129. Betankungszeiten von teilentleerten Tieftemperaturhydridspeichern mit Ausgangstemperaturen von 10 °C bzw. 80 °C

Betrag der Reaktionswärme auf. Trotzdem entstehen bei der Beladung des Pkw-Speichers (280 kg Hydrid bzw. 5,4 kg Wasserstoff) insgesamt 2700 mol $H_2 \cdot 25$ kJ/mol $H_2 = 67{,}5$ MJ, im Falle des Mischbetriebs (200 kg Hydrid bzw. 3,8 kg Wasserstoff) insgesamt 1 900 mol $H_2 \cdot 25$ kJ/mol $H_2 = 47{,}5$ MJ an Wärme.

Da diese Wärmemengen in $\leqq 10$ Minuten (600 Sekunden) abgeleitet werden müssen, wird eine Kühlleistung von etwa 150 kW benötigt. Da es absolut unwirtschaftlich und energetisch sinnlos wäre, diese Kühlleistung elektrisch aufzubringen, wird an der Berliner Tankstelle über einen 20 000-l-Wassertank gekühlt und die Wärme über eine große Fläche verteilt an den Boden abgegeben (siehe Abb. 126). Für die Schnellbetankung ist es vorteilhaft, den Wasserstoff bei der Betankung möglichst gleichmäßig über das Speichermaterial zu verteilen, da

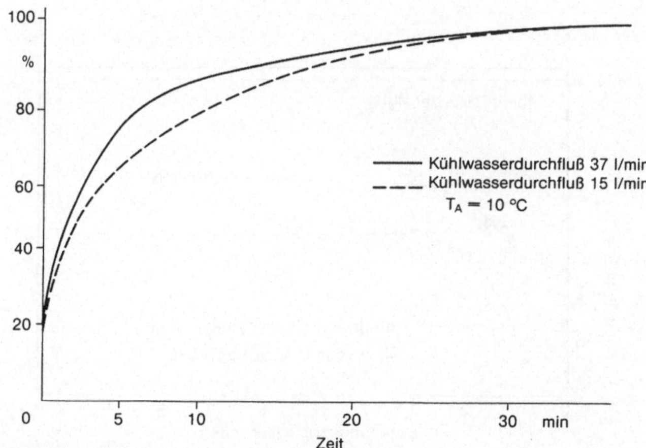

Abb. 130. Betankungszeiten von Tieftemperaturhydridspeichern bei unterschiedlicher Kühlung

dadurch der auf die Fläche bezogene Wärmeanfall möglichst homogen ausfällt. In schnellbetankungsfähigen Speichern sollten daher zentrale Wege für den Wasserstoff eingebaut sein. Ein derartiges „Zuleitungsrohr" kann z. B. aus einem doppelten Drahtgeflecht bestehen, das einerseits wasserstoffdurchlässig ist, andererseits bei der Entnahme des Wasserstoffs eventuell auftretende Hydridpartikeln aus dem Wasserstoffstrom herausfiltert. Ein solches Rohr ist sehr einfach zu verarbeiten und ermöglicht einen sehr hohen Wasserstoffdurchsatz. Sein Gewicht ist insgesamt $\leqq 5\%$ des Gesamtspeichergewichts. Soll ohne zusätzliches Gewicht eine möglichst homogene Wasserstoffaufnahme bei der Betankung erreicht werden, so können die mit 5% Aluminium verpreßten Hydridkörper auch axial durchbohrt werden. In diesem Fall ist allerdings der fertigungstechnische Aufwand höher. Es muß ausdrücklich betont werden, daß der zentrale Wasserstoffweg für Fahrzeugspeicher nur für den Fall der schnellen Beladung erforderlich ist. Da die Entleerung der Speicher je nach Fahrweise in 1 bis 5 Stunden erfolgt, ist eine homogene Wasserstoffentnahme aus dem Speicher nicht erforderlich. Dies gilt insbesondere für die Kombinationsspeicher, die energetisch sinnvoll nur über Stunden beladen und mit Wärmerückgewinnung gekoppelt werden sollten. Für diesen Anwendungsfall kann dann die einfachere und wirtschaftlichere Behälterbauweise (ohne zentrale Wasserstoffleitungen) verwendet werden. Für die Hydridanwendung als Vorwärmheizung und/oder Klimaanlage in Fahrzeugen mit konventionellen Antriebssystemen (Benzin, Diesel) ist dagegen die zentrale Wasserstofführung von entscheidender Bedeutung für eine optimale Geräteauslegung (siehe Kap. 6.1.2).

3.4.5.2 Betankung von Hochtemperaturhydriden

Hochtemperaturhydridspeicher auf der Basis der Mg_2Ni/Mg-Legierungshydride können ab Temperaturen von 150 °C mit Wasserstoffdrücken zwischen 1 und 10 bar beladen werden (Abb. 131). Unterhalb der Schwelltemperatur von 150 °C ist eine Beladung nicht möglich. Fahrzeuge, die mindestens zum Teil mit Hochtemperaturhydriden (Kombinationsspeicher) ausgerüstet sind, sollten

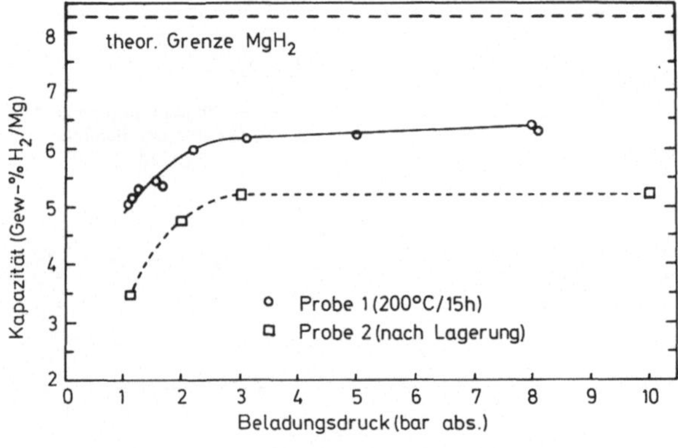

Abb. 131. Beladungsverhalten des Magnesiumhydridspeichers (Schon mit 1 bis 2 bar Druck können zwischen 5 und 6 Gew.-% Wasserstoff gespeichert werden)

daher direkt nach der Fahrt, das heißt mit betriebswarmen Speichern, wiederbeladen werden. Damit kann verhindert werden, daß die Speichertemperatur des Hochtemperaturhydrids zu niedrig wird. Sollte dies trotzdem der Fall sein, so haben Versuche bei Daimler-Benz gezeigt, daß es genügt, ca. 1 cm^3 (2 g) des Hochtemperaturhydrids elektrisch mit einigen Watt Heizleistung auf Temperaturen T > 150 °C zu bringen. An dieser Stelle setzt dann die Reaktion mit Wasserstoff ein, wobei die Reaktionsenthalpie die umgebenden Hydridpartikeln erwärmt, bis der Speicher insgesamt über dem Temperaturniveau T = 150 °C liegt und weiterhin vollständig hydriert werden kann (Abb. 132). Selbstverständlich ist auch bei den Hochtemperaturhydriden eine schnelle Betankung möglich, doch erscheint es unter dem Gesichtspunkt der anfallenden Wärmemengen auf entsprechend hohem Temperaturniveau energetisch wenig sinnvoll, die bereits gespeicherte hochgradige Abwärme des Motors dann doch wieder nur ungenutzt an die Umgebung abzugeben.

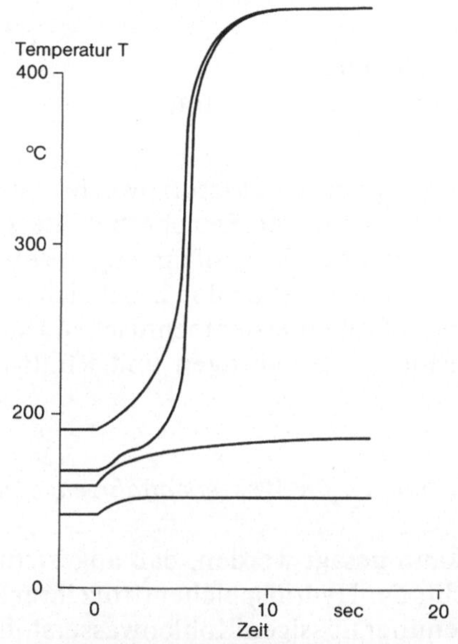

Abb. 132. „Initialzündung" der Wasserstoffreaktion von Hochtemperaturhydriden. Erst ab 150 °C erfolgt die Hydridbildung spontan (Temperatursprung um 200 bis 300 °C in wenigen Sekunden)

3.4.5.3 Die Materialwechseltechnik

Soll der Hydridspeicher möglichst rasch (in einigen Minuten) betankt werden und ist die anfallende Wärmemenge zu groß (im Falle einer hohen Speicherdichte mit gleichzeitig hoher Wasserstoffbindungsenergie), um eine schnelle On-Board-Wasserstoffaufnahme zu gewährleisten, so kann daran gedacht werden, das leergefahrene Speichermaterial aus dem Tank abzulassen und frisch hydriertes Hydridpulver einzufüllen. Dieses System hätte zwei Vorteile:

- Der Tankbehälter im Fahrzeug kann für kleinere Druckwerte ausgelegt und dadurch wesentlich leichter gebaut werden, da der Einfülldruck des Hydrid-

pulvers nur dem Arbeitsdruck im Tank entsprechen muß (im Falle des TiFe-Hydrids etwa 20 bar).
- Die Wiederauffüllung des Speichermaterials kann – da vom Fahrzeug ungebunden – in beliebig langer Zeit erfolgen, weshalb auch der Hydrierdruck (Druck der Wasserstoffgasleitung) nur wenig über dem Arbeitsdruck liegen muß. Außerdem sind wegen des geringen Wärmeumsatzes/Zeiteinheit keine besonderen Kühlmaßnahmen erforderlich.

Nachteilig könnten sich das Umfüllen von Metallpulver unter Wasserstoff, das Vorliegen einer losen Hydridfüllung im Tank (schlechte Wärmeleitfähigkeit) und die systembedingte Lagerung zusätzlicher Mengen Speichersubstanz (Investitionskosten) erweisen. Es muß daher von Fall zu Fall geprüft werden, ob unter den Aspekten

- Tankzeiten
- Kühlmittelmengen
- Speicherkosten
- Behältergewicht im Fahrzeug
- Druckwerte der Wasserstoffleitungen und
- Sicherheit

die „On-Board-Betankung" oder die „Materialwechseltechnik" geeigneter ist.

Der Austausch des gesamten leeren Speicherbehälters gegen einen frisch aufgeladenen, wie es gegenwärtig bei Elektrofahrzeugen gehandhabt wird, ist ebenfalls machbar. Hier treten jedoch neben den zusätzlichen Investitionskosten des Austauschtanks auch noch Probleme der technischen Handhabung auf, da sämtliche Leitungen zum Motor (Gasleitungen und Kühlwasserrohre) abgetrennt werden müßten.

3.4.6 Einsatzmöglichkeiten für Wasserstoffahrzeuge mit Hydridspeicher

Zusammenfassend kann gesagt werden, daß angesichts des stets wesentlich größeren Gesamtgewichts der Hydridspeicher (trotz ihrer zahlreichen möglichen Nebenfunktionen) gegenüber flüssigen Kohlenwasserstoffen und aufgrund einer zwar realisierbaren, aber gegenwärtig noch nicht ausreichend vorhandenen Wasserstoffversorgung die wasserstoffbetriebenen Fahrzeuge mit Hydridspeicher in absehbarer Zeit für folgende Anwendungen in Frage kommen:

- Öffentliche Transportmittel für den umweltfreundlichen Nahverkehr
- Stadttaxis und andere Verteilerfahrzeuge (Lieferwagen)
- Bergwerksfahrzeuge: besonders in den Fällen, bei denen nicht nur die Schadstoffemission, sondern auch die Wärmeabgabe und die Feuchtigkeit begrenzt werden müssen
- Gabelstapler
- Bootsantrieb für die Binnenschiffahrt, da in diesem Fall die Versorgungsfrage relativ einfach zu lösen ist, und schließlich
- die beschriebenen Varianten des Zweistoffbetriebs für Kraftfahrzeuge zur Streckung der Benzinvorräte

In erster Linie kann also der Wasserstoffantrieb als interessante Alternative überall dort eingesetzt werden, wo bisher ausschließlich Elektrofahrzeuge vorgesehen waren. Aus diesem Grund wird im folgenden Kapitel ein direkter Vergleich von Wasserstoff- und Elektrotransportern im praktischen Fahrverhalten dargestellt.

Abb. 133. Mercedes-Benz Elektrotransporter 307 E

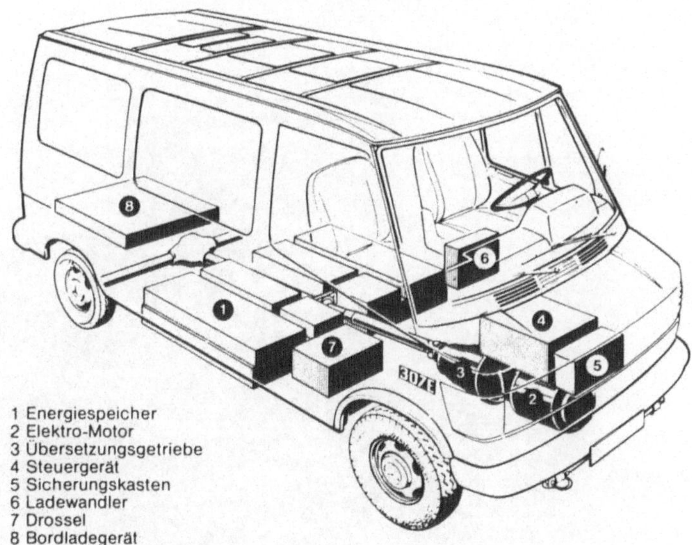

Abb. 134. Schema des Mercedes-Benz Elektrotransporters 307 E

3.5 Vergleich von Wasserstoff- und Elektroantriebssystemen

Da Daimler-Benz als einziger Fahrzeughersteller der Welt über Fahrzeuge mit Wasserstoff- und Elektroantrieb verfügt, konnte im Jahre 1978 ein entsprechender experimenteller Vergleich der beiden Antriebssysteme durchgeführt werden. Der Mercedes-Benz-Elektrotransporter LE-307 [133] (Abb. 133) besitzt ein Leergewicht von 1 900 kg. Von der zulässigen Gesamtmasse von 4 400 kg entfallen auf die Bleibatterie 1 060 kg (Abb. 134), so daß als Nutzmasse 1 540 kg zur Verfügung stehen. Der eingebaute Elektromotor liefert 31 kW im Dauerbetrieb und bis zu 52 kW bei kurzzeitiger Belastung. Unter diesen Voraussetzungen kann das Fahrzeug ohne bzw. mit halber Nutzlast folgende Daten erzielen:

75 km/h	Höchstgeschwindigkeit
18%	maximale Steigfähigkeit
62 km	Reichweite bei 50 km/h Dauergeschwindigkeit
15 s	Beschleunigung von 0 bis 50 km/h
33 bis 40 km	1 h Entladung (33 bis 40 km/h)

Diese Daten wurden aus einem Testeinsatz von 16 Mercedes-Benz-Elektrotransportern über eine Strecke von insgesamt ca. 250 000 km ermittelt.

Ein vergleichbarer Transporter L-307 (Abb. 97) mit einem Leergewicht von 1 900 kg und einer zulässigen Gesamtmasse von 4 400 kg wurde 1977 mit einem Wasserstoff-Versuchsmotor (Leistung ca. 30 kW) ausgerüstet. Das Hydridtankgewicht beträgt mit 350 kg – davon sind 242 kg TiFe-Hydrid (Abb. 135, 136) und 108 kg Behältergewicht – nur ⅓ des Batteriegewichts. Die verfügbare Nutzlast liegt mit 2 150 kg um 610 kg oder ca. 40% über der des Elektrotransporters.

Mit dem Wasserstoffahrzeug ließen sich (ohne Nutzlast) folgende Werte erreichen:

Abb. 135. TiFe-Hydridspeicher, Röhrenbündel, kühlwasserbeheizt

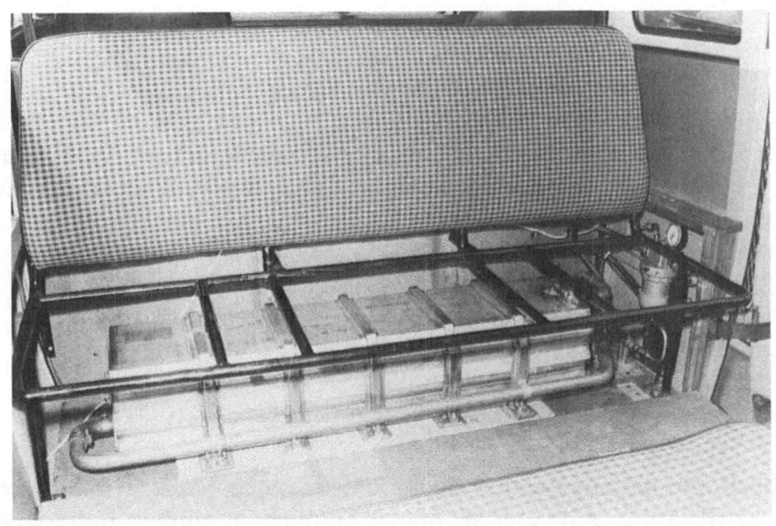

Abb. 136. Einbau des Speichers im Fahrzeug (unter einer Sitzbank)

98 km/h	Höchstgeschwindigkeit
~30%	maximale Steigfähigkeit
~120 km	Reichweite bei 50 km/h Dauergeschwindigkeit
12 s	Beschleunigung von 0 bis 50 km/h
88 km	1 h Entladung (88 km/h)

Der Vergleich bei 50 km/h zeigt, daß mit einem geringeren Hydridgewicht (Verhältnis 1 : 3) gegenüber der Bleibatterie noch die doppelte Reichweite bei sonst vergleichbaren Bedingungen erzielt werden konnte. Der Wasserstoffantrieb mit nicht optimierten Hydridspeichern (sowohl Behälter als auch Hydrid) ist hier dem Elektroantrieb mit Bleibatterie um den Faktor 6 überlegen. Das bedeutet, daß Batteriesysteme mit 120 bis 150 Wh_{el}/kg entwickelt werden müßten (gegenüber 20 bis 25 Wh_{el}/kg heute), um vergleichbare Reichweiten mit dem ungünstigsten Fall der Hydridspeicher zu erreichen.

Darüber hinaus wurde das Wasserstoffahrzeug unter Bedingungen getestet, die bereits Grenzwerte für das Elektrofahrzeug darstellen, nämlich:

Reichweite bei 40 km/h (für E-Fahrzeuge ist das die 1-h-Entladung),

Geschwindigkeit bei verschiedenen Steigungen,

Reichweite bei ½stündiger Entladung.

Dabei konnten mit dem Wasserstoffahrzeug folgende Werte erzielt werden:

120 km	Reichweite bei 40 km/h (Faktor 3 gegenüber Elektroantrieb)
70 km/h	½ h, Tank noch halb voll

30 km/h 10% Steigung
25 km/h 15% Steigung
20 km/h 20% Steigung
~20 km/h 30% Steigung

Fahrzeuge mit Wasserstoffantrieb und Hydridspeichern sind den Elektrofahrzeugen mit Bleibatterie daher vor allem in folgenden Punkten überlegen:
- Reichweite (Faktor > 6)
- Steigfähigkeit
- Beschleunigung
- Nutzlast
- Lebensdauer des Speichersystems
- Kosten des Speichersystems
- Schnellbetankung (10 min Hydridspeicher, 1 bis 5 h Batterie)
- Kaltstartverhalten

Da die Kombinationsspeicher nach dem heutigen Stand der Technik etwa 750 Wh/kg (Faktor 15 schwerer als Benzin) erreichen, müßten Batteriesysteme mit Energiedichten von 250 bis 300 Wh_{elektr}/kg (Faktor 10 gegenüber konventionellen Bleibatterien für Traktionsbetrieb) entwickelt werden, damit das Elektrofahrzeug dann bei gleichem Tankgewicht vergleichbare Reichweiten, Steigfähigkeit, Beschleunigungswerte und Nutzlast mit dem Wasserstofftransporter aufweisen kann. Dazu kommt, daß aus prinzipiellen Gründen der Hydridspeicher bezüglich Lebensdauer, Kosten, Kaltstartverhalten und Schnellbetankung stets jedem Batteriesystem überlegen ist.

Die Batterieentwicklung der letzten 100 Jahre und die Prognosen für die nächsten Jahrzehnte weisen folgende Tendenz auf:

- Niedertemperaturbatterien (betriebsbereit ab oder unter 0 °C), wie z. B. Blei-, Stahl-(Eisen/Nickel-), Zink/Nickel-, Cadmium/Nickel- und ähnliche Systeme (auch mit z. B. Luftsauerstoffelektroden anstelle der Nickelelektroden) erreichen elektrische Energiedichten um 50 Wh/kg (für die 1- bis 2stündige Entladung). Auch vollständig optimierte Systeme auf dieser Basis bleiben stets bei elektrischen Energiedichten von < 100 Wh/kg.
- Hochtemperaturbatterien, wie z. B. Natrium/Schwefel- und andere Systeme könnten theoretisch elektrische Energiedichten von ~200 Wh/kg erzielen. Da die Betriebstemperaturen zwischen 300 und 400 °C liegen und Hochtemperaturbatterien nicht (wie im Falle der Hydridspeicher) mit Niedertemperaturbatterien energetisch gekoppelt werden können, tritt eine Reihe zusätzlicher technischer und sicherheitstechnischer Aspekte auf, die auch mittelfristig einen Einsatz der Hochtemperaturbatterien im Kraftfahrzeug unwahrscheinlich machen.

Schließlich wurde in verschiedenen Publikationen der letzten Jahre [134, 135, 136] das System einer sogenannten „Aluminium-Batterie“ für den Fahrzeugeinsatz vorgeschlagen (Abb. 137). Hierbei wird eine Aluminiumanode in alkalischer Lösung mit einer Luftsauerstoffelektrode zum Batteriesystem kombiniert. Im Unterschied zu einer Brennstoffzelle wird hier jedoch das Anodenmaterial (Aluminium) gemäß Gl. (33)

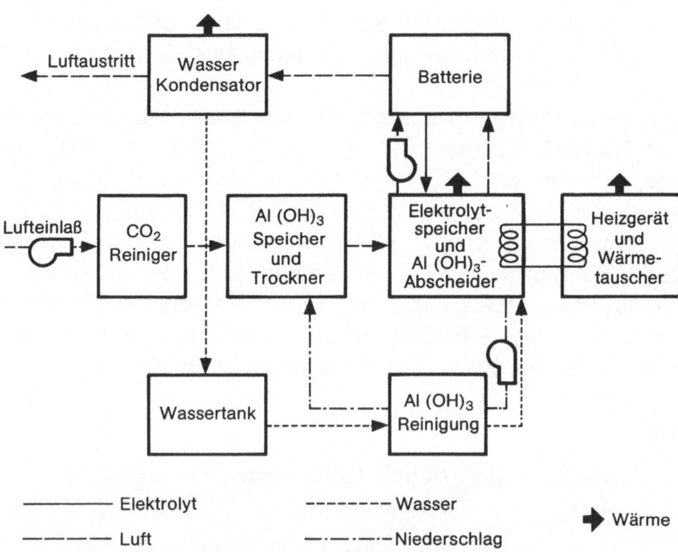

Abb. 137. Schema der „Aluminiumbatterie" für den Fahrzeugeinsatz (nach [136])

$$2\,Al + 6\,H_2O + 2\,OH^- \longrightarrow 2\,Al\,(OH)_4^- + 3\,H_2 \qquad (33)$$

während der Stromabgabe aufgelöst. Dieser Prozeß hat natürlich zur Folge, daß an der Tankstelle Aluminium nachgeliefert und $Al(OH)_3$ abgegeben werden muß. Darüber hinaus führt die nur in Grenzen tolerierbare Wasserstoffentwicklung der Gl. (33) zu einer Begrenzung der Leistungsdichte der Anode. Die Belastungswerte der Aluminiumelektrode dürften jedoch nicht wesentlich über den Flächenbelastbarkeiten edelmetallfreier Luftsauerstoffelektroden liegen. Das Gesamtsystem ist daher auch mit dem größten Nachteil der Brennstoffzelle behaftet, nämlich einer zu geringen Belastbarkeit. Damit treten praktisch unlösbare Probleme im Zusammenhang mit starken Lastwechseln, wie sie für den Fahrzeugeinsatz üblicherweise gefordert werden, auch bei der Aluminiumbatterie auf. Eine in den Laboratorien der Firma Hoppecke für andere Einsatzzwecke entwickelte Aluminium-Sauerstoff-(nicht Luft!-)Zelle weist in der 2-Stunden-Entladung eine Energiedichte von ca. 150 $Wh_{el.}$/kg (ohne Gewicht des Sauerstoffs) auf [137]. Im Luftbetrieb werden diese Werte wie auch bei Brennstoffzellen sicher ungünstiger.

Der von den Lawrence Livermore Laboratories in umfangreichen Studien [136] vorgeschlagene Einsatz von Aluminiumzellen im Fahrzeug dürfte in seiner Verwirklichung auch schon deshalb problematisch sein, weil zur Rückgewinnung des Aluminiums aus $Al(OH)_3$ ein mindestens 3- bis 4fach höherer Betrag an Energie aufgewendet werden muß als letztlich in der Aluminiumbatterie zur Verfügung steht. Diese Energiebeträge sind mit jenen der Wasserstoffverflüssigung vergleichbar. Auch die „irreversiblen" Hydridreaktionen (z. B. CaH_2 + Wasser $\longrightarrow$ $Ca(OH)_2 + 2\,H_2$ + Wärme; siehe Kap. 1.2) werden aufgrund des hohen Energiebedarfs bei der Rückgewinnung des Kalziumhydrids aus $Ca(OH)_2$ nur für die Einsatzfälle in Frage kommen, bei denen ausschließlich ein praktisch schadstofffreier Antrieb mit möglichst niedrigem Speichergewicht verwendet werden soll und der dafür benötigte Energieaufwand nur eine geringe Rolle spielt.

Der Vorteil des Elektroantriebs ergibt sich bekanntlich aus dem besseren Wirkungsgrad des Elektromotors im Vergleich zum Verbrennungsmotor. Unter der Annahme, daß elektrische Energie (Strom) aus einem Kernreaktor für den Fahrzeugantrieb zur Verfügung steht und der Wirkungsgrad zur Stromerzeugung aus diesem Primärenergieträger (Kernbrennstoffe) nicht berücksichtigt zu werden braucht (da man Kernbrennstoffe in direkter Form nicht für den Antrieb von Kraftfahrzeugen einsetzen kann), ergibt sich im Vergleich Strom → Batterie → Elektromotor und Strom → Elektrolyseur → Hydridspeicher → Verbrennungsmotor folgendes Bild der Einzel- und Gesamtwirkungsgrade:

Elektroantrieb

Strom →	Batteriebeladung →	Batterieentladung
100%	75%	75%

→ Steuer- und Regelkreis →	E-Motor →	Gesamt
90%	mittel 75%	$\leqq 40\%$

Wasserstoffantrieb (ohne Wärmerückgewinnung)

Strom →	Elektrolyse →	Hydridspeicher →	Verbrennungsmotor →	Gesamt
100%	50%	100%	mittel 20%	~10%

Wasserstoffantrieb (mit Wärmerückgewinnung)

Strom →	Elektrolyse →	Hydridspeicher →	Verbrennungsmotor →	Gesamt
100%	80%	115%	mittel 20%	~18%

Da der Faktor 2 bis 4, dem der Elektroantrieb in der Wirkungsgradkette (ausgehend von Strom und nicht von der Primärenergie zur Strom- bzw. Wasserstofferzeugung!) dem Wasserstoffantrieb mit Hydridspeicher überlegen ist, in den Fällen aufrechterhalten werden kann, in denen die elektrische Energie für den Fahrzeugbetrieb nicht gespeichert und mitgeführt werden muß, sind für den Einsatz des Elektroantriebs spur- bzw. leitungsgebundene Systeme (Bahn, O-Bus) besonders vorteilhaft. Sobald elektrische Energie in gespeicherter Form transportiert werden muß, kompensiert der Energieaufwand für den Batterietransport im Fahrzeug zumindest teilweise die Verbrauchseinsparungen durch den besseren Wirkungsgrad des Systems. Dem für Elektrofahrzeuge besonders günstigen Fall des Stromeinsatzes aus Kernenergie soll die Strom- bzw. Wasserstofferzeugung aus Kohle gegenübergestellt werden.

Elektroantrieb

Kohle →	Strom →	E-Antrieb →	Gesamt
100%	35%	$<40\%$	$<14\%$

Wasserstoffantrieb

Kohle →	Wasserstoff →	Wasserstoffantrieb →	Gesamt
100%	65%	20%	13%

Abb. 138. Mercedes-Benz Elektrohybridbus OE 305

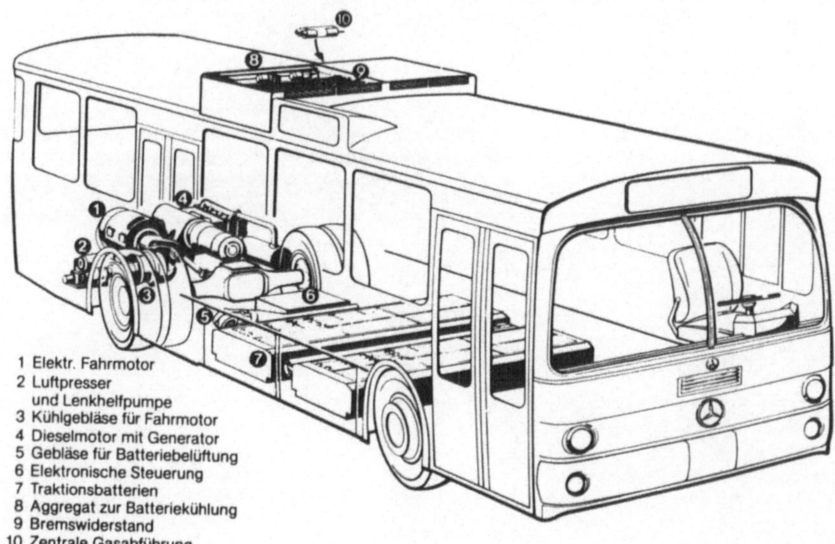

Abb. 139. Schema Mercedes-Benz Elektrohybridbus OE 305 (Diesel/Batterie-Bus)

Da hier die Wirkungsgrade der Antriebssysteme bezogen auf die Kohle als Primärenergieträger vergleichbar sind, wirkt sich das Batteriegewicht im Vergleich zum Hydridspeichergewicht besonders ungünstig aus.

Der Wasserstoffantrieb mit Hydridspeicher und Verbrennungsmotor ist daher eine interessante Alternative zum System Batterie–Elektromotor zumal bei der Wasserstofferzeugung nicht nur auf die Infrastruktur für Strom, sondern auch auf die Gasverteilung zurückgegriffen werden kann.

Der Elektroantrieb mit Batterien kommt besonders dann in Frage, wenn neben der Umweltfreundlichkeit des Antriebssystems der Sauerstoffverbrauch durch die Maschine nicht erwünscht ist (z. B. geschlossene Hallen) oder spezielle Sicherheitsvorkehrungen eingehalten werden müssen (Kohlebergbau).

Da auch ein Mischbetrieb (z. B. Diesel-Elektro-Antrieb; Abb. 138, 139) immer zwei komplette Antriebssysteme und nicht nur zwei verschiedene Energietanks erfordert (wie z. B. bei Benzin/Methanol, Benzin/Wasserstoff-Mischbetrieb), ist der batterieelektrische Antrieb für den Straßenverkehr aufwendiger als jedes andere System mit Verbrennungsmotor (Benzin, Diesel, Methanol, Ethanol, Wasserstoff).

B. Experimentelle Ergebnisse

3.6 Auslegungsbeispiele verschiedener Hydridspeicher

3.6.1 Auslegungsbeispiel für einen Hydridspeicher mit innerem Wärmetauscher

Im Falle des ersten bei Daimler-Benz gebauten Hydridtanks mit äußerem Wärmetausch (Kap. 3.4.1.1) wurden 16 einzelne 8-l-Flaschen mit Durchmessern von 140 mm bei 3,7 mm Wandstärke verwendet.

Der Wärmeweg in diesen Flaschen beträgt

$$L = \frac{D}{2} - d = \frac{140}{2} - 3{,}7 = 66{,}3\ \text{mm}$$

die wärmeübertragende Fläche:

$$16 \times 0{,}225\ \text{m}^2 = 3{,}6\ \text{m}^2$$

Bei der Verkleinerung des Behältervolumens um ca. 50% muß die Speicherkinetik entsprechend schneller ablaufen, damit der Motor in allen Lastbereichen voll mit Wasserstoff versorgt werden kann. Dies bedingt eine bessere Wärmeübertragung zwischen Kühlwasser und Speichermaterial. Da die Wärmeleitfähigkeit des verwendeten geschütteten Hydridmaterials gering ist, muß der Wärmeweg verkürzt werden.

Bei einem großen Einzelbehälter reicht unter diesen Umständen die Mantelfläche als wärmeübertragende Fläche nicht mehr aus. Daher muß ein Innenwärmetauscher verwendet werden, der das Speichermaterial durchsetzt.

Da die lichte Breite des gewählten Fahrzeugs mit 1 580 mm festliegt, blieb nach Abzug der Baulänge von Deckel und Anschlußteilen eine reine Behälterlänge von 1 416,5 mm übrig. Wird eine Behälterseite durch einen Kugelboden verschlossen, ergibt sich das Gesamtvolumen aus Gl. (34)

$$V_{ges} = V_{Rohr} + V_{Halbkugel} = \frac{Di^2\,\pi}{4} \cdot 1 + \frac{1}{2} \cdot \frac{4\,\pi}{3} \cdot \frac{Di^3}{2}$$

$$= \frac{2{,}604^2}{4} \cdot \pi \cdot 12{,}80 + \frac{2\pi}{3}\frac{(2{,}604)^3}{(2)} = 68{,}17 + 4{,}62$$

$$V_{ges} = 72{,}79\ \text{l}$$

Die erforderliche Wandstärke ergibt sich bei einem gewählten Rohrdurchmesser von 273 mm aus Gl. (35)

$$\text{Rohr } 273\ \varnothing \quad s = \frac{Da \cdot p}{200 \cdot \frac{K}{S} \cdot v + p} + c_1 + c_2 + c_3$$

$$s = \frac{273 \cdot 80}{200 \cdot \frac{31}{1,3} \cdot 0,8 + 80} + 0,7 \qquad (35)$$

$$s = 6,3 \text{ mm}$$

a und a_D = Hebelarme der Schraubenkraft in mm

Setzt man die Werte ein, wird:

$$W_1 = \frac{81095 \cdot 4}{31} \cdot 17 = 177\,886 \text{ m}^3$$

$$W_2 = (\text{Prüfdruck} = 1,3 \cdot p) \text{ entfällt}$$

$$W_3 = \frac{150\,000 \cdot 3}{31} \cdot 12,5 = 181\,452 \text{ mm}^3$$

Die erforderliche Flanschhöhe wird:

$$h_F = \sqrt{\frac{1,42 \cdot W - A}{b}} = \sqrt{\frac{1,42 \cdot 181\,452 - 10\,577}{70}}$$

$$h_F = 59,4 \text{ mm}$$

$$A = (d_i + s_1)\, s_1^2 = (260,2 + 6,3) \cdot 6,3^2$$

$$A = 10\,577 \text{ mm}^3$$

A ist technische Hilfsgröße zur Berechnung der Flanschhöhe

Die Schraubenkraft wird:

$$P_{SB} = \frac{p}{100} \left(\frac{\pi\, d_D^2}{4} + 3,8 \cdot d_D \cdot k_1 \right) \qquad k_1 = 0 \text{ bei O-Ring}$$

$$P_{SB} = \frac{64}{100} \cdot \left(\frac{\pi \cdot 275^2}{4} + 0 \right) = 38\,013 \text{ kg}$$

Bei O-Ring-Dichtung ist die Schraubenkraft P_{SB} im Verhältnis $\frac{y_1}{y_2}$ zu erhöhen:

$$y_1 = 32;\; y_2 = 15;\; P_{SB} = 38\,013 \cdot \frac{32}{15} = 81\,095 \text{ kg}$$

Diese Kraft verteilt sich auf 40 Schrauben M 12 × 1,5 × 75, die als Dehnschrauben ausgeführt sind. Der verwendete Werkstoff 24 CrMoV55 hat bei 100 °C eine Streckgrenze von 55 kg/mm². Der erforderliche Gewindekern- bzw. Schaftdurchmesser errechnet sich aus:

$$d_s = Z \cdot \sqrt{\frac{P_{SB}}{K \cdot n}} + c$$

$$d_s = 1{,}38 \cdot \sqrt{\frac{81\,095}{55 \cdot 40}} + 0$$

$$d_s = 8{,}38 \text{ mm}$$

$$z = \sqrt{\frac{4 \cdot s}{\pi\,\varphi}} \qquad z = \sqrt{\frac{4}{\pi} \cdot \frac{1{,}5}{1}} = 1{,}38$$

Als Deckel des Behälters wurde eine ebene Platte verwendet, da diese aus vorrätigem Blech rasch gefertigt werden konnte. Ein Deckel aus Blech oder Stahlguß mit Korbbogenform wäre wesentlich dünnwandiger (ca. 8 bis 10 mm) und leichter.

Die erforderliche Wanddicke s einer runden Platte mit gleichsinnigem zusätzlichem Randmoment beträgt:

$$s = c_1 \cdot d_D \sqrt{\frac{p \cdot S}{100 \cdot K}} + c_2$$

Da bei O-Ring-Abdichtungen kein zusätzliches Randmoment existiert, wird c_1 durch $c = 0{,}35$ ersetzt. Da im Deckel Bohrungen für Thermoelemente erforderlich waren, wird zusätzlich der Beiwert c_{A1} eingesetzt (entfällt bei Serienfertigung).

Damit lautet die Gleichung für die erforderliche Wanddicke s:

$$s = c \cdot c_{A1} \cdot d_D \quad \frac{p \cdot S}{100 \cdot K} - c_2$$

$$s = 0{,}35 \cdot 1{,}45 \cdot 275 \quad \frac{64 \cdot 1{,}3}{100 \cdot 31} + 0$$

$$s = 22{,}9 \text{ mm}$$

(in der Ausführung wurde eine 37 mm starke Wanddicke gewählt).

c_{A1} ergibt sich entsprechend dem AD-Merkblatt B5 nach einer Bestimmung der Werte von $d_A/d_D = \frac{36{,}5}{275} = 0{,}13$ und $d_t/d_D = \frac{300}{275} = 1{,}09$ zu 1,45.

Die Rohre sind von außen mit Druck beaufschlagt, für die Berechnung der Wandstärke gilt:

$$s = \frac{Da \cdot p}{200 \frac{K}{S} \cdot v + p} + c_1 + c_2$$

$$s = \frac{14 \cdot 64}{200 \frac{9}{1{,}3} \cdot 1 + 64} + 0{,}1 + 0$$

$$s = 0{,}72 \text{ mm}$$

Es wurde dabei der Festigkeitskennwert von weichgeglühtem Kupfer (K = 9) angenommen. Die Verstärkung durch das Auflöten auf eine Platte wurde nicht berücksichtigt.

Der im Behälter eingebaute Wärmetauscher wurde dem Kreisquerschnitt angepaßt und besteht aus 6 Kupferflächen, von denen je 2 gleich ausgeführt sind. Die in Sicken der Bleche eingelöteten Kupferrohre könnten bei einer Wassergeschwindigkeit von 5 m/s von 170 l Wasser/s durchströmt werden. Das Gesamtvolumen der Rohre liegt unter 4 l.

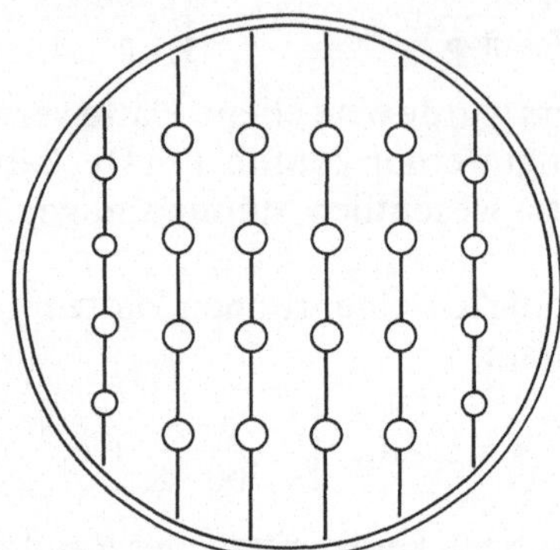

Abb. 140. Querschnitt des inneren Wärmetauschsystems für Tieftemperaturhydridspeicher

Abb. 140 zeigt die Anordnung der Bleche und Rohre im Behälter. Der Abstand der Platten beträgt 36 mm; ihre Dicke 1,5 mm.

Damit wird der maximale Wärmeweg zwischen den Flächen $h = \frac{36 - 1{,}5}{2} =$ 17,25 mm. Die wärmeübertragende Gesamtfläche ohne Außenmantel beläuft sich auf 3,6 m^2.

Da sich der Wärmetauscher im Behälter befindet, wird das Nettovolumen um das Wärmetauschervolumen vermindert. Das Volumen des Wärmetauschers beträgt im vorliegenden Behälter ~7 l einschließlich der Verteilerstücke. Für den Filter wird nochmals ein Volumen von ~1 l benötigt, so daß für die Hydridfüllung ein Volumen von ~65 l zur Verfügung steht.

3.6.1.1 Überlegungen zur Gewichtseinsparung

Betrachtet man die Gewichte der einzelnen Behälterteile, so sind diese für den mobilen Einsatz immer noch sehr hoch. Der Grund dafür liegt in der geschweißten Ausführungsform. Die schweißbaren Werkstoffe erreichen nicht die hohen K-Werte (K-Werte ... Festigkeitskennwerte) wie die nicht schweißbaren, die für nahtlos geschmiedete Stahlflaschen verwendet werden.

Eine Gegenüberstellung von vorhandenen und erreichbaren Gewichten macht den Unterschied am besten deutlich (Tabelle 14).

Beide Ausführungen sind unter gleichen Bedingungen berechnet. Werkstoffauswahl und Herstellungsverfahren ermöglichen eine Halbierung des Gewichts. Bei den Überlegungen, das Behältergewicht weiter zu reduzieren, liegt der Gedanke nahe, für den Wärmetauscher und den Behälter Aluminium zu verwenden.

Tabelle 14. *Gewichtseinsparung beim Behälterbau*

Ausgeführter Behälter Festigkeitskennwert	304 N/mm²	Mögliche Ausführung Festigkeitskennwert	735 N/mm²
	Gewicht kg		Gewicht kg
Zusammengeschweißter Behälter mit Boden und Flansch 6,3 mm Wanddicke	70	Nahtloser Behälter mit angeschmiedetem Boden 3 mm Wanddicke	42
Ebener Deckel 37 mm dick	22,5	Gewölbter Deckel 8 mm dick	11,8
Wärmetauscher aus Kupfer	40	Wärmetauscher aus Aluminium	12,2
Gesamtgewicht	132,5	Gesamtgewicht	66,0

Der einzige bis 1980 in der Bundesrepublik Deutschland für Druckbehälter zugelassene Leichtmetallwerkstoff (AlMgSi 1) besitzt einen Festigkeitskennwert von nur 118 N/mm². Verwendet man einen Stahl, dessen Kennwert nur im Verhältnis der spez. Gewichte höher liegt, erhält man bereits gleiche Behältergewichte.

$$St : Al = K_{St} : K_{Al}$$

$$K_{st} = 342\ N/mm^2$$

Die üblichen Festigkeitskennwerte für Stähle von Druckflaschen liegen zwischen 390 und 880 N/mm². Zwar gibt es Leichtmetallwerkstoffe mit Werten von 26 kp/mm² und höher, doch liegt dann die Bruchdehnung unter der vorgeschriebenen Grenze von 16%.

Für Nahziele bleiben somit Stähle die günstigsten Behälterwerkstoffe. Durch konstruktive und fertigungstechnische Maßnahmen muß daher zunächst versucht werden, Gewicht einzusparen.

Aus Gründen der Wärmeleitfähigkeit werden Wärmetauscher aus Kupfer oder Aluminium gefertigt. Hier bringt Aluminium gegenüber Kupfer echte Gewichtsvorteile, da die Festigkeitskennwerte beider Metalle etwa gleich groß sind, und Aluminium um $^2/_3$ leichter ist.

Eine weitere Gewichtseinsparung kann durch Reduktion des Wasserstoffdrucks beim Betanken erfolgen, wodurch der zur Zeit gültige Prüfdruck des Behälters von ca. 80 bar wesentlich verringert und die Behälter dünnwandiger gebaut werden könnten.

Letztlich dürfte jedoch bei der vorliegenden Konstruktion das Gesamtzusatzgewicht etwa 60 kg betragen. Da das Totgewicht im allgemeinen nicht mehr als 25 bis 30% des Gesamtgewichts betragen sollte, folgt bei einem vorgegebenen

Volumen von 65 l ein für alle Hydridspeicher gleiches Tankgewicht von ca. 200 kg. Die Erhöhung der Wasserstoffspeicherdichte der Hydride wird daher in erster Linie als Vergrößerung der Reichweite und nicht in Form einer Gewichtsverringerung des Tanks zum Ausdruck kommen.

3.6.2 Auslegungsbeispiel für abgasbeheizte Kombinationsspeicher

Unter der Annahme idealer Bedingungen entsteht bei der Verbrennung von 1 Mol Wasserstoff mit einem halben Mol Luftsauerstoff im Verbrennungsraum etwa folgende Abgaszusammensetzung (36) (das Kraftstoff-/Luftverhältnis variiert von 2,5 im Leerlauf bis 1 bei Vollast):

$$2\,g\,H_2 + 16\,g\,O_2 + 56\,g\,N_2 + 2\,g\,H_2O \longrightarrow 18\,g\,H_2O + 56\,g\,N_2 + 2\,g\,H_2O \quad (36)$$

Die Restanteile der Luft sollen vernachlässigt werden.

Der Energieinhalt des Abgases läßt sich je nach Temperaturintervall wie folgt abschätzen: die spezifischen Wärmen im Temperaturbereich von 100 °C bis 700 °C betragen für Wasser $2{,}1 \pm 0{,}2$ J/g · °C und für Stickstoff ca. $1{,}1 \pm 0{,}2$ J/g · °C. Zwischen der Abgastemperatur von 650 °C und der Arbeitstemperatur des Mg_2Ni-Speichers von 270 °C steht daher eine Energie von 39 kJ, bezogen auf 1 Mol verbrannten Wasserstoffs, zur Verfügung (Abb. 141). Die Bildungsenthalpie des Mg_2Ni-Hydrids beträgt 65 kJ/mol Wasserstoff. Mit der im Abgas enthaltenen Energie können also maximal 60% des zum Fahrbetrieb notwendigen Wasserstoffs aus diesem Hochtemperaturspeicher entnommen werden. Der Restbedarf von 40% Wasserstoff muß von einem Tieftemperaturhydrid abgegeben werden. Entnimmt man die dazu benötigte Energie wieder dem Abgas, das nach Durchqueren des Hochtemperaturspeichers noch eine Temperatur von $\leqq 270$ °C besitzt, so beläuft sich dieser Energiebetrag auf ~13 kJ/mol Wasserstoff, und das Abgas wird auf Temperaturen unter 150 °C abgekühlt (Abb. 141).

Eine für die Abgastemperaturen optimal ausgelegte Kombination aus Mg_2Ni und TiFe besteht zu 42 Gew.-% aus Mg_2Ni und zu 58% aus TiFe (unter Zugrundelegung der Speicherkapazitäten: $Mg_2NiH_4 \triangleq 3{,}7$ Gew.-% Wasserstoff, bezogen

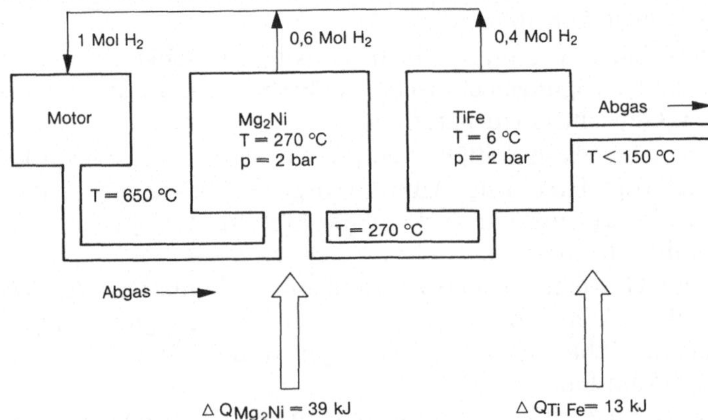

Abb. 141. Wärmebilanz des Hydridkombinationsspeichers (oberer Lastbereich des Motors)

auf das aktive Speichermaterial, und $TiFeH_{1,9} \triangleq 1,8$ Gew.-% Wasserstoff, bezogen auf das aktive Speichermaterial). Die Gesamtspeicherkapazität beträgt damit 2,6 Gew.-% Wasserstoff.

Für den City-Bus (Kap. 3.4.1) wurde das Verhältnis der Hoch- zu Tieftemperaturspeicher so gewählt, daß im Teillastbereich alle Speicher gleichzeitig entladen werden. Insgesamt befinden sich 183 kg TiFe in den beiden Tieftemperaturspeichern und 55 kg Mg_2Ni im Hochtemperaturspeicher, so daß 5,3 kg Wasserstoff reversibel verfügbar sind. Dies entspricht einer Benzinmenge von rund 15 kg entsprechend 20 l. Zusätzlich zu diesen Speichern befindet sich auch ein TiFe-Klimaspeicher an Bord des Fahrzeugs, der nur zur Demonstration der Klimatisierung während des Fahrbetriebs dient (siehe Kap. 3.4.1.3). Er enthält 93 kg TiFe mit einem Gehalt von 1,67 kg Wasserstoff.

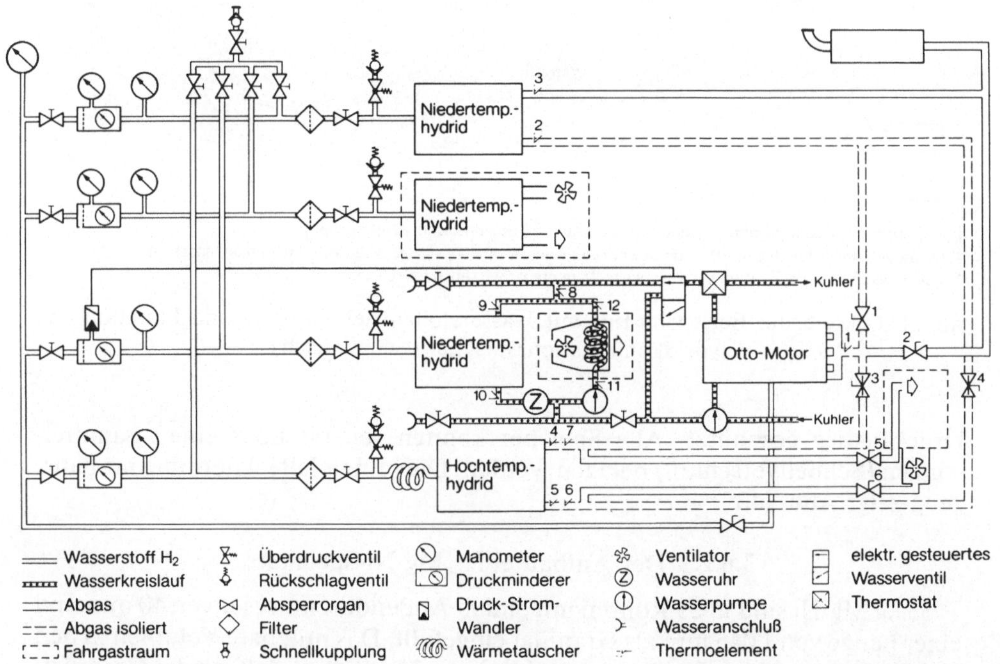

Abb. 142. Steuer- und Regelkreise der Hydridspeicher im Mercedes-Benz City-Bus

Eine Darstellung des Leitungs- und Funktionsplans der Hydridspeicher im City-Bus gibt Abb. 142. Sämtliche Speicher sind über Reduzierventile mit der Wasserstoffsammelleitung zum Motor verbunden. Für den Fahrbetrieb werden die Reduzierventile so eingestellt, daß zuerst die wasserbeheizten Speicher entladen werden. Dies ermöglicht, schon ca. 3 bis 5 Minuten nach Fahrbeginn den Fahrgastraum zu kühlen. Danach werden der Hochtemperaturspeicher und der abgasbeheizte TiFe-Speicher entladen. Nach einem Anfahrzeitraum von 5 bis 10 Minuten befinden sich alle Speicher aufgrund der Druckregulierung in der Sammelleitung auf einem Druckniveau von 2 bis 5 bar. Die Speicher sind jeweils durch ein Überdruckventil und ein Rückschlagventil gegen einen übermäßigen

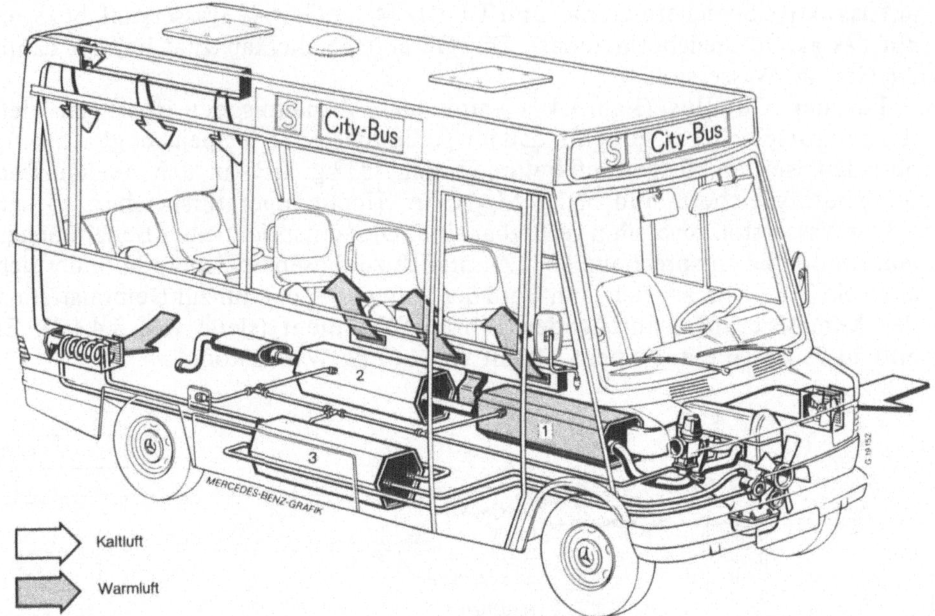

1. Abgasbeheizter Hochtemperatur-Hydrid-Speicher (Auch als Standheizung zu verwenden)
2. Abgasbeheizter Tieftemperatur-Hydrid-Speicher (Zur weiteren Abkühlung des Abgases – Wasserkondensation)
3. Tieftemperatur-Hydrid-Speicher mit Flüssigkeits-Wärmetauscher (Auch als Kühlaggregat zu verwenden)

Abb. 143. Mercedes-Benz City-Bus mit Wasserstoffantrieb. Aufbau und Funktion der Hydridkombinationsspeicher (schematisch)

Druckanstieg geschützt. Alle Speicher können separat über einen Sammelstutzen (Schnellverschluß) beladen werden. Die prinzipielle Anordung im Fahrzeug zeigt Abb. 143.

3.6.2.1 Der Aufbau eines Mg_2Ni-Speichers

55 kg Mg_2Ni sind in 25 Röhren mit einem Außendurchmesser von 40 mm und einer Länge von 1 045 mm als Granulat eingefüllt. Das nutzbare Volumen in den Röhren beträgt 29,9 l, die Dichte von Mg_2NiH_4 2,75 kg/l, so daß mit der Granulatfüllung eine ~ 70%ige Raumausnutzung erzielt wird. Wird das Mg_2Ni-Material mit Aluminiumpulver oder Magnesiumpulver verpreßt und in Tablettenform in die Röhren eingebracht, so wird das vorhandene Volumen bis über 80%, bezogen auf die Mg_2NiH_4-Dichte, ausgenutzt. Die 25 Röhren sind in 5 Lagen zu 5 Röhren versetzt angeordnet. Der kleinste Rohrabstand beträgt etwa 5 mm. Damit wird erreicht, daß der Strömungswiderstand im Speicher nicht größer ist als im Abgasrohr. In Längsrichtung sind in den Speicher für das Abgas drei Schikanen eingebaut, die einmal dafür sorgen, daß der Weg und damit die Verweilzeit des Abgases im Speicher größer ist, zum anderen wird der Speicher segmentweise aufgeheizt, so daß schon nach kurzer Zeit (3 bis 7 Minuten, je nach Last des Motors) dem Hochtemperaturspeicher Wasserstoff entnommen werden kann. Zur Verringerung der Wärmeabstrahlung ist der Speicher mit einem doppel-

wandigen Stahlmantel und dazwischenliegender temperaturfester Isolation umgeben.

3.6.2.2 Der Aufbau eines abgasbeheizten TiFe-Speichers

Während einer zweistündigen Fahrt hat das Fahrzeug (City-Bus) einen Verbrauch von 5 kg Wasserstoff. Dies entspricht einem Durchschnittsverbrauch von 0,69 g Wasserstoff pro Sekunde. Die beiden TiFe-Fahrspeicher im Bus sind so ausgelegt, daß der Fahrbetrieb allein aus ihnen möglich ist. Der wasserbeheizte Klimaspeicher hat im Klimabetrieb eine durchschnittliche Wasserstoffdesorptionsrate von 0,23 g Wasserstoff pro Sekunde (bei Beheizung mit Motorkühlwasser bis 2 g pro Sekunde). Somit muß zur Deckung des Wasserstoffbedarfs aus dem abgasbeheizten TiFe-Speicher mindestens eine Wasserstoffdesorptionsrate von 0,5 bis 2 g Wasserstoff möglich sein. Zu diesem Zweck muß besonderer Wert auf einen guten Wärmetausch zwischen Abgas und Hydrid gelegt werden. Insgesamt sind 93 kg TiFe-Pulver mit 5 Gew.-% Aluminiumpulver zu Tabletten verpreßt in 32 Stahlröhren mit einem Durchmesser von 40 mm und einer Wandstärke von 1 mm eingepaßt. Über Entgasungsnuten in den Tabletten kann der Wasserstoff ungehindert durch 425 mm lange Röhren zum Sammelrohr strömen. Um ein homogenes Aufheizen des Speichers zu erreichen, sind die Röhren so angeordnet, daß sich die Rohrabstände vom Abgaseintritt zum Abgasaustritt hin verjüngen.

3.6.2.3 Testergebnisse

Testfahrten mit z. B. konstanter Geschwindigkeit von 60 km/h und Start mit kalten Speichern sollten Aufschluß über das Temperaturverhalten des Abgases im Abgasleitungsstrang geben.

Sämtliche Speicher werden vor Beginn der Fahrt voll beladen und haben Umgebungstemperatur (≅20 °C). Die Wasserstoffentnahme ist so geregelt,

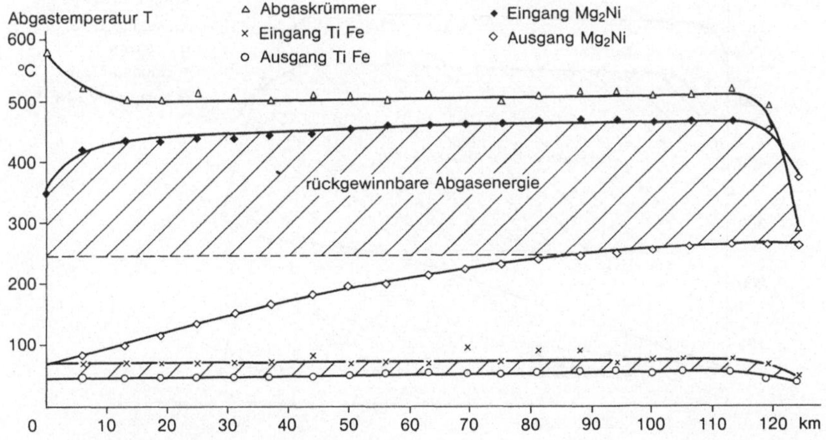

Abb. 144. Testergebnisse eines abgasbeheizten Kombinationsspeichers. Der Motor wurde im mittleren Lastbereich betrieben (60 km/h^{-1})

daß die Speicher gleichmäßig entladen werden. Während der Fahrt wird das Abgas zuerst durch den Mg_2Ni-Speicher und dann über den TiFe-Speicher geleitet. Die Wärmezufuhr zum wasserbeheizten Speicher erfolgt nur dann aus dem Motorkühlwasser, wenn der Wasserstoffdruck in diesem Speicher unter 2 bar sinkt. Abb. 144 zeigt die gemessenen Abgastemperaturen an 5 Stellen im Abgasstrang:

- am Abgaskrümmer des Motors (Δ)
- am Eingang des Hochtemperaturspeichers (◆)
- am Ausgang des Hochtemperaturspeichers (◇)
- am Eingang des Tieftemperaturspeichers (×)
- am Ausgang des Tieftemperaturspeichers (○)

Die Abgastemperaturen am Auspuffkrümmer sind während der gesamten Fahrt nahezu konstant bei 500 °C. Nach etwa 10 Minuten Fahrt liegt die Temperatur des Abgases am Mg_2Ni-Speichereingang bei ~400 °C, steigt danach langsam bis 450 °C an und bleibt dann konstant. Nach etwa ¾ der Fahrt weisen die Temperaturen am Ausgang des Mg_2Ni-Speichers Werte zwischen 250 °C und 260 °C auf und kennzeichnen damit, daß von diesem Zeitpunkt an aus allen Speicherbereichen Wasserstoff entnommen wird. Die Temperaturen vor und nach dem abgasbeheizten TiFe-Speicher betragen nach einer kurzen Einfahrdauer von 5 Minuten etwa 80 °C bzw. 60 °C. Bei einer Temperatur von ~60 °C am Speicherausgang tritt der größte Teil des Wasserdampfes am TiFe-Speicher bereits wieder als auskondensiertes Wasser auf. Die Reichweite des ca. 4 t (Leergewicht) schweren City-Busses beträgt bei einer konstanten Geschwindigkeit von 60 km/h etwa 120 km.

Durch Integration der Flächen unter den Temperaturkurven in Abb. 144 ist es möglich, die Wärmeaufnahme zu ermitteln, die durch Abkühlen des Abgases

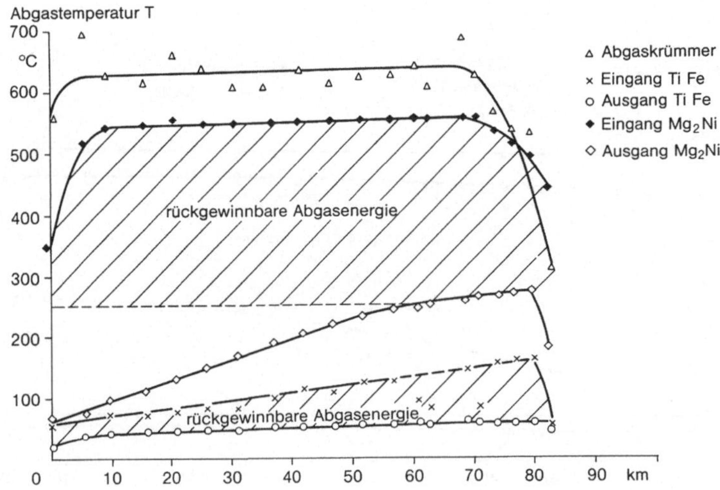

Abb. 145. Testergebnisse eines abgasbeheizten Kombinationsspeichers bei Vollastbetrieb des Motors (90 km/h^{-1})

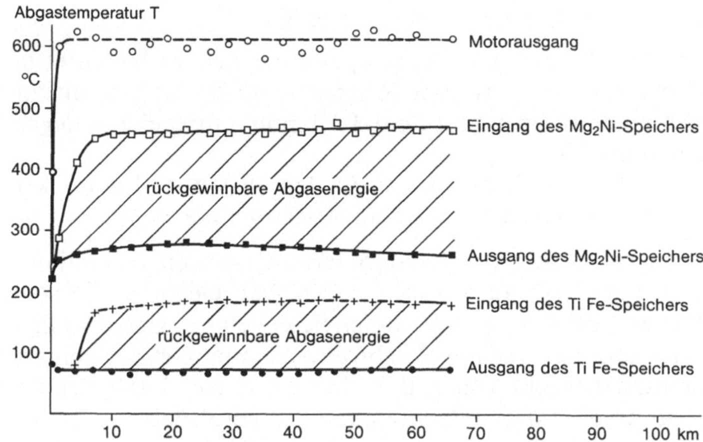

Abb. 146. Testergebnisse eines abgasbeheizten Kombinationsspeichers mit verbesserter Isolation bei einer Fahrt im mittleren Lastbereich des Motors (60 km/h^{-1})

in die Speicher erfolgt. Danach werden ~50% der Abgasenergie (ohne Kondensationswärme) im Hochtemperaturspeicher gespeichert und ~ 6% im Tieftemperaturspeicher. Zusätzlich fällt in Tieftemperaturspeichern noch Energie durch Kondensation von Wasserdampf an.

Ein weiterer Test ermittelte das Verhalten der Speicher bei höherer Last und konstanter Abgastemperatur von 550 °C vor dem Hochtemperaturspeicher. Abb. 145 zeigt die Abgastemperaturen vor und nach den Speichern sowie am Abgaskrümmer direkt hinter dem Motor. Die gesamte Fahrzeit betrug 80 Minuten. Zurückgelegt wurde eine Strecke von ca. 90 km. Trotz der höheren Abgastemperaturen direkt hinter dem Motor liegen die Temperaturen nach dem Tieftemperaturspeicher wiederum unter 60 °C. Fünf Minuten nach Fahrbeginn hat das Abgas bei Eintritt in den Hochtemperaturspeicher Temperaturen über 500 °C, und nach 60 Minuten liegen die Abgastemperaturen am Speicherende bei 250 °C.

Schließlich liegt auch noch das Speicherverhalten bei einer Fahrt mit konstanter Geschwindigkeit von 60 km/h vor, aber mit einer verbesserten Abschirmung des Abgasstranges.

Die Abgastemperaturen während der Meßfahrt zeigt Abb. 146. Im Gegensatz zu den bisher beschriebenen Tests liegen jetzt die Abgastemperaturen hinter dem Motor und vor dem Tieftemperaturspeicher höher. Schon 5 Minuten nach Fahrbeginn erreichen die Abgastemperaturen vor dem Mg_2Ni-Speicher Werte um 450 °C, und 10 Minuten nach Fahrbeginn betragen sie vor dem TiFe-Speicher 170 °C. Hinter den Speichern sind die Abgastemperaturen jeweils konstant, am Mg_2Ni-Speicheraustritt ~ 270 °C und am TiFe-Speicheraustritt 65 °C bis 70 °C.

Besonders wichtig beim Einsatz von Hochtemperaturhydridspeichern ist somit eine möglichst verlustfreie Ankoppelung an die Abgasenergie. Deshalb sollte der Einbau des Hochtemperaturspeichers möglichst in Motornähe erfolgen.

Zusammenfassend läßt sich daher feststellen:

- Gegenüber dem Betrieb aus Tieftemperaturspeichern bedeutet der Einsatz von Kombinationsspeichern eine Reichweitenverbesserung bis zu 30%.
- Die Abgastemperaturen hinter dem Tieftemperaturspeicher liegen konstant im Bereich von 60 °C.
- Der Wasserbedarf zur Einspritzung in den Wasserstoffmotor kann grundsätzlich durch Kondensation aus dem Abgas gedeckt werden.

Somit führt der Einsatz von Hochtemperaturhydriden gegenüber dem alleinigen Einsatz von Tieftemperaturhydriden bei gleichem Tankgewicht zu einer deutlichen Erhöhung der Reichweite eines wasserstoffgetriebenen Fahrzeugs oder aber bei gleicher Reichweite zu einer Gewichtseinsparung. Bei einem Gesamttankgewicht von z. B. ~360 kg, davon 260 kg Tieftemperaturhydridspeicher und 100 kg Hochtemperaturhydridspeicher (mit Speicherummantelung), wird bei einem angenommenen Verbrauch von 0,64 g Wasserstoff pro Sekunde eine Fahrzeit von 140 Minuten erzielt. Um die gleiche Fahrdauer mit einem Tieftemperaturhydridspeicher allein zu erreichen, wäre bei gleicher Bauweise ein Tankgewicht von 420 kg notwendig. Die Gewichtseinsparung beträgt also ~15%. Noch stärker kommt die Gewichtseinsparung zum Ausdruck, wenn das Verhältnis von Hoch- zu Tieftemperaturhydrid nicht auf den Teillastbereich, wie im City-Bus realisiert, sondern auf den Vollastbereich mit Abgastemperaturen um 650 °C ausgelegt und ein Hochtemperaturhydrid mit 6 bis 7 Gew.-% Wasserstoffspeicherkapazität verwendet wird.

3.6.2.4 Testergebnisse mit einem abgasbeheizten TiZrCrMn-Speicher

Der erste Prototyp eines abgasbeheizten Tieftemperaturspeichers der Firma Mannesmann Röhrenwerke wurde 1981 gebaut und im Fahrzeug (City-Bus)

Abb. 147. Einbau des abgasbeheizten „TiCrMn"-Hydridspeichers (Fa. Mannesmann-Röhrenwerke) in den Mercedes-Benz City-Bus

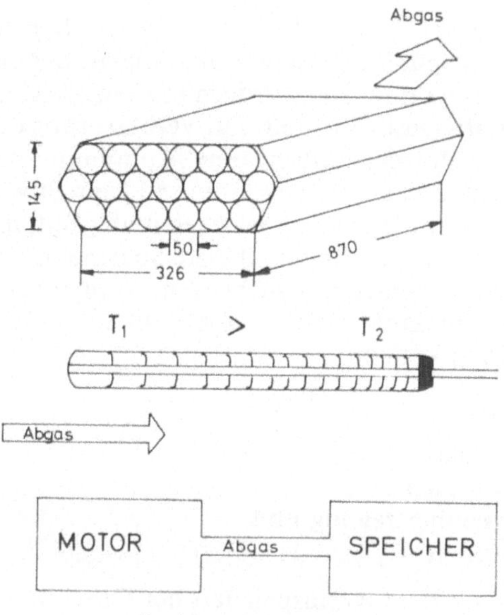

Abb. 148 a. Prinzipieller Aufbau des abgasbeheizten Tieftemperaturspeichers. Das Hydridgranulat wird in den Speicher eingerüttelt (nicht verpreßt!). Die erforderliche Wärmeleitfähigkeit wird über eingelegte Aluminiumfolien erreicht (Bild Mitte)
Photo: Mannesmann-Röhrenwerke, Bundesrepublik Deutschland

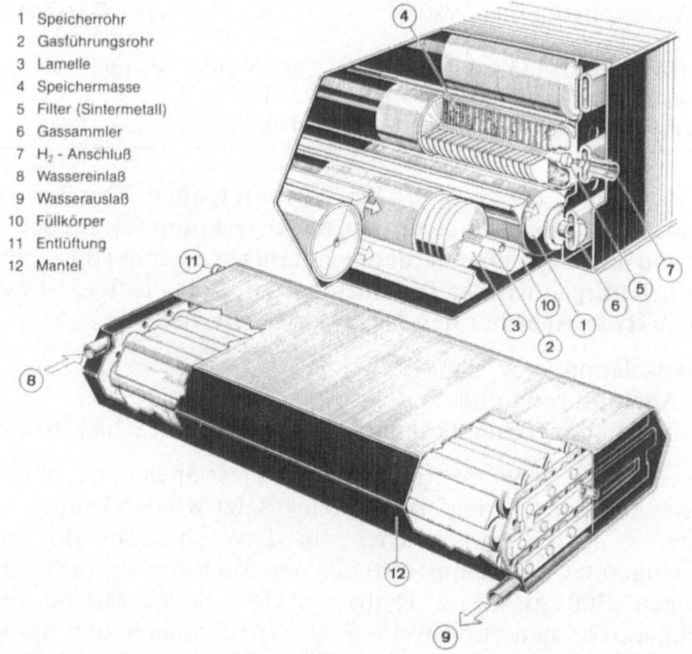

Abb. 148 b. Kraftfahrzeug-Hydridspeicher
Photo: Mannesmann-Röhrenwerke, Bundesrepublik Deutschland

erfolgreich erprobt (Abb. 147). Die Konstruktion des Speichers wurde unter Standardisierungsgesichtspunkten einer zukünftigen Serienfertigung durchgeführt (Abb. 148). Das Hydridpulver wurde mit 5 Gew.-% Aluminium vermischt und in den Speicherröhren fest verrüttelt. Zur Verbesserung der Wärmeleitfähigkeit wird nach je 10 mm Pulverschüttung eine Aluminiumfolie eingebracht, die auf die Pulveroberfläche und an die Behälterwand gepreßt wird. Diese Schichtbauweise der Füllung ergibt Werte der Wärmeleitfähigkeit, die jene der vorverdichteten Preßlinge erreicht. Der abgasbeheizte Speicher ist so ausgelegt, daß er gleichmäßig mit dem Wärmemedium angeströmt werden kann, wobei im Fahrbetrieb das Abgas und im Tankbetrieb sowohl Luft als auch Wasser als Wärmeträger eingesetzt werden können.

Die gewählte Konstruktion gewährleistet neben

- geringstem Raumbedarf und
- geringstem Gewicht auch eine
- ausreichende Wärmeübertragung und
- ausreichende Sicherheit

Dieser erste Prototyp eines Hydridspeichers der Firma Mannesmann (Tabelle 15) wurde in den City-Bus eingebaut und bei verschiedenen Fahrgeschwindigkeiten getestet:

Tabelle 15. *Technische Daten eines Mannesmann-Hydridspeichers*

Masse	96 kg
Wasserstoffkonzentration 50 bar/20 °C (reversibel)	2 Gew.-% = 1,9 kg Wasserstoff
Maße; Länge/Breite/Höhe	865 × 365 × 145 mm
Gesamtgewicht akt. Masse : Mantel	2 : 1
Energiedichte des Speichers	440 Wh/kg

Abb. 149 zeigt den bei z. B. 60 km/h auftretenden Druckverlauf des Wasserstoffs sowie die Abgastemperaturen am Abgaskrümmer, am Speicherein- bzw. -austritt und die Innentemperatur des Hydrids in einer der Speicherröhren.

Das wesentliche Ergebnis aller Testfahrten ist, daß die niedrige Abgastemperatur nach dem Hydridspeicher den Nachweis liefert, daß

- die Speicherisolation,
- die innere Abgasführung und
- die Wärmeübertragungstechnik innerhalb der Röhren (Schichtbauweise)

bereits heute sehr günstige Werte erreicht haben, diese Speichertechnologie also auch in einer zukünftigen Serienfertigung eingesetzt werden kann.

Zudem wurde in diesem Speicher ein Lavesphasenhydrid auf Basis „TiZrCrMn“ eingesetzt und damit erstmals der Nachweis erbracht, daß auch größere Mengen (100 kg) dieses Hydrids 2 Gew.-% Wasserstoff reversibel speichern können. Die neu entwickelte Speichertechnologie und das neu entwickelte Hydrid führen dann zu einer deutlichen Erhöhung der Reichweite des Fahrzeugs.

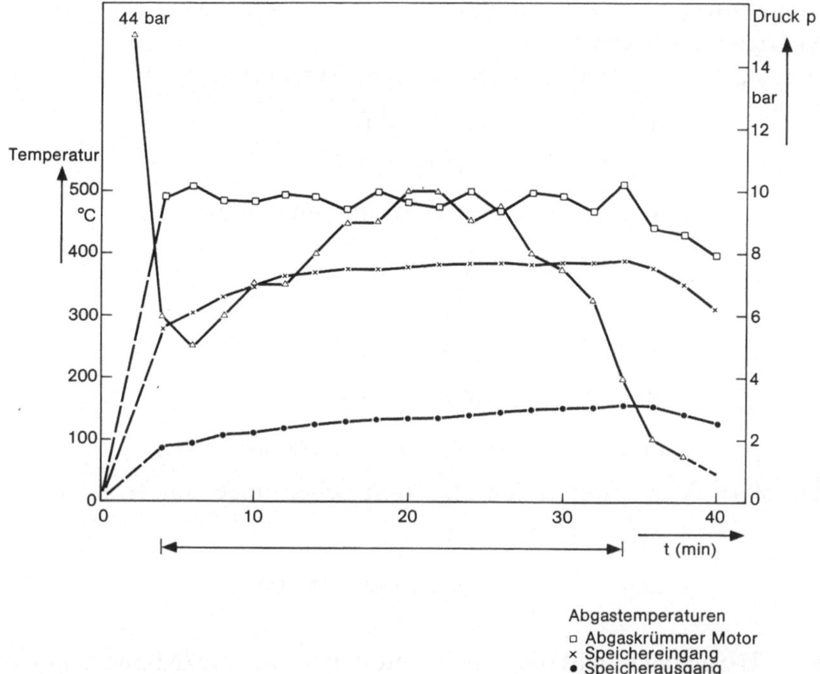

Abb. 149. Testergebnisse des abgasbeheizten „TiCrMn"-Hydridspeichers

3.6.3 *Auslegung und Testergebnisse einer Hydridstandheizung*

Das folgende Berechnungsbeispiel zeigt die Verhältnisse einer Hydridstandheizung für einen Hydrid-Kombinationsspeicher, wenn ein Tieftemperaturspeicher mit 100 kg (2 kg Wasserstoff) und ein Hochtemperaturspeicher mit 100 kg (4 kg Wasserstoff) vorliegt. Ein solcher Speicher von 200 kg benötigt ein Gesamtvolumen von etwa 100 l und speichert das Energieäquivalent von ca. 20 l Benzin.

Der 100-kg-Tieftemperatur-Speicher wird mittels Kühlwasser oder Abgas während des Fahrbetriebs auf ca. 80 °C erwärmt. Gleichzeitig wird der 100-kg-Mg/Ni-Speicher über das Abgas auf über ca. 300 °C erhitzt. Im vorliegenden Beispiel beträgt die Endtemperatur des Hochtemperaturhydridspeichers nach Abstellen des Motors 210 bis 250 °C. Aufgrund des Temperatur/Druck-Verhaltens liegen beim Abstellen des Fahrzeugs folgende Daten vor:

100 kg Tieftemperaturhydrid 80 °C; $p_{H_2} = 30$ bar; $\Delta H_{H_2} \cong 30$ kJ

100 kg Mg/Ni; 210–250 °C; p_{H_2} ca. 1 bar; $\Delta H_{H_2} \cong 60$ kJ

Der Druck im TTH-Speicher ist also wesentlich höher als im Mg/Ni-Speicher. Die Bindungsenergie des Wasserstoffs (ΔH) im Mg/Ni-Speicher ist dagegen wesentlich größer als im TTH-Speicher.

Ohne äußere Wärmezufuhr zum TTH-Speicher kann dieser aufgrund seiner Wärmekapazität bis auf etwa 0 °C (maximal bis −30°) abkühlen und dabei

Wasserstoffdrücke liefern, die über dem Wasserstoff-Absorptionsdruck der Mg/Ni-Legierung liegen.

Die aus dem TTH-Tank entnehmbare Wasserstoffmenge ergibt sich zu:

$$\Delta H_{H2} \cdot m_{H2} = c_p \cdot M \cdot \Delta T$$

ΔH_{H2} = 30 kJ/mol°

m_{H2} = Wasserstoffmenge in mol

c_p = 100 J/mol°

M = 1 000 mol (100 kg TiFe)

ΔT = 80 °C

daraus folgt: $30 \cdot 10^3 \cdot m_{H2} = 100 \cdot 10^3 \cdot 80$

$m_{H2} \cong 250$ mol Wasserstoff = 500 g

Werden 500 g Wasserstoff in den Mg/Ni-Speicher eingebaut, so folgt:

$$\Delta H_{H2} \cdot m_{H2} = \Delta Q$$

$$\Delta Q_1 = 60 \cdot 250 \text{ kJ} = 15\,000 \text{ kJ} = 3{,}8 \text{ kWh}$$

Ist der TTH-Speicher nicht mehr als $\frac{1}{4}$ gefüllt bzw. der Mg/Ni-Speicher zu mehr als $\frac{8}{10}$ hydriert, so wird die freigesetzte Wärmemenge entsprechend geringer.

Wird die anfallende Wärmemenge aus dem Mg/Ni-Speicher ständig abtransportiert, so bleibt die Temperatur des 100-kg-Speichers konstant bei z. B. 220 °C. Beim Auskühlen dieses Speichers auf z. B. 20 °C erhält man noch einmal

$$\Delta Q_2 = c_p \cdot M \cdot \Delta T$$

c_p = 80 J/mol

M = 1 000 mol (100 kg MgNi)

ΔT = 200 °C

$$\Delta Q_2 = 80 \cdot 10^3 \cdot 2 \cdot 10^2 = 16\,000 \text{ kJ}$$

$$= 4{,}6 \text{ kWh}$$

Wird diese Wärmemenge in 5 bis 15 Minuten entnommen, so liegt die Heizleistung des Hochtemperaturspeichers zwischen 20 und 55 kW. Für die Zeit des Umfüllvorgangs ist ausschließlich der Wasserstoffdruck des TTH-Tanks ausschlaggebend, der wiederum durch seine Temperatur bestimmt ist. Auch hier bringt der Einsatz von Lavesphasenhydriden (z. B. TiZrCrMn) wesentliche Verbesserungen der Hydridstandheizung, da von tieferen Temperaturen ausgegangen werden kann.

Fahrzeugversuche mit der (weltweit gesehen) ersten Hydridzusatzheizung wurden bereits Anfang 1977 von Daimler-Benz erfolgreich durchgeführt. Im City-Bus (Abb. 150) wurde die Standheizung wie folgt eingebaut:

Während der Fahrt ist das Abgasventil V_3 zum Motor und das Abgasventil V_2 zum abgasbeheizten TiFe-Speicher geöffnet. Das Doppelventil V_1 zum

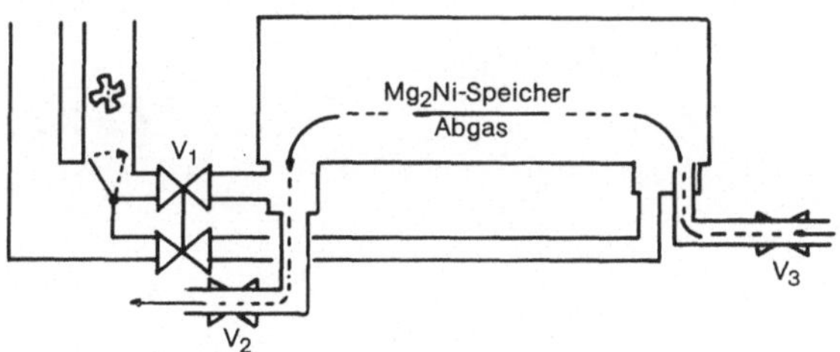

Fahrbetrieb: Standheizungsventil V_1 geschlossen
Abgasventile V_2 und V_3 offen

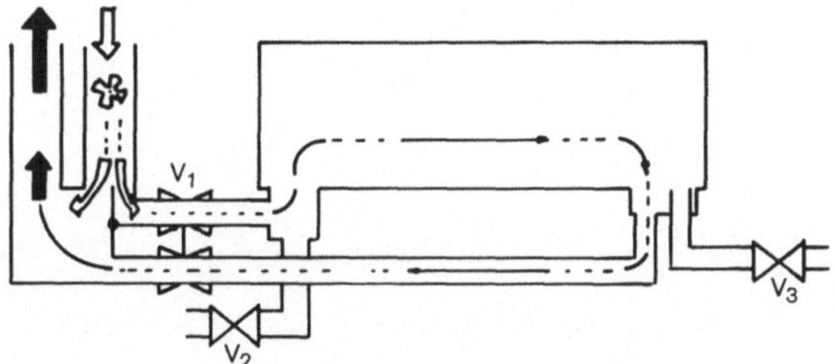

Standheizungsbetrieb: Standheizungsventil V_1 offen
Abgasventil V_2 und V_3 geschlossen

Abb. 150. Schema der Hydridstandheizung im Mercedes-Benz City-Bus

Frischluftstutzen und zum Fahrgastraum ist geschlossen, so daß das Abgas ungehindert vom Motor durch den Mg_2Ni- in den TiFe-Speicher gelangen kann. Nach Beendigung der Fahrt werden V_2 und V_3 geschlossen und V_1 geöffnet (in der Praxis durch entsprechende Steuerung über das Zündschloß). Besteht beim Stand des Fahrzeugs im Fahrgastraum ein Wärmebedarf, so wird über den Ventilator im Ansaugrohr Frischluft angesaugt und ein Teil dieser Luft über das Ventil V_1 durch den Speicher geblasen. Der Speicher ist so ausgelegt, daß die Luft bei Austritt aus dem Speicher die Temperatur des Speichers angenommen hat, in der Regel 300 °C bis 350 °C. Danach gelangt die aufgeheizte Luft durch V_2 in den Schacht zum Fahrgastraum und wird dort mit Frischluft gemischt. Die Mischung erfolgt über eine Klappe, die es ermöglicht, die in den Fahrgastraum eintretende Warmluft zu regeln.

Dritter Teil
Sonstige Anwendungen

A. Allgemeines

4. Metallhydride für die elektrochemische Energiespeicherung und -erzeugung (Hydridbatterien)

Metallhydride können, wie in Kap. 2.11.3 bereits dargestellt, nicht nur aus der Gasphase, sondern auch elektrochemisch in einem im allgemeinen alkalischen Elektrolyten mit Wasserstoff be- und entladen werden [138 bis 140].

In Zusammenarbeit mit dem Battelle-Institut/Genf, Schweiz [138], hat Daimler-Benz ein elektrochemisch reversibles Hydridbatteriesystem entwickelt, das praktisch eine Kombination von Elektrolyse, Hydridspeicher und Brennstoffzelle in einem darstellt. Im Rahmen dieser Zusammenarbeit wurde 1970 die weltweit erste Prototypzelle eines Hydridakkumulators für den Traktionsbetrieb gebaut (Abb. 151) (100 Wh; mit Energiedichten von 50 bis 60 Wh/kg) und funktionell erfolgreich getestet. Die weltweit erste Hydridstarterbatterie (Abb. 152) (12 V, 45 Ah) wurde bei Daimler-Benz im Jahre 1975 erstellt und getestet.

Ein alkalischer Hydridakkumulator (mit Metallhydrid und Nickelhydroxidelektroden) ist daher prinzipiell für

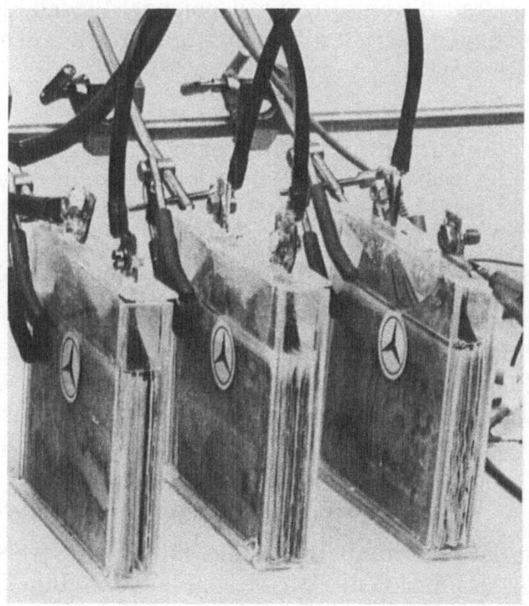

Abb. 151. Zelle eines Hydridtraktionsakkumulators

Abb. 152. Prototyp einer Hydridstarterbatterie

- Tiefentladungen und damit als Stromspeicher für den mobilen (Elektrofahrzeug) und stationären (Stromspitzenlastspeicher) Einsatz und für
- Hochstrombelastungen bei tiefen Temperaturen und damit als Starterbatterie für z. B. Kraftfahrzeuge

geeignet.

Aus diesem Grund wurden im Auftrag der Daimler-Benz AG am Battelle-Institut/Genf die Eigenschaften der Hydridelektroden, der Hydridbatterie und ihre mobilen und stationären Einsatzmöglichkeiten ermittelt.

4.1 Elektrochemisches Verhalten von Metallhydriden

Die Teilschritte des elektrochemischen Verhaltens eines Hydrids stellen sich im einzelnen folgendermaßen dar: Nach Abb. 153 reagieren die an die Oberfläche des Hydrids diffundierten und absorbiert vorliegenden Wasserstoffatome während der Entladung der Elektrode mit Hydroxidionen aus dem alkalischen Elektrolyten (z. B. wäßrige KOH-Lösung) zu Wasser (37).

$$H_{ad} + OH^- \underset{\text{laden}}{\overset{\text{entladen}}{\rightleftharpoons}} H_2O + e^- \qquad (37)$$

Die an der Oberfläche verbrauchten Wasserstoffatome werden während der Entladung durch Nachdiffusion des Wasserstoffs aus dem Innern der Hydridelektrode ersetzt.

$$MeH \underset{\text{laden}}{\overset{\text{entladen}}{\rightleftharpoons}} Me + H_{ad} \qquad (38)$$

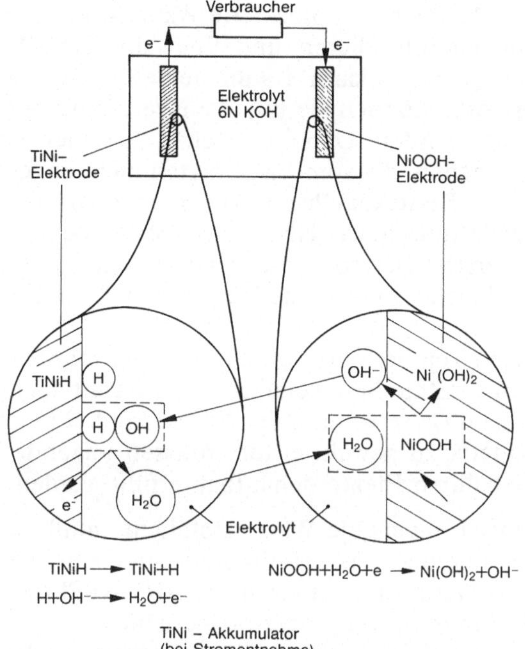

Abb. 153. Schema des Titan-Nickel-Hydridakkumulators

Beim Entladen (38) findet somit ein Wasserstofftransport aus dem Hydrid in den Elektrolyten statt. Umgekehrt wird beim Laden Wasserstoff vom Elektrolyten atomar an die Oberfläche der Elektrode geliefert und dadurch die Bildung einer Hydridphase ermöglicht. Insgesamt stellt eine Hydridelektrode somit eine Art Wasserstoffelektrode dar, die gleichzeitig auch Wasserstoff speichern kann. Kombiniert man die negative Hydridelektrode (Titan-Nickel) mit einer positiven Gegenelektrode (z. B. Nickelhydroxidelektrode), so erhält man einen Akkumulator, der geeignet ist, elektrische Energie zu speichern und bei Bedarf wieder abzugeben.

4.1.1 Metallurgie der Ti-Ni-H-Elektroden

Umfangreiche Untersuchungen am Battelle-Institut/Genf und bei Daimler-Benz haben ergeben, daß optimale Ti-Ni-Elektroden aus einem zweikomponentigen Phasengemisch der Legierungshydride $Ti_2NiH_{2,5}$ und TiNiH bestehen. Obwohl die Legierungen Ti_2Ni und TiNi Wasserstoff aus der Gasphase vollständig reversibel sorbieren können, ist dies bei der elektrochemischen Anwendung nicht der Fall.

Es hat sich gezeigt (siehe besonders Kap 2.11.3), daß Teilmengen des in der *reinen* Ti_2Ni-Phase gespeicherten Wasserstoffs nicht mehr direkt zum elektrochemischen Umsatz gelangen. Im Gegensatz dazu kann die TiNi-Phase den gespeicherten Wasserstoff elektrochemisch vollständig reversibel abgeben.

Es konnte nun nachgewiesen werden, daß bei einem engen Kontakt zwischen der Ti_2Ni- und der TiNi-Phase der blockierte Wasserstoff der Ti_2Ni-Legierung in die TiNi-Legierung eindiffundieren und über die TiNi-Phase zum elektrochemischen Umsatz gelangen kann. Da die beiden Legierungen im Phasendiagramm benachbart sind, können sie in jedem Verhältnis zueinander in einem Sinterprozeß gebildet werden. Dabei entstehen zwischen den beiden Phasen gemeinsame Grenzflächen, die vom Elektrolyten nicht angegriffen werden. An dieser korrosionsfreien Kontaktstelle erfolgt der Übergang des sonst nicht entladbaren Ti_2Ni-Wasserstoffteils in das TiNi. Damit ist es möglich, auch den im Ti_2Ni gespeicherten Wasserstoff elektrochemisch vollständig zu nutzen und damit die für einen Traktionsbetrieb entscheidenden hohen Energiespeicherdichten zu erreichen.

Um auch bei tiefen Temperaturen gute Strombelastbarkeit der Elektroden zu erhalten, muß die in der Zeiteinheit elektrochemisch entladene Wasserstoffmenge möglichst groß sein (gute Kinetik der Entladung bei tiefen Temperaturen). Um diese gute Kinetik zu gewährleisten, müssen folgende elementaren Forderungen vom kristallinen Elektrodenaufbau erfüllt werden:

- Die elektrochemisch reversible Wasserstoffdichte muß möglichst groß sein.
- Die Bindungsenergie des Wasserstoffs sollte möglichst klein sein.
- Die Diffusion des Wasserstoffs über die Ti_2Ni/TiNi-Phasengrenze muß auch über lange Zeiträume hinweg ungestört verlaufen.
- Die Passivierung der Ti-Ni-Phasen sollte verzögert werden.
- Die elektrochemisch wirksame Oberfläche muß möglichst groß sein.

Aufgrund der Kenntnisse auf dem Gebiet der Metall- und Legierungshydride gelingt es hier, Lösungswege zur Optimierung von Ti-Ni-H-Elektroden zu entwickeln.

4.1.2 Erhöhung der elektrochemisch reversiblen Wasserstoffdichte

Wegen der unterschiedlichen Wasserstoffdichten in den Phasen Ti_2Ni (1,6 Gew.-% Wasserstoff) und TiNi (0,94 Gew.-% Wasserstoff) ergeben die Phasenmischungen Speicherdichten, die zwischen diesen beiden Werten liegen.

Tabelle 16 enthält für vier repräsentative Phasenzusammensetzungen die entsprechenden Speicherwerte und die daraus resultierenden maximalen, theo-

Tabelle 16. *Wasserstoffdichte verschiedener Ti-Ni-Legierungen*

Phasenmischung	Speicherdichte (Gew.-% Wasserstoff)	theoret. Kapazität (Ah/kg)	theoret. Kapazitätsänderung bezüglich TiNiH
100% TiNiH	0,94	250	0%
10% $Ti_2NiH_{2,5}$ 90% TiNiH	1,01	270	+ 8%
30% $Ti_2NiH_{2,5}$ 70% TiNiH	1,14	300	+20%
50% $Ti_2NiH_{2,5}$ 50% TiNiH	1,27	335	+35%
70% $Ti_2NiH_{2,5}$ 30% TiNiH	1,40	375	+50%
100% $Ti_2NiH_{2,5}$	1,60	425	+70%

retischen Kapazitätswerte für den elektrochemischen Umsatz bei langsamer Entladung (z. B. innerhalb von 5 h).

Die Transportwege des Wasserstoffs aus dem Kristallgitter zum Elektrolyten hin müssen möglichst zahlreich und kinetisch ungehemmt sein. Das ist mit Sicherheit bei den durch Sintern hergestellten Ti_2Ni-reichen Phasenmischungen ($\geqq 60\%$ Ti_2Ni) nicht der Fall, da zu wenig gemeinsame Grenzflächen zu der in geringerem Maße vorhandenen TiNi-Phasen existieren (siehe dazu besonders Kap. 2.11.3). Dadurch kann der im Ti_2Ni gebundene Rest-Wasserstoff nicht rasch genug in die TiNi-Phase diffundieren und entladen werden. Als Folge davon kann unter hoher Strombelastung (2 C bis 10 C) die Spannung schon bei Raumtemperatur rasch zusammenbrechen. Daher ist auch das Tieftemperaturverhalten des Hydrids entsprechend schlecht. Für TiNi-Ti_2Ni-Mischungen, die durch einen speziellen Sinterprozeß hergestellt werden, liegt die günstigste Elektrodenzusammensetzung bei ca. 50% Ti_2Ni/50% TiNi. Neben einer Vielzahl gemeinsamer Grenzflächen zwischen Ti_2Ni und TiNi ist hier auch noch eine hohe Speicherdichte gewährleistet. Korrosions- und Festigkeitsprobleme im Elektrolyten könnten jedoch eine Verschiebung zu einer TiNi-reicheren Mischung erforderlich machen. Andererseits ist zu erwarten, daß eine Änderung des Herstellungsverfahrens zu einer TiNi-Ti_2Ni-Phasenverteilung in den Pulverkörnern führt, die bei gleichem Ti_2Ni-Gehalt ein größeres Ti_2Ni/TiNi-Grenzflächenverhältnis besitzt. Damit ließe sich der Ti_2Ni-Gehalt bei gleich großer Grenzfläche anheben und eine höhere Kapazität erzielen.

4.1.3 Änderung der Bindungsenergie des Wasserstoffs im Kristallgitter

Die Hydridbildungsreaktionen der Ti-Ni-Legierungen verlaufen exotherm. Dementsprechend kühlt bei rascher Desorption von Wasserstoff (adiabatisch) die Elektrode stark ab, wobei die Wasserstoffabgabe proportional zur Temperaturabnahme sinkt („Einfrieren" des Wasserstoffs). Dieser Kühleffekt wird allerdings bei hohen Stromstärken durch die entstehende Stromwärme überkompensiert, so daß die Akkumulatorzelle trotz Wasserstoffabgabe erwärmt wird. Bei tiefen Anfangstemperaturen (−20 °C) der Elektroden können nun bereits solche Mengen an Wasserstoff „eingefroren" sein, daß die zur Erwärmung nötigen Stromstärken aufgrund des Wasserstoffmangels nicht mehr erreicht werden und die Spannung daher rasch abfällt. *Die Bindungsenergie des Wasserstoffs im Legierungsgitter bestimmt somit das Tieftemperaturverhalten der Elekroden.* Es kann nun versucht werden, durch den Einbau geeigneter Fremdatome die Kristallgitter der Ti_2Ni- und TiNi-Phasen so zu verzerren, daß die Wasserstoffbindungsenergien abnehmen, die Legierungshydride also instabiler werden. Selbstverständlich muß dabei beachtet werden, daß dann die Elektroden bei höheren Temperaturen nicht durch spontanes Gasen ohne nutzbaren Stromfluß an Kapazität verlieren.

Als Dotierung der Legierungen kommen jene Fremdmetallatome in Frage, die einen wesentlich größeren Atomradius (Zirkon, Lanthan, Cer, Seltene Erden u. a.) oder einen wesentlich kleineren Atomradius (Vanadin, Mangan, Chrom) als Titan besitzen.

Durch den Einbau solcher Atome in das Gitter der Ti_2Ni- bzw. TiNi-Legierung kann der Einfluß der Gitterstörungen auf das Tieftemperaturverhalten am deutlichsten nachgewiesen werden (siehe Kap. 9.1.2).

4.1.4 Passivierung der Ti-Ni-Legierungen

Schließlich kann noch versucht werden, den Passivierungsvorgang der Ti-Ni-Phasen im Elektrolyten zu verzögern, um damit den direkten Austausch möglichst des gesamten Wasserstoffs mit dem Elektrolyten zu erreichen. Derartige „Aktivierungslegierungen" sind zwar aus der Gasphasenhydrierung von Metallen und Legierungen bekannt (z. B. $CaNi_5$ für den Fall der TiFe-Hydride); ob sie unter elektrochemischen Bedingungen verwendbar sind, muß experimentell noch geprüft werden.

4.1.5 Zusammenfassung

Die bisher durchgeführten Entwicklungsarbeiten lassen für den Ti-Ni-Hydrid-Traktionsakkumulator folgende Aussagen zu:

- Das optimale Mischungsverhältnis der Elektroden für Traktionsbatterien wird mit 50 Gew.-% Titan, 50 Gew.-% Nickel (gegenüber etwa 60 bis 70% Titan, 30 bis 40 Gew.-% Nickel bei Hydridelektroden für den Starterakkumulator) erreicht.
- Gesinterte Hydridelektroden der optimalen Zusammensetzung erreichen im Durchschnitt Kapazitätswerte von ~250 Ah/kg.
- Während der galvanostatischen Entladung ändert sich das Elektrodenpotential nur wenig; die Hydridelektrode hat somit eine „harte" Kennlinie.
- Die anodische und kathodische Belastbarkeit der Hydridelektroden ist zufriedenstellend; sie hängt ebenso wie die Speicherkapazität vom Mischungsverhältnis ab.
- Hydridelektroden mit hoher Speicherkapazität lassen sich auch hoch belasten.
- Speicherkapazität (C/10) : 250 bis 300 Ah/kg Hydrid.
- 10 C-Belastbarkeit.
- Ladungsaufnahme und -abgabe bei −30 °C.
- Ladefaktor: 1,15 bis 1,20.
- lange Lebensdauer: mehr als 300 hundertprozentige Entladungen.
- Überentladungen, bei denen die Hydridelektroden um mehr als 500 mV polarisiert werden, führen zu Schädigungen.
- Als Gegenelektroden können NiOOH-Elektroden oder Sauerstoffelektroden (Luft) verwendet werden.

Eine Berechnung der erreichbaren Energiedichte einer Kombination von Ti-Ni-und NiOOH-Elektroden in einem Traktionsakkumulator ergibt unter der Annahme 120 Ah/kg (Elektrode) für NiOOH und 275 Ah/kg (aktive Masse) für Ti-Ni bei einer experimentell ermittelten Klemmenspannung von 1,2 V (Mittelwert in der 10-h-Entladung) eine Energiedichte des kompletten Akkus von ~60 Wh/kg (10-h-Entladung). Damit ist der Ti-Ni-Hydrid-Traktionsakkumulator um etwa den Faktor 2 besser als eine vergleichbare Bleibatterie.

Soll der Ti-Ni-Akkumulator stationär eingesetzt werden, z. B. für den Anwendungsfall des elektrischen Spitzenlastausgleichs, so ist ein Vergleich mit anderen existierenden bzw. im Entwicklungsstadium befindlichen Sekundärbatterien wichtig. Das entscheidende Kriterium eines solchen Vergleichs sind die Energiespeicherdichte und abgeleitet davon die Speicherkosten pro gespeicherter Energiemenge.

Zur Zeit sind der Blei- und der Stahlakkumulator (Ni-Fe bzw. Ni-Cd) die einzigen in großem Rahmen einsatzfähigen Batteriesysteme, wobei keiner von beiden die Anforderungen des Spitzenlastausgleichs optimal erfüllt. Beim Bleiakkumulator ist in dieser Hinsicht die geringe theoretische Energiespeicherdichte besonders von Nachteil; sie ist im Vergleich zu anderen Batterien relativ gering (z. B. Pb-PbO_2-Akku: 161 Wh/kg, Na-S-Akku: 760 Wh/kg).

Diese theoretischen Energiespeicherdichten werden noch durch konstruktive Maßnahmen (Behälter, Elektrode, Elektrolyt) reduziert. Zum Beispiel sinkt der praktische Energieinhalt des Pb-PbO_2-Akkumulators bei 10stündiger Entladung auf ca. 30 Wh/kg. Analog reduziert sich der Ni-Fe-Akkumulator auf ca. 50 bis 60 Wh/kg, der Ni-Cd-Akkumulator auf ca. 30 Wh/kg.

Im Vergleich dazu stellt sich die Ti-Ni/NiOOH-Batterie mit etwa 60 Wh/kg als interessante Alternative für den elektrischen Spitzenlastenausgleich dar. Insbesondere ist hervorzuheben, daß es sich – im Gegensatz zum Beispiel zum Na-S-Akkumulator – um eine Raumtemperaturbatterie handelt, für den die bekannten Probleme einer Hochtemperaturbatterie (wie z. B. beim Na-S-System: geringe Lebensdauer des Elektrolytrohrs, der Zellen, Dichtigkeit und die chemische Irreversibilität im zyklischen Betrieb) nicht existieren.

Speicherkosten können für den Ti-Ni-Hydridakkumulator nicht angegeben werden, doch dürften Material- und Herstellungskosten deutlich über jenen der Bleibatterie liegen. Ob dieser wirtschaftliche Nachteil durch die für bestimmte Fälle technischen Vorteile kompensiert werden kann, bleibt abzuwarten.

4.1.6 Die Ti-Ni-Starterbatterie

Der im Jahre 1975 bei Daimler-Benz entwickelte Ti-Ni-Starterakkumulator (Abb. 152) erbrachte den Nachweis, daß das System zumindest bei Raumtemperatur dem Blei-Starterakkumulator bezüglich Belastbarkeit überlegen sein könnte.

Außerdem wurde dieser Prototyp einer Ti-Ni/NiOOH-Starterbatterie einige Jahre unbenutzt und ungewartet gelagert und ließ sich nach dieser Zeit ohne Schwierigkeiten wieder laden und entladen. Zudem kann die Ti-Ni-Batterie auch bei Temperaturen $T < -20\,°C$ (!) beladen werden. Beladungsexperimente an Ti-Ni-Elektroden haben ergeben, daß bei gleicher Stromdichte (50 mA/cm^2) die Ti-Ni-Elektrode eine etwa halb so große Polarisation im Vergleich zur Starter-Cadmium-Elektrode aufweist. Abb. 154 zeigt $(di/d\eta)$ als Maß für die Belastbarkeit einer Elektrode für Ti-Ni-Elektroden verschiedener Zusammensetzung und eine Cd-Elektrode in Abhängigkeit von der Temperatur. Hier wurde aus systematischen Gründen von einem Elektrodenvergleich mit dem Blei-Akkumulator abgesehen.

Für die Messungen des Tieftemperaturverhaltens (Belastbarkeit) der Ti-Ni-Elektroden wurden 3 Elektroden in folgendem Einzel-Zellaufbau verwendet:

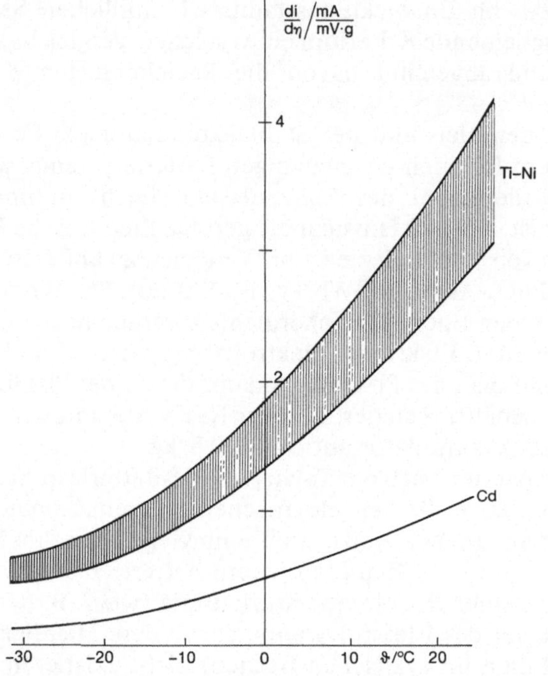

Abb. 154. Strombelastbarkeit von Ti-Ni-Hydrid- und Cd-Elektroden im Temperaturbereich + 20 °C bis − 20 °C (Halbzellentestergebnisse)

- Behälter Plexiglas
- Elektrolyt 6 N KOH + 10 g LiOH/l
- Separator Viledon Nr. 2117
- Elektrodenanordnung NiOOH/Ti-Ni/NiOOH (kompakt) (Positive überdimensioniert)
- Referenzelektrode Hg/HgO.

Zu Vergleichszwecken wurden drei Zellen mit handelsüblichen Cd-Starterelektroden in analoger Zellanordnung aufgebaut und folgende Kapazitätswerte gemessen (Tabelle 17):

Tabelle 17. *Kapazitätswerte von Ti-Ni-Hydrid- und Cd-Elektroden*

Elektrode Nr.	Kapazität (C/5) (Ah)
TiNi 1	5,3
TiNi 2	5,5
TiNi 3	6,0
Cd	6,5

4.1.6.1 Belastbarkeitsverhalten

Die Belastungsmessungen der Elektroden erfolgte bei − 18 °C mit einer Stromstärke von ~ 25 A (5 C). Während der Entladung wurde das Potential der negativen Elektrode gegen eine Hg/HgO-Bezugselektrode aufgezeichnet. Die Entladung wurde unterbrochen, wenn der Gesamtspannungsabfall 900 mV erreichte (Potential gegen Hg/HgO = O).

Als Vergleichsgröße der Elektroden wurde die Zeit gewählt, nach der der Spannungsabfall unter Last 500 mV betrug (Tabelle 18).

Tabelle 18. *Belastungsverhalten von Ti-Ni-Hydrid- und Cd-Elektroden*

Elektrode Nr.	Strom (5 C) (A)	Zeit (s) V = 500 mV
TiNi 1	26,5	64
TiNi 2	27,5	76
TiNi 3	30,0	60
Cd 1	33,0	78
Cd 2	33,0	77
Cd 3	33,0	57

Die Abb. 155, 156 zeigen den Potentialverlauf dieser Messungen.

4.1.6.2 Zusammenfassung

Das Belastbarkeitsverhalten der *nicht-optimierten Ti-Ni-H_x-Elektroden im Vergleich zu durchentwickelten Cd-Elektroden* ist sehr günstig. Zu beachten ist die unterschiedliche Elektrodendicke (0,8 mm Cd-Elektrode, 1,2 mm Ti-Ni-Elektrode), wodurch die Cd-Elektrode in diesem Vergleich eher begünstigt wird.

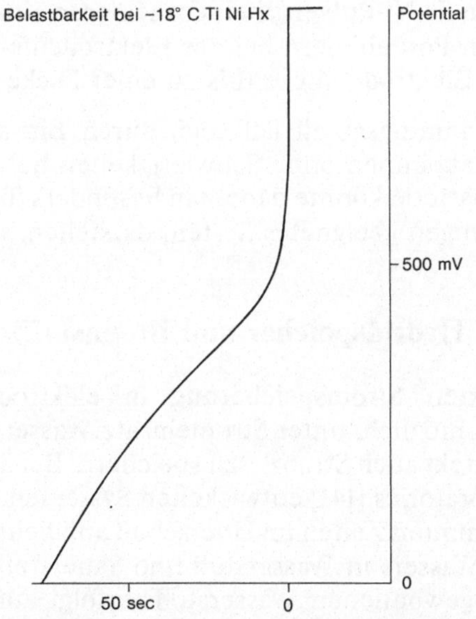

Abb. 155. Belastbarkeit einer Ti-Ni-Hydridelektrode (9 × 13 cm) bei − 18 °C. Der hohe Spannungsabfall ist zum Teil auf nicht optimierte Stromabnehmer an den Elektrodenplatten zurückzuführen (Strombelastung: 5 C)

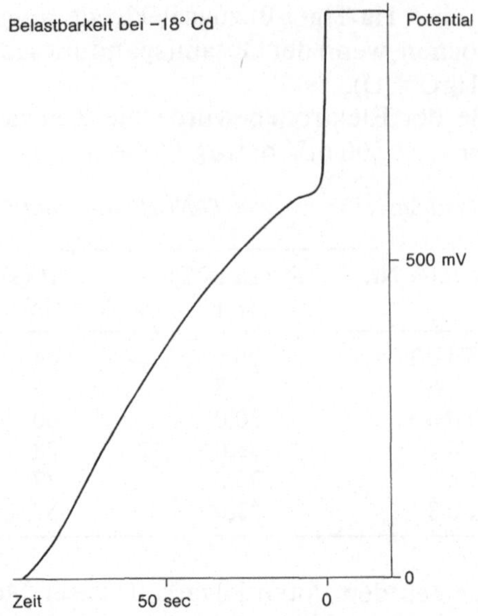

Abb. 156. Belastbarkeit einer Cadmium-Elektrode (9 × 13 cm) bei − 18 °C (Strombelastung: 5 C)

Das Belastbarkeitsverhalten der Ti-Ni-H_x-Elektrode sollte noch durch folgende Maßnahmen verbessert werden können:

- Vergrößerung der inneren Oberfläche durch:
  - Verwendung von Ti-Ni-Pulver in einem feineren Korngrößenbereich;
  - Verwendung von Porenbildern bei der Elektrodenfertigung;
- Verringerung der Elektrodendicke (bis zu einer Dicke von 0,5 mm).

Der Ohmsche Spannungsabfall läßt sich durch Einsatz geeigneter Stromabnehmer und Kontaktfahnen ohne Schwierigkeiten herabsetzen.
Die Ti-Ni-Starterbatterie könnte daher ein besonders für den Tieftemperaturstart von Kraftfahrzeugen geeignetes System darstellen.

5. Hydridspeicher und Brennstoffzelle

Neben der direkten Stromspeicherung in elektrochemischen Batteriesystemen ist es auch möglich, unter Stromeinsatz Wasserstoff zu erzeugen und ihn – und damit indirekt auch Strom – zu speichern. Bei diesem von den Brookhaven National Laboratories [141] entwickelten Systemen wird davon ausgegangen, daß die zu bestimmten Zeiten im Überschuß anfallende elektrische Energie zur Elektrolyse des Wassers in Wasserstoff und Sauerstoff verwendet wird. Die Speicherung des so gewonnenen Wasserstoffs erfolgt auf bekannte Weise mit Hilfe der Metallhydride. Wenn nun in Spitzenlastzeiten mehr Strom benötigt als direkt erzeugt wird, kann der gespeicherte Wasserstoff über eine Brennstoffzelle wieder in elektrische Energie umgewandelt und damit der Gesamtbedarf an

Strom gedeckt werden. Der Nachteil des Systems, das bereits in Form einer Prototypanlage erstellt und erprobt worden ist (Abb. 157), liegt im prinzipiell schlechten Umwandlungswirkungsgrad zwischen der ursprünglich eingesetzten und der letztlich abgegebenen elektrischen Energiemenge. Bedingt durch die Wirkungsgrade von Elektrolyse und Brennstoffzelle, gehen mehr als 70% verloren, so daß weniger als 30% der Off-Peak-Energie im Bedarfsfall in Form elektrischer Energie zur Verfügung gestellt werden können.

Der Gesamtwirkungsgrad des Systems wird dann wesentlich günstiger, wenn der gespeicherte Wasserstoff direkt verbrannt (Heizung) oder die in der Brennstoffzelle auftretende Verlustwärme zu Heizzwecken ($T \sim 80$ °C) genutzt werden kann. In beiden Fällen stehen dann $\sim 50\%$ der ursprünglich vorhandenen elektrischen Energie in Form von Wärme bzw. Wärme und Strom zur Verfügung.

Brennstoffzellenkraftwerke im 40-kW- bzw. 10-MW-Leistungsbereich werden gegenwärtig von der Firma United Technology/USA in Prototypanlagen getestet [142].

Kleinere Brennstoffzellenaggregate im Leistungsbereich zwischen 1 bis 10 kW werden z. B. bei Siemens in Erlangen, Bundesrepublik Deutschland, entwickelt [143].

Die technischen Daten eines 7-kW-Kompaktgeräts wurden von Siemens wie folgt angegeben (Tabelle 19):

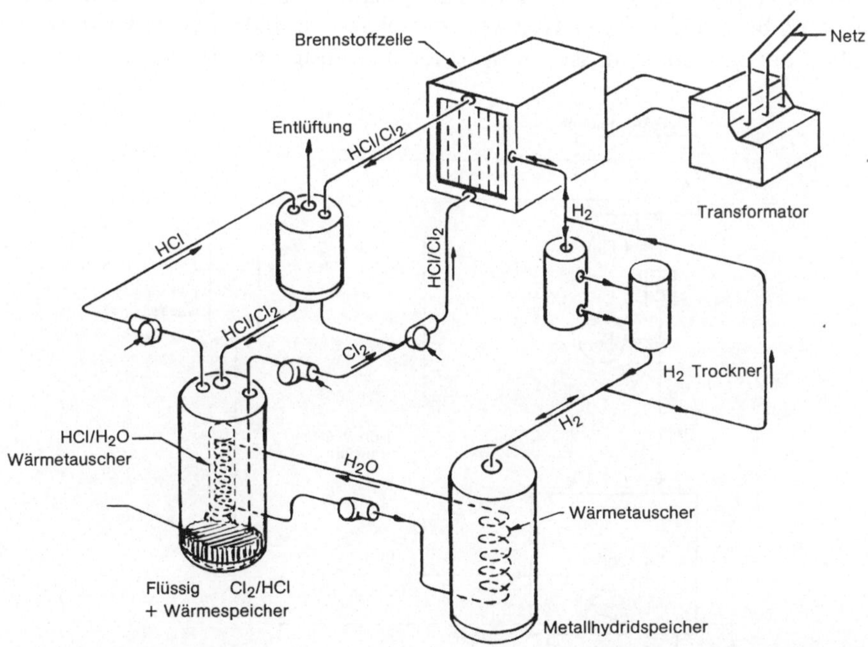

Abb. 157. Schema einer stationären Anlage zur elektrischen Spitzenlastspeicherung. Die Energiespeicherung erfolgt über den Elektrolyseur im Hydridspeicher. Das System Hydridspeicher – Brennstoffzelle liefert dann im Bedarfsfall zusätzliche elektrische Energie
Photo: Brookhaven National Laboratory, USA

Tabelle 19. *Technische Daten einer Siemens-Brennstoffzelle*

Leistung (netto)	7 550 W
Leistung der Brennstoffzellenbatterie	7 660 W
Spannung (Anfangswert)	53,8 V
Spannung maximal	70 V
Strom	140,5 A
mittlere Betriebstemperatur	82 °C
Wasserstoff-Druck	2 bar
Sauerstoff-Druck	1,95 bar
Wirkungsgrad	51,2%
maximal zulässige Kühlwassertemperatur am Eintritt	45 °C
Aggregatgewicht (betriebsbereit)	85 kg
Aggregatvolumen	60 dm^3
Abmessungen	0,245 m × 0,240 m × 1,0 m
Leistungsdichte (im Sauerstoffbetrieb)	12 kg/kW

Die Siemens-Brennstoffzelle wurde im Jahre 1979 mit einem Daimler-Benz-Hydridspeicher zu einem Notstromaggregat kombiniert und getestet (Abb. 158 a). Der von der Brennstoffzelle benötigte Wasserstoff konnte aus dem ~ 100 kg schweren TiFe-Hydridspeicher in jedem Lastbereich problemlos geliefert werden (Abb. 158 b). Da praktisch die gesamte Abwärme der Brennstoffzelle (etwa 50% bezogen auf den Heizwert des Wasserstoffs) über den Kühlwasserkreislauf abgegeben wird, ist die Wärmeversorgung des Hydridspeichers noch

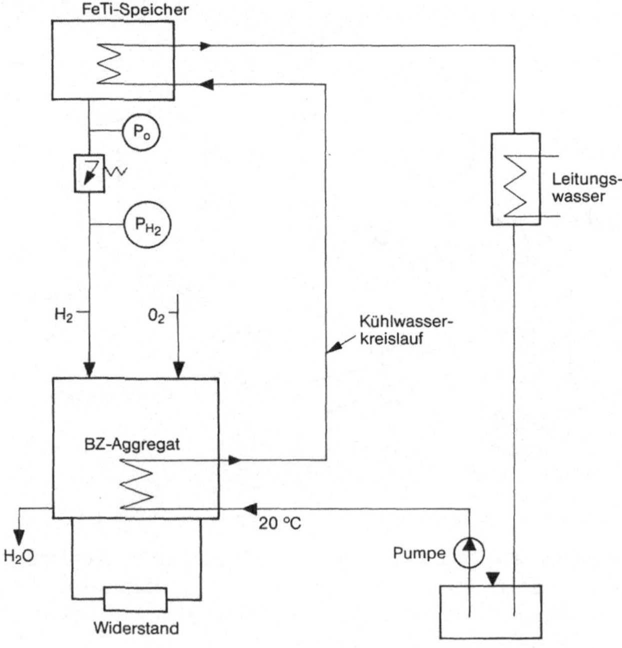

Abb. 158 a. Aufbau einer Kleinanlage Hydridspeicher – Brennstoffzelle

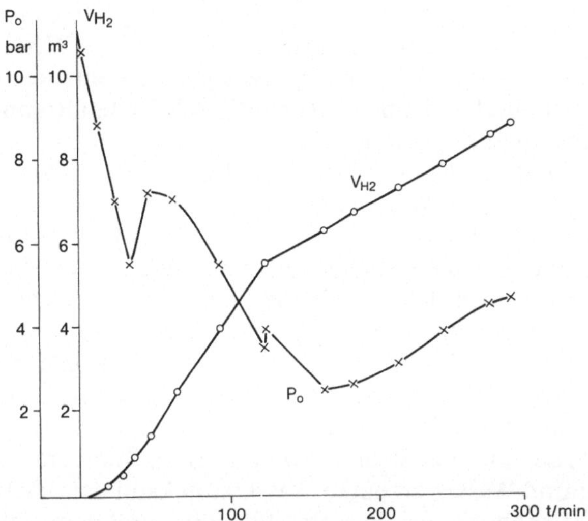

Abb. 158 b. Betriebsverhalten einer 7-kW-Brennstoffzelle (Siemens) mit einem 100-kg-TiFe-Hydridspeicher (Daimler-Benz)

günstiger als jene im Falle des Verbrennungsmotors (etwa 30% Kühlwasserabwärme, bezogen auf den Wasserstoffheizwert). Der nächste Entwicklungsschritt bei Siemens ist der Betrieb der Brennstoffzelle mit Luft anstelle reinen Sauerstoffs. Dabei nimmt zwar das Leistungsgewicht ab (etwa 50 W/kg oder 20 kg/kW), für den stationären Einsatz ist dieses Verhalten aber nicht von Bedeutung. Sollte es gelingen, langjährige Standzeiten von Brennstoffzellen im Dauerbetrieb mit Luft zu realisieren, so würde sich hier eine sehr interessante Technologie zur dezentralen Stromerzeugung auch für Einzelhäuser eröffnen.

5.1 Dezentrale Stromerzeugung mittels Wasserstoff/Luft-Brennstoffzelle

Der jährliche Bedarf an elektrischer Energie für Beleuchtung und Elektrogeräte liegt für den einzelnen Haushalt etwa zwischen 5 000 und 8 000 kWh (Energieäquivalent von 500 bis 800 l Öl). Der Primärenergieaufwand für die Stromerzeugung am Kraftwerk beträgt etwa das 3fache der erzeugten elektrischen Energie ($\eta = 35\%$), so daß bei der zentralen Stromerzeugung eine Abwärmemenge anfällt, die 1 000 bis 1 600 l Heizöl oder 30 bis 50% des jährlichen Gesamtheizölbedarfs eines Haushalts entspricht.

Bei der dezentralen Stromerzeugung im Haus könnte ein Großteil der entstehenden Wärme als Nutzwärme verwendet werden. Technisch gibt es drei Verfahren für die Stromerzeugung im kleinen Maßstab:

- Dieselmotor mit Generator
- Gasmotor mit Generator
- Brennstoffzelle

Notstromaggregate mit Verbrennungsmotoren (Gas, Diesel) und Generator sind Stand der Technik. Ihre Vor- bzw. Nachteile sollen hier nicht erörtert werden. Brennstoffzellen zur dezentralen Stromerzeugung hatten bisher vor allem den gravierenden Nachteil, daß der ideale Brennstoff – Wasserstoff – nicht verfügbar war. Werden jedoch für den Fahrzeugantrieb entsprechende Einrichtungen im Haus installiert, so kann Wasserstoff auch für den Brennstoffzelleneinsatz zur Verfügung stehen (siehe Kap. 3.2).

Während im „All-Strom-Haus" ein einziger Energieträger (Strom) genügt, um Licht, Wärme und Kraftstoff (Wasserstoff) zu erzeugen, ist das im „All-Gas-Haus" an sich nicht der Fall (siehe Kap. 3.2.4). Sobald jedoch Wasserstoff am Gashahn erzeugt wird, ergibt sich die Möglichkeit einer dezentralen Stromerzeugung über eine Wasserstoff/Luft-Brennstoffzelle. Sie könnte energetisch wesentlich günstiger ausfallen als eine Stromerzeugung aus Kohle in zentralen Kraftwerken.

Bei gleichbleibendem Primärenergieaufwand aus Kohle von 15 000 bis 24 000 kWh_{therm} liegen nämlich nach der Umwandlung im Gaswerk 10 000 bis 16 000 kWh_{therm} in Form von Wasserstoff ($\eta \sim 60\%$) vor, im Vergleich zu 5 000 bis 8 000 kWh_{elektr} bei der direkten Stromumwandlung im Kohlekraftwerk ($\eta \sim 35\%$).

Der aus Kohle und Wasser erzeugte Wasserstoff kann dem Erdgas oder Stadtgas beigemischt (Erhöhung des Wasserstoffgehalts) und damit über die existierenden Gasnetze an die Haushalte verteilt werden. Er wird dann über die kombinierte Adsorber-/Hydridanlage abgetrennt und bei Bedarf der Brennstoffzelle zur Stromerzeugung zugeführt (siehe Kap. 3.2).

Im Haushalt sind maximale elektrische Leistungen von ca. 10 kW erforderlich. Die Kosten einer 10-kW-Brennstoffzelle (Stand 1980), die mit Wasserstoff und Luft betrieben wird, dürften nach Aussagen von Siemens und General Electric bei Serienfertigung ca. 10 000 DM betragen. Da es sich um stationäre Anlagen handelt, könnten diese Brennstoffzellen sehr robust und wartungsarm gebaut werden.

Arbeitet die Brennstoffzelle mit einem Wirkungsgrad von ca. 50%, so werden im vorliegenden Fall jährlich die erforderlichen 5 000 bis 8 000 kWh Strom und gleichzeitig 5 000 bis 8 000 kWh Wärme erzeugt. Diese Wärmemenge, die sonst am Kraftwerk verlorengegangen wäre, kann mindestens teilweise im Haus genutzt werden. Sie stellt ein Energieäquivalent von 500 bis 800 l Heizöl bzw. Benzin dar. Der Gasverbrauch für die Hausheizung kann also deutlich gesenkt und dieser Betrag in Form von Wasserstoff als Benzinersatz im Pkw eingesetzt werden. Die dezentrale Stromversorgung mittels Brennstoffzellen liefert

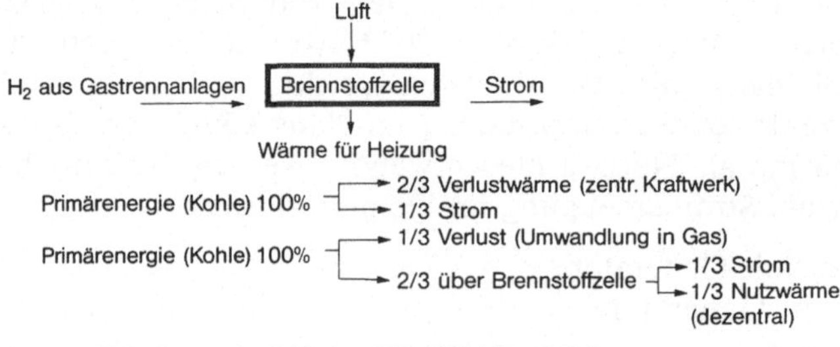

Abb. 159. Wärme/Strom-Kopplung bei der dezentralen Stromerzeugung mittels Wasserstoff-Luft-Brennstoffzellen

dadurch im „Gashaus" mit Wasserstofferzeugungsanlage indirekt einen Beitrag zur Absenkung des Benzinverbrauchs. Wird das Fahrzeug nicht mit Wasserstoff betrieben (z. B. Dieselantrieb), so trägt die dezentrale Stromerzeugung generell zur Verringerung des Primärenergieverbrauchs bei, da die Abwärme der Brennstoffzelle genutzt werden kann (Abb. 159).

Wirtschaftlichkeitsbetrachtungen der dezentralen Stromerzeugung mittels Brennstoffzelle und Hydridspeicher können erst dann durchgeführt werden, wenn Testergebnisse von folgenden Komponenten des Gesamtsystems „Gashaus" mindestens in Form von Prototypen vorliegen:

- diskontinuierliche Wasserstofferzeugung aus Gas
- stationärer Hydridzwischenspeicher für die Kraftfahrzeugbetankung
- Brennstoffzelle im Luftbetrieb mit langen Standzeiten

Diese Fragen werden gegenwärtig bei Daimler-Benz im Zusammenhang mit der Wasserstofftechnologie für Kraftfahrzeuge ausführlich untersucht.

6. Metallhydride als stationäre und mobile Wärmespeicher

Wie in Kap. 2.3 beschrieben, sind Hydride nicht nur Wasserstoffspeicher, sondern auch Wärmespeicher (Reaktionsenthalpien ΔH).

Aufgrund des weiten Temperaturbereiches, in denen Hydridreaktionen stattfinden (von $T = -80\,°C$ für $TiCr_2H_3$ bis zu $T \geqq 600\,°C$ für TiH_2), können Hydride prinzipiell als Speicher für hoch- und niedergradige Wärme in Frage kommen. Neben der hohen Reaktionskinetik der Hydridsysteme und den im Vergleich zu anderen Wärmespeichersystemen hohen Werten für gewichts- und volumenbezogene Wärmespeicherdichten (0,3 bis 3 MJ/kg; $2 \cdot 10^3$ bis $2 \cdot 10^4$ MJ/m^3) weisen Hydride auch noch den Vorteil auf, die Wärme langfristig und verlustfrei zu speichern. Da die Metalle während der chemischen Reaktion mit Wasserstoff (und *nur* dann) Wärme abgeben, ist eine besondere Isolation, wie sie andere Wärmespeicher benötigen, nicht notwendig. Daraus könnten sich beträchtliche Gewichts- und Kosteneinsparungen gegenüber z. B. konventionellen Salzspeichern ergeben.

In der technischen Anwendung der Hydride müssen für die Wärmespeicherung zwei Fälle unterschieden werden:

- Wasserstoff wird während der Wärmespeicherung nicht verbraucht, das heißt, er wird als Reaktionsmedium zwischen (mindestens) zwei Hydridspeichern hin und her gepumpt.
- Wasserstoff wird während der Wärmespeicherung verbraucht, das heißt, der Hydridspeicher dient auch als Wasserstoffspeicher.

In beiden Fällen wird Wärme gespeichert und (eventuell auf höherem Temperaturniveau) wieder abgegeben (Wärmepumpeneffekt).

Da im geschlossenen Wasserstoffkreislauf das 2- bis n-fache Speichergewicht erforderlich ist, um den aus dem Hydridwärmespeicher austretenden Wasserstoff zu speichern, nimmt die entsprechende Gesamtwärmespeicherdichte des Systems um den Faktor 2 bis n ab. Das Gesamtsystem wird daher um so unwirtschaftlicher, je mehr Hydridspeicher zur Wasserstoffspeicherung verwendet werden müssen.

Im offenen Wasserstoffkreislauf (Wasserstofflieferung, Wasserstoffverbrauch) können hingegen die Wärmespeicherdichten der Hydride voll genutzt werden. Mögliche Einsatzpunkte könnten hier einmal die wasserstoffverarbeitende Industrie, zum anderen bei einer zukünftigen Wasserstofftechnologie auch alle Haushalte und Fahrzeuge sein. Der Hydridwärmespeicher ist in diesem Fall jedoch stets von einer Wasserstoffversorgung abhängig.

6.1 Hydridwärmepumpen und -kältemaschinen (geschlossener Wasserstoffkreislauf)

Von den Philips Research Laboratories, Eindhoven, Niederlande, wurde erstmalig vorgeschlagen, die Wärme-Wasserstoff-Kopplung in Metallhydriden in einem geschlossenen Kreislauf für Wärmepumpen und Klimaanlagen zu nutzen. Van Mal beschreibt in [146] die Thermodynamik dieser Systeme. Die Hydridwärmepumpe kann prinzipiell unter Einsatz hochgradiger Wärme thermische Energie von einem niedrigen auf ein vom Verbraucher gewünschtes Temperaturniveau anheben. Im Gegensatz zu den konventionellen Wärmepumpen benötigt die Hydridwärmepumpe keine mechanisch bewegte Teile, sie besitzt damit ein besonders günstiges Geräusch-, Wartungs- und Langzeitverhalten.

Selbstverständlich ist auch der Wirkungsgrad der Hydridwärmepumpe durch den Carnot-Wirkungsgrad η_c begrenzt (39).

$$\eta_c = \frac{Q_m}{Q_h} = \frac{(1 - T_t/T_h)}{(1 - T_t/T_m)} \tag{39}$$

wobei

$$Q_m = Q_h + Q_t$$

dabei ist

T_h = hohe Temperatur (zum Pumpen)

T_m = mittlere Temperatur, auf die gepumpt werden soll

T_t = tiefe Temperatur (Kaltluft)

Q_h = hochgradige Wärme

Q_m = gesamte nutzbare Wärme

Q_t = niedergradige (nicht nutzbare) Wärme

Ein Hydridwärmepumpenzyklus kann nun wie folgt ablaufen (Abb. 160). Bei einer gegebenen Ausgangstemperatur T befindet sich in einem Behälter eine metallische Legierung A, die unter Wasserstoffeinwirkung ein Hydrid bilden kann, das einen Wasserstoffdruck p_1 bei T_t und einen Wasserstoffdruck p_2 bei T_m aufweist. In einem zweiten Behälter der Temperatur T befindet sich das Hydrid B, das stabiler ist als das Hydrid der Legierung A. Deshalb treten bei diesem Hydrid B der Wasserstoffdruck p_1 bei T_m und ein Wasserstoffdruck p_2 bei T_h auf. Wird nun dem Hydrid B hochgradige Wärme (Q_h) zugeführt, so wird das Hydrid B bis zur Temperatur T_h erwärmt, der Wasserstoffdruck steigt entsprechend von $p_1 \rightarrow p_2$. Erfolgt jetzt eine Verbindung der beiden Behälter, so wird das Hydrid B Wasserstoff mit einem Druck p_2 so lange abgeben, bis das Metall B vollständig vorliegt. Mit einem Wasserstoffdruck p_2 wird aber gleichzeitig das Metall A in das Metallhydrid A verwandelt. Die frei werdende Reaktionsenthalpie ΔH_A bewirkt zuerst einen Temperaturanstieg bis T_m und dann die Wärmeabgabe (ΔH_A) bei T_m so lange, bis das Hydrid vollständig gebildet ist. Da nun das Hydrid A und das Metall B vorliegen, wird die Wärmezufuhr (Q_h) beendet und das Metall B mit T_m in Kontakt gebracht. Durch Wärmeabgabe sinkt die Metalltemperatur B von $T_h \rightarrow T_m$. Sobald dieser Wert erreicht ist, kann das Hydrid A unter einem Wasserstoffdruck p_1 abgeben und damit das Metall B hydrieren. Die Reaktionsenthalpie ΔH_B wird nun auch bei T_m abgegeben, während die Temperatur des Hydrids A von T_m nach T_t abnimmt. Zur weiteren Wasserstoffabgabe aus dem Hydrid A wird niedergradige Wärme der Umgebung (Erdreich, kalte Luft ...) bei T_t entnommen und diese Wärme beim nächsten Zyklus (Metall A bei T_t, Hydrid B bei T_m) auf das Niveau T_m gepumpt.

Die maximal mögliche Gesamtwärmeabgabe bei T_m ist daher $Q_m = \Delta H_A + \Delta H_B$, die Wärmezufuhr bei T_h ist $Q_h = \Delta H_B$, der Wirkungsgrad

$$\eta_{max} = \frac{Q_m}{Q_h} = 1 + \frac{\Delta H_A}{\Delta H_B}$$

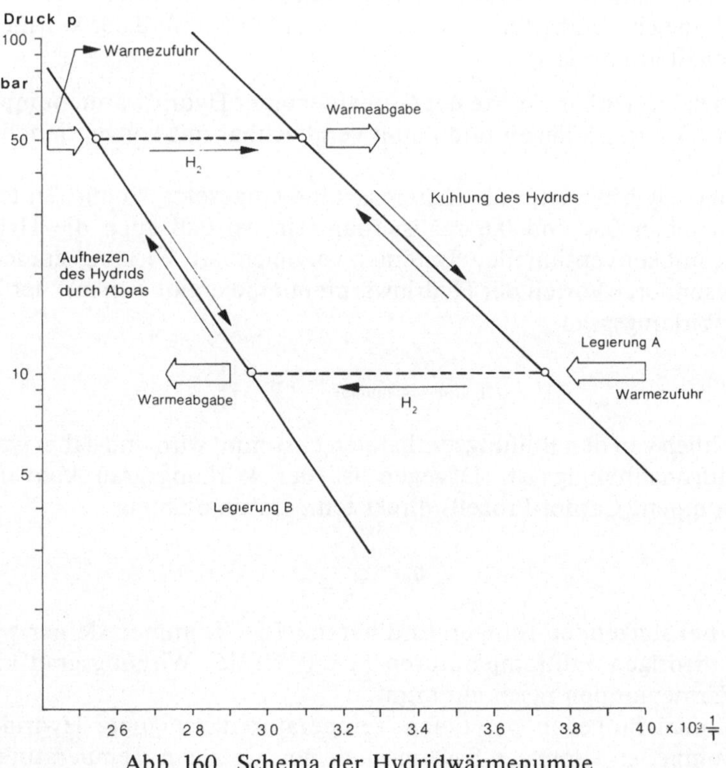

Abb. 160. Schema der Hydridwärmepumpe

Da nun

$$\Delta H_A = R \cdot \ln (p_2/p_1) (1/T_m - 1/T_t)$$
$$\Delta H_B = R \cdot \ln (p_2/p_1) (1/T_h - 1/T_m)$$

ist, folgt

$$\eta_{max} = \frac{1 - T_t/T_h}{1 - T_t/T_m} = \eta_c$$

Im idealen Hydridkreisprozeß kann also der Carnot-Wirkungsgrad erreicht werden.

In der praktischen Anwendung ist das sicher nicht der Fall, da folgende Fakten berücksichtigt werden müssen:

- Absorptions-, Desorptionshysterese der Hydride; die teils beträchtlichen Wasserstoffdruckunterschiede führen zu deutlichen Wirkungsgradverlusten.
- Wärmeübertragungsverluste durch eine erforderliche Temperaturdifferenz (ΔT) zwischen Hydrid und Wärmeübertragungsmittel. ΔT kann durch Dünnschichtbauweise und Verbesserung der Wärmeleitfähigkeit (siehe Kap. 2.7) optimiert werden.
- ΔH ist temperaturabhängig
- Spezifische Wärmen (c_p) der Legierungen
- Schließlich kann ein kontinuierlicher Heiz- bzw. Kühlprozeß erst ab mindestens 4 Speichereinheiten durchgeführt werden (Einfluß der Wärmekapazität des Behältermaterials)

Praktisch erreichbare Werte der Güteziffer einer Hydridwärmepumpe dürften zwischen 1,3 und 1,8 liegen und damit vergleichbar mit konventionellen Systemen sein.

Wird das Hydridsystem als Kältemaschine eingesetzt, so dürften technische Werte zwischen 0,4 und 0,6 realisierbar sein, so daß auch die Hydridkältemaschine mit konventionellen Systemen vergleichbare Wirkungsgrade aufweist.

Ein besonderer Vorteil der Hydridwärmepumpe ergibt sich aus der Tatsache, daß der Wirkungsgrad

$$\eta_{Hydridwärmepumpe} = 1 + \frac{\Delta H_A}{\Delta H_B}$$

hauptsächlich von den Bildungsenthalpien bestimmt wird und daher weitgehend temperaturunabhängig ist. Dagegen ist der Wirkungsgrad konventioneller Wärmepumpen (Carnot-Prozeß) direkt temperaturabhängig.

$$\eta_c = \frac{T_h}{T_h - T_t}$$

Da η_c bei steigender Temperaturdifferenz $T_h - T_t$ immer kleiner wird, folgt, daß bei niedrigen Lufttemperaturen ($T < 0\,°C$) der Wirkungsgrad konventioneller Wärmepumpen rasch abnimmt.

Wählt man hingegen bei tiefen Temperaturen geeignete Hydride für die Wärmepumpe, so kann das System auch bei niedrigen Temperaturen unverändert gute Wirkungsgrade aufweisen. Neben den technischen Problemen der Herstellung einer Hydridwärmepumpe dürften vor allem die Kosten des Hydridmaterials bzw. die Kosten der gesamten Anlage nicht unerheblich sein. Da Hydridwärmepumpen und -kältemaschinen mit hoher Wahrscheinlichkeit teurer werden als konventionelle Systeme, dürfte ihr Einsatz vor allem bei relativ tiefen Temperaturen in Frage kommen, da dort andere Systeme nicht oder nur mit schlechtem Wirkungsgrad einsatzfähig sind.

6.1.1 Stationäre Hydridwärmepumpen

Gruen und Mitarbeiter haben am Argonne National Laboratory, Illinois, USA, die weltweit erste Hydridwärmepumpe im technischen Maßstab gebaut und getestet [147, 148]. Die von Gruen entwickelte HYCSOS-Anlage (*h*ydride *c*onversion and *s*torage *s*ystem) (Abb. 161) ist an ein Sonnenkollektorsystem angeschlossen und soll ein Haus mit Kühlung, Heizung und elektrischer Energie versorgen.

Der Aufbau der stationären Hydridwärmepumpe, die $LaNi_5$- und $CaNi_5$-Hydride verwendet, erfolgt in Schichtbauweise (Abb. 161), um einen geringen Druckabfall, guten Wärmeübergang und niedrige Temperaturgradienten im Hydridmaterial zu gewährleisten. Die Anlage, die ausführlich in [149] beschrieben wird, wurde in Albuquerque bzw. Boston, USA, eingesetzt und einem wirtschaftlichen Vergleich mit konventionellen Systemen unterzogen. Demnach ist HYCSOS bezüglich der Investitionskosten zwar teurer, verbraucht aber beträchtlich weniger Energie als gas- bzw. elektrisch betriebene Wärmepumpen

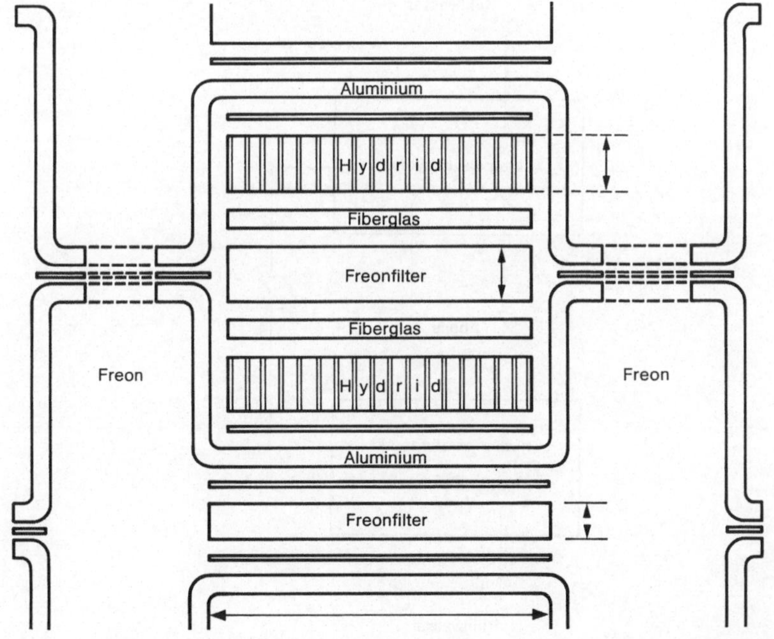

Abb. 161. Aufbau einer stationären Hydridwärmepumpe (HYCSOS, nach [149])

und Kälteanlagen. Da noch keine Aussagen über das Langzeitverhalten und über die Anlagenkosten in Serienfertigung vorliegen, kann auch die Frage der Wirtschaftlichkeit von HYCSOS noch nicht endgültig beurteilt werden. Der Nachweis der Energieeinsparung mit Hilfe von Hydridwärmepumpen und -kälteanlagen konnte jedoch mit HYCSOS bereits eindeutig erbracht werden.

6.1.2 Hydridvorwärmheizung und -klimaanlage für Kraftfahrzeuge mit konventionellen Antriebssystemen

Bekanntlich sind in der Warmlaufphase eines Verbrennungsmotors für Benzin und Diesel die Verbrauchs- und Emissionswerte ungünstiger als bei einem betriebswarmen Motor. Wünschenswert wäre daher auch schon beim Start eine Motorblocktemperatur von 80 °C, dies gilt insbesondere bei tiefen Umgebungstemperaturen ($T < 0$ °C).

Wird der Motor über eine konventionelle Benzin- oder Dieselstandheizung vorgewärmt, so ergibt sich insgesamt kein Gewinn, da die niedrigeren Verbrauchswerte des Motors durch den Kraftstoffverbrauch der Heizung kompensiert werden. Ähnliches gilt für die Emissionswerte. Von Vorteil wäre in diesem Zusammenhang ein System, das während des Fahrzeugbetriebs einen Teil der motorischen Abwärme speichert und später bei Bedarf für die Motorvorwärmung wieder abgibt. Dieses System, das prinzipiell keinen Kraftstoff benötigt, darf bei einer erforderlichen Heizleistung von 5 kW (Heizdauer $\leqq$ 10 Minuten) nicht mehr als 20 bis 30 kg wiegen, da sonst in einem Pkw das Mehrgewicht der Anlage einen höheren Kraftstoffverbrauch hervorruft als durch die Motorvorwärmung eingespart werden kann.

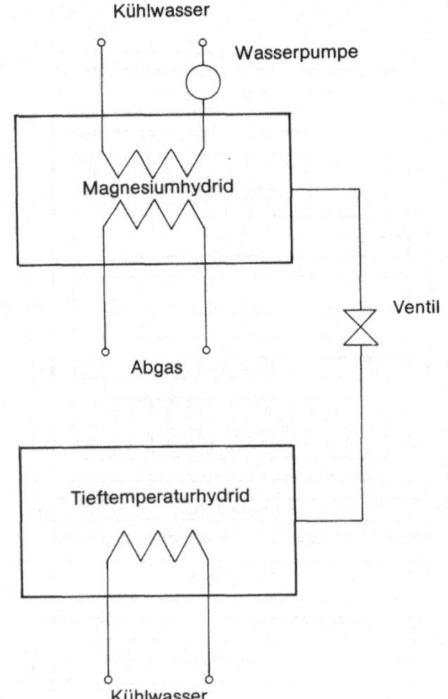

Abb. 162. Schema der Hydridvorwärmeheizung für konventionelle Kraftfahrzeuge

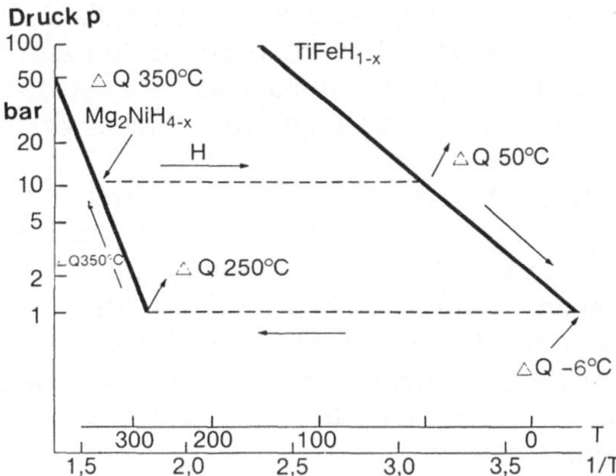

Abb. 163. Druck-Temperatur-Diagramm einer TiFe-/Mg_2Ni-Hydridvorwärmheizung

Die genannten Bedingungen können praktisch nur von chemischen Reaktionsspeichern erfüllt werden. Besonders aussichtsreich ist dabei der Einsatz eines Metallhydridpaares mit geschlossenem Wasserstoffkreislauf.

Eine schematische Darstellung der Anlage, die aus einem Hoch- und einem Tieftemperaturhydridspeicher besteht, ist den Abb. 162, 163 zu entnehmen.

In der Ausgangslage befindet sich der Wasserstoff ausschließlich im Tieftemperaturhydrid, während die Mg/Ni-Legierung dehydriert ist. Zum Vorwärmen wird nun das Ventil (V) geöffnet und Wasserstoff unter Wärmeentzug (ΔH_1) aus der Umgebung ($T < 0$ °C) aus dem Tieftemperaturhydrid an die Magnesium-Legierung abgegeben. Sobald die Reaktion einsetzt und ein Hochtemperaturhydrid gebildet wird, erfolgt einen Wärmeabgabe (ΔH_2) bei einem Temperaturniveau $T > 100$ °C. Da ΔH_2 (HT-Hydrid) stets mindestens doppelt so groß wie ΔH_1 (TT-Hydrid) ist, folgt, daß beträchtliche Wärmemengen auf hohem Temperaturniveau für die Vorwärmung des Motors zur Verfügung stehen. Nach Abschluß der Vorwärmeperiode (einige Minuten) ist der TTH-Speicher leer und die Mg-Legierung hydriert. Während der Fahrt erfolgt nun die Rückladung des Systems mit Hilfe der Abgaswärme. Das HT-Hydrid wird also unter Wärmeentzug aus dem Abgas entladen und der Wasserstoff im TT-Hydrid gespeichert. Die in der Mg-Legierung gespeicherte Abgaswärme steht dann für die nächste Vorwärmung des Motors in Form der Hydridbildungsenthalpie zur Verfügung. Im Teil 3 B werden anhand eines Beispiels Gewicht, Volumen und Kosten einer Hydridvorwärmheizung für Pkw abgeschätzt.

Das System der Hydridvorwärmheizung, das bei Daimler-Benz entwickelt wurde [150], wird gegenwärtig in Form eines Prototyps gemeinsam mit der Firma Benteler, Bundesrepublik Deutschland, gebaut und anschließend in einem Pkw getestet. Die Testergebnisse werden nicht nur Aufschluß über weitere Entwicklungsmöglichkeiten einer Hydridvorwärmheizung geben, sondern darüber hinaus auch eine Entscheidung zulassen, ob auch eine Hydridklimaanlage für Pkw verwendbar ist. Da ein derartiges System prinzipiell aus zwei Vorwärmanlagen aufgebaut werden kann (Abb. 164), wird zur Funktionserprobung der Hydridklimaanlage auf die Technologie des Vorwärmheizungskonzepts zurückgegriffen. Die erforderliche Leistung einer Pkw-Klimaanlage liegt im Bereich zwischen 5 und 10 kW. Diese Leistung für die Kühlung des Fahrgastraums wird heute auf Kosten der Motorleistung und damit des Kraftstoffverbrauchs aufgebracht. Da die Hydridklimaanlage über Abgasenergie betrieben werden kann, könnten für das vollklimatisierte Fahrzeug Kraftstoffeinsparungen zwischen 10 und 20% erreicht werden.

Aus dem Gewicht der Vorwärmheizung kann in grober Näherung abgeleitet werden, daß eine 10-kW-Hydridklimaanlage zwischen 50 bis 70 kg wiegt. Dabei ist ein 10minütiger Be- und Entladezyklus zugrunde gelegt. Um die Anlage wirtschaftlich zu machen, müßten Zyklen unter 5 Minuten erreicht werden. Aufgrund der bekannten Daten für Wärmeleitfähigkeit und Reaktionskinetik von Hydridspeichern ist zu erwarten, daß eine Hydridklimaanlage für Kurzfristzyklen ($t \leqq 5$ Minuten) und damit leicht ($G \leqq 50$ kg) und mit vertretbaren Kosten gebaut werden kann.

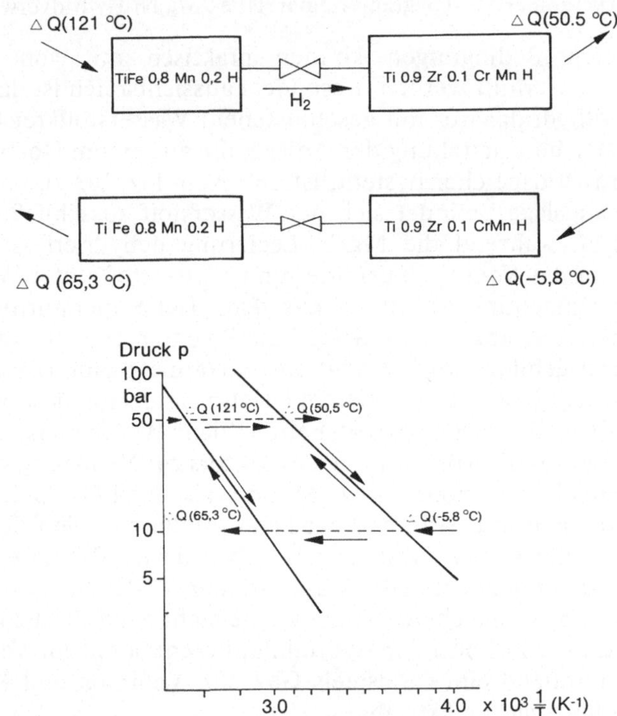

Abb. 164. Schema der Hydrid-Absorberklimaanlage für konventionelle Kraftfahrzeuge

6.2 Stationäre Hydridwärmespeicher mit Wasserstoffverbrauch

In der Industrie werden weltweit jährlich ca. 2×10^{11} m³ Wasserstoff erzeugt, transportiert und verbraucht. Setzt man in diesen Wasserstoffstrom Metallhydride als Zwischenspeicher ein, so könnten sie nicht nur eine sichere, sondern auch eine im Vergleich zur stationären Flüssig-Wasserstoff- und Hochdruckbehälter-Technologie wirtschaftliche Lösung darstellen. Eine von den Firmen

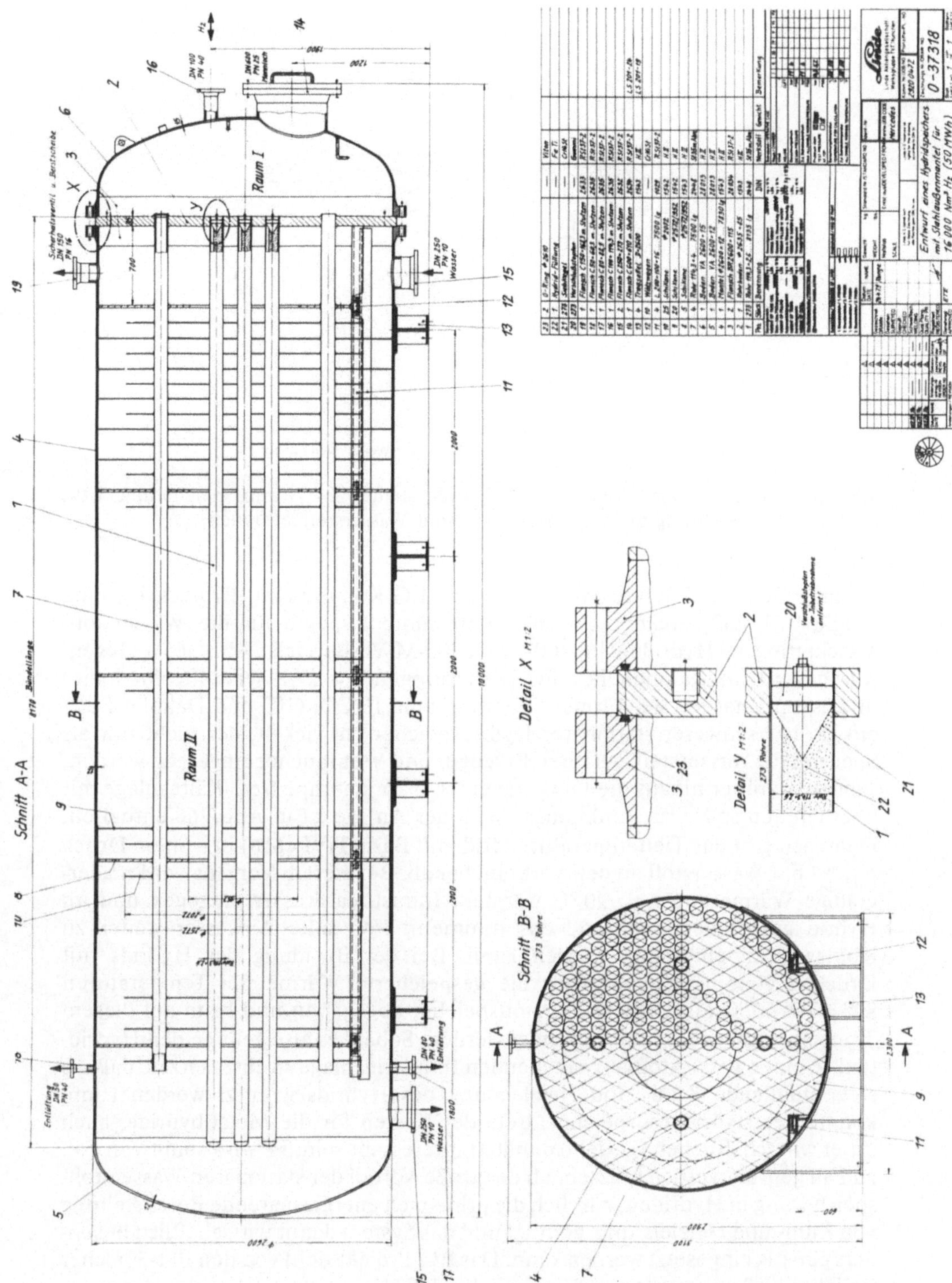

Abb. 165. Entwurf eines Hydridtanks zur Speicherung von 50 MWh Wasserstoff (16.10^3 Nm^3 H_2)
Photo: Linde AG, Bundesrepublik Deutschland

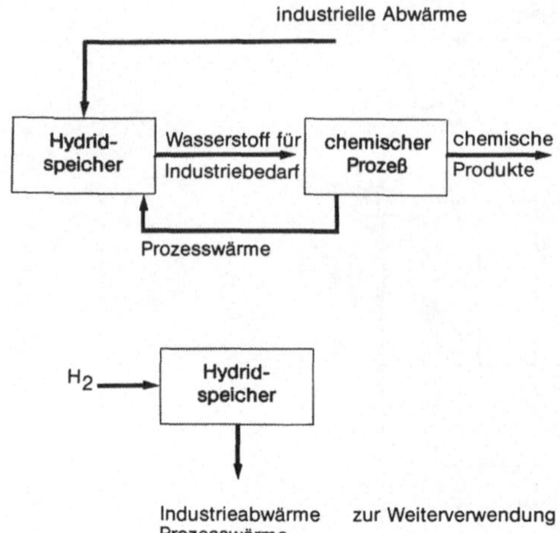

Abb. 166. Schema eines stationären Hydridsystems zur Wärmespeicherung bzw. Kühlung in Industrieanlagen (mit Wasserstoffverbrauch)

Daimler-Benz und Linde im Auftrag der EG-Kommission, Brüssel, erstellte Studie [151, 152] ergab technisch interessante Aspekte für die Wasserstoffspeicherung in Hydriden im 100- bis 1000-MWh-Bereich (Abb. 165). Gegenwärtig wird im Rahmen des EG-Förderprogramms „Wasserstofftechnologie" in Zusammenarbeit der Firmen Mannesmann, INCO, GfE und Daimler-Benz ein ca. 10 t schwerer stationärer Hydridspeicher entwickelt, der nicht nur als Speicher für Wasserstoff zwischen Erzeuger und Verbraucher eingesetzt werden, sondern darüber hinaus die Funktion einer Wärmepumpe bzw. Kälteanlage mit übernehmen soll. Das Funktionsschema der Anlage ist in Abb. 166 enthalten. Demnach gibt das Tieftemperaturhydrid (auf Basis TiVFeMn) bei einem Druck $p_{H_2} > 1$ bar Wasserstoff an den Verbraucher ab. Bei diesem Vorgang wird niedergradige Wärme aus z. B. 20 °C warmem Industrieabwasser entzogen und im Hydrid gespeichert, während das nunmehr 5 °C kalte Abwasser weiter zu Kühlzwecken eingesetzt werden kann. Bei der Beladung des Hydrids mit Drücken $50 \geqq p_{H_2} \geqq 15$ bar wird die gespeicherte Wärme bei Temperaturen $80° \geqq T \geqq 60$ °C aus dem Wasserstoffspeicher abgegeben und kann auf diesem Temperaturniveau weiterverwendet werden. Sobald es also gelingt, den Hydridtank in einer wasserstoffverbrauchenden Industrieanlage so einzusetzen, daß die stets anfallende Kühl- und Heizleistung des Hydrids genutzt werden kann, könnte der Hydridgroßspeicher, trotz der Kosten für die Metallhydride, auch unter wirtschaftlichen Gesichtspunkten interessant sein. Es wird somit von Fall zu Fall geprüft werden müssen, ob der große Vorteil der stationären Wasserstoffspeicherung in Hydriden, nämlich die prinzipiell energiesparende Bereitstellung von Kühl- und Heizleistung, genutzt und das System damit wirtschaftlich besonders günstig eingesetzt werden kann. Das EG-Projekt sieht vor, den 10-t-Speicher im Jahre 1982 zu erstellen und ihn im Jahre 1983 bei einem Edelstahlwerk der Firma Mannesmann, Bundesrepublik Deutschland, im praktischen Einsatz zu testen. Diese Ergebnisse werden zeigen, unter welchen technischen und wirtschaftlichen Bedingungen die Verwendung von Hydridanlagen in industriellen Maßstäben sinnvoll ist. Darüber hinaus wird experimentell und in einer Kosten-Nutzen-Analyse ermittelt, unter welchen Bedingungen ein wirtschaftlicher Einsatz von Metallhydriden auch bei der Verteilung von Wasserstoff (anstelle von Druckgasbehältern) möglich ist.

7. Weitere Anwendungsmöglichkeiten für Metallhydride

Im Gegensatz zu den bisher beschriebenen Einsatzmöglichkeiten der Hydridspeicher ist man bei den Hydridanwendungen als

- thermischer Kompressor,
- Wasserstoffreinigungsanlage und
- Deuteriumtrennanlage

nicht wesentlich über grundsätzliche Untersuchungen der physikalisch-chemischen Vorgänge hinausgekommen. Die folgenden Kurzdarstellungen der einzelnen Hydridfunktionen können daher auch nur als Basis für weitere Überlegungen zum technischen Einsatz von Metallhydriden herangezogen werden. Ob und in welchem Umfang sie realisiert werden können, ist zur Zeit nicht absehbar. Weitere denkbare Anwendungen für Metallhydride sind in [153] zusammenfassend dargestellt.

7.1 Der Hydridkompressor für Wasserstoff

In den Philips Research Laboratories [154] wurde unter Verwendung von Metallhydriden ein thermischer Kompressor für Wasserstoff entwickelt und in Form eines Laborprototyps gebaut und getestet (Abb. 167). Da thermische Energie zur Kompressionsarbeit herangezogen wird, zeichnet sich ein Hydridkompressor dadurch aus, daß

- keine mechanisch bewegten Teile vorhanden sind,
- keine Vibrationen auftreten,

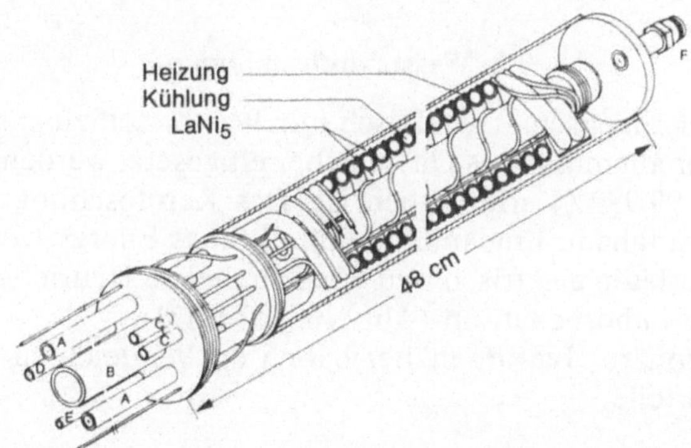

Abb. 167. Prototyp eines Hydridkompressors für Wasserstoff
Photo: Philips Research Laboratories, Niederlande

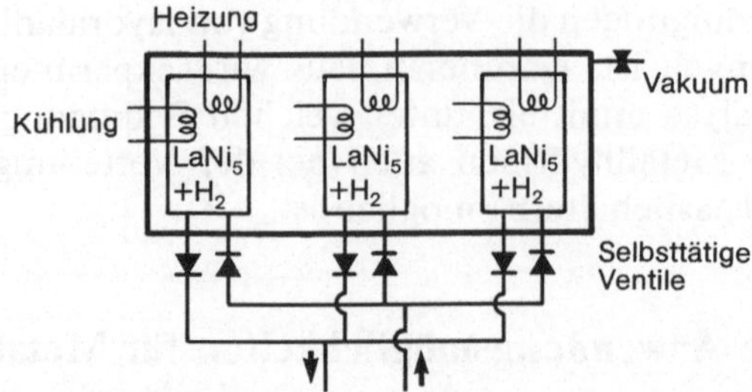

Abb. 168. Schema des Hydridkompressors für Wasserstoff
Photo: Philips Research Laboratories, Niederlande

– keine konventionellen Energieträger (Diesel, Benzin, Strom, Gas) für den Betrieb eingesetzt werden müssen, da Abwärme und – vor allem – direkte Sonnenenergie verwendet werden können.

Abb. 168 zeigt das Funktionsschema des Kompressors für Wasserstoff unter Einsatz von $LaNi_5$-Hydridspeichern. Demnach wird das Hydrid einer Temperatur T_1 auf die gewünschte Arbeitstemperatur T_2 erwärmt und gibt dort unter ständiger Wärmezufuhr (Bindungsenthalpie!) den Wasserstoff unter konstant hohem Druck (z. B. $p_2 = 45$ bar) ab. Das System wird anschließend abgekühlt, und bei T_1 mit einem Wasserstoffdruck von p_1 (z. B. 4 bar) wieder beladen. In einem ersten Prototyp wurde 1 kg $LaNi_5$-Hydrid zwischen den Temperaturen 160 °C $\leqq$ T $\leqq$ 15 °C betrieben. Bei einer Wärmezufuhr von 1 kW konnten 500 l H_2/ h von 4 bar auf 45 bar Druck komprimiert werden. Bei einer entsprechenden Auslegung des Hydridkompressors könnte die erforderliche Heizleistung von 1 kW auf Werte von ca. 500 W gesenkt werden. Damit erreicht der Hydridkompressor im günstigsten Fall etwa 20% des Carnot-Wirkungsgrades eines Absorptionskompressors für Wasserstoff. Wie weit die genannten Vorteile durch die Kosten des Hydrids und den geringen Wirkungsgrad beeinträchtigt werden, hängt von Größe und Einsatzzweck der Wasserstoffverdichter ab. In erster Linie dürften aber Kleinkompressoren auf Basis von Metallhydriden, am ehesten noch z. B. für den Laboreinsatz in Frage kommen.

7.2 Wasserstoffreinigung

Aufgrund ihrer Eigenschaft, praktisch nur Wasserstoff zu speichern, können Metallhydride vor allem dort als Gasspeicher eingesetzt werden, wo hochreiner Wasserstoff (99,999 999%) erforderlich ist. Das Kernfoschungszentrum Jülich [155], MPD, Birmingham, England, und die Billings Energy Corporation, Independence, USA, bieten elektrisch und wasserbeheizte Hydridbehälter auf Basis von TiFe für den Laborbedarf an (Abb. 169, 170, 171).

Derartige stationäre Hydridbehälter haben im Vergleich zu Druckgasbehältern folgende Vorteile:

– kleines Volumen,
– sicherer Betrieb ($p_{H2} < 10$ bar bei T ~20 °C) und
– Abgabe von Wasserstoff höchster Reinheit.

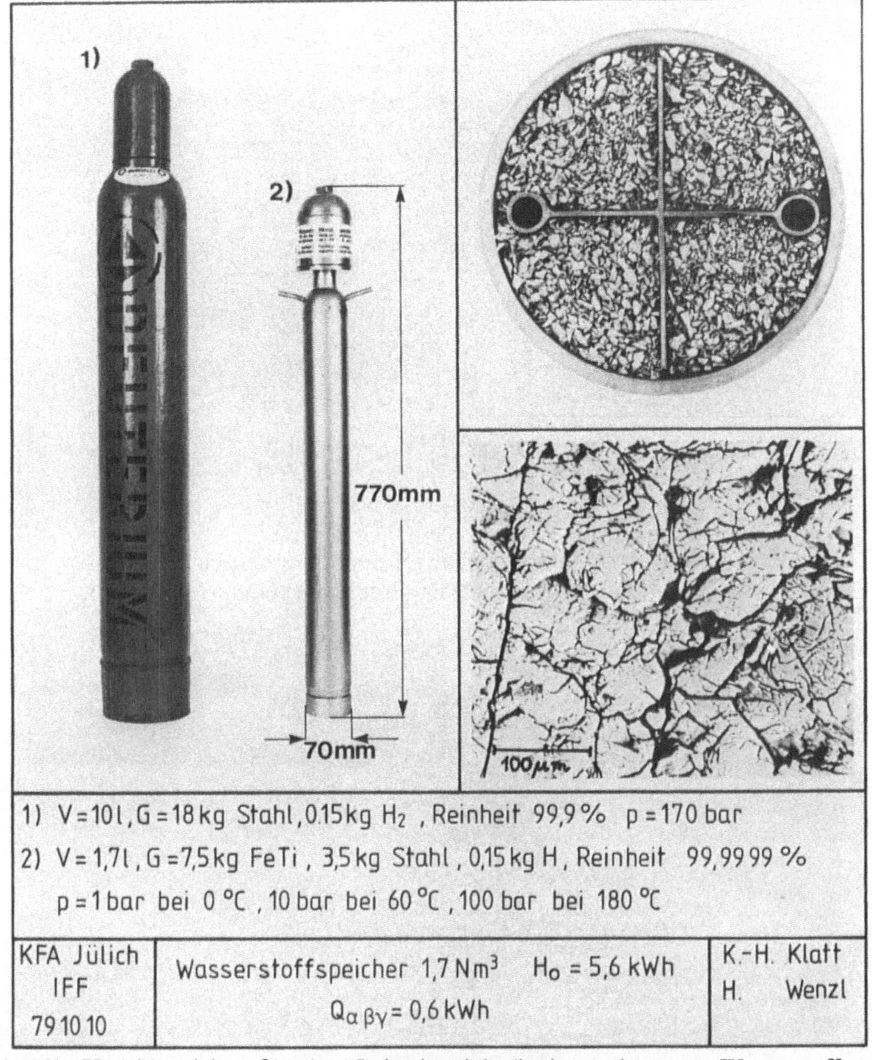

Abb. 169. Hydridspeicher für den Laborbetrieb (insbesondere zur Wasserstoffnachreinigung)
Photo: KFA-Jülich, Bundesrepublik Deutschland

Die Betriebskosten (Strom) und die Kosten des Metallhydrids stehen einem allgemeinen Ersatz der Druckgasflaschen durch Hydridbehälter entgegen, doch könnte vor allem aufgrund der hohen Wasserstoffreinheit die stationäre Hydridflasche auf dem Gasverteilungssektor eine auch wirtschaftlich interessante Lösung darstellen (siehe auch Kap. 6.2).

7.3 Deuteriumanreicherung

Metalle und Legierungen, die Wasserstoff in ihr Kristallgitter aufnehmen können, bilden unter gleichartigen Bedingungen (Druck, Temperatur) auch Ver-

Abb. 170. Hydridspeicher für den Laborbetrieb
Photo: Ergenics MPD, Großbritannien

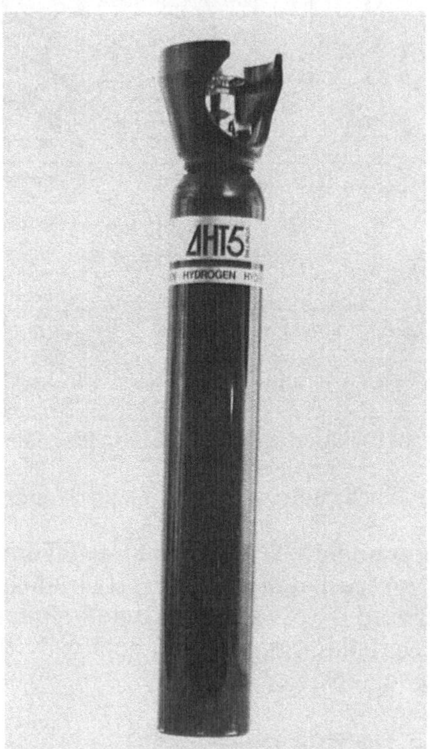

Abb. 171. Hydridspeicher (25 m^3 Wasserstoff) für den Laboreinsatz
Photo: Billings Energy Corporation, USA

bindungen mit Deuterium. Der einzige Unterschied besteht in der Regel in der Diffusionsgeschwindigkeit des Wasserstoffs bzw. Deuteriums im Kristallgitter. Untersuchungen bei Daimler-Benz [161] an der intermetallischen Verbindung TiNi zeigten jedoch, daß bei gleicher Temperatur, selbst bei langsamer Aufnahme von Deuterium (D_2), die erforderlichen D_2-Drücke um mindestens eine Zehnerpotenz höher liegen als bei der Aufnahme von Wasserstoff (Abb. 172).

Für diese ersten richtungweisenden Experimente wurde eine Mischung aus H_2 und D_2 (7% D_2) mit einer TiNi-Phase bei 150 °C in Kontakt gebracht. Aufgrund der Gas-Absorption fiel der Druck in dem abgeschlossenen System von ursprünglich 7 bar auf 1,5 bar. Anschließend wurde die TiNi-Phase bis auf Raumtemperatur abgekühlt, wobei der Druck weiter bis auf 0,5 bar abfiel. Das Massenspektrum des Restgases ergab dann folgende relative Massen-Intensitäten: H_2^+ (1); HD^+ (1); D_2^+ (0,1 bis 0,2). Damit konnte eine beträchtliche D_2-Anreicherung (50% in bezug auf HD) mit Hilfe der TiNi-Phase in einem einzigen Trennschnitt erreicht werden. Die T_2Ni-Legierungen und Legierungsgemische Ti_2Ni/TiNi verhalten sich ähnlich. Das Zyklisierungsverhalten ist jedoch noch ungeklärt.

Weitere Anreicherung über 50% D_2 hinaus könnten durch den inversen Isotopie-Effekt erzielt werden, der dann vorliegt, wenn eine Legierung Deuteride bildet, die eine höhere thermische Stabilität besitzen als die entsprechenden Hydride. Diesen inversen Effekt zeigen nach Arbeiten, die in den Brookhaven National Laboratories [156] durchgeführt wurden, z. B. Vanadin-Legierungen.

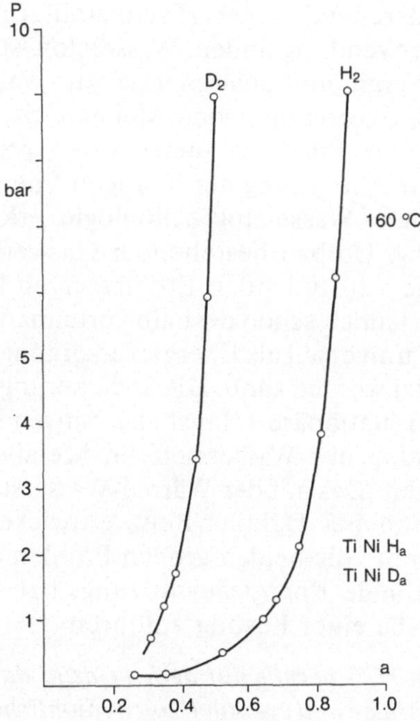

Abb. 172. Konzentrations-Druck-Isothermen für Deuterium und Wasserstoff der Legierung TiNi

Diese vorliegenden ersten Ergebnisse sind selbstverständlich noch weit von einer technischen Verwertung für die Herstellung von kostengünstigem schwerem Wasser (D_2O) für Natururanreaktoren entfernt.

Ein besonders interessanter Aspekt ist aber in diesem Zusammenhang die Tatsache, daß eine zukünftige Wasserstofftechnologie eng mit der Natururantechnologie (Schwerwasserreaktor) verknüpft werden könnte. Die großen Mengen Wasserstoff, die dann für Fahrzeuge und Haushalt benötigt werden, enthalten nämlich Deuterium im natürlichen Isotopengemisch-Verhältnis von 7 000 : 1. Andererseits erfordern moderne schwerwassermoderierte Reaktoren zur Kühlung und Neutronenmoderation bis zu 200 t reines D_2O. Dafür müßten 40 t Deuterium hergestellt werden, so daß bei der D_2-Produktion für jeden einzelnen Leistungsreaktor ca. 3×10^5 Tonnen Reinstwasserstoff als Nebenprodukt anfallen. Diese Wasserstoffmenge stellt einen Heizwert dar, der 1 000 Millionen (10^9) Litern Ottokraftstoff entspricht und der z. B. den Jahresbedarf von 1 Million Fahrzeugen mit Wasserstoffantrieb decken würde. Die kombinierte D_2O/H_2-Erzeugung könnte damit – wie immer auch die D_2-Gewinnung aus Wasser erfolgt – zu einer erheblichen Reduzierung der Kosten für sowohl elektrische Energie als auch Wasserstoff führen.

8. Ausblick: Das Wasserstoff-Hydrid-Energiekonzept

Aufgrund umfangreicher internationaler Studien [157, 158, 159, 160] könnte Wasserstoff als Sekundärenergieträger (Brennstoff, Kraftstoff) am Ende des Erdölzeitalters breite Verwendung finden. Wasserstoff ist (die nötige Primärenergie, z. B. Kohle, Kernenergie und Solarenergie, zur Wasserstoffgewinnung vorausgesetzt) in praktisch unerschöpflichen Mengen im Wasser vorhanden. Die Wasserstoffverteilung über Pipelines bietet keine prinzipiellen technischen Schwierigkeiten. Die zur Abdeckung der heutigen Energiemengen auf Kohlenwasserstoffbasis benötigte Wasserstofftechnologie erfordert allerdings einen beträchtlichen Aus- bzw. Umbau bestehender Gaswerke und Gasverteilungssysteme. Eine durch die schwindenden Erdölreserven hervorgerufene Wasserstofftechnologie könnte jedoch schon deshalb vorteilhaft sein, weil sie – ähnlich der Erdöltechnologie – universell als Energieversorgung für Haushalt, Industrie und Fahrzeuge eingesetzt werden kann. Die Speicherung des Wasserstoffs für die mobile (Fahrzeug) und stationäre (Haushalt) Anwendung erfolgt am besten durch chemische Bindung des Wasserstoffs in Metallen und Legierungen in Form von Metallhydriden. Das auf der Wärme-Wasserstoff-Kopplung in Metallhydriden basierende und bei Daimler-Benz entwickelte Wasserstoff-Hydrid-Energiekonzept [16] könnte die beiden großen Probleme der Zukunft, Umweltfreundlichkeit und optimale Energieausnutzung, bei allen Verbrennungsvorgängen in gleichem Maße einer Lösung zuführen.

Dieses Konzept (Abb. 173) beruht auf dem Prinzip, daß unter Verwendung von Hydridspeichern eine zeitliche und eventuell auch räumliche Trennung zwischen dem Verbrennungsvorgang von Wasserstoff und der Freisetzung der während dieses Prozesses erzeugten Abwärme erfolgt. Dabei wird

- der gesamte Wärmeumsatz durch die Bindungsenthalpie (ΔH) der exothermen Hydridbildung,
- das Temperaturniveau dieser Wärme durch die Druck-Temperatur-Charakteristik des Hydrids bestimmt und
- der zeitliche Verlauf der Wärmefreisetzung durch die Veränderung der Geschwindigkeit, mit der Wasserstoff dem Hydrid entzogen bzw. zugeführt wird, gesteuert.

Die wiedergewonnene Abwärmeenergie kann dann Wärmekraftwerken, chemischen Prozessen oder direkt wieder den Haushalten zugeführt werden.

Neben den prinzipiellen Eigenschaften des Wasserstoffs, nämlich umweltfreundlich und unabhängig von den Erdöllieferungen zu sein, ermöglichen Metallhydride somit eine optimale Ausnutzung der Primärenergie durch

- Wiedergewinnung der Abwärme aus allen Verbrennungsvorgängen für Heizzwecke und
- Kühlen von Häusern und Fahrzeugen ohne Verbrauch von Primärenergie.

Sollte also in Zukunft der Energieträger Wasserstoff eingesetzt werden, so muß aus Gründen der Energieversorgung einzelner Haushalte automatisch eine Infrastruktur für Wasserstoff erstellt werden.

Wasserstoff wird dann in zentralen Gaswerken erzeugt und durch Rohrnetze zu den einzelnen Haushalten geschickt.

Dort wird der Großteil des Wasserstoffs sicherlich direkt in Wärme verwandelt, während ein kleinerer Anteil vor der Verbrennung gespeichert werden kann.

Zur Wasserstoffspeicherung im Haushalt eignen sich besonders die Tieftemperaturhydride mit geringer Wasserstoffbindungsenergie, da hier die Abwärme auf einem relativ niedrigen Temperaturniveau anfällt. Tagsüber kann der Wasserstoff für Heizzwecke dem Hydridspeicher entnommen werden, wobei ein Teil der Verbrennungsabwärme (z. B. der Gaszentralheizung) im Hydrid gespeichert wird. Die für die Freisetzung des Wasserstoffs erforderliche Wärmemenge

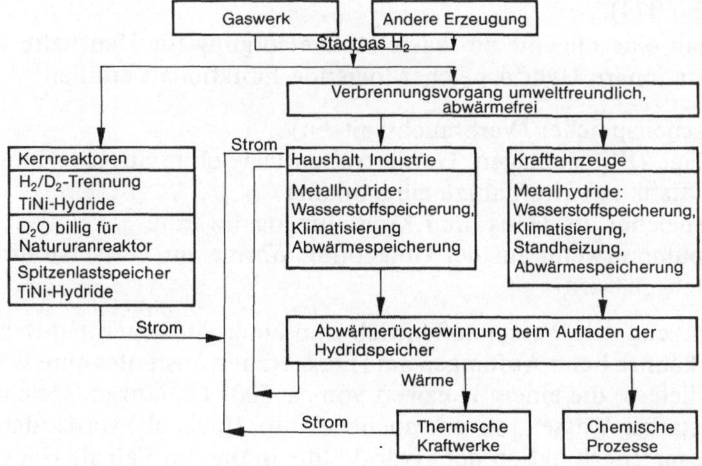

Abb. 173. Das Wasserstoff-Hydrid-Energie-Konzept

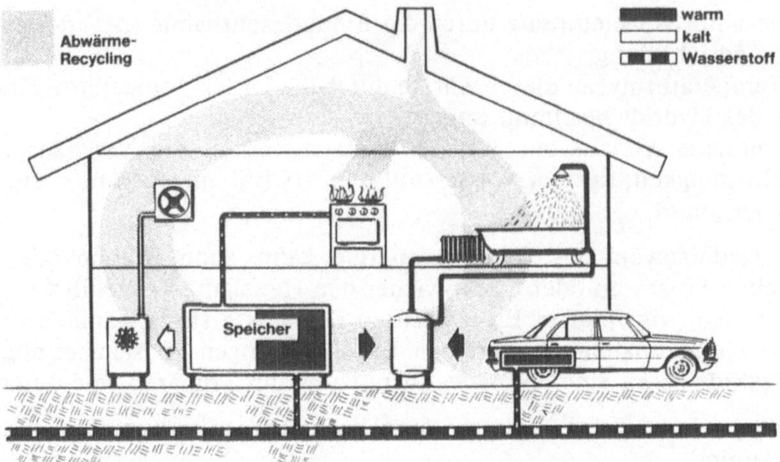

Abb. 174. Wärme/Wasserstoff-Kopplung mit Hydridspeicher für Haus und Auto

kann wahlweise der Luft im Innern des Hauses oder der Außenluft entnommen werden, womit eine kostenlose Klimatisierung ohne Leistungsverbrauch (ähnlich wie bei der Anwendung in Kraftfahrzeugen) bzw. ein kostenloser Wärmepumpeneffekt gegeben ist.

Nachts kann die entladene Legierung wieder mit Wasserstoff aufgeladen und die dabei anfallende Wärmemenge für Heizzwecke benützt werden. Ist eine Heizung nicht erforderlich (Sommer), kann das bei der Hydridbildung anfallende heiße Wasser in einem Boiler gesammelt werden. Sowohl die Klimatisierung von Häusern ohne Verbrauch von Primärenergie als auch die Wiedergewinnung der Abwärme, z. B. aus Zentralheizungsanlagen, mit Hilfe der Wasserstoff-Hydridspeicherung sind Faktoren, die zu einer beträchtlichen Reduzierung des Primärenergiebedarfs und einer entsprechenden Kosteneinsparung führen (Abb. 174).

Setzt man eine allgemeine Wasserstoffversorgung für Haushalte voraus, so kann der stationäre Hydridspeicher folgende Funktionen erfüllen:

- Gaszwischenspeicher (Verbrauchsspitzen)
- Kühlanlage (Klimaanlagen, Gefriertruhen usw. ohne Stromverbrauch)
- Kraftstofftank zur Kraftfahrzeugbetankung
- Wärmespeicher der Haus- und Kraftfahrzeugabwärme
- Wärmepumpe (wenn aus der Umgebung Wärme zur Wasserstofffreisetzung herangezogen wird)

Ein Fahrzeug mit Wasserstoffantrieb und einer jährlichen Fahrleistung von 15 000 km könnte beim Auftanken am Hausgashahn kostenlos eine Wärmeenergiemenge liefern, die einem Heizwert von ca. 500 l Öl/Jahr entspricht. Solange daher ein starker Wasserstoffverbraucher (Auto, Haushalt) vorhanden ist, kann die Wärmespeicherfunktion der Hydride (die in diesem Fall als Hauptfunktion den Kraftstoff Wasserstoff speichern) zusätzlich vorteilhaft genützt werden.

Darüber hinaus ist bei einer vorhandenen Wasserstoffinfrastruktur eine dezentrale Stromerzeugung mittels Brennstoffzelle oder stationärem Gasmotor mit hohem Gesamtwirkungsgrad (Strom und Wärme!) möglich.

Angesichts der in der Bundesrepublik Deutschland vorhandenen Energiequellen könnte eine zukünftige Wasserstofftechnologie in erster Linie über die Kohlenutzung eingeleitet und in der ferneren Zukunft mit Hilfe von Kernenergie, verbunden mit thermochemischen Kreisprozessen zur Zersetzung des Wassers, fortgeführt werden.

B. Experimentelle Ergebnisse

9. Optimierung von Hydridelektroden und einer Hydridwärmepumpe

9.1 Elektrochemische Testergebnisse im System Ti-Ni-H

Damit das Elektrodenmaterial gleichzeitig hohe spezifische Kapazität und lange Lebensdauer hat, müssen folgende Kriterien erfüllt werden:

- Gutes plastisches Verhalten der in der Elektrode vorhandenen Phasen (Ti_2Ni, TiNi).
- Definierter Sauerstoffgehalt der Phasen.
- Begrenzung der Strombelastung der Elektroden im Langzeittest (100% Entladung mit etwa 50 bis 60 mA/g).
- Die Abschaltpotentiale müssen so gewählt werden, daß die Elektrode nicht vollständig entladen wird.
- Der optimale Wert der Elektrolyttemperatur muß möglichst genau eingehalten werden.
- Die optimale Elektrolytkonzentration sollte möglichst genau eingehalten werden.
- Das Supportmaterial muß möglichst elastisch und leitfähig sein.

Wieweit diese Kriterien erfüllt werden können, wird in den anschließenden Kapiteln besprochen. Dabei wird dargestellt, welche Möglichkeiten vor allem für die langfristige Zyklisierung der Ti-Ni-H-Elektroden bestehen und welche Grenzen dem System gesetzt sind.

9.1.1 Dotierung mit Fremdatomen

Aufgrund der Kenntnisse über das System Titan-Nickel-Wasserstoff kann eine im Hinblick auf eine Verbesserung der elektrochemischen Eigenschaften durchgeführte Beimengung von Fremdatomen (Dotierung) nach zwei Gesichtspunkten erfolgen:

- Einerseits durch den gezielten Einbau größerer Atome als das Titanatom in das Ti_2Ni- bzw. TiNi-Gitter, wobei die daraus resultierenden Unsymmetrien und Verzerrungen den Ein- und Austritt des Wasserstoffs erleichtern können.
- Andererseits ist es möglich, an Stelle des Nickelatoms bestimmte dem Kristallgittertyp affine Metallatome einzubauen, die Änderungen der mechanischen Eigenschaften des Wirtsgitters zur Folge haben.

9.1.2 Testergebnisse dotierter Elektroden

Aus den Abb. 175 bis 178 ist zu erkennen, daß vier Metalle für weitere Untersuchungen interessant erscheinen: Zirkon, Chrom, Kobalt und Kupfer.

Berücksichtigt man, daß unter den allgemeinen Herstellungsbedingungen, bei denen durchaus größere Anteile von Sauerstoff unkontrolliert in den Phasen gelöst werden können, die Kapazitätswerte nicht dotierter Elektroden 200 bis 220 Ah/kg erreichen, so stellt der Einbau von Zirkon in die Ti-Ni-Legierungen eine einfache Möglichkeit dar, Kapazitätswerte über 250 Ah/kg zu erzielen. Diese aufgrund von Verspannungen im Gitter erreichbare Verbesserung der Kapazität hat aber gleichzeitig eine Verschlechterung der Lebensdauer zur Folge (Abb. 178). Verlängerungen der Lebensdauer solcher Elektroden durch geeignete Wahl elektrochemischer Testbedingungen werden in den folgenden Kapiteln beschrieben.

Die elektrochemischen Testergebnisse, die mit chromlegierten Elektroden erhalten wurden, sind richtungsweisend für die Erzielung langfristig zyklisierbarer Elektroden. Zusätze von nur geringen Mengen (≦ 2 Gew.-%) des Fremdmetalls Chrom (Cr) haben praktisch keinen Einfluß auf die Kapazitätswerte, verbessern aber die mechanischen Eigenschaften der Elektroden so, daß nach 350 Zyklen die Kapazität noch immer 125 Ah/kg beträgt (Abb. 181). Das entspricht einem Kapazitätsverlust von 25% nach 350 Zyklen oder 0,07%/Zyklus. Die Zahl der bisher getesteten 60 chromdotierten Elektroden ist noch zu gering, um eindeutige Aussagen zuzulassen. Es scheint jedoch ziemlich sicher, daß durch Spurendotierungen mit Chrom eine entscheidende Verbesserung der Reproduzierbarkeit der Elektrodenkapazität erreicht werden kann.

Für Kupfer und Kobalt erhält man ähnliche Resultate (Abb. 176, 177). Dotie-

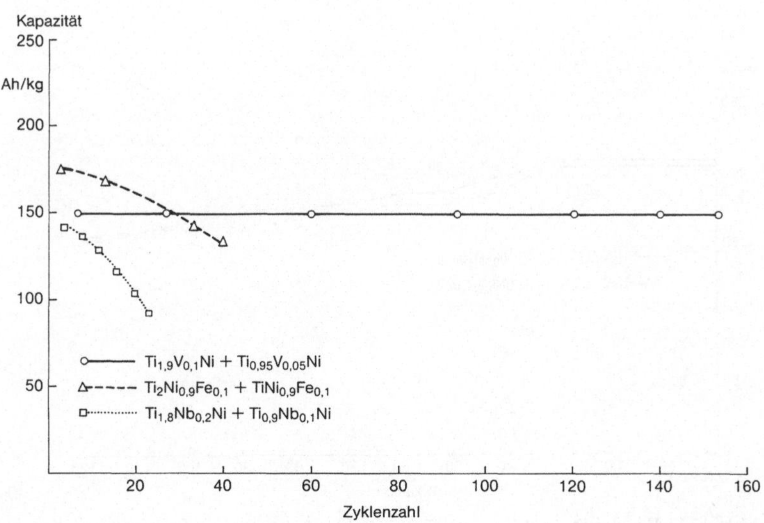

Abb. 175. Kapazitätsverlauf von Ti-Ni-Elektroden mit Vanadin-, Niob- bzw. Eisenzusätzen

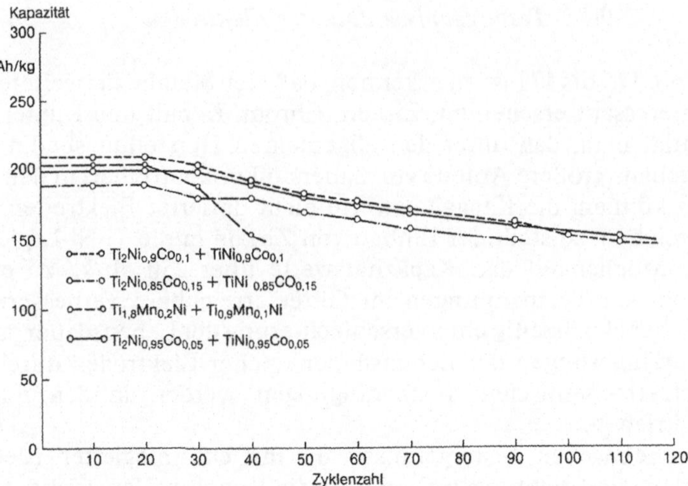

Abb. 176. Kapazitätsverlauf von Ti-Ni-Elektroden mit Kobalt- und Manganzusätzen

rungen mit diesen Fremdmetallzusätzen über 5 Gew.-% ergeben eine verbesserte Lebensdauer der Elektroden.

Von großem Interesse ist vor allem auch die gleichzeitige Substitution von Titan und Nickel, wobei vor allem die Systeme Ti-Zr-Cr-Ni, Ti-Zr-Cu-Ni und Ti-Zr-Co-Ni interessant sind. Bevor diese komplexen Systeme in bezug auf ihre Eignung als aktive Elektrodenkomponente untersucht werden können, müssen noch zahlreiche Ergebnisse aus den einfach dotierten Systemen vorliegen. Vor allem aber müssen die optimalen elektrochemischen Testparameter festgelegt werden.

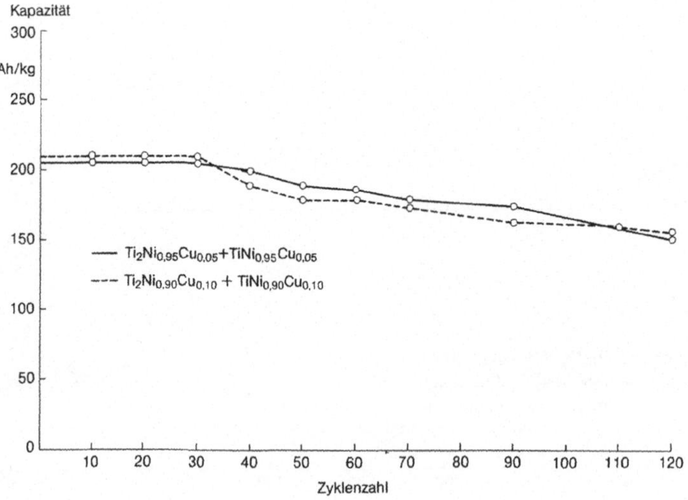

Abb. 177. Kapazitätsverlauf von Ti-Ni-Elektroden mit Kupferzusätzen

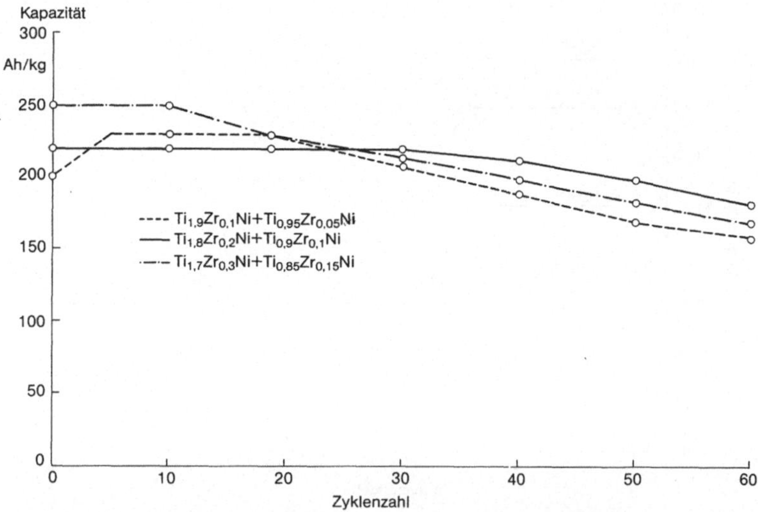

Abb. 178. Kapazitätsverlauf von Ti-Ni-Elektroden mit Zirkonzusätzen

Alle übrigen Zusatzmetalle wie Vanadin, Niob, Tantal, Molybdän, Wolfram und Cer ergeben auch schon in geringer Dotierung eine Verschlechterung der Elektrodeneigenschaften. Daher kommen sie als Legierungselemente in den Ti-Ni-Legierungen nicht in Frage.

9.1.3 Einfluß des Sauerstoffgehalts auf die Elektrodeneigenschaften

Für den Kapazitätsverlauf der Ti-Ni-Hydride in Abhängigkeit des Sauerstoffgehaltes besteht der von der Hydridstruktur her erklärbare Zusammenhang einer Kapazitätszunahme der Elektrode mit Abnahme der Sauerstoffkonzentration in

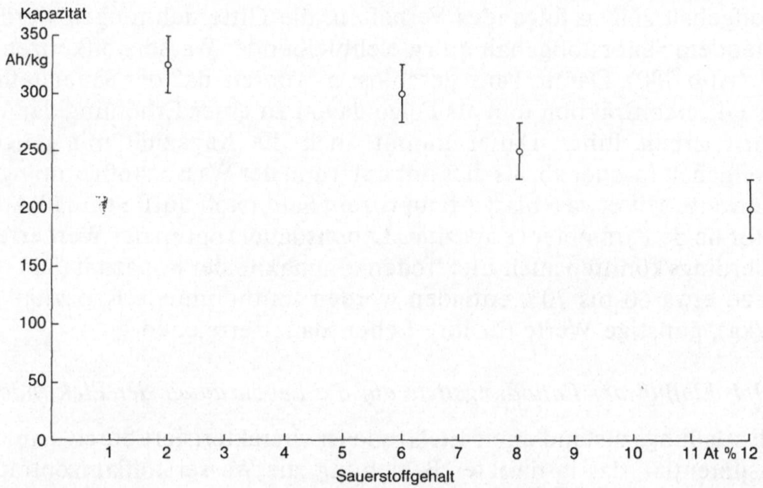

Abb. 179. Abhängigkeit der Kapazität von Ti_2Ni-Elektroden vom Sauerstoffgehalt der Legierung

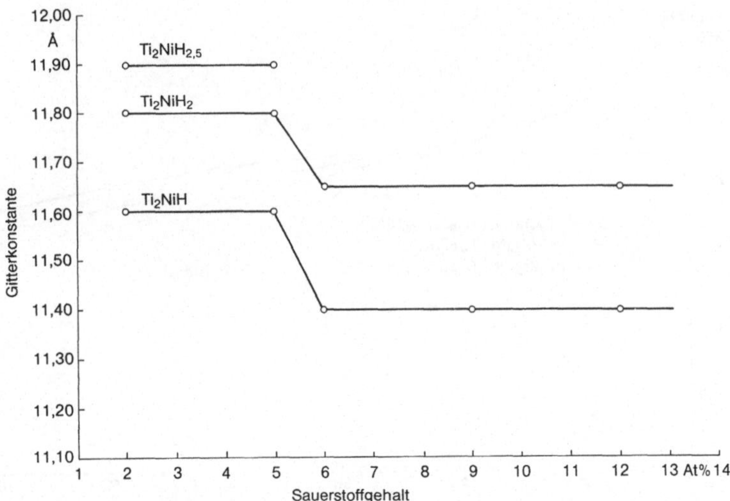

Abb. 180. Die Gitterkonstanten der Legierung Ti_2Ni in Abhängigkeit vom Sauerstoffgehalt

den Phasen (Abb. 179). Bekanntlich stellen die 16(d)-Positionen im Ti_2Ni-Gitter Einbaumöglichkeiten sowohl für Sauerstoff als auch für Wasserstoff dar (s. Kap. 2.11.3). Sind beide Elemente gleichzeitig im Gitter vorhanden, so dürfte das Atom mit dem kleineren Platzbedarf (Wasserstoff) auf andere Positionen im Gitter verdrängt werden. Diese Positionen liegen nach den experimentellen Ergebnissen offenbar energetisch ungünstiger. Daraus resultieren Diffusions- und Reaktionshemmungen und bei Stromentnahme geringere Kapazitäten der Elektroden. Maximale Kapazitätswerte (um 300 Ah/kg) sind daher nur bei geringen Sauerstoffkonzentrationen zu erwarten (Abb. 179).

Die Gitterkonstanten der einzelnen Wasserstoffphasen in Abhängigkeit vom Sauerstoffgehalt zeigen folgendes Verhalten: die Gitterdehnungen werden mit zunehmendem Sauerstoffgehalt und gleichbleibender Wasserstoffkonzentration geringer (Abb. 180). Daraus kann geschlossen werden, daß der Sauerstoffeinbau zu einer Gitterkontraktion und als Folge davon zu einer Erhöhung der Wasserstoffaustrittsarbeit führt. Daher nimmt auch die Kapazität mit steigendem Sauerstoffgehalt rascher ab, als dies nur aufgrund der Wasserstoffverdrängung zu erwarten wäre. Mit etwa 6 bis 8 Atomprozent Sauerstoff dürfte gemäß Abb. 179, 180 ein für beide Parameter (Kapazität, Lebensdauer) optimaler Wert erreichbar sein. Allerdings könnten auch Elektroden mit maximaler Kapazität (300 Ah/kg), die nur zu etwa 60 bis 70% entladen werden (entnommene Kapazität 180 bis 210 Ah/kg), günstige Werte für ihre Lebensdauer erreichen.

9.1.4 Einfluß der Entladungstiefe auf die Lebensdauer der Elektroden

Der Entladungszustand einer Elektrode ist charakterisiert durch sein Gleichgewichtspotential, das in direkter Beziehung zur Wasserstoffkonzentration im Gitter und dessen Dehnung steht. Wie berichtet (s. Kap. 2.11.3), entspricht der Phase $Ti_2NiH_{2,5}$ eine Gitterdehnung $\Delta d = 0{,}6$ Å, der Phase Ti_2NiH_2 ein $\Delta d =$

0,5 Å, der Phase Ti_2NiH ein $\Delta d = 0{,}3$ Å und der Phase $Ti_2NiH_{0,5}$ ein $\Delta d = 0{,}2$ Å. Die Herabsetzung der Gitterdehnungen verringert die Rißbildungen in den Elektroden beträchtlich und kann damit die Lebensdauer der Elektrode verlängern; allerdings auf Kosten ihrer Kapazität. Werden als tiefste Werte des Entladungsgleichgewichts $Ti_2NiH_{0,5}$ und TiNi angenommen und wird die Elektrode anschließend nur bis Ti_2NiH_2 und TiNiH geladen, so erhält man eine um 25% geringere Gitterdehnung. Als theoretisch mögliche Kapazitäten wären in diesem Fall noch Werte um 250 Ah/kg zu erwarten. Andererseits kann man von dem vollhydrierten Phasengemisch $Ti_2NiH_{2,5}$ + TiNiH ausgehend so entladen, daß das Phasengleichgewicht Ti_2NiH + TiNiH entsteht. Die Gitterdehnungen der Ti_2Ni-Phase wären in diesem Fall ebenfalls um 25% geringer, der TiNiH-Parameter würde aber, da der Wasserstoff sehr rasch nachdiffundieren kann, praktisch unverändert bleiben. Dies wirkt sich natürlich besonders günstig auf die Lebensdauer aus. Die theoretisch mögliche Kapazität wäre jedoch, bedingt durch das gewählte Wasserstoffgleichgewicht, nur noch wenig größer als 170 Ah/kg.

Der experimentelle Nachweis über den Einfluß der Teilentladung auf die Lebensdauer wurde so geführt, daß die einmal bestimmte Zeit bis zum Erreichen eines bestimmten Ladezustands als Meßgröße verwendet und bei den dann zeitlich gesteuerten Elektroden die Endpotentiale unter Last und ohne Last gemessen und als Kontrollgrößen eingesetzt wurden. Unterschreiten Elektroden im Laufe ihrer Zyklisierung einen bestimmten tiefsten Grenzwert des Potentials (−650 mV gegenüber Hg/HgO als Referenzelektrode), so wird die Entladungszeit und damit die Kapazität auf einen geringeren Wert eingestellt. Bei Kapazitäten unter 100 Ah/kg werden die Elektroden nicht mehr weiter elektrochemisch getestet. Das Beispiel einer solchen Testreihe ist in Abb. 181 enthalten. Obwohl damit nachgewiesen werden konnte, daß die Lebensdauer der Ti-Ni-Hydridelek-

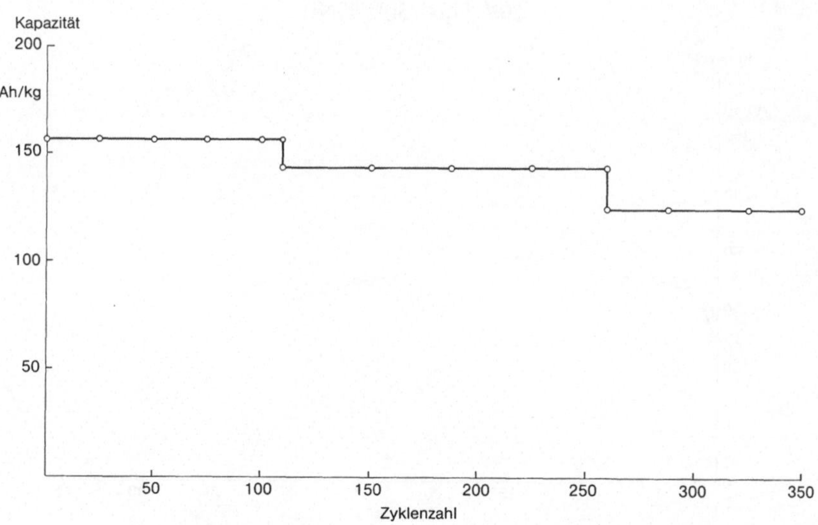

Abb. 181. Langzeitversuch an einer Ti-Ni-Elektrode mit Chromzusatz (Elektrolyt: 2n KOH; Grenzpotential: − 650 mV Hg/HgO)

troden, unter Verlust von Spitzenwerten der Kapazität, verlängert werden kann, liegen endgültige Ergebnisse über die optimale Legierungszusammensetzung noch nicht vor.

9.1.5 Einfluß der Elektrolyttemperatur auf die Elektrodeneigenschaften

Das Verhalten der Elektroden bei Temperaturen über 30 °C wurde unter zwei verschiedenen Bedingungen untersucht:

- Die Elektroden werden bei der gewählten Temperatur (40°, 50°, 60 °C) elektrochemisch be- und entladen.

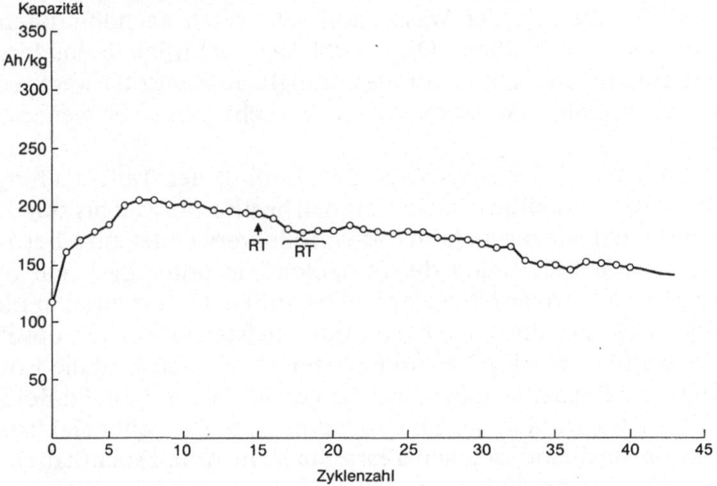

Abb. 182. Temperaturversuch an Ti-Ni-Elektroden (Elektrolyt: 6n KOH; 30 °C; 50% Ti_2Ni/50% TiNi)

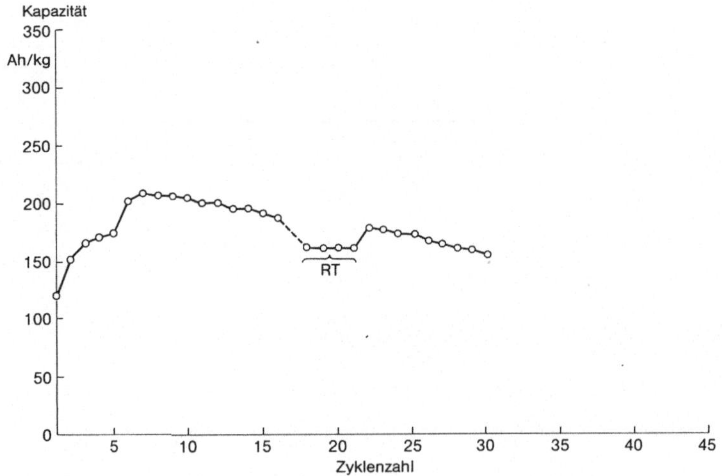

Abb. 183. Temperaturversuch an Ti-Ni-Elektroden (Elektrolyt: 6n KOH; 40 °C; 50% Ti_2Ni/50% TiNi)

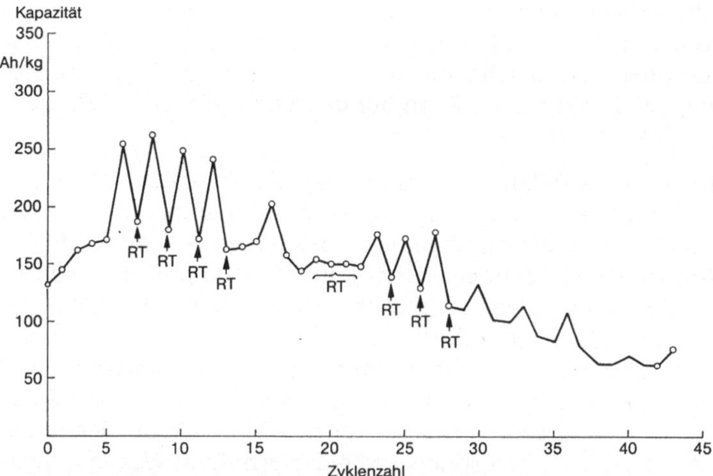

Abb. 184. Temperaturversuch an Ti-Ni-Elektroden (Elektrolyt: 6n KOH; 50 °C; 50% Ti_2Ni/50% TiNi)

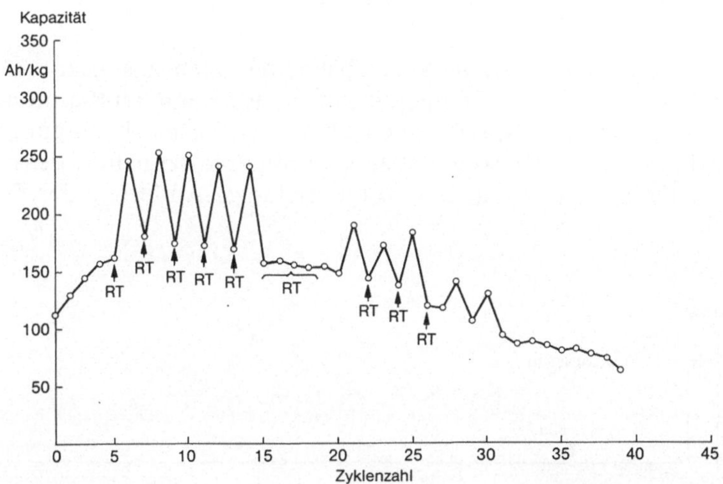

Abb. 185. Temperaturversuch an Ti-Ni-Elektroden (Elektrolyt: 6n KOH; 60 °C; 50% Ti_2Ni/50% TiNi)

– Die Elektroden werden bei erhöhter Temperatur (40°, 50°, 60 °C) entladen und bei Raumtemperatur (RT) aufgeladen.

Sämtliche elektrochemische Zyklisierungsversuche bei erhöhten Temperaturen werden in einem exakt thermostatisierten Bad (T ± 1 °C) durchgeführt. In Intervallen von 10 bzw. 14 Stunden werden die Heizungen ein- bzw. ausgeschaltet und die Elektroden sowohl bei erhöhten Temperaturen als auch bei Raumtemperatur (RT) zyklisiert. Die Ergebnisse solcher Messungen sind in den Abb. 182 bis 185 enthalten. In diesen Diagrammen ist die Kapazitätszunahme mit steigender Temperatur deutlich ausgeprägt. Durch die temperaturbedingte

Erhöhung des Wasserstoffgasdruckes in den Phasen gelingt es also, die Desorption im gegebenen Potentialbereich zu erleichtern und somit den Wasserstoffumsatz zu erhöhen. Die gleichzeitig mit der verbesserten Kapazität beobachtete Verringerung der Lebensdauer kann bei den vorliegenden Versuchen auf zwei Ursachen zurückgeführt werden:

- Anhand von Potentialkurven konnte festgestellt werden, daß die Elektrode nach einer 4stündigen Entladung bereits nach 4,1 Stunden wieder vollständig beladen war, so daß die durchgeführte 5-Stunden-Beladung, die bei Raumtemperatur einer nur geringen Überladung entspricht, zu einer zu starken Überladung und als Folge davon zum Ausfall der Elektrode führte.
- Der entscheidende Faktor dürfte jedoch die Änderung der Ladungs-Entladungs-Charakteristik gegenüber jener bei Raumtemperatur sein. Wird die Temperatur des Elektrolyten und damit auch die der Elektrode erhöht, so erreicht man schließlich Temperaturwerte ($T > 60$ °C), bei denen das Gleichgewicht Absorption – Desorption durch den erhöhten Wasserstoffgasdruck in den beiden Phasen in Richtung Desorption verschoben wird. Dadurch ist es bei der Beladung nicht mehr möglich, den ursprünglichen Gehalt an Wasserstoff in den Phasen zu erreichen. Als Folge davon nimmt die Kapazität rasch ab.

Aus diesem Grund wurden die Versuchsbedingungen so abgeändert, daß die Elektroden bei den erhöhten Temperaturen entladen und bei Raumtemperatur beladen wurden. Dies entspricht auch eher den Betriebsbedingungen eines Traktionsakkumulators, der rasch entladen (Temperaturzunahme des Elektrolyten) und relativ langsam beladen wird (geringfügige Änderung der Elektrolyttemperatur).

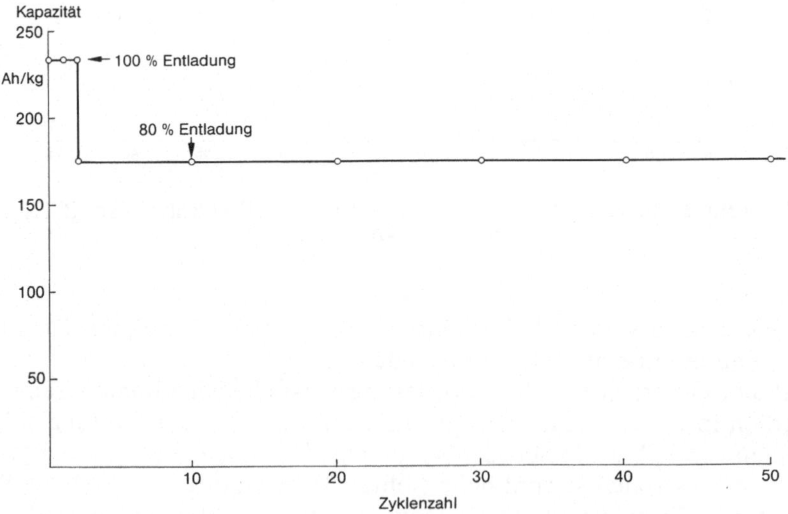

Abb. 186. Temperaturversuch an einer Ti-Ni-Elektrode mit Zirkonzusatz (Elektrolyt: 4n KOH; 50 °C)

Für den Elektrodentest wird die Versuchsanlage im Laufe von 7 Stunden auf die gewählte Entladetemperatur gebracht; bei Erreichen der Solltemperatur werden die Elektroden bei konstanter Temperatur entladen. Anschließend wird der Stromkreis zur Elektrode unterbrochen und diese in 7 Stunden auf Raumtemperatur abgekühlt. Ist diese Temperatur (25 ± 1 °C) erreicht, so wird der Stromkreis wieder geschlossen und die Elektrode in einem vorher bestimmten Zeitintervall vollständig beladen. Nach erneuter Stromunterbrechung zur Zelle wird die Testzelle erwärmt und damit der nächste Zyklus eingeleitet. Da der geschwindigkeitsbestimmende Schritt die Abkühlung ist, und diese nur sehr langsam erfolgt, erschien es zweckmäßig, die Elektrode nur einmal in 24 Stunden zu zyklisieren. Die Versuche erbrachten vielversprechende Resultate (Abb. 186), da die Lebensdauer der Elektroden unter diesen Bedingungen deutlich verbessert werden konnte.

Einen weiteren entscheidenden Faktor für die Lebensdauer der Elektroden stellt die erhöhte Korrosionsgeschwindigkeit der Elektroden im Elektrolyten höherer Temperatur dar. Zur Klärung dieser gegenwärtig noch ungelösten Frage müßten kombinierte Temperatur-Konzentrationsversuche durchgeführt werden. Unter Verwendung von 1 n–8 n KOH bzw. 1 n–6 n NaOH und Temperaturen im Intervall zwischen 30° und 80 °C sollte es möglich sein, die optimalen Werte für beide Parameter zu ermitteln.

Zur Untersuchung der dabei auftretenden Oberflächenphänomene (Korrosion der Partikeln im erwärmten Elektrolyten) eignen sich vor allem die Methoden der Augerspektroskopie, der Mikrophotographie und der SEM-Aufnahmen; möglicherweise aber auch Mikrosonden-, Potential- und Widerstandsmessungen (van-der-Pauw-Methode).

9.1.6 Einfluß der Elektrolytkonzentration auf die Elektrodeneigenschaften

Obwohl auf diesem Gebiet erst wenige Versuchsergebnisse vorliegen, sollen diese doch wegen ihrer grundsätzlichen Bedeutung kurz dargestellt werden.

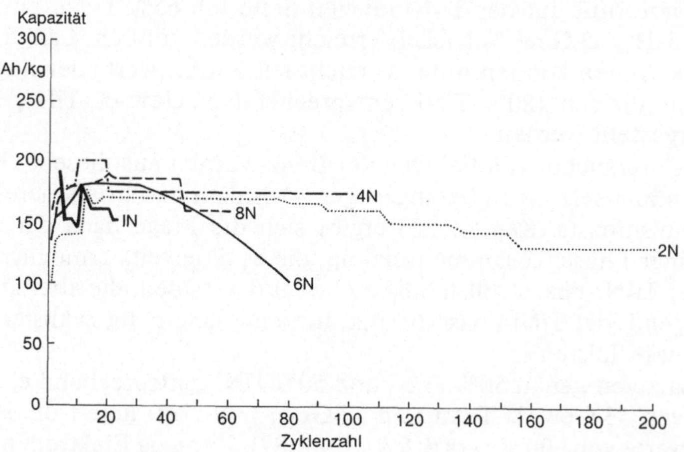

Abb. 187. Einfluß der Elektrolytkonzentration auf die Lebensdauer von Ti-Ni-Elektroden (KOH; 50 mA/g)

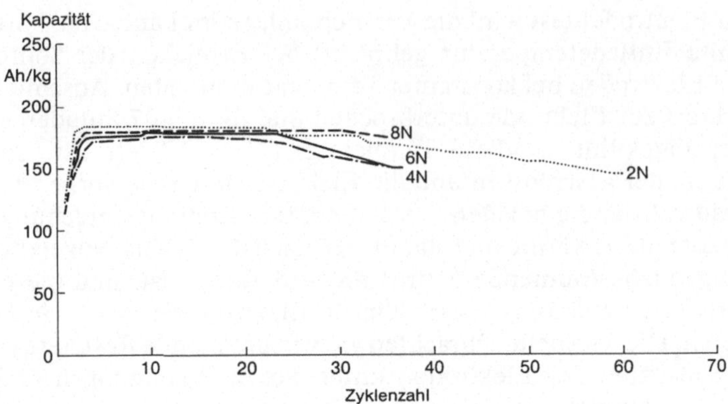

Abb. 188. Abhängigkeit der Lebensdauer der Ti-Ni-Elektroden von der Elektrolytkonzentration (NaOH; 50 mA/g)

Für die Versuchsserien wurden einige, der Zusammensetzung nach identische Elektroden in 2n-, 4n-, 6n-, und 8n-Kali- bzw. -Natronlauge getestet. Die Testergebnisse, die in Abb. 187 und 188 graphisch dargestellt sind, zeigen in 2-normalen Laugen besonders günstige Werte sowohl für die Lebensdauer als auch für die Kapazitäten.

Da sich die Verwendung von 2n- Elektrolyt-Konzentrationen besonders günstig auf die Korrosionsrate der Elektrode im Elektrolyten auswirken würde, sollten die Einflüsse der Elektrolytkonzentrationen auf die Elektrodeneigenschaften eingehend untersucht und, wie bereits erwähnt, mit günstigen Betriebstemperaturen kombiniert werden.

9.1.7 Einfluß der Phasenanteile auf die Elektrodeneigenschaften

Aus den bisher berichteten Betrachtungen und Ergebnissen folgt, daß hohe Kapazitätswerte nur auf der Ti_2Ni-reichen Seite (ab 65% Ti_2Ni, entsprechend 57 Gew.-% TiH_2, 43 Gew.-% Nickel) erreicht werden können. Langfristig zyklisierbare Elektroden können unter Verzicht auf Spitzenwerte der Kapazität mit TiNi-reichen Proben (80% TiNi, entsprechend 50 Gew.-% TiH_2, 50 Gew.-% Nickel) hergestellt werden.

Für die Untersuchungen bei Daimler-Benz wurden aus diesem Grund stets beide Zusammensetzungen herangezogen. Aus dem beschriebenen Lade- Entlade-Mechanismus (s. Kap. 2.11.3) ergibt sich die Frage nach der möglichen Existenz einer Phasenzusammensetzung, die es einerseits ermöglicht, größere Mengen der Ti_2Ni-Phase vollständig zu be- und entladen, die aber andererseits noch genügend viel TiNi-Phase besitzt, um eine langfristig zyklisierbare Elektrode zu gewährleisten.

Ein Ansatz von genau 50% Ti_2Ni und 50% TiNi (entsprechend einer Pulvermischung von 53 Gew.-% Titan und 47 Gew.-% Nickel) liefert die sehr hohen Kapazitätswerte von 300 Ah/kg $\pm$ 5% (Abb. 189). Zwanzig Elektroden dieser Zusammensetzung wurden unter verschiedenen elektrochemischen Bedingungen in bezug auf ihr langfristiges Verhalten untersucht. Interessant erscheint hier vor allem die Tatsache, daß Werte bis 320 Ah/kg mit Zusätzen von weniger als 5 Gew.-% Mangan in der aktiven Masse erzielt werden können (Substitution von Titan durch Mangan). Damit ist eine Möglichkeit gegeben, auch ohne Sauerstoffkontrolle hohe Kapazitätswerte zu erzielen. Allerdings wurden diese Spitzenwerte nur für etwa C/10 erhalten. Bei C/5 nehmen sie etwas ab (um 270 Ah/kg). Trotz der zur Zeit geringen Zahl an Testergebnissen solcher Elektroden dürfte sich die spezielle Zusammensetzung 53 Gew.-% Titan + 47 Gew.-% Nickel + Substitutionsmetalle (in kleinen Mengen) besonders gut als Elektrodenmaterial in einem Traktionsakkumulator eignen.

9.1.8 Elektrodenherstellung

Bisher werden die Ti-Ni-Hydridelektroden pulvermetallurgisch durch Heißpressen hergestellt. Zur Erzielung einer verbesserten mechanischen Festigkeit und einer größeren Beständigkeit gegen mechanische Korrosion der Elektroden während der Lade-Entlade-Zyklen wird dem Pulver der aktiven Masse (Hydrid) Kupferpulver als Binder zugegeben und somit werden Pulvermischungen von 70 Gew.-% aktiver Masse (Ti-Ni-Hydrid) und 30 Gew.-% Kupfer zur Elektrodenherstellung verwendet. Zur besseren Stromableitung in der Elektrode wird ferner ein Kupfergrill zentral in der Elektrodenplatte angeordnet. Der Gesamtkupfergehalt in der fertigen Elektrode beträgt etwa 50 Gew.-%.

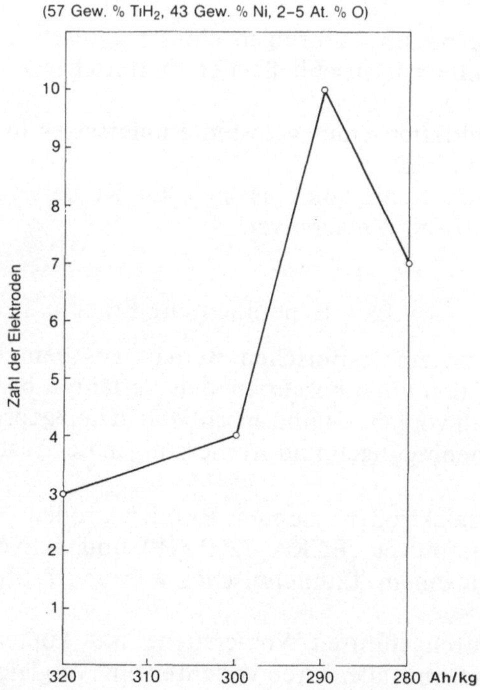

Abb. 189. Elektrochemische Kapazitätswerte von Elektroden der Zusammensetzung 57 Gew.-% Titanhydrid, 43 Gew.-% Nickel, 2 bis 5 Atom-% Sauerstoff

Um höhere Elektrodenkapazitäten zu erzielen, muß der Kupfergehalt in der Elektrode vermindert werden, ohne daß dadurch ihre mechanische Stabilität und ihr Langzeitverhalten beeinträchtigt werden. Eine Möglichkeit, dieses Ziel zu erreichen, besteht darin, daß die Pulverpartikel der aktiven Masse vor der Formgebung der Elektrode mit einer wasserstoffdurchlässigen, gut haftenden Kupferschicht überzogen werden. Dadurch erreicht man einerseits eine bessere Verteilung des Bindemetalls in der Elektrode, was zu erhöhter mechanischer Festigkeit derselben führt, andererseits wird dadurch in der Elektrode eine kontinuierliche Kupfermatrix aufgebaut, wodurch eine bessere Leitfähigkeit erzielt wird (s. Kap. 2.7). Da sich praktisch jedes Korn der aktiven Masse in der Elektrode in einem duktilen „Kupferkäfig" befindet, ist zu erwarten, daß die mechanische Korrosion während der Lade- Entlade-Zyklen verringert werden kann.

Ziel der Untersuchungen, die in Zusammenarbeit mit Daimler-Benz am Battelle-Institut/Genf durchgeführt wurden [162], ist die Entwicklung eines Beschichtungsverfahrens des aktiven Massepulvers mit Kupfer unter gleichzeitiger Verminderung des Gesamtkupfergehaltes in der Elektrode von gegenwärtig 50 auf etwa 20 bis 30 Gew.-%. Ferner werden im Langzeitverhalten reproduzierbar mindestens 500 Lade- Entlade-Zyklen bei einer Mindestkapazität von 150 Ah/kg Elektrode bei einer Belastung von C/3 bis C/5 im Potentialbereich von −940 bis −650 mV gegen Hg/HgO als Bezugselektrode angestrebt.

Die Verkupferung des aktiven Massepulvers kann nach Angaben des Battelle-Institutes/Genf [162] prinzipiell mit einem der folgenden Verfahren durchgeführt werden:

- Trockenes oder nasses Aufbringen eines organischen Kupfersalzes auf die Partikeloberfläche mit anschließender thermischer Zersetzung des Kupfersalzes
- Chemische Reduktion eines gelösten Kupfersalzes in einem Fließbett aus aktivem Massepulver
- Elektrochemische Reduktion eines gelösten Kupfersalzes in einer Fließbettkathode aus aktivem Massepulver.

9.1.8.1 Experimentelle Ergebnisse

Entsprechend einem technischen Bericht aus dem Battelle-Institut/Genf wurden die nach den oben beschriebenen Verfahren beschichteten Pulver zu Testelektroden kalt vorgepreßt und anschließend heißgepreßt. Nachstehend sind die Herstellungsbedingungen und Abmessungen der Testelektroden aufgeführt (Tabelle 20).

Als Vergleichselektroden dienten Rundelektroden aus Mischungen von lamellarem Kupferpulver (ECKA 7200 MP) und aktivem Massepulver. Die Pulver müssen in einem Taumelmischer während 8 Stunden durchgemischt werden.

Die bisher durchgeführten Vorversuche mit kupferummantelter aktiver Masse zeigen, daß mit allen drei Verfahren im Vergleich zu einer einfachen Pulvermischung eine bessere Verteilung des Supportmetalls in der Elektrode erreicht wird (Abb. 190 bis 192).

Tabelle 20. *Technische Daten der Elektrodenherstellung*

a) *Rundelektroden*	
Preßdruck	78 kN/cm^2
Preßtemperatur	400 °C
Preßdauer	3 min
Abmessungen Durchmesser :	22 mm
Dicke	0,98–1,00 mm
Aktive Masse pro Elektrode	1,0 bis 1,1 g
Stromableiter	Cu-Drähte
b) *Rechteckelektroden*	
Preßdruck	9,8 kN/cm^2 (durch Presse begrenzt)
Preßtemperatur	550 °C
Preßdauer	10 min
Abmessungen	1 × 42 × 64 mm
Aktive Masse pro Elektrode	7 bis 8 g
Stromableiter	zentrales Cu-Gitter

Elektroden, die aus ex-formiatkupferummantelter aktiver Masse (a. M.) hergestellt werden, ergeben bei niedrigem Herstellungspreßdruck (9,8 kN/cm^2) hohe Anfangskapazitätswerte. Diese Elektroden fallen jedoch bei relativ niedrigen Zyklenzahlen aus (Abb. 193). Eine Erhöhung des Preßdruckes (78 kN/cm^2) erniedrigt die Anfangskapazität und erhöht gleichzeitig die Lebensdauer. Gegenwärtig haben diese Elektroden bereits 240 bzw. 270 Zyklen ohne Ausfälle überschritten (Abb. 194).

Die Anfangskapazitätswerte von Elektroden mit chemisch verkupferter aktiver Masse liegen bei den bisher vorliegenden Messungen im allgemeinen

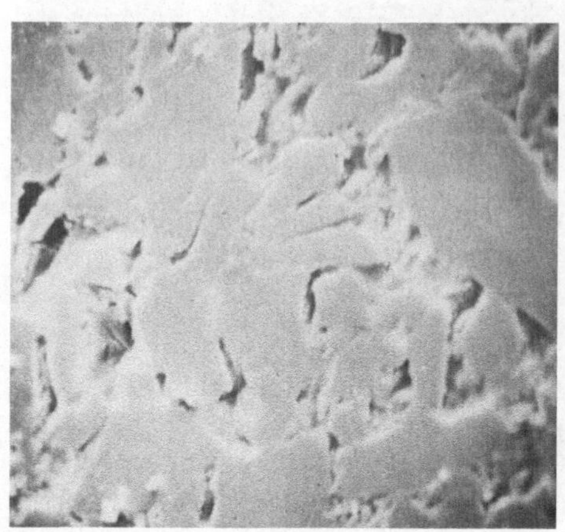

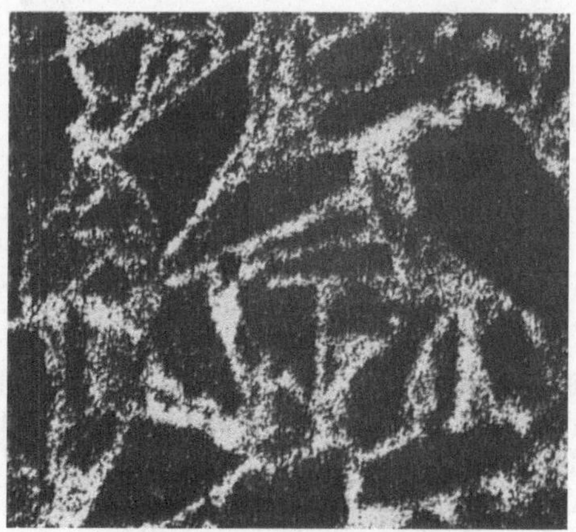

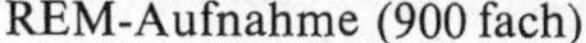

REM-Aufnahme (900 fach) Röntgenanregungsbild: CuK$_\alpha$

Abb. 190. Verteilungsbilder von 25% Exformiatkupfer auf der Ti-Ni-Hydridoberfläche
Photo: Battelle Institut/Genf

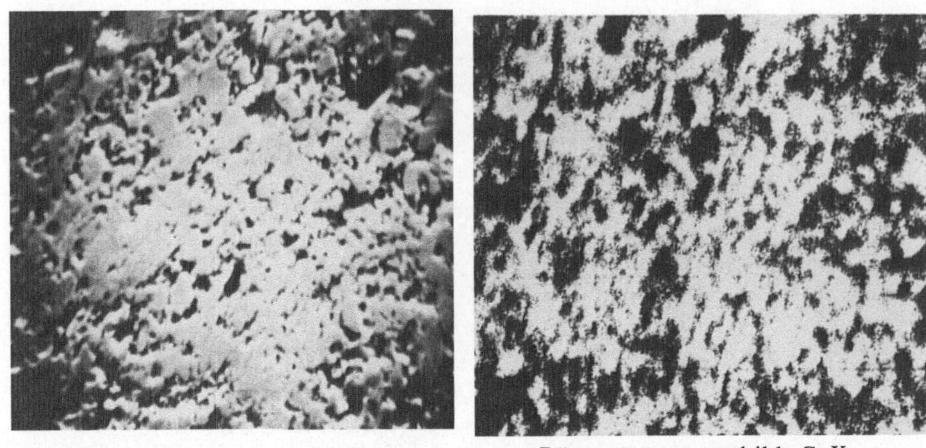

REM-Aufnahme (1000 fach) Röntgenanregungsbild: CuK_α

Abb. 191. Verteilungsbilder von 20% chemisch aufgebrachtem Kupfer auf der Ti-Ni-Hydridoberfläche
Photo: Battelle Institut/Genf

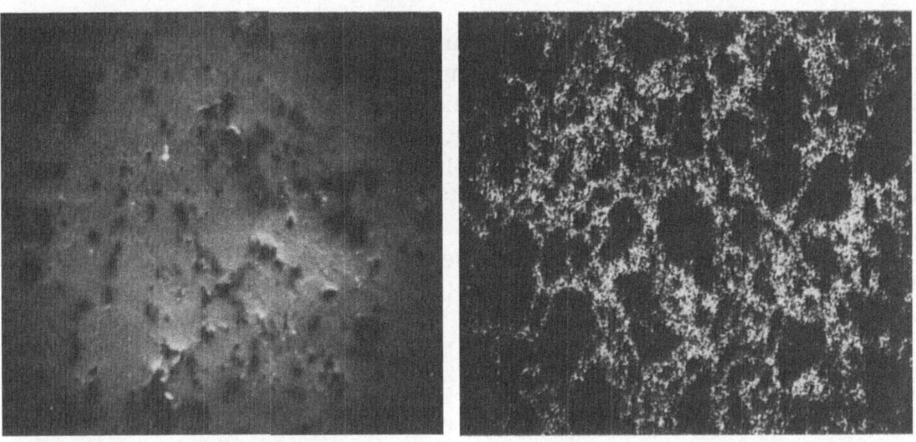

REM-Aufnahme (1000 fach) Röntgenanregungsbild: CuK_α

Abb. 192. Verteilungsbilder von 20% mechanisch aufgebrachtem Kupfer auf der Ti-Ni-Hydridoberfläche
Photo: Battelle Institut/Genf

etwas tiefer als bei ex-formiatummantelten Proben. Hohe Heißpreßdrücke vermindern die Anfangskapazität. Eine endgültige Aussage über den Einfluß des Heißpreßdruckes auf die Lebensdauer läßt sich bei der relativ geringen Anzahl der Elektroden zum jetzigen Zeitpunkt noch nicht machen. Sehr hohe Zyklenzahlen konnten jedoch mit 10 Gew.-% chemischem Kupfer bei geringem Preßdruck erzielt werden (Abb. 195). Die Testelektroden mit 20 Gew.-% chemischem Kupfer und 9,8 kN/cm^2 Preßdruck haben inzwischen über 300 Zyklen ohne Ausfälle erreicht (Abb. 196). Zu bemerken ist, daß diese Elektroden in 6 n KOH ge-

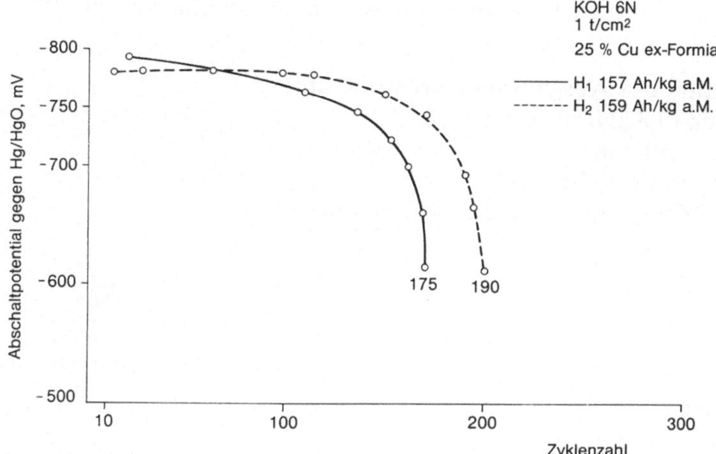

Abb. 193. Lebensdauer von Ti-Ni-Elektroden mit 25prozentiger Kupfer-ex-Formiat-Beschichtung und einem Preßdruck von 9,8 kN/cm² (nach [162])

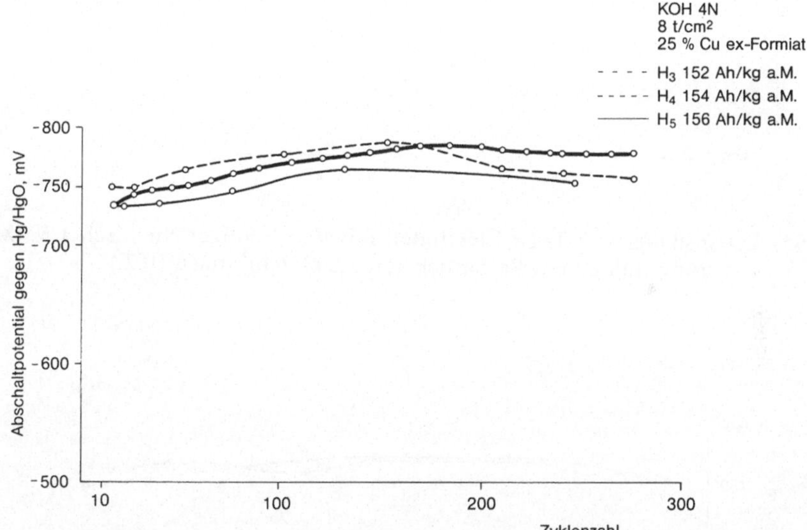

Abb. 194. Lebensdauer von Ti-Ni-Elektroden mit 25prozentiger Kupfer-ex-Formiat-Beschichtung und einem Preßdruck von 78 kN/cm² (nach [162])

testet wurden. Bei dieser Elektrolytenkonzentration wird in der Regel eine höhere Korrosivität beobachtet als in z. B. 4 n KOH.

Nach den bisher vorliegenden experimentellen Ergebnissen erlaubt die Cu-Ummantelung somit eine drastische Verringerung des Heißpreßdrucks bis zu 9,8 kN/cm² anstelle 78 kN/cm² sowie eine erhebliche Verringerung des Kupfergehalts in der fertigen Elektrode.

Optimale Ti-Ni-H-Elektroden können somit durch Heißpressen von verkupferten Hydridpulvern definierter Siebfraktionen hergestellt werden. Folgende

Parameter bestimmen die Porosität bzw. innere Oberfläche der fertigen Elektroden:

- Siebfraktion des Ausgangspulvers (~ 30 μm)
- Preßdruck (9,8 kN/cm^2)
- Preßdauer (10 min)
- Preßtemperatur (550 °C)
- Art und Menge von zugesetzten Porenbildnern

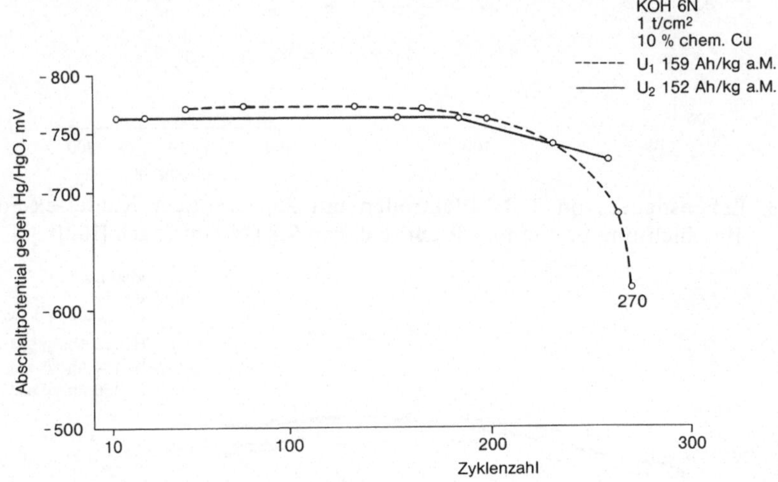

Abb. 195. Lebensdauer von Ti-Ni-Elektroden mit 10prozentiger chemischer Verkupferung und einem Preßdruck von 9,8 kN/cm^2 (nach [162])

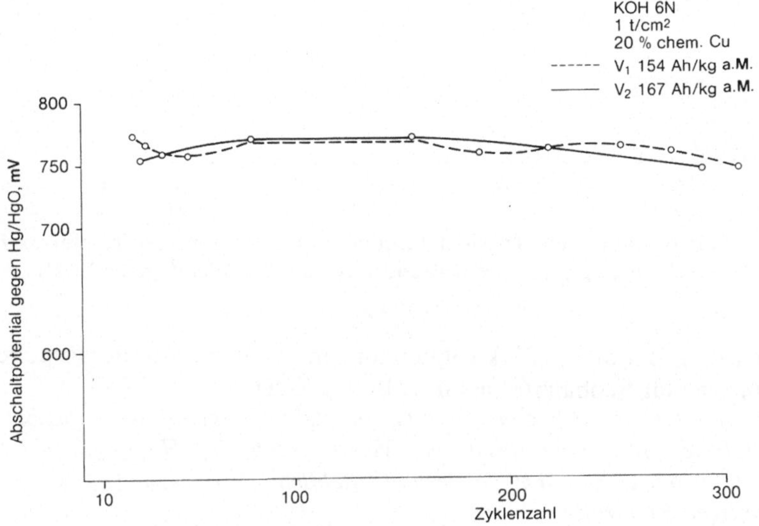

Abb. 196. Lebensdauer von Ti-Ni-Elektroden mit 20prozentiger chemischer Verkupferung und einem Preßdruck von 9,8 kN/cm^2 (nach [162])

Abb. 197 zeigt das Verfahrensschema ausgehend vom Titanhydrid- und Nickelpulver bis hin zur einsatzbereiten Elektrode (Abb. 198). Die einzelnen Schritte entsprechen den Bedingungen in einem Forschungslabor und können für Serienfertigungen sicherlich automatisiert und vereinfacht werden.

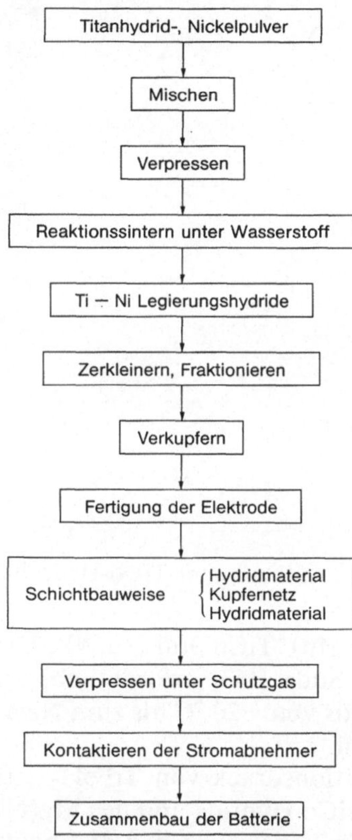

Abb. 197. Schema der Ti-Ni-Hydrid-Elektrodenherstellung

9.2 Auslegung einer Hydridvorwärmheizung für Personenkraftwagen

Anhand des folgenden Beispiels können Gewicht, Volumen und Kosten einer Hydridvorwärmheizung für Pkw abgeschätzt werden.

Sind die Bedingungen für das Vorheizen z. B.

- Außentemperatur $-20\,°C$
- Heizleistung 5 kW
- Heizdauer 10 min = 600 s

so erfolgt eine Vorwärmung des Motors bzw. des Fahrgastraums unter Einsatz von TiCrMn- und Mg/Mg_2Ni-Hydriden nach folgendem Schema:

Bei einer Außentemperatur von $-20\,°C$ ist der Tieftemperaturhydridspeicher mit TiCrMn voll beladen und der Wasserstoffdissoziationsdruck über dem Hydrid beträgt ~ 13 bar. Der Hochtemperaturspeicher ist entleert und enthält

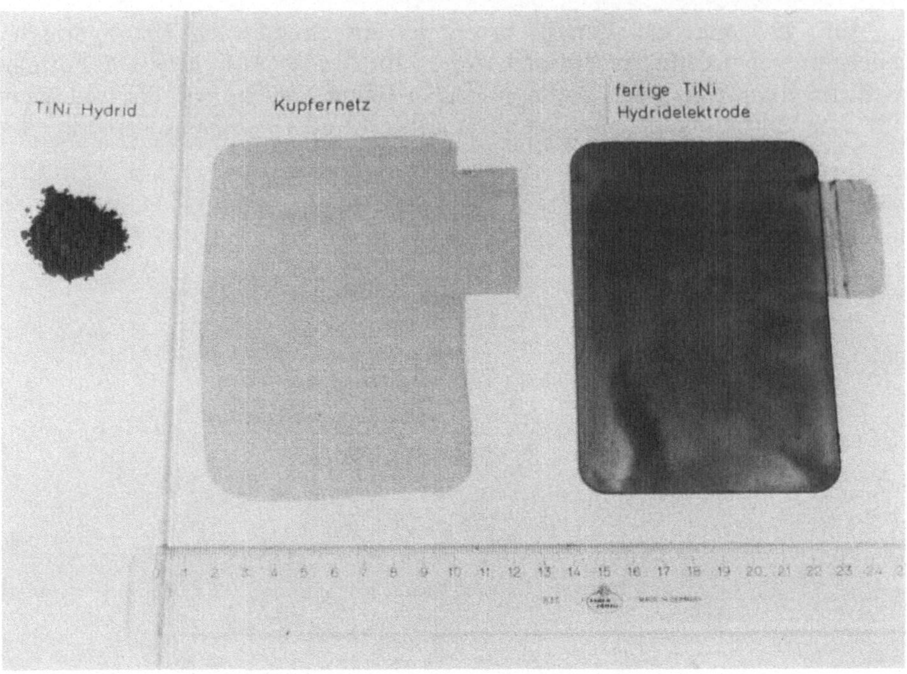

Abb. 198. Aufbau einer Ti-Ni-Hydridelektrode

eine Mischung aus Ti(Fe, Mn), TiCo und Mg(Ni). Die Beimischung von Ti(Fe, Mn) und TiCo ist nach Suda [163] erforderlich, um das Temperaturniveau des Hochtemperaturhydrids von −20 °C bis zum Niveau der Reaktionstemperatur $T \geqq 200$ °C anzuheben.

Der Wasserstoffdissoziationsdruck von $TiFeH_{2-x}$ $(0 < x < 2)$ bei −20 °C ist kleiner als 1 bar, der des TiCo-Hydrids und des Mg(Ni)-Hydrids kleiner als 10^{-1} bar bzw. 10^{-2} bar. Wird ein Ventil zwischen den beiden Speichern geöffnet, so tritt Druckausgleich ein, und Ti(Fe, Mn) wird zuerst unter Wärmefreisetzung beladen, während TiCo und Mg(Ni), bedingt durch die geringe Reaktionskinetik, vorerst nicht beladen werden kann. Das Ti(Fe, Mn)-Hydrid nimmt die Temperatur an, die einem Wasserstoffgleichgewichtsdruck von 13 bar entspricht (70 °C bis 80 °C) und gibt auf diesem Temperaturniveau Wärme an das Hochtemperaturspeichermaterial (TiCo und Mg(Ni)) ab. Hat das Material eine Temperatur von ~ 70 °C erreicht, so beginnt die Reaktion des Wasserstoffs mit TiCo, wodurch das Material bis zu Temperaturen $T \geqq 200$ °C erwärmt wird. Die Reaktion des Wasserstoffs mit Mg(Ni) setzt bei Temperaturen $T \geqq 200$ °C mit hoher Reaktionsgeschwindigkeit ein.

Nach Erreichen der Materialtemperatur von $T \geqq 250$ °C kann die Wärme zu Vorheizzwecken abgeführt werden, die durch die Reaktion von Mg(Ni) mit Wasserstoff freigesetzt wird. Während des gesamten Aufheizvorgangs muß durch entsprechenden Wärmetausch des Tieftemperaturhydrids $TiCrMnH_{3-x}$ $(0 < x < 3)$ mit der Außenluft dafür gesorgt werden, daß die Speichertemperatur nicht wesentlich unter −20 °C absinkt, damit ein Wasserstoff-Freisetzungsdruck von 13 bar aufrechterhalten wird. Nach etwa 10 Minuten ist der Wasserstoffaustausch abgeschlossen. Nun kann noch insgesamt eine Energie von etwa 500 kJ bis 600 kJ durch Abkühlen des Speichermaterials zum Vorheizen verwendet werden.

Das Regenerieren der Anlage (Wiederbeladen von TiCrMn) wird erreicht, wenn der Hochtemperaturspeicher durch Ausnutzen der bei allen Verbrennungsvorgängen auftretenden Abwärme auf Temperaturen von über 350 °C (Wasserstoffdruck größer 10 bar) aufgeheizt wird (Abgasenergie). Danach ist das Vorheizaggregat wieder einsatzbereit.

Da die gesamte zu übertragende Energie 3 000 kJ und die Bindungsenergie von Mg(Ni) −75 bis −79 kJ/mol Wasserstoff beträgt, müssen insgesamt 40 mol Wasserstoff entsprechend 80 g Wasserstoff in das Metall eingelagert werden. Die Wasserstoffspeicherkapazität von Mg (5 Atomprozent Ni) erreicht 7 bis 7,4 Gew.-% Wasserstoff, so daß zur Speicherung von 80 g Wasserstoff eine Metallmasse von 1 150 g Mg(Ni) notwendig ist. Die Speicherkapazität der Legierung TiCrMn liegt bei 1,9 Gew.-% Wasserstoff, so daß insgesamt 4 211 g TiCrMn-Legierung eingesetzt werden müssen.

Bei −20 °C hat TiCrMn einen Wasserstoffdissoziationsdruck von 13 bar. Um 1 150 g Mg(Ni) von −20 °C auf die Betriebstemperatur von 270 °C aufzuheizen, ist eine Energie von 363 kJ erforderlich.

$$\Delta Q = C_{p_{Mg(Ni)}} \cdot m_{Mg(Ni)} \cdot 290\,°C$$

mit

$$C_{p_{Mg(Ni)}} \sim 1{,}1\ J/g$$

Diese Energie wird durch Wasserstoffbeladung von Ti(Fe, Mn) und TiCo erzeugt. Zusätzlich muß die Energie zum Aufheizen von Ti(Fe, Mn) und TiCo aufgebracht werden.

Dieser Energiebedarf (42) setzt sich somit aus (40) und (41) zusammen

$$\Delta Q_{-20° \to 80°} = (C_{p_{Mg(Ni)}} \cdot m_{Mg(Ni)} + C_{p_{Ti(Fe,\,Mn)}} \cdot m_{Ti(Fe,\,Mn)} + C_{p_{TiCo}} \cdot m_{TiCo}) \cdot 100° \qquad (40)$$

$$\Delta Q_{80° \to 270°} = (C_{p_{Mg(Ni)}} \cdot m_{Mg(Ni)} + C_{p_{Ti(Fe,\,Mn)}} \cdot m_{Ti(Fe,\,Mn)} + C_{p_{TiCo}} \cdot m_{TiCo}) \cdot 190° \qquad (41)$$

$$\Delta Q_{ges} = \Delta Q_{-20° \to 80°} + \Delta Q_{80° \to 270°} \qquad (42)$$

Die Bildungsenthalpie von Ti(Fe, Mn) H_{2-x} $(0{,}1 < x < 2)$ beträgt −32 kJ/mol Wasserstoff, jene von $TiCoH_{1,1-x}$ $(0{,}1 < x < 1)$ −52,3 kJ/mol Wasserstoff. Um den Hochtemperaturspeicher von −20 °C auf etwa 80 °C aufzuheizen, muß ein Energiebetrag von 222 kJ, für den Schritt von 80 °C nach 270 °C ein Betrag von 422 kJ aufgewendet werden.

Bei der Reaktion von Ti(Fe, Mn) mit 7 Mol Wasserstoff werden 224 kJ frei. Die Wasserstoffspeicherkapazität von Ti(Fe, Mn) beträgt 1,9 Gew.-% Wasserstoff, bezogen auf das Aktivmaterial, so daß mindestens 730 g Ti(Fe, Mn) benötigt werden. Die Reaktion von 8 Mol Wasserstoff mit TiCo liefert 418 kJ. Die Wasserstoffspeicherkapazität von TiCo beträgt bei 80 °C 1,3 Gew.-% Wasserstoff und damit die TiCo-Menge 1,25 kg. Die Hydridanteile im Hochtemperaturspeicher (Ti(Fe, Mn), TiCo und Mg(Ni)) werden also ungefähr folgende Werte erreichen:

750 g Ti(Fe, Mn), 1 350 g TiCo und 1 150 g Mg(Ni).

Das Gesamtgewicht des Hochtemperaturspeichers inklusive Behältermaterial (30% der Aktivmasse) wird somit ~4,5 kg (3,25 kg Hydrid) betragen.

Um die vom Hochtemperaturspeicher aufgenommene Wasserstoffmenge in den Tieftemperaturspeicher rückladen zu können, müssen dort insgesamt 5 800 g TiCrMn enthalten sein. Inklusive Speicherbehälter (20% der Aktivmasse) wiegt der Tieftemperaturspeicher etwa 7 kg. Mit Rohrleitungen und Ventilen dürfte das Gesamtgewicht somit zwischen 15 bis 20 kg liegen und könnte damit sowohl vom Gewicht als auch vom Volumen her ein leistungsfähiges Aggregat darstellen.

Das Speichergewicht des Hochtemperaturspeichers kann noch deutlich gesenkt werden, wenn nicht das gesamte Hochtemperatur-Speichermaterial aufgeheizt, sondern nur ein Teil des Mg(Ni) (etwa 10%) auf Reaktionstemperatur (T ~270 °C) vorgeheizt wird. Das restliche Hochtemperatur-Speichermaterial wird dann durch Mg(Ni)-Hydridbildung auf die notwendige Temperatur vorgeheizt.

Um 10% der 1 150 g Mg(Ni) von −20 °C auf 270 °C aufzuheizen, ist insgesamt eine Energie von 36,3 kJ notwendig ($C_{pMg(Ni)} = 1{,}1$ J/g).

Wird diese Energie durch Wasserstoffbeladung von Ti(Fe, Mn) und TiCo erzeugt, so müssen in Ti(Fe, Mn) 1,4 g Wasserstoff (73 g Ti(Fe, Mn)) und in TiCo 1,62 g Wasserstoff (124 g TiCo) gespeichert werden. Zum Aufheizen der restlichen 90% Mg(Ni) ist noch ein Energiebetrag von 327 kJ aufzubringen. Erfolgt das Aufheizen direkt durch die Mg(Ni)-Hydridbildung, so müssen 8,7 g Wasserstoff in 116,2 g Mg(Ni) eingelagert werden. Insgesamt enthält der Hochtemperaturspeicher dann folgende Hydridmengen: 1,3 kg Mg(Ni), 125 g TiCo und 75 g Ti(Fe, Mn) und damit ein Gesamtgewicht von nur noch 1,5 kg.

Das mögliche geringe Gewicht der Gesamtanlage läßt den Einsatz von Hydridvorwärmheizungen in konventionell betriebenen Fahrzeugen erfolgreich erscheinen. Die Materialkosten sind auch bei den gegenwärtig noch hohen Hydridpreisen (niedrige Produktionsziffern) relativ niedrig (1 kg Ti(Fe, Mn) kostet ~35 DM, 1 kg TiCo ~40 DM, 1 kg Mg(Ni) ~26 DM und 1 kg TiCrMn ~40 DM, Stand 1980).

Eine weitere Möglichkeit der Gewichtseinsparung im Hochtemperaturteil besteht darin, die Teilbeheizung des Speichermaterials mittels elektrischen Stroms aus der Bordbatterie durchzuführen. (s. Kap. 3.4.5.2) und damit unter Ausnutzung der „Initialzündung“ auch die Kosten der Vorwärmheizung deutlich abzusenken.

Literatur

[1] Teitel, R. J.: Microcavity Hydrogen Storage. Final Progress Report, Brookhaven National Laboratory. New York. BNL 51439 UC-94 d, S. 1–40, 1981.

[2] Vance, R. W.: Cryogenic Technology. New York-London: J. Wiley 1963.

[3] Vance, R. W., Duke, W. M.: Applied Cryogenic Engineering. New York-London: J. Wiley 1962.

[4] Grisenthwaite, A. T.: A Review of Processes for the Production of Hydrogen. Trans. Inst. Chem. Engs. **34,** 235 (1956).

[5] Peschka, W.: Energiespeicherung mit Wasserstoff. Haus der Technik, Essen, Vortragsveröffentlichungen, Heft 448, S. 46–59, 1981.

[6] Peschka, W.: Wasserstoff als Alternativkraftstoff im Kraftfahrzeug. Internationales Verkehrswesen, Heft 6, S. 447–454, 1980.

[7] Linde AG: Aufbau eines Lagertanks für Flüssigwasserstoff. In: Neuen Kraftstoffen auf der Spur, Teil II, S. 389–393. Bonn: Bundesministerium für Forschung und Technologie 1974.

[8] Mönner: Sicherheitstechnische Aspekte bei flüssigem Wasserstoff. In: Neuen Kraftstoffen auf der Spur, Teil II, S. 419–421. Bonn: Bundesministerium für Forschung und Technologie 1974.

[9] Breves: Abfülleinrichtungen für Flüssigwasserstoff. In: Neuen Kraftstoffen auf der Spur, Teil II, S. 393–400. Bonn: Bundesministerium für Forschung und Technologie 1974.

[10] Carpetis, C.: Large Scale Hydrogen Storage by Use of Cryoadsorbents and Comparison to Alternatives, Proc. Hydrogen as an Energy Vector, Status Seminar, Comm. of Europ. Comm. 1980.

[11] Kurz, G.: NH_3-Spalter ohne äußere Wärmezufuhr, Neue Fachberichte **14** (1976).

[12] Taube, M.: A System of Hydrogen Powered Vehicles with Liquid Organic Hydrides. EIR-Bericht Nr. 436, Würenlingen, Schweiz, 1981.

[13] Linde AG: Wasserspaltung. In: Neuen Kraftstoffen auf der Spur, Teil II, S. 368–373. Bonn: Bundesministerium für Forschung und Technologie 1974.

[14] Holleman, A. F., Wiberg, E.: Lehrbuch der anorganischen Chemie, 40.–46. Auflage, Kap. 14, S. 407. Berlin: de Gruyter 1958.

[15] Kuntz, P. A., Wimer, W. W., Weatherford, W. D., Jr., Quillian, R. D., Jr.: Comprehensive Bibliography of Literature on Noncryogenic Storage and Recovery of Hydrogen, S. 20–30, 1973. Distributed: NTIS, US-Dep. Commerce Nr. AD-780 928.

[16] Mueller, W., Blackledge, U. P., Libowitz, G. G.: Metal Hydrides. New York: Academic Press 1968.

[17] Lundin, C. E., Lynch, F. E., Magee, C. B.: Some Useful Relationships Between the Physical and Thermodynamic Properties of Metal Hydrides. Proc. 11th IECEC. Vol. I, 961 (1976).

[18] Miedema, A. R., Buschow, K. H. J., van Mal, H. H.: Which Intermetallic Compounds of Transition Metals Form Stable Hydrides? J. Less Common Metals **49,** 463 (1976).

[19] Switendick, A. C.: Electronic Band Structures of Metal Hydrides. Solid State Comm. **8**, 1463 (1970).

[20] Gelatt, C. D., Jr.: Calculated Heats of Formation of Metal and Metal Alloy Hydrides. Proc. Hydrides for Energy Storage, Geilo, Norway, S. 193–204, 1977.

[21] Kulikov, N. I., Tugushev, V. V.: An Electronic Band Structure Model for the Metal-Semiconductor Transition in Cerium-Group Hydrides, Metal Hydrides 1980. Vol. II, 227–236. Lausanne-New York: Elsevier Sequoia 1980.

[22] Wallace, W. E., Malik, S. K.: Structure and Bonding in Metal Hydrides. Proc. Hydrides for Energy Storage, Geilo, Norway, S. 33–42, 1977.

[23] Maeland, A. J.: Comparison of Hydrogen Absorption in Glassy and Crystalline Structures. Proc. Hydrides for Energy Storage, Geilo, Norway, S. 447–462, 1977.

[24] Töpler, J. M., Buchner, H., Säufferer, H., Knorr, K., Prandl, E.: Diffusion Measurements of Hydrogen in Magnesium and Mg_2Ni by Neutron Scattering. Proc. Properties and Applications of Metal Hydrides II, Toba, Japan, 1982 (wird veröffentlicht).

[25] Bogdanovic, B.: Verfahren zur Herstellung von Magnesiumhydriden. Deutsche Offenlegungsschrift 2804445.

[26] Buchner, H., Bernauer, O., Strauß, W.: Development of High Temperature Hydrides for Vehicular Application. Proc. 2nd World Hydrogen Energy Conf., S. 1677–1688, 1978.

[27] Fromm, E., Gebhardt, E.: Gase und Kohlenstoff in Metallen. Berlin-Heidelberg-New York: Springer 1976.

[28] Reilly, J. J., Wiswall, R. H.: Hydrogen Storage and Purification Systems. BNL-Report 17136, Brookhaven National Laboratory 1972.

[29] Cholera, V., Gidaspow, D.: Hydrogen Separation and Production from Coal Derived Gases Using Fe_xTiNi_{1-x}. Proc. 12th IECEC, Washington, 1977.

[30] Schlapbach, L., Seiler, A., Stucki, F., Siegmann, H. C.: Surface Effects and the Formation of Metal Hydrides, Metal Hydrides 1980. Vol. I, S. 145–160. Lausanne-New York: Elsevier Sequoia 1980.

[31] Seiler, A., Schlapbach, L., von Waldkirch, Th., Shaltiel, D., Stucki, F.: Surface Analysis of Mg_2Ni-Mg, Mg_2Ni und Mg_2Cu. Metal Hydrides 1980. Vol. I, S. 193–200. Lausanne-New York: Elsevier Sequoia 1980.

[32] Shenoy, G. K., Niarchos, D., Viccaro, P. J., Dunlap, B. D., Aldred, A. T., Sandrock, G. D.: Surface Segregation of Iron by Hydrogenation of FeTi, Metal Hydrides 1980, Vol. I, S. 171–174. Lausanne-New York: Elsevier Sequoia 1980.

[33] Goodell, P. D.: Thermal Conductivity of Hydriding Alloy Powders and Comparison of Reactor Systems. J. Less Common Metals **74**, 175 (1980).

[34] Moore, J. P., Williams, R. K., Grawes, R. S.: Rev. Sci. Instr. **45**, 87 (1974).

[35] Reilly, J. J., Johnson, J. R.: Metal Hydride Materials Program at BNL Current Status and Future Plan. Proc. ERDA Meeting Chemical Energy Storage and Hydrogen Energy Systems Report CONF 761134, S. 129, 1976.

[36] Kittel, C.: Einführung in die Festkörperphysik. S. 499. München-Wien: Oldenbourg 1968.

[37 a] Lundin, C. E.: The Savety Characteristics of $LaNi_5$-Hydrides. Proc. THEME-Conf., Miami, S. 4/36–38, 1974.

[37 b] Lundin, C. E., Lynch, F. E.: The Safety Characteristics of FeTi-Hydride. Proc. 11th IECEC, Paper 759202, 1976.

[38] HY-STOR Metal Hydrides – A Revolution in Hydrogen Storage Technology. MPD-Tech. Corp., 4 William Demarest Place, Waldwich, NJ 07463, U.S.A.

[39] Wooley, R. L.: Design Considerations for the Riverside Hydrogen Bus. Proc. 2nd World Hydrogen Energy Conf., S. 1829–1849, 1978.

[40] Sandrock, G. D.: The Metallurgy and Production of Rechargeable Hydrides. Proc. Hydrides for Energy Storage, Geilo, Norway, 1977.
[41] Huston, E. L., Sandrock, G. D.: Engineering Properties of Metal Hydrides. Journal of the Less Common Metals **74**, 435–443 (1980).
[42] Sandrock, G. D., Reilly, J. J., Johnson, J. R.: Metallurgical Considerations in the Production and Use of FeTi-Alloys for Hydrogen Storage. Proc. 11th IECEC, S. 965, 1976.
[43] Hansen, M., Anderko, K.: Constitution of Binary Alloys, S. 725. New York: McGraw-Hill 1958.
[44] Reilly, J. J., Wiswall, R. H., Jr.: The Formation and Properaties of Iron-Titanium-Hydride. Inorg. Chem. **13**, 218 (1974).
[45] Ence, E., Margolin, H.: Trans. AIME **206**, 572–577 (1956).
[46] Hiebl, K., Tuscher, E., Bittner, H.: Untersuchungen an Hydriden im Bereich der Phase Ti_4Fe_2O, Monatsheft f. Chem. **110**, 9–19 (1979).
[47] Johnson, J. R., Reilly, J. J.: The Use of Manganese Substituted Ferrotitanium Alloys for Energy Storage. Proc. Alternative Energy Sources, Miami Beach, 1977.
[48] Buchner, H., Bernauer, O.: 2. Meilensteinbericht zum Forschungsvorhaben: Entwicklung von Metallhydriden hoher Speicherkapazität, Kap. 3.4.3. Bundesministerium für Forschung und Technologie, Vertrags-Nr. TV 7507, 1977.
[49] Reilly, J. J., Johnson, J. R.: Titanium Alloy Hydrides, Their Properties and Applications. Proc. THEME, Miami, S. 8B-3-26, 1976.
[50] Lundin, C. E.: Das System TiFe-Al mit Wasserstoff. Progress Report, Denver Research Institute. Daimler-Benz Contract Nr. 19/266656, 1979.
[51] Reilly, J. J., Wiswall, R. H.: Hydrogen Storage and Purification Systems II, Report Brookhaven National Laboratory, August 1974.
[52] Buchner, H., Bernauer, O.: 2. Meilensteinbericht zum Forschungsvorhaben: Entwicklung von Metallhydriden hoher Speicherkapazität, Kap. 3.4.7. Bundesministerium für Forschung und Technologie, Vertrags-Nr. TV 7507, 1977.
[53] Hansen, M., Anderko, K.: Constitution of Binary Alloys, S. 1051. New York: McGraw-Hill 1958.
[54] Beccu, K. D.: Schweizer Patent 4199/69.
[55] Neuen Kraftstoffen auf der Spur, Teil II, S. 465. Bonn: Bundesministerium für Forschung und Technologie, 1974.
[56] Buchner, H., Gutjahr, M. A., Beccu, K. D., Säufferer, H.: Wasserstoff in intermetallischen Phasen am Beispiel des Systems Titan-Nickel-Wasserstoff. Z. f. Metallkunde **63**, 497–500 (1972).
[57] Hansen, M., Anderko, K.: Constitution of Binary Alloys, S. 511–514. New York: McGraw-Hill 1958.
[58] Yamanaka, K., Saito, H., Someno, M.: Hydride Formation of Intermetallic Compounds of TiFe, TiCo, TiNi and TiCu. J. Chem. Soc., Japan, **8**, 1267 (1975).
[59] Mintz, M. H., Hadari, Z., David, M. P.: Hydrogenation of Oxygen Stabilized Ti_2MO_x ($M = Fe, Co, Ni$; $0 < x < 0,5$) Compounds. J. Less Common Metals **74**, 287–294 (1980).
[60] Töpler, J. M., Buchner, H.: 1. Meilensteinbericht: Entwicklung von Metallhydriden mit hoher Speicherkapazität, Kap. 5.6.2. Bundesministerium für Forschung und Technologie, Vertrags-Nr. TV 7861/8, 1979.
[61] Buchner, H., Bernauer, O.: 2. Meilensteinbericht zum Forschungsvorhaben: Entwicklung von Metallhydriden hoher Speicherkapazität, Kap. 3.4.6. Bundesministerium für Forschung und Technologie, Vertrags-Nr. TV 7507, 1977.
[62] Laves, F., Wallbaum, H. J.: Naturwissenschaften **27**, 674–675 (1939).

[63] Hansen, M., Anderko, K.: Constitution of Binary Alloys, S. 565–568. New York: McGraw-Hill 1958.

[64] Shaltiel, D.: Hydride Properties of AB_2-Laves-Phase Compounds. Metal Hydrides 1980. Vol. I, S. 329–338. Lausanne-New York: Elsevier Sequoia 1980.

[65] Jacob, I., Stern, A., Moran, A., Shaltiel, D., Davidov, D.: Hydrogen Absorption in $(Zr_xTi_{1-x})B_2$ (B = Cr, Mn) and the Phenomenological Model for the Absorption Capacity in Pseudo-Binary Laves Phase Compounds. Metal Hydrides 1980. Vol. I, S. 369–376. Lausanne-New York: Elsevier Sequoia 1980.

[66] Johnson, J. R.: Reaction of Hydrogen With the High-Temperature Form of $TiCr_2$. Metal Hydrides 1980. Vol. I, S. 345–354. Lausanne-New York: Elsevier Sequoia 1980.

[67] Reilly, J. J.: Synthesis and Properties of Useful Metal Hydrides. Proc. Hydrides for Energy Storage, Geilo, Norway, S. 301–322, 1977.

[68] Gamo, T. et al.: Hydrogen Storage Material, US-Patent 4, 160, 014.

[69] Machida, Y., Yamadaya, T., Asanuma, M.: Hydride Formation of C-14-Type Ti-Alloy. Proc. Hydrides for Energy Storage, Geilo, Norway, S. 329–336, 1977.

[70] Gamo, T. et al.: Titan-Mangan Alloy Systems for Hydrogen Storage Material. Japan National Technical Report 25, No. 5, 1979.

[71] Töpler, J. M., Buchner, H.: 2. Technischer Bericht zum Forschungsvorhaben: Entwicklung von Metallhydriden mit hoher Speicherkapazität, Kap. 3.1. Bundesministerium für Forschung und Technologie, Vertrags-Nr. TV 7861/8, 1980.

[72] Töpler, J. M., Bernauer, O., Buchner, H.: Use of Hydrides in Motor Vehicles. J. Materials for Energy Systems **2**, 3–10 (1980).

[73] van Mal, H. H., Buschow, K. H. J., Miedema, A. R.: Hydrogen Absorption in $LaNi_5$ and Related Compounds: Experimental Observations and Their Explanation. J. Less Common Metals **35**, 395 (1974).

[74] Zijestra, H., Westendorp, F. F.: Influence of Hydrogen on the Magnetic Properties of $SmCo_5$. Solid State Comm. **7**, 857 (1969).

[75] Busch, G., Schlapbach, L., Seiler, A.: The Plateau Pressure of $RENi_5$ and $RECo_5$ Hydrides. Proc. Hydrides for Energy Storage, Geilo, Norway, S. 293–300, 1977.

[76] Osumi, Y., Suzuki, H., Kato, A., Oguro, K., Nakone, M.: Hydrogen Absorption-Desorption Characteristics of Mischmetal-Nickel-Alloys. Proc. 3rd World Hydrogen Energy Conference, S. 865–880, 1980.

[77] Wallace, W. E.: Magnetic and Electrical Properties of Rare Earth and Rare Earth Intermetallic Hydrides. Proc. Hydrides for Energy Storage, Geilo, Norway, S. 217–234, 1977.

[78] Sandrock, G. D.: Development of Low Cost Nickel-Rare Earth Hydrides for Hydrogen Storage. Proc. 2nd World Hydrogen Energy Conference, S. 1625–1656, 1978.

[79] Hansen, M., Anderko, K.: Constitution of Binary Alloys, S. 887–888. New York: McGraw-Hill 1958.

[80] van Vucht, J. H. N., Kuijpers, F. A., Bruning, H. C. A. M.: Reversible Room Temperature Absorption of Large Quantities of Hydrogen by Intermetallic Compounds. Philips Res. Reports **25**, 133 (1970).

[81] Hansen, M., Anderko, K.: Constitution of Binary Alloys, S. 404. New York: McGraw-Hill 1958.

[82] Sandrock, G. D.: A New Family of Hydrogen Storage Alloys Based on the System Nickel-Mischmetal-Calcium. Proc. 12th IECEC, S. 951–958, 1977.

[83] Sandrock, G. D.: Mischmetal-Nickel-Aluminum Alloys. European Patent Specification Nr. 0004192.

[84] Töpler, J. M., Buchner, H.: 2. Technischer Bericht zum Forschungsvorhaben:

Entwicklung von Metallhydriden mit hoher Speicherkapazität, Kap. 2.1.3. Bundesministerium für Forschung und Technologie, Vertrags-Nr. TV 7861/8, 1980.
[85] Hansen, M., Anderko, K.: Constitution of Binary Alloys, S. 910. New York: McGraw-Hill 1958.
[86] Holleman, A. F., Wiberg, E.: Lehrbuch der anorganischen Chemie, S. 404–405. Berlin: de Gruyter 1958.
[87] Stampfer, J. F., Holley, C. E., Suttle, T. F.: The Magnesium Hydrogen System. J. Amer. Chem. Soc. **82**, 3504 (1960).
[88] Reilly, J. J., Wiswall, R. H., Jr.: The Reaction of Hydrogen with Alloys of Magnesium and Nickel and the Formation of Mg_2NiH_4. Inorg. Chem. **7**, 2254 (1968).
[89] Hansen, M., Anderko, K.: Constitution of Binary Alloys, S. 594–596. New York: McGraw-Hill 1958.
[90] Reilly, J. J., Wiswall, R. H., Jr.: The Reaction of Hydrogen with Alloys of Magnesium and Copper. Inorg. Chem. **6**, 2220 (1967).
[91] Lundin, C. E.: Progress Report, Denver Research Institute, Daimler-Benz Contract Nr. 19/266656, 1979.
[92] King, R. O., Rand, M.: The Oxidation, Decomposition, Ignition and Detonation of Fuel Vapors and Gases, XXVII The Hydrogen Engine, Canad. J. Technol. **33** (1955).
[93] Billings, R. E., Lynch, F. E.: Performance and Nitric Oxide Control Parameters of the Hydrogen Engine, Billings Energy Research Corporation No. 73002, 1973.
[94] Weil, K. H.: The Hydrogen I. C. Engine–Its Origins and Future in the Emerging Energy Transportation Environment System. Proc. 7th IECEC, Nr. 729212, 1972.
[95] Buchner, H.: Zur Frage der Wasserstoffinfrastruktur für KFZ. Chemie-Technik **10**, 289–292 (1981).
[96] Nuttall, L. J.: Solid Polymer Electrolyte Water Electrolysis Status for Large Scale Hydrogen Production. Proc. 14th IECEC, S. 768, 1979.
[97] Clark, E. L., Kallenberger, R. H., Browne, R. Y., Phillips, J. R.: Synthesis Gas Production. Chem. Eng. Prog. **45**, 651 (1949).
[98] Meunier, J.: Vergasung fester Brennstoffe und oxidative Umwandlung von Kohlenwasserstoffen. Weinheim/Bergstraße: Verlag Chemie 1962.
[99] Gregory, D.: Technical Problems Facing the Hydrogen Economy, Hydrogen Energy Part B, S. 1209–1218. New York: Plenum Press 1975.
[100] Jasionowski, W. J., Johnson, D. G., Pangborn, J. B.: Suitability of Gas Distribution Equipment in Hydrogen Service. Proc. 14th IECEC, Paper 799159, 1979.
[101] Heck, J. L.: First U.S.-Polybed PSA Unit Proves Its Reliability. Oil and Gas J., 122–130 (1980).
[102] Corr, F., Droop, F., Rudelstorfer, E.: Design and Operation Experience with First Large-Scale Plant for Low Cost High Purity Hydrogen. 1979 NPRA Annual Meeting, March 25–27, 1979, San Antonio, Texas.
[103] Knoblauch, K., Reichenberger, J., Schröter, H.-J., Jüntgen, H.: Ein neues Verfahren zur Gewinnung von Wasserstoff mit Kohlenstoff-Molekularsieben. Chem. Ing. Tech. **50**, 212–214 (1978).
[104] Leybold Heraeus, Anlagenblatt 15/A01.
[105] Robinson, A. M.: Neue Möglichkeiten in der industriellen Gastrennung. Chemie-Technik **10**, 399–401 (1981).
[106] Sedlak, J. M., Austin, J. F., La Conti, A. B.: Hydrogen Recovery and Purification Using the Solid Polymer Electrolyte Electrolysis Cell. Int. J. Hydrogen Energy **6**, 45–51 (1981).
[107] Jost, W.: Explosions- und Verbrennungsvorgänge in Gasen. Berlin: Springer 1939.

[108] Finegold, J. G., van Vorst, W. D.: Hydrogen Engine Technology. Proc. FISITA Congress Paris, B-2-4 ff., 1974.

[109] Oehmichen, M.: Wasserstoff als Motortreibmittel. Deutsche Kraftfahrforschung, Heft 68, 1942.

[110] Veziroglu, T. N., Seifritz, W. (ed.): Proc. Hydrogen Energy System. Technical Session 9, 1978.

[111] Veziroglu, T. N., Fueki, K., Ohta, T. (ed.): Proc. Hydrogen Energy Progress, Kap. 5. 1980.

[112] Binder, K., Withalm, G.: Untersuchungen der inneren Gemischbildung am Einzylindermotor und der äußeren Gemischbildung am Mehrzylindermotor. Schriftenreihe: Statusberichte, 6. Statusseminar des Bundesministeriums für Forschung und Technologie, September 1978.

[113] Drexl, W.: Einzylindermotor mit 30 bar Direkteinblasung von Wasserstoff. 5. Statusseminar des Bundesministeriums für Forschung und Technologie, 1977.

[114] Binder, K., Withalm, G.: Anpassung des Motors an die Wasserstofftechnologie. Entwicklungslinien in Kraftfahrzeugtechnik und Straßenverkehr. Forschungsbilanz, 1979, S. 357–365, Köln, TÜV-Rheinland, 1980.

[115] Menne, R., Pischinger, F.: Wasserstoffanwendung im Verbrennungsmotor. Tagungsbericht Prozeßwärme aus Hochtemperaturreaktoren. Technische Hochschule Aachen, Sonderforschungsbereich 163, 1981.

[116] Hattingen, U., Jordan, W.: Wasserstoff als Zusatzkraftstoff. VDI-Nachrichten 21, 1974.

[117] Essers, Georgie, Greiner, Frank: Betriebsverhalten und Konstruktionsbelange von Wasserstoffmotoren. Neuen Kraftstoffen auf der Spur, Teil II, Kap. 8.3., S. 503–523. Bonn: Bundesministerium für Forschung und Technologie 1974.

[118] May, H., Hattingen, U.: Gemischbildungs- und Gemischaufbereitungsanlage. Neuen Kraftstoffen auf der Spur, Teil II, Kap. 8.1., S. 492. Bonn: Bundesministerium für Forschung und Technologie 1974.

[119] Murray, R. G., Schoeppel, R. J.: A Reliable Solution to the Environmental Problem: The Hydrogen Engine. SAE-Paper 700608.

[120] May, H., Hattingen, U., Jordan, W.: Theoretical and Experimental Investigations on Hydrogen/Gasoline Hybrid Operation in I.C. Engines. Proc. 16th FISITA-Congress, 5/19, 1976.

[121] Müller, H. G.: Systemanalyse des elektrischen Straßenverkehrs. ETZ-A **98,** 4–21 (1977).

[122] Salamon, K., Krämer, G.: Batterien für Elektrostraßenfahrzeuge – heute und morgen. ETZ-A **98,** 69–74 (1977).

[123] Vielstich, W.: Zur Entwicklung elektrochemischer Stromquellen für die Elektrotraktion. ETZ-A **98,** 79–82 (1977).

[124] Kordesch, K. V.: Handbook of Fuel Cell Technology. Berger, C., (ed.), Englewood Cliffs, N.J.: Prentice-Hall 1968.

[125] Michel, A., Frie, W.: Die Realisierbarkeit eines elektrisch angetriebenen Kraftfahrzeugs mit Brennstoffzellen als Energiequelle. ETZ-A **94** (1973).

[126] Johnson, W. H., Coykendall, R. D., Handley, C. M.: Advances in Lower Cost Phosphoric Acid Fuel Cells. Proc. 13th IECEC, S. 732 ff., 1978.

[127] Marks, C., Rishavy, E. A., Wyczalek, F. A.: Electrovan–A Fuel Cell Powered Vehicle. SAE-Paper 670176.

[128] Strickland, G., Reilly, J. J., Wiswall, R. H., Jr.: An Engineering-Scale Energy Storage Reservoir of Iron-Titanium-Hydride. Proc. THEME-Conference, Miami, Teil S4/9, 1974.

[129] Henriksen, D. L., Mackay, D. B., Anderson, V. R.: Prototype Hydrogen Automobile

Using a Metal Hydride. Proc. 1st World Hydrogen Energy Conference. Vol. III, 7c-1-12, 1976.
[130] Buchner, H.: Perspectives in Metal Hydride Technology. Progress in Energy and Combustion Science 6, 331–346, 1980.
[131] Buchner, H.: Wasserstofftechnologie, Entwicklungslinien in Kraftfahrzeugtechnik und Straßenverkehr. Forschungsbilanz 79, S. 338–347. Köln, TÜV-Rheinland, 1980.
[132] Povel, R., Buchner, H.: Konzept zur Erprobung der Wasserstofftechnologie, Entwicklungslinien in Kraftfahrzeugtechnik und Straßenverkehr. Forschungsbilanz 80, S.137–150. Köln, TÜV-Rheinland, 1981.
[133] Altendorf, J. P., Werner, F., Stracke, K. H.: Erste Ergebnisse des Probebetriebs mit elektrisch angetriebenen Transportern. ETZ-A **98**, 44–50 (1977).
[134] Zaromb, S.: Aluminum Fuel Cell for Electric Vehicles. Proc. Power Systems for Electric Vehicles, Nat. Center for Air Pollution Control, Cincinnati, S. 225 ff., 1967.
[135] Zaromb, S.: The Use and Behaviour of Aluminum Anodes in Alkaline Primary Batteries. J. Electrochemical Soc. **109**, 1125 (1962).
[136] Cooper, J. F., Littauer, E. L.: Mechanically Rechargeable Metal-Air Batteries for Automotive Propulsion. Proc. 13th IECEC, S. 738–744, 1978.
[137] Ruch, J.: Mobile Stromversorgungseinheiten mit Aluminium-Sauerstoff-Zellen. Proc. Mobile Stromversorgung im Felde, Hochschule der Bundeswehr, Hamburg, S. 194–213, 1980.
[138] Gutjahr, M. A., Buchner, H., Beccu, K. D., Säufferer, H.: A New Type of Reversible Electrodes for Alkaline Storage Batteries Based on Metal Alloy Hydrides, Power Sources. Collins, D. H. (ed.), S. 79. Newcastle upon Tyne: Oriel Press 1973.
[139] van Rijswick, M. H. J.: Metal Hydride Electrodes for Electrochemical Energy Storage. Proc. Metal Hydrides for Energy Storage, Geilo, Norway, S. 261–271, 1977.
[140] Bronoel, G., Sarradin, J., Bonnemey, M., Percheron, A., Achard, J. C., Schlapbach, L.: A New Hydrogen Storage Electrode. Int. J. Hydrogen Energy **1**, 251 (1974).
[141] Wiswall, R. H., Jr.: Hydrogen Storage in Metals. Topics in Applied Physics. Vol. 29, S. 201–242. Berlin-Heidelberg-New York: Springer 1978.
[142] Handley, L. M., Rogers, L. J., Gillis, E.: 4,8 MW Fuel Cell Module Demonstrator. Proc. 12th IECEC, S. 341 ff., 1977.
[143] Straßer, K.: Alkalische H_2/O_2- bzw. H_2/Luft-Brennstoffzellenaggregate in kompakter Modulbauweise für mobile Stromversorgungsanlagen. Proc. Mobile Stromversorgung im Felde, Hochschule der Bundeswehr, Hamburg, S. 60–83, 1980.
[144] Dubbels Taschenbuch für den Maschinenbau, Teil II, 11. Aufl., S. 359, Berlin-Göttingen-Heidelberg: Springer 1958.
[145] Dubbels Taschenbuch für den Maschinenbau, Teil II, 11. Aufl., S. 130–152, Berlin-Göttingen-Heidelberg: Springer 1958.
[146] van Mal, H. H.: Stability of Ternary Hydrides and Some Applications. Phillips Res. Rep. Suppl., No. 1, S. 80–86, 1976.
[147] Sheft, I., Gruen, D. M., Lamich, G. J., Carlson, L. W., Knox, A. E., Nixon, J. M., Mendelsohn, M.: HYCSOS: A System for Evaluation of Hydrides as Chemical Heat Pumps. Proc. Hydride for Energy Storage, Geilo, Norway, S. 551–558, 1977.
[148] Sheft, I., Gruen, D. M., Lamich, G. J.: Currant Status and Performance of the Argonne HYCSOS Chemical Heat Pump System. Proc. Metal Hydrides 1980. Vol. II, S. 401–410, Lausanne-New York: Elsevier Sequoia 1980.
[149] Gorman, R., Moritz, P.: Hydride Heat Pump. Vol. II: Cost, Performance and Cost Effectiveness. Argonne National Laboratory Contract Nr. 31-109-38-4001.
[150] Bernauer, O., Buchner, H.: Verfahren zum Vorwärmen von Kraftfahrzeugen mit Verbrennungsmotor. Deutsches Patent Nr. P 2921 451.5/1979.

[151] Buchner, H., Schmidt-Ihn, E., Kliem, E., Lang, U., Scheer, K.: Stationäre Hydridspeicher als Ausgleichsspeicher elektrischer Spitzenenergie. Abschlußbericht 150 S., Komm. Europ. Gemeinschaft., Vertrag-Nr. 602-78-9 EHD, 1979.

[152] Schmidt-Ihn, E., Bernauer, O., Buchner, H., Hildebrandt, U.: Storage on Hydrides for Electrical Load-Equilibration. Proc. Hydrogen as an Energy Vector, Comm. European Comm., Brüssel, S. 405–420, 1980.

[153] Reilly, J. J., Sandrock, G. D.: Hydrogen Storage in Metal Hydrides. Scientific American **242,** 5118 (1980).

[154] van Mal, H. H.: Stability of Ternary Hydrides and Some Applications, Phillips Res. Rep. Suppl., No. 1, S. 67–73, 1976.

[155] Wenzl, H.: FeTi and Lithium Hydrides: Properties and Applications for Hydrogen Generation and Storage. J. Less Common Metals **74,** 351–361 (1980).

[156] Wiswall, R. H., Jr., Reilly, J. J.: Inverse Hydrogen Isotope Effects in Some Metal Hydride Systems. Inorg. Chem. **11,** 1691 (1972).

[157] Gregory, D. P.: A Hydrogen Energy System. Chicago: American Gas Association, Catalog No. L 21173, 1973.

[158] Hydrogen for Energy Distribution. Chicago: Institute of Gas Technology 1979.

[159] Hydrogen Energy (Veziroglu, T. N., Hrsg.). New York-London: Plenum Press 1975.

[160] Hydrogen Energy Progress (Veziroglu, T. N., Fucki, K., Ohta, T., Hrsg.). New York: Pergamon Press 1980.

[161] Buchner, H.: Das Wasserstoff-Hydrid-Energie-Konzept. Chemie-Technik **7,** 371–377 (1978).

[162] Schmitt, R.: Briefbericht aus dem Battelle-Institut Genf, Schweiz, Nov. 1980.

[163] Suda, S., Uchida, M.: Mixing Effects of Two Different Types of Hydrides. Proc. Hydrides for Energy Storage, Geilo, Norway, S. 527–550, 1977.

Sachverzeichnis

Alkoholkraftstoffe

Von
Dipl.-Ing. **Holger Menrad**
und Dr.-Ing. **Axel König**

Volkswagen AG, Wolfsburg
Abteilung Forschung Energietechnik
und neue Technologien
Programm Alkoholkraftstoffe

(Innovative Energietechnik)

1982. 167 Abbildungen. XII, 279 Seiten.
Gebunden DM 98,–, S 686,–
ISBN 3-211-81696-8

Alkoholkraftstoffe sind eine der aussichtsreichsten Alternativen zu den Kraftstoffen aus Erdöl. Dieses Buch gibt einen Überblick über den heutigen Stand der Technik, von der Herstellung der Alkohole Methanol und Ethanol bis zu ihrem Einsatz in Motoren und Fahrzeugen. Daran schließt eine Beschreibung und Bewertung weiterführender Technologien sowie möglicher Einführungsstrategien an.
Als Leser werden Fachleute und Studierende sowohl auf dem Motoren- und Fahrzeuggebiet als auch auf dem Gebiet der Kraftstoffherstellung angesprochen.

Springer-Verlag Wien New York